高等院校计算机应用系列教材

计算机基础
（第七版）

高　禹　主　编
谭小球　李鑫　毕振波　管林挺　王广伟　副主编

清華大學出版社
北　京

内 容 简 介

本书内容分为 8 章，主要包括：信息与计算机基础知识，操作系统基础知识和 Windows 10 的使用知识，Word 2016 文字处理软件，Excel 2016 电子表格处理软件，PowerPoint 2016 演示文稿软件，计算机网络基础知识，数据库技术及 Access 2016 数据库管理软件，微机的组装与维护。书中内容覆盖全国计算机等级考试一级计算机基础及 MS Office 应用考试大纲规定的内容。

本书图文并茂、重点突出、通俗易懂、实用性强，可作为高等院校相关专业的教材，也可作为各类计算机培训机构的教学用书或自学者的读物。

为了使读者更好地掌握计算机基础知识，清华大学出版社还出版了与本教材配套的辅导教材《计算机基础题解与上机指导(第七版)》(ISBN 978-7-302-64004-2)，作为学生上机实验、课后复习的辅导书。

本书配套的电子课件和实例源文件可以通过 http://www.tupwk.com.cn/downpage 网站下载，也可以扫描前言中的二维码获取。

图书在版编目(CIP)数据

计算机基础 / 高禹主编. —7 版. —北京：清华大学出版社，2023.7（2025.3重印）
高等院校计算机应用系列教材
ISBN 978-7-302-64002-8

Ⅰ. ①计… Ⅱ. ①高… Ⅲ. ①电子计算机—高等学校—教材 Ⅳ. ①TP3

中国国家版本馆 CIP 数据核字(2023)第 117582 号

责任编辑：胡辰浩
封面设计：高娟妮
版式设计：妙思品位
责任校对：成凤进
责任印制：沈 露

出版发行：清华大学出版社
网 址：https://www.tup.com.cn，https://www.wqxuetang.com
地 址：北京清华大学学研大厦 A 座 邮 编：100084
社 总 机：010-83470000 邮 购：010-62786544
投稿与读者服务：010-62776969，c-service@tup.tsinghua.edu.cn
质 量 反 馈：010-62772015，zhiliang@tup.tsinghua.edu.cn
印 装 者：三河市科茂嘉荣印务有限公司
经 销：全国新华书店
开 本：185mm×260mm 印 张：20.75 字 数：531 千字
版 次：2010 年 8 月第 1 版 2023 年 8 月第 7 版 印 次：2025 年 3 月第 5 次印刷
定 价：79.00 元

产品编号：101846-01

前　言

当今世界，计算机技术以及网络技术飞速发展，计算机的应用日益广泛。为了尽快实现教育部提出的21世纪计算机教育的教学目标，我们组织多年来一直从事“计算机基础”课程教学的教师编写了本书。书中内容覆盖了全国计算机等级考试一级计算机基础及MS Office应用考试大纲规定的内容。

本书内容共由8章组成，其中第一章信息与计算机基础知识，介绍信息与计算机的概念、计算机中的信息、计算机的硬件和软件基础、计算机语言、信息安全基础知识、计算机软件知识产权保护、多媒体技术等；第二章操作系统，介绍操作系统的概念、常用操作系统的特点，重点介绍中文版Windows 10操作系统的基本知识和操作方法；第三章Word 2016文字处理软件，介绍汉字信息的基础知识，重点介绍文字处理软件Word 2016的基本知识和操作技术；第四章Excel 2016表格处理软件，详细介绍电子表格处理软件Excel 2016的基本知识和操作技术；第五章PowerPoint 2016演示文稿软件，详细介绍演示文稿软件PowerPoint 2016的基本知识和操作技术；第六章计算机网络基础知识，介绍网络的概念和结构、Internet的基础知识、电子邮件的基础知识、网页制作的基础知识、关于Internet的一些应用知识等；第七章数据库基础与Access 2016，介绍数据库的相关概念和关系数据库的基础知识、使用Access 2016进行数据库管理的基本知识和操作技术；第八章微机的组装与维护，介绍微机的基本配置、微机硬件的组装、主机配置和运行环境的设置、微机软件的安装、微机常见的故障及处理等知识。

本书逻辑结构清晰、重点突出、图文并茂、通俗易懂、实用性强，可作为高等院校本科“计算机基础”课程的教材，也可作为各类计算机培训机构的教学用书或自学者的读物。

由于编者水平有限，书中难免存在不足之处，敬请读者批评指正。我们的联系邮箱为992116@qq.com，电话为010-62796045。

本书配套的电子课件和实例源文件可以通过http://www.tupwk.com.cn/downpage网站下载，也可以扫描下方的二维码获取。

扫描下载

配套资源

编　者

2023年4月

目　录

第一章

信息与计算机基础知识

信息是现代生活中不可缺少的资源。计算机和网络的诞生，为信息的采集、存储、处理、传播等工作提供了有效的途径，进而把人类社会推向信息时代。

本章主要介绍信息技术与计算机的基础知识，内容包括：信息与信息技术的基本概念，计算机的产生、发展及应用，计算机的软硬件基础，计算机语言及程序设计的基本知识，信息安全和软件知识产权保护，以及多媒体技术等基本概念。

第一节 信息与信息技术

一、信息

1. 信息的概念和特点

随着计算机的普及，信息处理技术的发展日益迅速，人们对信息概念的认识也在不断加深，因此信息的含义也在不断发生变化。

在早期，信息是指音信或消息。现在，人们一般认为信息是客观事物的特征和变化的一种反映，这种反映借助于某些物质载体并通过一定的形式(如文字、符号、色彩、味道、图案、数字、声音、影像等)表现和传播。它对人们的行为或决策有现实的或潜在的价值，可以消除人们对客观事物认识的不确定性。

通常所说的信号、消息、情况、情报、资料、档案都属于信息的范畴，经过采集、存储、分类、加工等处理的数据都是信息，它们从不同的侧面、不同的视角反映了客观事物的特征和变化。物质载体的多样性，导致信息的表现和传播形式具有多样性，离开物质载体，信息就无法表现和传播。人们在做出某种行为或决策之前，存在不确定性，随着对相关信息的收集和分析，不确定性会逐渐消除。信息是无形的财富，是战略资源，因此，正确、有效地利用信息是社会发达程度的标志之一。

信息的主要特点如下。

- 广泛性：信息普遍存在于自然界、人类社会和人类思维活动中。
- 客观性：信息是客观事物的特征和变化的真实反映。
- 传递性：从信源发出的任何信息，只有经过信息载体传递后才能被信宿接收并进行处理和运用。信息可以在时间上或空间上从一点转移到另一点，可以通过语言、动作、文献、通信、电子计算机等各种媒介来传递，而且信息的传递不受时间或空间的限制。信息在空间中的传递称为通信；信息在时间上的传递称为存储。可以通过不同的途径完成信息的传递，而互联网则为信息的传递提供了便捷的途径。

- 共享性：信息作为一种资源，不同个体或群体均可共同享有。
- 时效性：信息能够反映事物最新的变化状态。在一定的时间里，只有抓住信息、利用信息，才能取得成功。
- 滞后性：信息是通过数据的转换和传输而来的，而转换和传输需要时间，所以信息存在滞后性。
- 再生性：人类可利用的资源可归结为 3 类，即物质、能源和信息。物质和能源都是不可再生的，属于一次性资源，而信息是可再生的。信息的开发意味着生产，信息的利用又意味着再生产。
- 不灭性：信息从信息源发出后，其自身的信息量没有减少，可以被复制并长期保存和重复使用。
- 能动性：信息的产生、存在和流通，依赖于物质和能量；反过来，信息可以控制和支配物质和能量的流动，并对其价值产生影响。

2. 信息社会的概念和特点

信息社会也称信息化社会，是信息起主要作用的社会。

在信息社会中，信息成为比物质和能源更为重要的资源。以开发和利用信息资源为目的的信息经济活动迅速扩大，逐渐成为国民经济活动的主要内容。信息产业将成为整个社会最重要的支柱产业，信息经济在国民经济中占据主导地位。以计算机、微电子和通信技术为主的信息技术革命将推进智能工具的广泛使用，进一步提高整个社会的劳动生产率。智能化的综合网络将遍布社会的各个角落，固定电话、移动电话、电视、计算机等各种信息化的终端设备将无处不在。无论在何时何地，人们都可以获得文字、声音、图像等信息。易用、价廉、随身的数字产品及各种基于网络的家电产品将被广泛应用。人们将被各种信息终端所包围，信息技术将从根本上改变人们的生活方式、行为方式和价值观念。

信息社会的主要特点如下。

- 在国民经济总产值中，信息经济所创产值与其他行业所创产值相比占绝对优势。
- 信息社会的农业生产和工业生产将建立在基于信息技术的智能化的信息设备的基础之上。
- 信息社会的电信、银行、物流、电视、医疗、商业、保险等服务将依赖于智能化的信息设备。家庭生活也将建立在智能化的信息设备之上。
- 信息技术的发展催生了一大批新的就业形态和就业方式，劳动力结构出现了根本性的变化，从事信息职业的人数与从事其他职业的人数相比已占绝对优势。
- 全日制工作方式朝着弹性工作方式转变。
- 信息技术的发展所带来的现代化运输工具和信息通信工具使人们冲破了地域上的障碍，真正的世界市场开始形成。
- 信息技术给人们提供了新的交易手段，电子商务成为实现交易的基本形态。

- 生活模式、文化模式的多样化和个性化得到加强，可供个人自由支配的时间和活动的空间都有较大幅度的增加。
- 尊重知识的价值观念成为社会风尚，是否拥有知识成为对劳动者的基本要求。

通过创建信息社会，人类生活不断趋向和谐，逐步实现社会的可持续发展。

二、信息技术

1. 信息处理

信息处理是指对信息进行的收集、识别、存储、提取、加工、变换、整理、检索、检测、分析、传递、发布等一系列活动。

在人类的发展过程中，信息处理大致经历了如下 4 个阶段。

- 原始阶段：该阶段的特点是使用语言、图画、算筹和其他标记物(如结绳记事)来进行信息处理。
- 手工阶段：该阶段的特点是使用文字来进行信息处理，造纸技术和印刷技术的出现，推动了该阶段信息处理能力的提高。
- 机电阶段：该阶段的特点是使用机电手段来进行信息处理，蒸汽机、无线电报、有线电话和雷达的广泛使用，大大提高了人们进行信息处理的能力。
- 现代阶段：该阶段的特点是使用传感技术、计算机技术、通信技术和控制技术，在计算机、网络、广播电视等各种设备的支持下进行信息处理。与过去的阶段相比，人们进行信息处理的能力发生了翻天覆地的变化。

信息与数据有着密切的关系，任何一种信息，当它经过编码转换为二进制的数据形式时，就可以通过计算机和互联网进行存储、加工、转换、检索、传递和发布。

2. 信息技术的概念和特点

信息技术(Information Technology，IT)主要包括计算机技术、通信技术、传感技术和控制技术。信息技术因使用的目的、范围、层次不同而有不同的表述。广义而言，信息技术是指能充分利用与扩展人类信息器官功能的各种方法、工具与技能的总和。狭义而言，信息技术是指利用计算机、网络、广播电视等各种硬件设备、软件工具与科学方法，进行信息处理的技术之和。

信息技术的主要特点如下。

- 高速化：计算机和通信的发展所追求的均是高速度、大容量。
- 网络化：信息网络分为电信网、广电网和计算机网。这三个网有各自的形成过程，其服务对象、发展模式和功能等有所交叉，又互为补充。信息网络的发展异常迅速，从局域网到广域网，再到国际互联网以及有“信息高速公路”之称的高速信息传输网络，计算机网络在现代信息社会中扮演着重要的角色。
- 数字化：数字化就是将信息用电磁介质或半导体存储器，按二进制编码的方法进行处理和传输。在信息处理和传输领域，广泛采用的是由 0 和 1 这两个基本符号组成的二进制编码，二进制数字信号是现实世界中最容易被表达、物理状态最稳定的信号。
- 个性化：信息技术将实现以个人为目标的通信方式，充分体现可移动性和全球性，实现个人通信全球性、大规模的网络容量和智能化的功能。

- 智能化：智能化的应用体现在利用计算机模拟人的智能，如机器人、医疗诊断专家系统及推理证明、智能化的各种辅助软件、自动考核与评价系统、视听教学媒体和仿真实验等。

3. 信息技术的应用和发展趋势

信息技术的应用十分广泛，目前已经渗透到人类活动的所有领域。

在工业领域，包括钢铁、汽车、电力、化工和纺织等各个行业，在生产过程管理、财务和人员管理、办公自动化、市场销售和新产品研发等各个方面，都离不开信息技术。

在农业领域，借助信息技术，许多国家大力发展“精准农业”。在生产管理、土地精确定位、农情监测、产量估算、病虫害预报和农药评价等方面，都广泛应用了信息技术。

在军事领域，信息化战争是信息技术的必然产物，许多国家组建了信息化部队。信息网络将卫星、飞机、军舰、战车和参战人员连接起来，信息化武器(如导弹)被大量用于装备部队。

在医疗领域，信息技术已经应用于医疗信息的管理。随着信息技术的发展，远程诊断和治疗、远程医疗跟踪、机器人手术和生物成像将逐渐实现并普及。

在教育领域，无论是高等教育还是中小学教育，都在运用信息技术。在课堂上，通过计算机和音像设备，多媒体教学形式被广泛采用。通过网络，任何偏僻地方的学生都可以享受优秀的教育资源，都能接触到先进的教学内容。

信息技术存在如下一些发展趋势。

- 计算机处理信息的速度越来越快，存储信息的容量越来越大，硬件的体积越来越小。目前人们正在研究半导体新技术，如纳米技术、以电子束取代光刻技术，以及分子芯片和生物芯片技术。这些技术可使计算机向着高集成度、高速度、低功耗、低成本的方向发展。
- 下一代互联网传输信息的速度应该更快，信息应该更安全可靠，人们使用起来应该更方便并且更容易管理，“物联网”的应用将更加广泛。下一代网络的规模应具有巨大的网络地址空间，几十年也“用不完”。
- 计算机向着小型化、人性化和智能化等多个方向发展。随着笔输入、语音识别、生物测定、光学识别等技术的发展，人与计算机的交流将更加便捷。若能使用计算机模拟人的感觉和思维能力，人们将开发出更先进的智能机器人和专家系统。
- 人们将更加重视信息技术与其他科学技术的交叉研究，将更加重视信息技术对环境和生态的影响，将更加重视信息技术伦理道德与法治环境建设方面的研究。

第二节 计算机概论

一、计算机的产生

世界上第一台电子计算机在1946年诞生，它的名字为ENIAC(Electronic Numerical Integrator and Computer)，即电子数字积分计算机。1943年，为研究武器中复杂的数学计算问题，美国陆军弹道研究室把研制任务交给了美国宾夕法尼亚州立大学，并由物理学家莫奇利(John W. Mauchly)博士和埃克特(J. Presper Eckert)博士领导的研究小组设计并制造了这台电子数字积分计算机。该计算机共使用了18000多个电子管，1500多个继电器，7000多个电阻，占地170m^2，重量达30t，功率为150kW，每秒能进行5000次加减运算。该计算机于1946年正式通过验收并投入运行。ENIAC最主要的缺点是存储容量太小，基本上不能存储程序，而且不具备计算机主要的工作原理特征——存储程序和控制程序。

第一台电子计算机出现后，美籍匈牙利数学家冯·诺依曼(von Neuman)针对ENIAC在存储程序方面的弱点，提出了"存储程序控制"的通用计算机方案。该方案在两个方面进行了关键性的改进——采用二进制和存储器，根据此原理设计的第一台计算机名叫EDVAC(Electronic Discrete Variable Automatic Computer)。

虽然计算机的诞生至今已超过七十多年了，但其基本体系结构和基本作用机理仍然沿用的是冯·诺依曼的最初构想，所以现代计算机也被称为冯·诺依曼型计算机。

世界上第一台投入运行的存储程序式电子计算机是EDSAC(Electronic Delay Storage Automatic Calculator)，它是由英国剑桥大学的维尔克斯教授在接受了冯·诺依曼的存储程序思想后于1947年开始领导设计的。该计算机于1949年5月制成并投入运行。

二、计算机的发展历程

电子计算机诞生后，发展速度很快。若按计算机中所采用的电子逻辑器件来划分，可以分为4个阶段，又称为四代。

第一代计算机(1946—1958年)。它的主要特征是采用电子管作为基本器件，用光屏或汞延时电路作为存储器，输入输出主要采用穿孔纸带或卡片。当时软件还处于初始阶段，使用机器语言或汇编语言编写程序，几乎没有系统软件。这类机器运算速度比较低(一般为每秒数千次至数万次)、体积较大、重量较重、价格较高、存储容量小、维护困难并且应用范围小，主要用于科学计算。

第二代计算机(1958—1964年)。它的主要特征是采用晶体管作为逻辑器件，具有速度快、寿命长、体积小、重量轻和省电等优点。代表产品有IBM公司的IBM7090、IBM7094、IBM7040和IBM7044等，这个时期还出现了高级语言。计算机的运算速度大幅提高(可为每秒数十万次至数百万次)，重量和体积也显著减小，使用越来越方便，应用也越来越广泛，不仅用于科学计算，还用于数据处理和事务处理，并逐渐用于工业控制。

第三代计算机(1964—1970年)。在20世纪60年代中期，随着半导体制造工艺的发展，产生了集成电路，计算机开始采用中小规模的集成电路作为构成计算机的主要器件，如IBM公司的IBM360和IBM370，DEC公司的PDP-11系列小型机等。

这一时期的计算机除采用集成电路外，还采用半导体存储器作为主存储器，外存储器包括磁盘和磁带。这一时期软件有了更进一步的发展，有了标准化的程序设计语言和人机会话式的BASIC语言，操作系统已出现并进一步完善。计算机的功能越来越强，应用范围越来越广。计算机的运算速度可为每秒数百万次至数千万次，可靠性也有了显著的提高，价格明显下降。此外，产品的系列化、机器的兼容性和互换性，以及开始出现的计算机网络等，都成了这一代计算机的特点。计算机不仅用于科学计算，还用于企业管理、自动控制、辅助设计和辅助制造等领域。

第四代计算机(1970年至今)。大规模集成电路的研制成功，使计算机进入了一个新的时代——大规模及超大规模集成电路计算机时代。计算机的体积进一步缩小，性能进一步提高，机器的性价比大幅度跃升，发展了并行处理技术和多机系统，产品更新的速度加快。软件配置空前丰富，实现了软件系统工程化、理论化，程序设计自动化。

微型计算机的产生和发展，加上计算机网络的普及，使计算机的应用涉及人类生活和国民经济的各个领域。第四代计算机的容量之大，速度之快，都是前几代计算机无法比拟的。

三、微型计算机的发展历程

随着20世纪70年代大规模集成电路的发展和微处理器Intel 4004和Intel 8008的出现，诞生了微型计算机。微型计算机以微处理器为核心，它随微处理器的发展而发展，从第一代个人微型计算机问世到现在，微处理器芯片已经发展到第六代产品。

第一代微处理器(1971—1973年)，以4位微处理器Intel 4004和8位微处理器Intel 8008为代表。Intel 4004主要用于计算器、电动打字机、照相机、台秤、电视机等家用电器上，用来提高家用电器的性能。Intel 8008是世界上第一种8位微处理器，它的指令系统不完整，存储器容量只有几百字节，没有操作系统，只有汇编语言，主要用于工业仪表和过程控制。

第二代微处理器(1974—1977年)，以微处理器Intel 8080、Zilog公司的Z80和Motorola公司的M6800为代表。与第一代微处理器相比，集成度提高了1~4倍，运算速度提高了10~15倍，指令系统相对比较完善，已具备典型的计算机体系结构及中断、直接存储器存取等功能。

第三代微处理器(1978—1984年)，以16位微处理器Intel 8086、准16位微处理器Intel 8088、Zilog公司的Z8000、Motorola公司的M68000和16位微处理器80286、M68020、Z80000为代表。美国IBM公司将8088芯片用于其研制的IBM-PC中，从而开创了全新的微机时代，个人计算机真正走进了人们的工作和生活之中。

第四代微处理器(1985—1992年)，是32位微处理器时代。1985年Intel公司发布了80386DX，其内部包含27.5万个晶体管，时钟频率为12.5MHz，时钟频率后来逐步提高到20MHz、25MHz、33MHz、40MHz。1989年Intel公司推出的80486芯片，集成了120万个晶体管，使用1μm的制造工艺，时钟频率从25MHz逐步提高到33MHz、40MHz、50MHz。

第五代微处理器(1993—2005年)，是奔腾(Pentium)系列微处理器时代，是从32位微处理器向64位过渡的时代，典型产品是Intel公司的奔腾系列芯片及与之兼容的AMD公司的K6系列微处理器芯片，如Intel公司1997年推出的Pentium MMX、2000年开始推出的Pentium 4，以及2005年开始推出的双核心的Pentium D和Pentium EE等。随着MMX微处理器的出现，微机的发展在网络化、多媒体化和智能化等方面跨上了更高的台阶。

第六代微处理器(2005年以后)，是酷睿(Core)系列微处理器时代。代表产品有酷睿2(Core 2 Duo)、酷睿i7、酷睿i5、酷睿i3等。64位微处理器成为主导产品。酷睿i7是一款45nm原生四核处理器，拥有8MB三级缓存，支持三通道DDR3内存，采用LGA 1366引脚设计，能以八线程运行。酷睿i7的时钟频率超过3GHz。

四、计算机的发展趋势

由于计算机技术的发展十分迅速，因此产品不断更新换代。未来的计算机将向巨型化、微型化、网络化、智能化方向发展，将更加广泛地应用于人们的工作和生活中。

- 巨型化：巨型化是指发展速度更快、存储容量更大、功能更强、可靠性更高的巨型计算机，例如我国的“银河”“曙光”“天河”“星云”，以及美国的“泰坦”与“美洲虎”。巨型机的发展集中体现了计算机科学的水平。
- 微型化：微型化是指体积更小、功能更强、集成度和可靠性更高、价格更便宜、适用范围更广的计算机。

- 网络化：网络化是指利用现代通信技术把分布在不同地理位置的计算机互联起来，组成能实现硬件、软件资源共享和相互交流的计算机网络。
- 智能化：智能化是指使计算机模拟人的思维活动，利用计算机的“记忆”和逻辑判断能力，识别文字、图像和翻译各种语言，使其具有思考、推理、联想和证明等功能。

除了以上几个发展方向外，人们还将研究光子计算机、生物计算机、超导计算机、纳米计算机、量子计算机。研究的目标是打破现有计算机基于集成电路的体系结构，使得计算机能够像人那样具有思维、推理和判断能力。

- 光子(Photon)计算机利用光子取代电子进行数据运算、数据存储和数据传输，用不同的波长表示不同的数据。光子计算机的运算速度可能比现代计算机的运行速度快1000倍，具有超强的抗干扰能力和并行处理能力。
- 生物(DNA)计算机使用生物芯片，它的存储能力巨大，运算速度将比现代计算机的速度快10万倍，而能耗仅为现代计算机的十亿分之一。生物计算机具有生物体的一些特点，如能够自动修复芯片的故障。
- 超导(Superconductor)计算机由特殊性能的超导开关器件、超导存储器件和电路制成。目前的超导开关器件的开关速度比集成电路要快几百倍，而能耗仅为现代大规模集成电路的千分之一。
- 纳米(Nanometer)计算机是将纳米技术应用于计算机领域的新型计算机。“纳米”本是一种计量长度的单位，$1nm=10^{-9}m$，应用纳米技术研制的计算机内存芯片的体积只有数百个原子的大小，仅相当于人的头发丝直径的千分之一。纳米计算机几乎不耗费能量，它的运算速度是使用硅芯片计算机的15000倍。
- 量子(Quantum)计算机以处于量子状态的原子作为中央处理器和内存，利用原子的量子特性进行信息处理。量子位由一组原子实现，它们协同工作起到计算机内存和处理器的作用。由于原子具有在同一时间处于两个不同位置的奇妙特性，即处于量子位的原子既可以代表1或0，又可以同时代表1和0及其之间的某个值，因此量子位是晶体管电子位的2倍。

五、计算机的特点与分类

1. 计算机的特点

电子计算机是能够高速、精确、自动地进行科学计算和信息处理的现代电子设备。它与过去的计算工具相比，具有以下几个主要特点。

(1) 计算速度快：计算机的计算速度是用每秒执行的指令数来衡量的。指令即指挥计算机如何工作的一串命令，通常由一串二进制数码组成。现代计算机的计算速度是以百万条指令每秒来衡量的，数据处理的速度相当快。计算机这么高的数据处理速度是其他任何处理工具无法比拟的。

(2) 计算精度高：在计算机内部采用二进制数编码，数的精度由表示这个数的二进制码的位数决定。现代计算机的计算精度可达十几位，甚至几十位、几百位以上的有效数字。

(3) 存储容量大：计算机可以在存储器中存储大量的信息。目前微机系统的内存一般可达

16GB(例如联想小新 Air14 2021 的内存配置有 16GB)，硬盘可为几百吉字节(GB)到几太字节(TB)。

(4) 工作自动化：用户只需将程序输入，计算机就会在程序控制下自动完成任务。

(5) 具有可靠的逻辑判断能力：冯・诺依曼结构计算机的基本思想，就是先将程序输入并存储在计算机内，在程序执行过程中，计算机会根据上一步的执行结果，运用逻辑判断方法自动确定下一步该做什么。计算机能完成推理、判断、选择和归纳等操作。

(6) 可靠性高：由于采用了大规模和超大规模集成电路，因此计算机具有非常高的可靠性，可以连续无故障地运行几万、几十万小时。

2. 计算机的分类

1) 按计算机的原理划分

从计算机中信息的表示形式和处理方式(原理)的角度进行划分，计算机可分为三大类：数字电子计算机、模拟电子计算机、数字模拟混合式计算机。

在数字电子计算机中，信息都以由 0 和 1 这两个数字构成的二进制数的形式，即不连续的数字量来表示。在模拟电子计算机中，信息主要用连续变化的模拟量来表示。

2) 按计算机的用途划分

计算机按其用途可分为通用计算机和专用计算机两类。

通用计算机适合解决多种一般性问题，该类计算机的使用领域较广泛，通用性较强，可运用在科学计算、数据处理和过程控制等方面。专用计算机用于解决某个特定方面的问题，配有为解决某问题的软件和硬件。

3) 按计算机的规模划分

计算机按规模(存储容量、运算速度等)可分为七大类：巨型机、大型机、中型机、小型机、微型机、工作站和服务器。

巨型计算机即超级计算机，它是计算机中功能最强、运算速度最快、存储容量最大的一类计算机，多用于国家高科技领域和尖端技术研究，是国家科技发展水平和综合国力的重要标志。

巨型计算机的运算速度现在已经超过了千万亿次每秒，如我国国防科技大学研制的“天河”、我国曙光公司研制的“星云”、美国劳伦斯-利弗莫尔国家实验室的“红杉”、美国能源部下属橡树岭国家实验室的“泰坦”“顶点”(Summit)和“山脊”(Sierra)、日本理化学研究所的“京”、日本理化学研究所与富士通公司共同开发的“富岳”。

1983 年，我国“银河”亿次巨型机在国防科技大学诞生，它的研制成功使中国成为继美、日等国之后能够独立设计和制造巨型机的国家。我国后来又成功研制了“曙光”“深腾”“深超”“神威”“天河”“星云”等巨型机。

2010 年 11 月 16 日，在全球超级计算机 500 强排行榜(又称 TOP500)上，我国的“天河一号”超级计算机排名第一，美国的“美洲虎”排名第二，中国的“星云”位居第三。2011 年 10 月 27 日，国家超级计算济南中心正式揭牌，这是中国首台全部采用国产 CPU 和系统软件构建的千万亿次计算机系统，标志着中国成为继美、日之后采用自主 CPU 构建千万亿次计算机的国家。2013 年 6 月 17 日，在全球超级计算机 500 强排行榜上，我国的“天河二号”夺冠。2013 年 11 月 18 日、2014 年 6 月 23 日及 11 月 18 日、2015 年 7 月 13 日及 11 月 18 日，在全球超级计算机 500 强排行榜上，我国的“天河二号”继续夺冠。2016 年 6 月 20 日、2016 年 11 月 14 日、2017 年 6 月 19 日、2017 年 11 月 13 日，在全球超级计算机 500 强排行榜上，中国的超级计算机“神威·太湖之光”与“天河二号”连续四次占据榜单前两位。2018 年 6 月 25 日，在全球超级计算机 500 强排行榜上，美国的新超级计算机“顶点”和“山脊”分别排名第一和第三，中国的超级计算机“神威·太湖之光”和“天河二号”分别排名第二和第四。2018 年 11 月 20 日，在全球超级计算机 500 强排行榜上，美国的超级计算机“顶点”和“山脊”分别排名第一和第二，中国的超级计算机“神威·太湖之光”和“天河二号”分别排名第三和第四。2019 年 6 月 17 日及 2019 年 11 月 19 日，在全球超级计算机 500 强排行榜上，仍然是美国的超级计算机“顶点”和“山脊”分别排名第一和第二，中国的超级计算机“神威·太湖之光”和“天河二号”分别排名第三和第四。2020 年 6 月 23 日，在全球超级计算机 500 强排行榜上，日本的超级计算机“富岳”排名第一，美国的超级计算机“顶点”和“山脊”分别排名第二和第三，中国的超级计算机“神威·太湖之光”和“天河二号”分别排名第四和第五。2020 年 11 月 17 日，在全球超级计算机 500 强排行榜上，日本的“富岳”再次蝉联第一，亚军和季军均为美国的超级计算机，中国的“神威·太湖之光”和“天河二号”位列第四位、第六位。2021 年 6 月和 11 月，在全球超级计算机 500 强排行榜上，日本超级计算机“富岳”继续排名第一，紧随其后的是美国超级计算机“顶点”和“山脊”，中国“神威·太湖之光”和“天河二号”分别位列第四位、第七位。2022 年 6 月，中国的“神威·太湖之光”“天河二号”分别位列第六位、第九位。2022 年 11 月，中国“神威·太湖之光”“天河二号”分别位列第七位、第十位。虽然近年来我国在全球超级计算机 500 强排行榜 前十名中的位置有所下降，但入围 500 强的超级计算机数量仍稳居世界第一，例如，2022 年 11 月，中国占据 500 强中的 162 台。

大中型计算机运算速度快，每秒可以执行几千万条指令，有较大的存储空间。

小型计算机主要应用在工业自动控制、仪器测量、医疗设备中的数据采集等方面，其规模较小、结构简单、对运行环境要求较低。

微型计算机采用微处理器芯片，其体积小、价格低、使用方便。

工作站是以个人计算机环境和分布式网络环境为前提的高性能计算机，工作站不仅可以进行数值计算和数据处理，而且支持人工智能作业和作业机，通过网络连接包含工作站在内的各种计算机可以实现信息的相互传送、资源和信息的共享及负载的分配。

服务器是在网络环境下为多个用户提供服务的共享设备，一般分为文件服务器、打印服务器、计算服务器和通信服务器等。

六、计算机的应用

随着成本的不断降低及软件的发展，计算机已应用于社会的各个领域。计算机的应用大致可归纳为以下几个方面。

(1) 科学计算。科学计算是计算机最早的应用，主要是指计算机用于完成科学研究和工程技术中所提出的数学问题，如大型水坝的工程设计和计算、气象预报的数据处理等。

(2) 数据处理。数据处理是计算机应用的重要领域，泛指非科技工程方面的所有计算、管理以及任何形式数据资料的处理，包括办公自动化、信息管理和专家系统等。利用数据库系统软件，如工资管理系统、人事档案系统等可进行大量的数据处理。计算机应用于数据处理的比重逐年上升。

(3) 实时控制。实时控制是计算机在过程控制方面的重要应用。计算机对工业生产的实时控制，不仅可以节省劳动力，减轻劳动强度，提高生产效率，还可以实现工业生产自动化。

(4) 计算机辅助系统。计算机辅助系统包括计算机辅助教学(CAI)、计算机辅助设计(CAD)、计算机辅助制造(CAM)、计算机辅助测试(CAT)、计算机集成制造系统(CIMS)等。

(5) 通信和文字处理。计算机在通信和文字处理方面的应用，越来越显示出巨大的潜力。依靠计算机网络存储和传送信息，多台计算机、通信工作站和终端组成网络，实现信息交换、信息共享、前端处理、文字处理、语言和影像输入/输出等，是实现办公自动化、电子邮政、计算机出版等新技术的必要手段。

(6) 人工智能。人工智能是研究使计算机模拟人的某些思维过程和智能行为(如学习、推理、思考、规划等)的学科，主要包括计算机实现智能的原理、制造类似于人脑智能的计算机，使计算机能实现更高层次的应用。其主要任务是建立智能信息处理理论，进而设计可以展现某些近似人类智能行为的计算系统。人工智能学科包括知识工程、机器学习、模式识别、自然语言处理、智能机器人和神经计算等多方面的研究。

智能机器人至少应该具备三个要素：一是感觉要素，用来认识周围环境；二是运动要素，对外界做出反应性动作；三是思考要素，根据感觉要素得到的信息，思考出应该采用的动作。人们在智能机器人的研究上不断取得成果。例如，由谷歌(Google)旗下 DeepMind 公司戴密斯•哈萨比斯团队开发的人工智能机器人阿尔法狗(AlphaGo)，它在 2016 年 3 月以 4∶1 战胜围棋世界冠军、职业九段棋手李世石，它又在 2017 年 5 月以 3∶0 战胜世界围棋冠军柯洁。例如，美国人工智能研究公司 OpenAI 在 2022 年 11 月发布了一款名为 ChatGPT 的聊天机器人，它能通过学习和理解人类语言、像人类一样来聊天交流，能根据聊天的上下文互动，可以翻译外文，还能完成撰写邮件、论文、代码、电影剧本等任务，甚至能写一首优美的情诗。

七、计算机的主要技术指标

计算机的性能是由多方面的指标决定的，不同的计算机其侧重面不同。计算机的主要性能指标包括以下 8 个。

1) 字长

计算机中的信息是以二进制数来表示的，最小的信息单位是二进制的位。

(1) 字的概念：在计算机中，若一串数码作为一个整体来处理或运算，则称为一个计算机字，简称字(Word)。字的长度用二进制位数来表示，通常将一个字分为若干字节(每字节是二进制数据的 8 位)。例如，16 位微机的一个字由 2 字节组成，32 位微机的一个字由 4 字节组成。在计算机的存储器中，通常每个单元存储一个字。在计算机的运算器、控制器中，通常都是以字为单位进行信息传送的。

(2) 字长的概念：计算机的每个字所包含的二进制位数称为字长，它是指计算机的运算部件能同时处理的二进制数据的位数。根据计算机的不同，字长有固定和可变两种。固定字长是指字的长度不论什么情况都是固定不变的；可变字长是指在一定范围内，其长度是可变的。计算机处理数据的速率，与它一次能加工的二进制位数和进行运算的快慢有关。如果一台计算机的字长是另一台计算机的 2 倍，即使 2 台计算机的速度相同，在相同的时间内，前者能做的工作也是后者的 2 倍。字长是衡量计算机性能的一个重要指标，计算机的字长越长，则运算速度越快、计算精度越高。

2) 主频

主频指计算机的时钟频率，即 CPU 每秒的平均操作次数，单位是兆赫兹(MHz)，它在很大程度上决定了计算机的运算速度。

3) 内存容量

内存容量即内存储器(一般指 RAM)能够存储信息的总字节数。它直接影响计算机的工作能力，内存容量越大，则计算机的信息处理能力越强。

4) 存取周期

把信息代码存入存储器，称为“写”。把信息代码从存储器中取出，称为“读”。存储器完成一次数据的读(取)或写(存)操作所需要的时间称为存储器的存取时间，连续两次读或写所需的最短时间称为存取周期。存取周期越短，则存取速度越快。

5) 硬盘性能

硬盘的主要性能指标是硬盘的存储容量和存取速度。

6) 外设配置

外设种类繁多，要根据实际需要合理配置，如声卡、显示适配器等。

7) 软件配置

通常是根据工作需要来配置相应的软件，如操作系统、各种程序设计语言处理程序、数据库管理系统、网络通信软件和字处理软件等。

8) 运算速度

运算速度是一项综合性的性能指标，其单位是 MIPS(百万条指令每秒)。

因为各种指令的类型不同，所以执行不同指令所需的时间也不一样。影响计算机运算速度的因素很多，主要是 CPU 的主频和存储器的存取周期。

第三节　计算机中的信息

一、信息的表示形式

在计算机中，信息以数据的形式来表示。从表面上看，信息一般可以使用符号、数字、文字、图形、图像、声音等形式来表示，但在计算机中最终都要使用二进制数来表示。计算机使用二进制数来存储、处理各种形式和各种媒体的信息。由于二进制使用起来不方便，所以人们经常使用十进制、八进制和十六进制。

通常将计算机中的信息分为两大类：一类是计算机处理的对象，泛称为数据；另一类是计算机执行的指令，即程序。计算机内部的电子部件通常只有“导通”和“截止”这两种状态，所以计算机中信息的表示只需有 0 和 1 两种状态即可。二进制数有 0 和 1 这两个数码，所以人们在计算机中使用二进制数。由于人们习惯于使用十进制数，对二进制数不熟悉，同时在一些程序设计中，为了方便地表示数，又要使用八进制和十六进制数，因此在它们之间存在着相互转换的问题。

所谓进位记数制(简称数制)就是按进位的方法来记数。在不同的数制中，把某一进位记数制中涉及的数字符号的个数称为基数，基数为10则为十进制，基数为2则为二进制，基数为8则为八进制，基数为16则为十六进制。

十进制数有0~9十个数码，逢10进位。

二进制数只有0和1两个数码，逢2进位。

八进制数只有0~7八个数码，逢8进位。

十六进制有0~9和A、B、C、D、E、F(或小写的a~f)16个数码，其中A~F(或a~f)分别代表十进制中的数10~15。

在计算机中，为了区分不同的进位记数制，有两种表示方式。

第一种方式是在数字后面加英文字母作为标识，标识如下。

B (Binary)	B表示二进制数，如1011B；
O (Octonary)	O表示八进制数，如237O；
D (Decimal)	D表示十进制数，如318D；
H (Hexadecimal)	H表示十六进制数，如6B1E7H。

第二种方式是将数字放在括号中，在括号后面加下标，如下所示。

$(1011)_2$	下标2表示二进制数；
$(4612)_8$	下标8表示八进制数；
$(8519)_{10}$	下标10表示十进制数；
$(3A1D)_{16}$	下标16表示十六进制数。

二、数制转换

1. 其他进制转换成十进制

在十进制中，一个十进制数198.06可表示成下面的展开式。

$$(198.06)_{10}=1\times10^2+9\times10^1+8\times10^0+0\times10^{-1}+6\times10^{-2}$$

这里，10称为十进制的“基”数，10^2、10^1、10^0、10^{-1}、10^{-2}称作十进制各位的“权”数。1、9、8、0、6称作基为10的“系数”。这种展开方法称为按权相加。

一般地，可将任何一种数制的展开式表示成下面的形式。

$$N=d_n\times r^{n-1}+d_{n-1}\times r^{n-2}+\cdots+d_1\times r^0+d_{-1}\times r^{-1}+\cdots+d_{-m}\times r^{-m}$$

其中，d为系数，r为基数。n、m为正整数，分别代表整数位和小数位的位数。

只要采用按权相加法，就可将其他进制数转换成十进制数。

例如，二进制数1011.101、八进制数476.667、十六进制数B5A.E3的按权展开式如下。

$$(1011.101)_2=1\times2^3+0\times2^2+1\times2^1+1\times2^0+1\times2^{-1}+0\times2^{-2}+1\times2^{-3}$$

$$(476.667)_8=4\times8^2+7\times8^1+6\times8^0+6\times8^{-1}+6\times8^{-2}+7\times8^{-3}$$

$$(B5A.E3)_{16}=11\times16^2+5\times16^1+10\times16^0+14\times16^{-1}+3\times16^{-2}$$

【例 1-3-1】将$(11001.1001)_2$转换为十进制数。

$$(11001.1001)_2 = 1\times2^4+1\times2^3+0\times2^2+0\times2^1+1\times2^0+1\times2^{-1}+0\times2^{-2}+0\times2^{-3}+1\times2^{-4}$$
$$=16+8+1+0.5+0.0625$$
$$=(25.5625)_{10}$$

【例 1-3-2】将$(123)_8$转换为十进制数。

$$(123)_8 = 1\times8^2+2\times8^1+3\times8^0=(83)_{10}$$

【例 1-3-3】将$(1A2D)_{16}$转换为十进制数。

$$(1A2D)_{16}= 1\times 16^3+10\times 16^2+2\times 16^1+13\times16^0=(6701)_{10}$$

2. 十进制转换为二进制、八进制或十六进制

任何两个有理数如果相等，那么这两个数的整数部分和小数部分一定会分别相等。因此，在进行各种数制之间的转换时，可以分别进行整数部分和小数部分的转换。

十进制数转换成二进制数、八进制数和十六进制数的原理均相同，转换时，要分别进行整数部分和小数部分的转换。

十进制整数转换成其他进制整数，通常采用“除基取余法”。

所谓除基取余法，就是将已知的十进制数反复除以转换进制的基数 r，第一次除后的商作为下次的被除数，余数作为转换后相应进制数的一个数码。第一次相除得到的余数是该进制数的低位(K_0)，最后一次得到的余数是该进制数的高位(K_{n-1})。从低位到高位逐次进行，直到商是 0 为止，则 $K_{n-1}K_{n-2}\cdots K_1K_0$ 即为所求转换后的进制数。

十进制小数转换成其他进制小数，通常采用“乘基取整法”。

所谓乘基取整法，就是将已知的十进制小数反复乘以转换进制的基数 r，每次乘以 r 后，所得乘积有整数部分和小数部分，整数部分作为转换后相应进制数的一个数码，小数部分继续乘以 r。从高位向低位依次进行，直到其满足精度要求或乘以 r 后小数部分为 0 时停止。第一次乘以 r 所得的整数部分为 K_{-1}，最后一次乘以 r 所得的整数部分为 K_{-m}。所得的小数为 $0.K_{-1}K_{-2}\cdots K_{-m}$。

【例 1-3-4】将$(26)_{10}$转换成二进制数。

	余数	
2 | 26		
2 | 13 …………	0	二进制数的低位
2 | 6 …………	1	
2 | 3 …………	0	
2 | 1 …………	1	
0 …………	1	二进制数的高位

所以，$(26)_{10}=(11010)_2$。

【例 1-3-5】将$(0.78125)_{10}$转换成二进制数。

纯小数乘以 2	乘积后的纯小数部分	乘积后的整数部分
0.78125×2	0.56250	1
0.5625×2	0.125	1
0.125×2	0.25	0
0.25×2	0.5	0
0.5×2	0.0	1

则$(0.78125)_{10}=(0.K_{-1}K_{-2}K_{-3}K_{-4}K_{-5})_2=(0.11001)_2$。

如果十进制小数在转换时，乘积取整不为0或产生循环，那么只要保留所要求的精度即可。

【例 1-3-6】 将$(26.78125)_{10}$转换为二进制数。

因为$(26)_{10}=(11010)_2$，$(0.78125)_{10}=(0.11001)_2$

所以$(26.78125)_{10}=(11010.11001)_2$

【例 1-3-7】 将$(139)_{10}$转换成八进制数。

```
8 | 1 3 9
  ------
   8 | 1 7  ……………  3  八进制数的低位
     -----
      8 | 2  ……………  1
        ---
          0  ……………  2  八进制数的高位
```

所以$(139)_{10}=(213)_8$

【例 1-3-8】 将$(0.425)_{10}$转换成八进制数。

纯小数乘以8	乘积后的纯小数部分	乘积后的整数部分
0.425×8	0.400	3
0.400×8	0.200	3
0.200×8	0.600	1
0.600×8	0.800	4
0.800×8	0.400	6

如果取5位小数能满足精度要求，则$(0.425)_{10}\approx(0.33146)_8$。

可见，十进制小数不一定能转换成完全等值的其他进制小数。遇到这种情况时，根据精度要求，取近似值即可。

3. 二进制转换为八进制或十六进制

二进制数转换成八进制数的依据是$2^3=8$，根据表1-3-1进行转换。将二进制数整数部分从低位到高位，每3位对应1位八进制数，不足3位时在前面补0；小数部分则从小数的最高位开始，每3位对应1位八进制数，不足3位时在后面补0。

二进制数转换成十六进制数的依据是$2^4=16$，根据表1-3-1进行转换。将二进制数整数部分从低位到高位，每4位对应1位十六进制数，不足4位时在前面补0；小数部分则从小数的最高位开始，每4位对应1位十六进制数，不足4位时在后面补0。

【例 1-3-9】 把$(1101001)_2$转换成八进制数。

```
因为， (001   101   001)2
         ↓     ↓     ↓
        (1     5     1)8
```

所以，$(1101001)_2=(151)_8$

【例 1-3-10】 把二进制小数$(0.0100111)_2$转换成八进制小数。

```
因为，(0. 010   011   100)2
           ↓     ↓     ↓
        (0. 2    3     4)8
```

所以，$(0.0100111)_2=(0.234)_8$

【例 1-3-11】把$(101101101.0100101)_2$转换成十六进制数。

因为，$(0001\quad 0110\quad 1101.0100\quad 1010)_2$

$\downarrow\quad\downarrow\quad\downarrow\quad\downarrow\quad\downarrow$

$(\ 1\quad 6\quad D\ .\ 4\quad A)_{16}$

所以，$(101101101.0100101)_2=(16D.4A)_{16}$

表 1-3-1　十进制、二进制、八进制、十六进制对照表

十进制	二进制	八进制	十六进制	十进制	二进制	八进制	十六进制
0	0000	0	0	8	1000	10	8
1	0001	1	1	9	1001	11	9
2	0010	2	2	10	1010	12	A
3	0011	3	3	11	1011	13	B
4	0100	4	4	12	1100	14	C
5	0101	5	5	13	1101	15	D
6	0110	6	6	14	1110	16	E
7	0111	7	7	15	1111	17	F

4. 八进制、十六进制转换成二进制

八进制数或十六进制数转换成二进制数，也是根据表 1-3-1 进行转换。只需将八进制数的每 1 位展开成对应的 3 位二进制数、将十六进制数的每 1 位展开成对应的 4 位二进制数即可。

【例 1-3-12】把八进制数$(643.503)_8$转换成二进制数。

因为，$(6\quad 4\quad 3\quad .\quad 5\quad 0\quad 3)_8$

$\downarrow\quad\downarrow\quad\downarrow\qquad\downarrow\quad\downarrow\quad\downarrow$

$(110\quad 100\quad 011\quad .\quad 101\quad 000\quad 011)_2$

所以，$(643.503)_8=(110100011.101000011)_2$

【例 1-3-13】将$(1863.5B)_{16}$转换成二进制数。

因为，$(1\quad 8\quad 6\quad 3\ .\ 5\quad B)_{16}$

$\downarrow\quad\downarrow\quad\downarrow\quad\downarrow\quad\downarrow\quad\downarrow$

$(0001\quad 1000\quad 0110\ 0011\ .\ 0101\quad 1011)_2$

所以，$(1863.5B)_{16}=(1100001100011.01011011)_2$

5. 二进制数的运算规则

在计算机中，采用二进制数可实现各种算术运算。

二进制数的算术运算规则类似于十进制数的运算。

加法规则：0+0=0，　0+1=1，　1+0=1，　1+1=10。

减法规则：0−0=0，　0−1=1(向高位借位)，　1−0=1，　1−1=0。

乘法规则：0×0=0，　0×1=0，　1×0=0，　1×1=1。

除法规则：0÷1=0，　1÷1=1。

三、信息的计量单位

1. 位和字节的基本概念

1) 位(bit)

计算机存储信息的最小单位是“位”。“位”是指二进制数中的一个数位，一般读作比特(bit)，其中的值为 0 或 1。

2) 字节(Byte)

字节在计算机中作为计量单位，1 字节由 8 个二进制位组成，其最小值为 0，最大值为 $(11111111)_2=(FF)_{16}=255$。1 字节对应计算机的一个存储单元，它可存储一定的内容。例如，存储一个英文字母 A 的编码，其对应的内容为 01000001。

2. 扩展存储单位

计算机存储容量的基本单位是字节，用 B 表示。还可以将 KB(千字节)、MB(兆字节)、GB(吉字节)或 TB(太字节)作为存储容量的单位，它们之间的关系如下。

$1KB=1024B=2^{10}B$

$1MB=1024KB=2^{20}B$

$1GB=1024MB=2^{30}B$

$1TB=1024GB=2^{40}B$

四、数值在计算机中的表示

数值在计算机中是以二进制形式表示的，除了要表示一个数的值外，还要考虑符号、小数点的表示。小数点的表示隐含在某一位置上(定点数)或是浮动的(浮点数)。

1. 二进制整数的原码、反码和补码

在计算机中所有的数和指令都是用二进制代码表示的。

一个数在计算机中的表示形式称为机器数，机器数所对应的原有数值称为真值。

由于采用二进制，计算机只能用 0、1 来表示数的正、负，即把符号数字化。其中 0 表示正数，1 表示负数。

原码、反码和补码是把符号位和数值位一起编码的表示方法。

1) 原码

规定：符号位为 0 时表示正数，符号位为 1 时表示负数，数值部分用二进制数的绝对值表示，称为原码表示法。

例如，假设机器数的位数是 8 位，最高位是符号位，其余 7 位是数值位。[+9]的原码为 00001001，[−9]的原码为 10001001。

数 0 的原码有两个值，有“正零”和“负零”之分，机器遇到这两种情况都当作 0 处理。[+0]的原码为 00000000，[−0]的原码为 10000000。

2) 反码

反码是另一种表示有符号数的方法。对于正数，其反码与原码相同。对于负数，在求反码时，是将其原码除符号位之外的其余各位按位取反，即除符号位之外，将原码中的 1 都换成 0、0 都换成 1。

例如，[+9]的反码是 00001001，[−9]的反码是 11110110。

数 0 的反码也有两种表示形式，[+0]的反码是 00000000，[−0]的反码是 11111111。

3) 补码

正数的补码与其原码相同。负数的补码是：先求其反码，然后在最低位加 1。

例如，[+9]的补码是 00001001，[−9]的补码是 11110111。

数 0 的补码只有一种表示形式，即[+0]的补码=[−0]的补码=00000000。

以上是假设机器数的位数是 8 位情况下的原码、反码和补码表示。若非 8 位，则需另行计算。例如 16 位情况下[+9]和[−9]的原码分别是 0000000000001001 和 1000000000001001。

2. 数的小数点表示法

1) 定点数表示法

定点数表示法通常把小数点固定在数值部分的最高位之前，或把小数点固定在数值部分的最后面。前者将数表示成纯小数，后者将数表示成整数。

2) 浮点数表示法

浮点数表示法是指在数的表示中，其小数点的位置是浮动的。任意一个二进制数 N 可以表示成 $N=2^E \cdot M$，式中 M 表示数的尾数或数码，E 表示指数(E 是数 N 的阶码，E 是一个二进制数)。

将一个浮点数表示为阶码和尾数两部分，尾数是纯小数，其形式如下：

阶符，阶码；尾符，尾数

例如，$N=(2.5)_{10}=(10.10)_2=0.1010\times2^{10}$ 的浮点表示形式如下：

0，	10；	0，	1010
阶符	阶码	尾符	尾数

上面的阶码和尾数都是用原码表示的，实际上往往用补码表示。浮点数表示的数比定点数表示的数的范围要大，数的精度也更高。

综上所述，计算机中使用二进制数，引入补码把减法转化为加法，简化了运算；使用浮点数扩大了数的表示范围，提高了数的精度。

3. 二进制编码的十进制数

在计算机中进行输入输出时，通常采用十进制数。要使计算机能够理解十进制数，就必须进行二进制编码。常用的有 BCD 码，即 8421 码，是指用二进制数的 4 位来表示十进制数的 1 位。

例如，用 8421 码表示十进制数 876，则 8 用 1000 表示，7 用 0111 表示，6 用 0110 表示，得到$(876)_{10}\rightarrow(1000\ 0111\ 0110)_{8421}$。

五、文字、字符的编码

由于计算机内部存储、传送及处理的信息只有二进制信息，因此各种文字、符号也就必须用二进制编码表示。

计算机内部处理字符信息的编码统称为机内码，机内码包括内部码、字形码、地址码等。

内部码是字符在计算机内部最基本的表达形式，是在计算机中存储、处理和传送字符用的编码。字形码是表示字符形态的字模数据，是为输出字符而准备的编码。考虑处理汉字的计算机系统要中西文兼容等原因，汉字的内部码与其交换码不完全相同。计算机存储器中有许多存放指令或数据的存储单元，每一个存储单元都有一个地址的编号，该编号即是地址码。

1. ASCII 码

美国信息交换标准码(American Standard Code for Information Interchange，ASCII)，已为世界所公认。这种字符标准编码由 7 位二进制数码 0 和 1 组成，共 2^7=128 种，包括 10 个十进制数码、52 个英文大小写字母、32 个通用控制字符、34 个专用符号，见表 1-3-2。在计算机中常用 1 字节(8 位二进制数)来表示 1 个字符，而 ASCII 码由 7 位二进制数组成，多出的 1 位(最高位)常用作奇偶校验位。奇偶校验位主要用来验证计算机在进行信息传输时的正确性，在字符编码中一般置为 0。

表 1-3-2　ASCII 字符编码表

低四位代码	高三位代码							
	000	001	010	011	100	101	110	111
0000	NUL	DLE	SP	0	@	P	`	p
0001	SOH	DC1	!	1	A	Q	a	q
0010	STX	DC2	“	2	B	R	b	r
0011	ETX	DC3	#	3	C	S	c	s
0100	EOT	DC4	$	4	D	T	d	t
0101	END	NAK	%	5	E	U	e	u
0110	ACK	SYN	&	6	F	V	f	v
0111	BEL	ETB	‘	7	G	W	g	w
1000	BS	CAN	(	8	H	X	h	x
1001	HT	EM	)	9	I	Y	i	y
1010	LF	SUB	*	:	J	Z	j	z
1011	VT	ESC	+	;	K	[	k	{
1100	FF	FS	,	<	L	\	l	|
1101	CR	GS	-	=	M	]	m	}
1110	SO	RS	.	>	N	^	n	~
1111	SI	US	/	?	O	_	o	DEL

字符通过输入设备转换为用 ASCII 码表示的字符数据后，再送入计算机；之后由输出设备把要输出的 ASCII 码转换为字符，再传送给用户。

2. 汉字编码

计算机通过包含汉字在内的字符集与用户进行信息交换，这些信息由计算机处理时，首先会转换成计算机能识别的代码形式，最终计算机处理的信息又必须将内部代码形式转换成汉字的字形，才能被用户所理解。

3. Unicode

Unicode(Universal Multiple-Octet Coded Character Set)是 Unicode 联盟开发的一种字符编码方案，旨在通过对所有人类语言中的字符进行编码，实现跨平台、跨应用程序和跨语言的数据交换。Unicode 最初于 1987 年由美国计算机科学家 Joe Becker 提出，随后得到了国际计算机行业的广泛支持和推广。Unicode 标准目前已经被业界主要厂商如 Apple、HP、IBM、JustSystem、Microsoft、Oracle、SAP、Sun、Sybase、Unisys 和其他公司采用，许多操作系统、所有最新的浏览器和许多产品都支持 Unicode。

计算机只能处理数字，在处理字母或其他字符时，需指定一个数字来表示。在 Unicode 之前，有数百种指定这些数字的编码系统。这些编码系统会相互冲突，也就是说，两种编码可能使用同一个数字代表两个不同的字符，或使用不同的数字代表相同的字符。例如，在简体中文(GB 2312)、繁体中文(BIG5)和日文中，同一字“文”的编码各不相同，这在不同的编码或平台之间会产生乱码。Unicode 解决了这个问题，由于采用统一的编码，因此不管在哪种文字中，每个字符的编码各不相同且是唯一的。

Unicode 给每个字符都提供了一个唯一的数字，这与平台、程序、语言无关。它将世界上使用的所有字符都列了出来，给每个字符一个唯一的特定数值。Unicode 字符集被分为 17 个平面，每个平面最多有 65 536 个字符。第 0 平面包含基本多文种平面字符，用于表示常见的字符，如字母、数字和标点符号，其中前 128 个字符是标准 ASCII 字符，接下来是 128 个扩展 ASCII 字符，其余字符供不同语言的文字和符号使用。

Unicode 用数字 0～0x10FFFF 来映射这些字符，最多可以容纳 1114112 个字符，或者说有 1114112 个码位。码位就是可以分配给字符的数字。2022 年 9 月发布的 Unicode 第 15 版的字符范围已经达到了 149186 个。

第四节　计算机系统

一个完整的计算机系统由硬件系统和软件系统两部分组成，如图 1-4-1 所示。硬件系统是计算机系统的物质基础，软件系统是计算机发挥功能的必要保证。

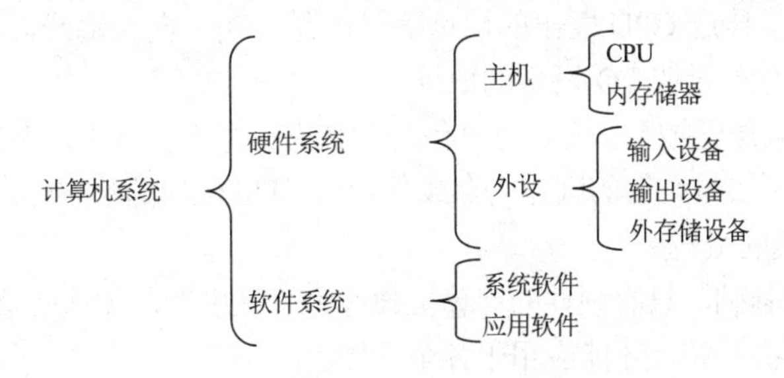

图 1-4-1　计算机系统的组成

一、硬件系统

通俗而言，硬件就是看得见、摸得着的物理实体，也指组成计算机的电子线路和电子元器件等各种机电物理装置。将这些设备按需要进行设计和组装，完成各自的操作，就构成了计算机的硬件系统。

1. 计算机系统的硬件结构

1) 冯・诺依曼计算机模型

以美国著名的数学家冯・诺依曼为代表的研究组提出的计算机设计方案，为现代计算机的基本结构奠定了基础。冯・诺依曼计算机的基本结构如图 1-4-2 所示。

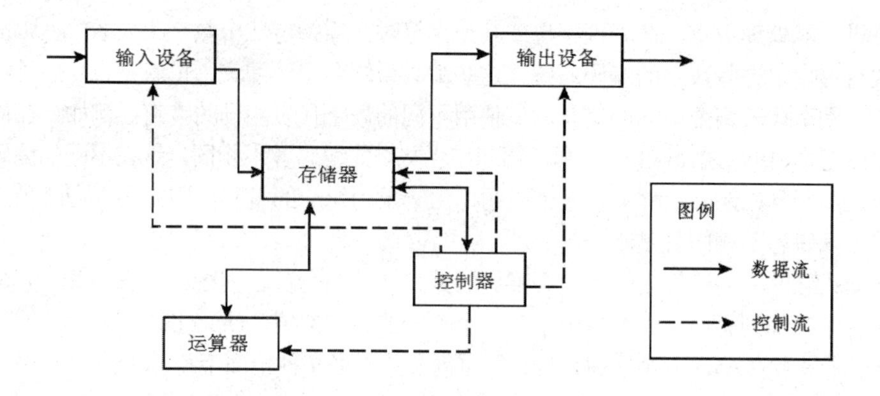

图 1-4-2　计算机的基本结构

迄今为止，绝大多数实际应用的计算机都属于冯·诺依曼计算机模型。它的基本要点包括：采用二进制形式表示数据和指令；采用“存储程序”工作方式；计算机硬件部分由 5 大部件组成，即运算器、控制器、存储器、输入设备和输出设备。

2) 三总线

为了节省计算机硬件连接的信号线，简化电路结构，计算机各部件之间采用公共通道进行信息的传送和控制。计算机部件之间分时占用着这些公共通道进行数据的控制和传送，这样的通道简称为总线，共分为以下 3 类。

- 数据总线：用来传输数据，是双向传输的总线。CPU 既可以通过数据总线从内存或输入设备读入数据，又可以通过数据总线将内部数据送至内存或输出设备。
- 地址总线：用于传送 CPU 发出的地址信号，是一条单向传输线，目的是指明与 CPU 交换信息的内存单元或 I/O 设备的地址。
- 控制总线：用来传送控制信号、时序信号和状态信息等。其中，有的是 CPU 向内存和外设发出的控制信号，有的则是内存或外设向 CPU 传递的状态信息。

3) 计算机硬件系统的组成

硬件是软件工作的基础，只有硬件的计算机被称为“裸机”，硬件必须配置相应的软件才能成为一个完整的计算机系统，才能应用于各个领域。

(1) 运算器：运算器在控制器的控制下完成各种算术运算(如加、减、乘、除)、逻辑运算(如逻辑与、逻辑或、逻辑非等)，以及其他操作(如取数、存数、移位等)。运算器主要由两部分组成，即算术逻辑运算单元(Arithmetic and Logic Unit，ALU)和寄存器组。

(2) 控制器：控制器是控制计算机各个部件协调一致、有条不紊工作的电子装置，也是计算机硬件系统的指挥中心。

运算器和控制器集成在一起被称为中央处理器(Central Processing Unit，CPU)，在微型计算机中又称为微处理器，它是计算机硬件的核心部件。

CPU 与内部存储器、主板等构成计算机的主机。

(3) 存储器：存储器是用来存储数据和程序信息的部件，可分为内部存储器(简称内存)和外部存储器(简称外存)两大类。

内部存储器一般包括 ROM(Read Only Memory，只读存储器)和 RAM(Random Access Memory，随机存储器)。

ROM 是只读存储器，也就是说计算机只能从其中读出数据，而不能写入数据，它的内容是由生产厂家在出厂时就已写入进去的，而且一旦写好就不能改变了。

RAM 是随机存储器，也称可读写存储器，它是暂时存储信息的地方，在计算机加电运行时存储信息，当电源切断后，RAM 中所存放的信息将全部丢失。

为了提高 CPU 与内存之间的传输速度，在 CPU 和内部存储器之间增加了一层用 SRAM 构成的高速缓冲存储器，简称 Cache。它所采用的存储器比内部存储器的速度快，但容量较小，其工作原理是将当前 CPU 要使用的一小部分程序和数据放到缓冲区中，这样可大大提高 CPU 从内部存储器存取数据的速度。

与外部存储器相比，内部存储器的存储容量较小，但内部存储器的存储速度更快。

外存又称辅助存储器，具有相当大的存储容量，是永久存储信息的地方。不管计算机接通或切断电源，在外存中所存放的信息是不会丢失的。但外存的速度较慢，而且不能直接和 CPU 交换信息，必须通过内部存储器过渡才能和 CPU 交换信息。常见的外存有硬盘、光盘和 U 盘等。

无论是内存还是外存，其存储量都是由字节来度量的，存储器中所能存储的字节数即为存储容量。存储器容量的度量单位除字节(B)外，还有千字节(KB，1KB=1024B)、兆字节(MB，1MB=1024KB)、吉字节(GB，1GB=1024MB)、太字节(TB，1TB=1024GB)。

(4) 输入设备：输入设备的功能是把计算机程序和数据输入计算机。常见的输入设备包括键盘、鼠标、图像输入设备(包括摄像机、数码相机、扫描仪和传真机等)和声音输入设备等。

(5) 输出设备：输出设备的功能是把计算机程序和数据从计算机输出。常见的输出设备包括显示器、打印机、绘图仪和声音输出设备等。

2. 微型计算机的外存储设备

微型计算机常用的外存储设备包括硬盘存储器、光盘存储器和移动存储设备等。

1) 硬盘

硬盘由一组圆盘形状的铝合金(或玻璃)盘片组成，它的上下两面都涂满了磁性介质。它的组织结构与软盘差不多，由磁道、扇区和柱面组成。

硬盘分为固定硬盘和可移动硬盘两种。固定硬盘一般安装在主机箱中。早期硬盘的存储容量有几百兆字节(MB)、几十吉字节(GB)的，而现在的硬盘存储容量一般是几百吉字节(GB)或几太字节(TB)。

硬盘是由操作系统管理的设备，操作系统按一定的方法对硬盘进行分区，合理地组织文件和数据。存储在硬盘上的信息可以长期永久地保存，不会因断电而丢失。

2) 光盘

光盘是用盘面上的凹槽来反映信息，当激光读取设备中的激光束投到凹槽的边沿上时，根据凹槽的深浅不同，所反射的光束也不同，这样可以表示不同的数据。一张光盘的容量一般为 650MB。光盘可分为 3 种：只读光盘、一次性写入光盘和可擦写光盘。

只读光盘即 CD-ROM(Compact Disc Read Only Memory)，是指生产厂家在制造时把内容写入光盘，用户只能读出光盘的内容，而不能写入信息。一次性写入光盘是指用光盘刻录机只能一次刻录内容到光盘上，而不能再次刻录的光盘，但它可以被多次读取。可擦写光盘是指可以多次刻录的光盘。

DVD (Digital Versatile Disc)光盘是数字多功能光盘。它的外形大小与CD-ROM光盘的大小相同。这种光盘容量大，单面单层的DVD光盘可存储4.7GB的信息，双面双层的DVD光盘最多能够存储17.8GB的信息。DVD光盘是多功能的光盘，有3种格式：只读数字光盘、一次性写入的光盘和可重复写入的光盘。

光盘存储器的优点是：记录密度高、存储容量大，可长期保存信息，且是无接触式地记录信息。

光盘的读写依赖于光盘驱动器，光盘驱动器(简称光驱)的主要性能指标如下。

(1) 传输速度。光驱开始是按数据的传输速度来分类的。世界上第一种光驱的传输速度为150KB/s，后来的光驱就以150KB/s为一个基数，按照它来衡量传输速度。例如，倍速光驱的传输度就是300KB/s。随着科学技术的日益发展，光驱的传输速度也越来越快，从最初的单速、倍速，到8速、12速，以及后来的24速、32速、40速等。

(2) 光驱的纠错性能。光驱发展到现在，追求的已不仅仅是它的速度，更重要的是它的纠错性能。影响光驱纠错性能的因素主要包括光驱的转速、激光头的激光功率及其是否可升降、所使用光盘的质量好坏、光驱所采用的变频调速电机和变频调速速率等。

3) 移动存储设备

常见的移动存储设备包括U盘和移动硬盘。它们的特点是可反复存取数据，在Windows等操作系统中可以即插即用。U盘和移动硬盘如图1-4-3所示，一般使用USB接口。

(a) U盘

(b) 移动硬盘

图1-4-3　U盘和移动硬盘

U盘采用一种可读写、非易失的半导体存储器——闪速存储器(Flash Memory)作为存储媒介，通过通用串行总线接口(USB)与主机相连，用户可在U盘上很方便地读写、传送数据。U盘体积小巧、重量轻、携带方便、可靠性高。U盘一般可擦写至少100万次，数据至少可保存10年，容量一般以GB为单位。

移动硬盘体积稍大，但携带还算方便，而且容量比U盘更大，一般以GB和TB为存储单位，可以满足大量数据的存储和备份。

3. 计算机中的存储地址

所有存储单元都按顺序排列，每个单元都有一个编号，单元的编号称为“单元地址”。地址编号也用二进制数表示，通过地址编号寻找在存储器中的数据单元称为“寻址”。显然，存储器地址范围的多少决定了二进制数的位数，如果存储器有1024个(1KB)单元，即2^{10}个单元，那么它的地址编码为0~1023；对应的二进制数是0000000000~1111111111，需要用10位二进制数来表示，也就是需要10根地址线；或者说，10位地址码可寻址2^{10}(1KB)的存储空间。存储器中所有存储单元的总和被称为这个存储器的存储容量。若地址线有n根，则它的寻址空间为2^n个存储单元。例如，若地址线有32根，则它的寻址空间为2^{32}个存储单元。

可以计算给定的首地址和末地址之间的存储空间的大小。计算公式如下：

存储空间=末地址-首地址+1

例如，首地址是4000H，末地址是4FFFH，首地址和末地址之间的存储空间如下：

$$存储空间=4FFFH-4000H+1=4KB$$

当给定存储空间的大小和首地址(或末地址)时，利用公式“存储空间=末地址-首地址+1”可以计算出末地址(或首地址)。

例如，存储空间的大小是32KB，首地址为0000H，末地址如下：

$$\begin{aligned}末地址&=存储空间+首地址-1=32KB+0000H-1\\&=32KB-1=(32\times 2^{10})\ B-1=2^{5}\times 2^{10}\ B-1=2^{15}\ B-1\\&=1000\ 0000\ 0000\ 0000B-1=8000H-1=7FFFH\end{aligned}$$

4. 微型计算机常用的输入输出设备

1) 输入设备

微型计算机常见的输入设备包括键盘、鼠标、图像输入设备(摄像机、扫描仪和传真机等)和声音输入设备等。下面重点介绍键盘、鼠标的外观和基本操作，其他输入设备则简单介绍。

(1) 键盘。

键盘是计算机的标准输入设备，同时它又是计算机的控制台，是用户控制计算机的工具。根据键盘上键数的多少，键盘分为101键盘、102键盘、103键盘和104键盘等多种类型。

一般地，按照功能的不同，将键盘上的键划分为4个区，即功能键区、标准打字键区、编辑键区和辅助键区。

- 功能键区：该键区共包括12个功能键和Esc键、Print Screen、Scroll Lock、Pause/Break等键。
- 标准打字键区：该键区共包括4类键，它们分别为数字键、字母键、符号键和控制键。其中控制键的作用见表1-4-1。

表1-4-1　标准打字键区控制键的作用

键	功能
Tab	跳格键。每按一次，光标在屏幕上移动8列
Caps Lock	字母大小写转换键。在键盘的右上角有一个与之对应的标识灯，灯亮时表示处于大写状态
Shift	上档键。其作用有两种：一是用于字母大小写的临时切换，二是用于取得双档键的上档字符。如“:”的输入可先按住Shift键，再按下“:”所在的键
Ctrl	控制键。必须和其他键联合使用，以完成某些特定功能。如： Ctrl+Break　　用于中断某些操作 Ctrl+P　　用于打印机和计算机之间的联机与脱机
Alt	选择键。必须和其他键联合使用，以完成某些特定功能。如在Windows系统下： Alt+F4　　用于关闭应用程序窗口
Enter	回车键，在DOS下是命令行结束的标志，在编辑状态下用于换行
Backspace	退格键，用于删除光标左边的一个字符

- 编辑键区：此区中的键多用于编辑软件，其中 4 个箭头方向的键用于控制光标。编辑键区部分编辑键的作用如表 1-4-2 所示。

表 1-4-2 编辑键区部分编辑键的作用

键	功能	键	功能
Home	将光标移到行首	Page Up	向前翻页
End	将光标移到行尾	Page Down	向后翻页
Insert	切换插入/改写状态	Delete	删除光标右边的一个字符

- 辅助键区：又称为小键盘，这些数字键与计算器键位一致，适用于一些专业数字录入人员的单手操作。
- NumLock 键：数字锁定键。主要用于对小键盘的双档键进行切换，键盘右上角有一个与之对应的标识灯，灯亮时为数字功能，灯灭时为编辑键功能。
- PrintScreen 键：屏幕复制键。把屏幕上的内容复制下来，在 Windows 中按此键可以把屏幕上的内容复制到剪贴板上。

(2) 鼠标。

鼠标是计算机的主要输入设备之一。

常用鼠标按其构造可分为 3 种：机械式鼠标、光电式鼠标和光电机械混合式鼠标。按键数一般分为一键、两键和三键 3 种。

- 机械式鼠标：机械式鼠标里面有一个橡胶球，通过摩擦两个滚轮，将滚轮移动的距离转换为电信号，使屏幕上的光标移动。其中，转换的器件即编码器是机械的，因此称为机械式鼠标。机械式鼠标的定位精度较低、容易磨损、寿命也较短，但它的结构简单，价格也很低且容易操作。
- 光电式鼠标：光电式鼠标的内部有一个光电管，使用时要配备专用的鼠标板。这类鼠标是通过光电管照射在鼠标板上再反射回来的点的位置来定位的。光电式鼠标的精度高，适用于工程设计等要求定位精度准确的场合。但是它的结构复杂，价格也比机械式鼠标贵，而且随着使用次数的增多，鼠标板也容易磨损，会对精度造成一定的影响。
- 光电机械混合式鼠标：这类鼠标的工作原理与机械式鼠标相似，只是编码器采用的是光学器件。这类鼠标综合了机械式和光电式这两类鼠标的优点，其精度比机械式鼠标高，又不需要光电式鼠标的底板，价格也在两者之间。

(3) 触摸屏。

触摸屏的基本原理是：用手指或其他物体触摸安装在显示器前端的触摸屏时，所触摸的位置(以坐标形式)由触摸屏控制器检测，并通过接口(如 RS-232 串行口)送到 CPU，从而确定输入的信息。

常见的触摸屏主要有以下 4 种。

- 电阻式触摸屏：这种触摸屏需要用压力感应进行控制。它的表层是一层塑胶，底层是玻璃，能在恶劣环境下工作，但手感和透光性较差。
- 电容式触摸屏：这种触摸屏是在玻璃表面贴上一层透明的特殊金属导电物质。当有导电物体触碰时，就会改变触点的电容，从而可以检测出触摸的位置。由于电容会随温度、湿度或接地情况的不同而发生变化，因此其稳定性较差。

- 红外触摸屏：该触摸屏外框上装有红外线发射与接收感测元器件，使屏幕表面形成红外线探测网，触摸物体时可改变触点上的红外线，从而实现触摸屏操作。红外触摸屏不受电流、电压和静电的干扰。
- 表面声波触摸屏：表面声波是一种沿介质表面传播的机械波。该类触摸屏的角上装有超声波换能器，能发送一种跨越屏幕表面的高频声波，当手指触及屏幕时，触点上的声波即被接收。表面声波触摸屏的清晰度较高、透光性好，抗刮伤性良好，不受环境温度、湿度等因素影响。

(4) 手写输入设备。

手写输入方法是把要输入的汉字写在一块称作书写板的设备上(实际上是一种数字化仪，现在有的与屏幕结合起来，可以显示笔迹)。这种设备将笔尖划过的轨迹按时间采样后发送到计算机中，由计算机软件自动完成识别，并以机器内部的方式保存与显示。

从技术发展的角度来看，更为重要的一点在于手写板的性能。手写板主要分为3类：电阻式压力板、电磁式感应板和电容式触控板。目前电阻式压力手写板技术落后，已经被市场淘汰。电磁式感应手写板是现在市面上的主流产品。电容式触控手写板将成为市面上的生力军，因为它具有耐磨损、使用简便、敏感度高等优点。

输入设备还有以下4种。

- 图形数字化仪：它是将图形的模拟量转换成数字量后输入计算机的图形输入设备。
- 光笔：指在显示器屏幕上输入、修改图形或写字的设备。
- 写字板：用写字板中的笔可输入图形符号，通过软件转换成字符编码，用来输入文字。
- 条形码阅读器，广泛用于商品流通管理、图书管理等领域。

此外还有数码相机、扫描仪和各种模/数(A/D)转换器等。

2) 输出设备

微型计算机常见的输出设备有显示器、打印机、绘图仪和声音输出设备等。下面主要介绍显示器和打印机。

(1) 显示器。

显示器是计算机系统中不可缺少的部分，用来显示用户输入的命令、数据和程序运行的结果。目前使用的显示器主要有阴极射线管显示器(CRT)和液晶显示器(LCD)。

显示器按颜色可分为单色和彩色两种；按分辨率可分为高、中、低3种。显示器的分辨率用整个屏幕上的光栅的列数(每一行上显示的光点，即像素的点数)和行数(每一列中显示的像素的点数)的乘积来表示。例如，320×200像素的显示器属于低分辨率，640×480像素的显示器属于中分辨率，1024×768、1024×1024像素的显示器属于高分辨率。分辨率越高，所显示的图像越清晰。

显示器一般通过一块显卡与主机相连。显卡也称图形卡，由字符库、控制线路和显示缓冲存储器等组成。显卡插在主机主板的扩展槽上，显示器与显卡一起构成显示系统。

(2) 打印机。

打印机是一种能够在纸上打印字符或图形的输出设备。打印机的种类很多，按工作原理可分为击打型和非击打型；按打印方式可分为激光打印机、喷墨打印机和点阵式打印机。

- 激光打印机(Laser Printer)：激光打印机的印制原理与复印机相似，先用激光把要印的字符或图像照在感光鼓上，产生潜像，然后吸附色粉再转印到纸上，经过加热固化，形成稳定的直观字符和图像。激光打印机是计算机最理想的打印机，它输出的文本清晰，可与铅字质量媲美，印刷速度快，没有噪声，适用于排版印刷行业或在办公室中输出正式的图文资料。

- 喷墨打印机(Ink-jet Printer)：喷墨打印机是通过精细的喷头，将墨水喷到纸面上产生字符和图像。这种打印机价格比较低，但打印速度慢，喷墨头的使用寿命短。喷墨打印机比较适合家庭使用，不适合用在办公室中打印繁多的材料。
- 点阵式打印机(Dot-matrix Printer)：点阵式打印机又称针式打印机。它通过有选择地驱动一个由针组成的阵列撞击色带，靠针的压力把色带上的印油印在纸上。由针组成的阵列是一个机械装置，针与针之间的距离使其分辨率较低，所以相对而言打印的质量不高。但其性价比较高，并且可以直接打印在复写纸和蜡纸上。

打印机有两种工作方式：点阵方式和字符方式。其中，点阵方式是主机逐点地向打印机输送信号；字符方式是主机向打印机输送字符代码，由打印机将此代码转换为字符的字形打印出来。

二、软件系统

1. 软件的基本概念

1) 指令

指令是能被计算机识别并执行的二进制代码，它规定了计算机能完成的某一操作。

一条指令通常由两部分组成：操作码和操作数。操作码可指明该指令要完成的操作类型或性质，如取数、做加法或输出数据等。操作数可指明操作对象的内容或所在的存储单元地址(地址码)。操作数在大多数情况下是地址码，地址码可以有 0~3 个。

2) 程序

程序是用某种特定的符号系统(语言)对被处理的数据和实现算法的过程进行的描述，通俗而言，就是用于指挥计算机执行各种动作，以便完成指定任务的指令序列。

3) 软件

软件是各种程序的总称。广义而言，“软件”泛指程序、计算机运行时所需的数据以及程序的有关文档资料。

计算机的软件系统是指为使用计算机而编制的程序和有关文件。软件系统有两种类型：系统软件和应用软件。

(1) 系统软件。

系统软件分为操作系统、各种语言翻译系统、系统支撑和服务程序、数据库管理系统。

- 操作系统。操作系统由一组控制计算机系统并对其进行管理的程序组成，它是用户与计算机硬件系统之间的接口，为用户和应用软件提供了访问与控制计算机硬件的桥梁。常用的操作系统有 Windows 系列、UNIX 等。
- 各种语言翻译系统。各种程序设计语言，如汇编语言、C、Java 等高级语言所编写的源程序，计算机不能直接执行源程序，必须经过翻译，这就需要使用语言翻译系统。
- 系统支撑和服务程序。这些程序又称为工具软件，如系统诊断程序、调试程序、排错程序、编辑程序、查杀病毒程序等，它们都是为维护计算机系统的正常运行或支持系统开发所配置的软件系统。

- 数据库管理系统。主要用来建立存储各种数据资料的数据库，并对数据库进行操作和维护。

(2) 应用软件。

为解决各类实际问题而设计的软件称为应用软件。按照其服务对象，一般分为通用的应用软件和专用的应用软件。

通用的应用软件一般是为了解决许多人都会遇到的某一类问题而设计的，包括文字处理、电子表格、数据库管理、辅助设计与辅助制造、计算机通信与网络等软件。

专用的应用软件是专为少数用户设计、目标单一的应用软件，如某机床设备的自动控制软件、用于某实验仪器的数据采集与处理的软件、学习某门课程的辅助教学软件等。

2. 计算机软硬件之间的关系

计算机中，硬件和软件是相辅相成的，从而构成一个不可分割的整体——计算机系统。

(1) 硬件是软件的基础。若只有硬件，计算机还不能直接被用户使用，需要安装一系列的软件后，计算机才能正常使用。软件建立在硬件基础之上。没有硬件，软件无法栖身，无法工作。

(2) 软件是硬件的功能扩充与完善。硬件提供了一种使用工具，而软件提供使用这种工具的方法。系统软件支持应用软件的开发，操作系统支持应用软件和系统软件的运行。各种软件通过操作系统的控制和协调，完成对硬件系统各种资源的利用。

(3) 硬件和软件相互渗透、相互促进。从功能上讲，计算机硬件和软件之间并不存在一条固定或一成不变的界线。

计算机系统的许多功能，既可用硬件实现，又可用软件实现。由于软硬件功能的相互渗透，也促进了软硬件技术的发展。一方面，硬件的发展及性能的改善，为软件的应用提供了广阔的前景，促进了软件的发展；另一方面，软件的发展，对硬件提出了新的要求，从而促进了新硬件的产生和发展。

第五节　计算机语言

计算机语言按其和硬件接近的程度，可以分为低级语言和高级语言两大类。

一、低级语言

低级语言包括机器语言和汇编语言。

机器语言是最内层的计算机语言，其指令由计算机硬件直接识别的二进制代码构成。由二进制代码组成的指令的集合称为计算机指令系统，它与计算机硬件关系密切。每种机器都有自己的一套机器语言。不同机种之间，机器语言不能通用。

机器语言是唯一能被计算机直接识别和执行的语言，因而执行速度最快。但缺点是编写程序不便，直观性差，阅读困难，修改、记忆和调试费力，且不具有可移植性。

汇编语言是一种符号化的机器语言。为了便于理解和记忆，采用帮助人们记忆的英文缩写符号(也称指令助记符)来代替机器语言指令代码中的操作码，用地址符号来代替地址码，这种用指令助记符和地址符号来编写的指令称为汇编语言。汇编语言与机器语言指令之间基本上是一一对应的。因此，汇编语言也从属于特定的机型，也是面向机器的语言，与机器语言相差无几，但不能被机器直接识别与执行。由于汇编语言采用了助记符，因此它比机器语言更直观、便于记忆和理解，也比机器语言程序易于阅读和修改。

二、高级语言

由于机器语言或汇编语言对机器的依赖性较强，因此它们都不能离开具体的计算机指令系统，并且编写的程序较复杂，效率低，通用性差。为了克服机器语言或汇编语言的缺陷，出现了高级语言。

世界上已出现了很多种不同类型和功能的高级语言，如 BASIC、FORTRAN、C、VB、Delphi、C++、Java、C#、Python 等。使用高级语言编写的程序由一系列的语句组成，每一条语句可以对应若干条机器指令。

高级语言编程效率高，而且由于高级语言的书写方式接近人们的表达习惯，因此这样的程序更便于阅读和理解，出错时也容易检查和修改，给程序的调试带来了很大的方便，大大地促进了计算机的普及。

高级语言分为两种：一种是面向过程的程序设计语言，如 BASIC、FORTRAN、C 等；另一种是面向对象的程序设计语言，如 Delphi、C++、Java、C#等。面向过程的程序设计语言使用“函数”或“过程”等子程序来组成程序，而面向对象的程序设计语言使用“类”和“对象”来组成程序。

语言处理的核心内容是进行语言翻译。语言翻译有两种基本的处理方式：解释和编译。

1) 解释方式

解释方式是边解释边执行。将用高级语言编写的源程序输入计算机后，就启动相应的解释程序。这个解释程序的作用是逐条分析源程序中的语句，按照源程序描述的过程，执行一个对应的机器语言程序，直到整个源程序都被扫描一遍，再被解释和执行完毕为止。

解释方式的特点是并不生成完整的目标程序，而是局部地生成对应的子程序，一边解释，一边执行。解释程序的工作过程如图 1-5-1 所示。

在解释方式中，并不生成目标文件，源程序(即被解释的程序)的全部信息仍保留在内存之中，因而用户可以根据解释执行的情况，对源程序进行调整和修改，然后重新执行。程序每次重复执行时，都需要解释程序进行翻译。离开解释程序，源程序就不能独立运行。BASIC 语言就是采用解释方式工作的。

2) 编译方式

编译方式是将源程序全部翻译成用机器语言表示的目标程序。执行时，机器将直接执行目标程序，不再需要源程序和翻译程序，为此需要一种编译程序。用汇编语言或高级语言编写的源程序被当作数据来接收，被作为处理的对象，经过翻译转换，生成机器代码输出，再由一个汇编(连接)程序做进一步加工，最后得到可执行的目标程序，交由计算机执行。

与解释方式相比，编译方式是最后让计算机直接执行目标程序，所以效率较高，执行速度较快。虽然编译过程本身也需要花费时间，但这往往可以事先安排，编译一次后，所生成的目标程序可以多次使用。编译程序的工作过程如图 1-5-2 所示。

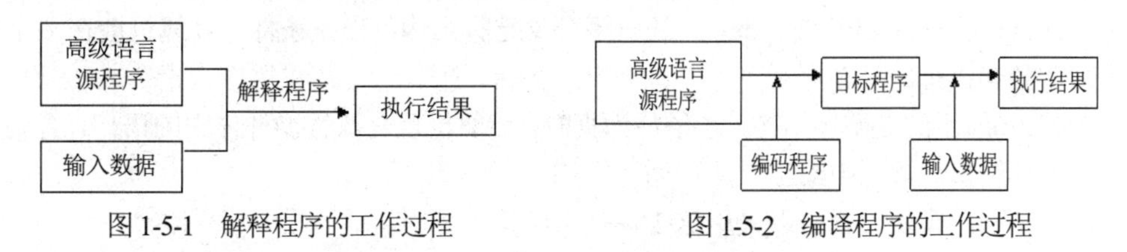

图 1-5-1　解释程序的工作过程　　图 1-5-2　编译程序的工作过程

目前，对大多数高级程序设计语言的处理都采取编译方式，如 FORTRAN、Pascal、C、PROLOG、PL/1、Ada、COBOL、C #等。

三、程序设计

1. 计算机程序和程序设计的概念

计算机程序是为了解决某个问题、达到某个目标而指示计算机执行的指令序列。指令就是要计算机执行的某种操作的命令。程序需要使用某种程序设计语言编写。程序是人与计算机交流的一种重要的方式。编写计算机程序的过程被称为程序设计。

计算机科学家尼古拉斯•沃思(Nikiklaus Wirth)提出了如下公式：

程序=数据结构+算法

后来人们研究认为：除了数据结构和算法两部分内容外，计算机程序还应该包含程序设计方法、语言工具环境两部分内容，因此，上面的公式可以表示为：

程序=数据结构+算法+程序设计方法+语言工具环境

2. 计算机程序的结构

编写一个规模庞大、功能丰富的程序，从总体上看，人们采用的是模块化的程序设计思想；而编写每一个模块时，人们采用的是结构化的程序设计方法。所以，从总体上看，程序是模块化的结构；而每个模块的结构，是按照结构化的程序设计方法，由顺序、选择、循环这 3 种结构组成。

1) 模块化的程序设计思想

模块是组成程序的基本单位，它的规模一般较小，可以实现程序的一项或几项功能。根据程序的规模和功能，人们将程序划分成若干相对独立的模块，每个模块解决一个或几个小问题，可以组织许多开发者分别编写每个模块。这种程序设计思想被称为模块化的程序设计思想，它解决了大规模的复杂的程序设计问题，目前被广泛采用。

采用模块化的程序设计思想的设计过程，简单说就是“自顶向下、化整为零、逐步细化”的过程。首先，从顶层开始设计，将整个程序划分为若干较大的模块，然后，将每个较大的模块分解为几个较小的模块，分解的过程逐步细化，直到每个模块只具有一项或几项较小的功能为止。由于每个小模块较容易编写，因此整个程序也不难编写。

2) 结构化的程序设计方法

结构化的程序设计方法主要采用顺序、选择、循环 3 种基本结构来编写程序。

图 1-5-3(a)所示的是顺序结构，计算机按顺序执行每部分语句。

图 1-5-3(b)所示的是两分支选择结构，当条件为真时，计算机执行“语句 1”部分；当条件为假时，计算机执行“语句 2”部分。还有多分支选择结构，根据条件，计算机会在多个分支中选择某个分支执行。

图 1-5-3(c)所示的是循环结构，当条件为真时，计算机重复执行循环体中的语句，直到条件为假时，循环结束。该图中给出了两种循环结构。

任何一个程序模块，都可以采用这 3 种基本结构来编写。

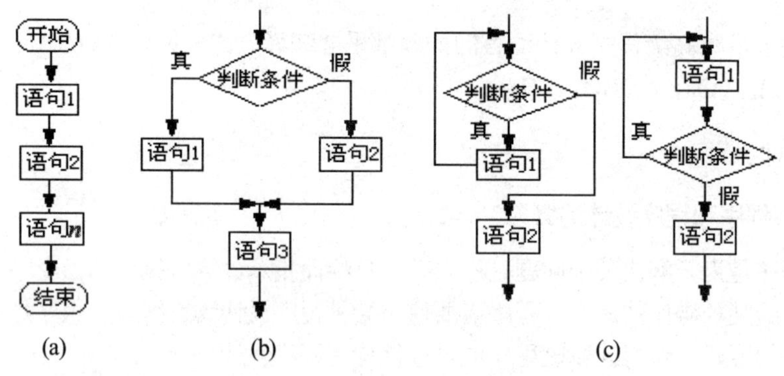

图 1-5-3　程序的 3 种基本结构

3. 计算机程序设计的过程

程序设计的主要过程如下。

(1) 分析问题。弄清楚是什么问题，需要输入哪些数据，需要做哪些处理，需要输出哪些数据。

(2) 确定数据结构和算法。根据上面的分析，确定为了解决该问题，应该使用什么样的数据结构，应该使用怎样的算法。

(3) 选定一种高级语言。根据上面的分析，确定哪一种高级语言适用于解决该问题。

(4) 安装好所选高级语言的运行环境。在计算机上安装该高级语言处理程序，将运行该高级语言处理程序所需的条件设置并调试好。

(5) 启动高级语言处理程序。按照上面确定的算法，完成源程序文件代码的编写。

(6) 编译源程序文件。经过编译，生成目标代码文件。

(7) 调试、连接、运行、检测程序。经过此过程，找出程序中的错误并加以改正。

(8) 生成可执行文件，即生成扩展名为.exe 的文件。

(9) 编写程序文档材料。文档材料中包括程序的使用说明、实现方法、主要的算法描述、主要的数据描述以及修改情况等。

4. 数据结构

数据结构是计算机存储、组织数据的方式，是指相互之间存在一种或多种特定关系的数据元素的集合。简单来说，数据结构是数据的组织、存储和运算的总和。

许多程序的规模很大，结构又相当复杂。为了编写出一个“好”的程序，必须分析待处理的数据元素的特征及各数据元素之间存在的关系，就是说应该研究数据结构。将数据按某种关系组织起来，其目的是提高算法的效率，然后用一定的存储方式存储到计算机中。通常情况下，精心选择的数据结构可以带来更高的运行或者存储效率。

数据结构是由数据元素依据某种逻辑关系组织起来的一种结构，对数据元素间逻辑关系的描述称为数据的逻辑结构。数据必须在计算机内存储，就是说要将数据的逻辑结构映射到计算机存储器，以实现数据结构。此外，讨论一个数据结构的同时，必须讨论在该类数据上执行的运算才有意义。因此，数据结构的概念一般包括如下 3 方面的内容。

第一是数据的逻辑结构，逻辑结构可以被看作是从具体问题抽象出来的数学模型。

第二是数据的存储结构(即物理结构)，存储结构是逻辑结构在计算机内的表示。

第三是数据的运算，即对数据的加工和处理等各种操作。

1) 数据的逻辑结构

数据的逻辑结构通常有以下 4 类基本形式。

- 集合结构：集合中任何两个数据元素除了“属于同一个集合”之外，没有其他关系，组织形式松散。
- 线性结构：数据元素之间存在一对一的关系，依次排列形成一个“链”。
- 树状结构：数据元素之间存在一对多的关系，具有分支、层次特性，其形态有点像自然界中的树。
- 网状结构(图形结构)：数据元素之间存在多对多的关系，互相缠绕，任何两个数据元素都相互邻接。

2) 数据的存储结果

数据的存储结构通常采用顺序、链接、索引、散列 4 种方法。

- 顺序存储方法：该方法将逻辑上相邻的数据元素存储在物理位置上相邻的存储单元里，数据元素间的逻辑关系由存储单元的邻接关系来体现，由此得到的存储表示称为顺序存储结构。顺序存储结构通常借助于程序设计语言中的数组来实现。
- 链接存储方法：该方法不要求逻辑上相邻的数据元素在物理位置上也相邻，数据元素间的逻辑关系由附加的指针表示。由此得到的存储表示称为链式存储结构，这种结构通常借助于程序设计语言中的指针类型来实现。
- 索引存储方法：索引存储结构是用节点的索引号来确定节点存储地址。除了需要建立节点的存储数据元素信息外，还需要建立附加的索引表来标识数据元素的地址。
- 散列存储方法：该方法根据数据元素的关键字，直接计算出该数据元素的存储地址。

3) 数据的运算

数据结构与算法密切相关，算法依附于具体的数据结构，数据结构直接关系到算法的选择和效率。

5. 算法

在使用计算机编写解决某个问题的程序之前，需要确定解决该问题的算法。算法就是对解决某个问题的方法和步骤的一种描述。

可以采用多种工具来描述算法。例如，可以采用自然语言来描述算法，但自然语言容易产生歧义，所以一般不用自然语言。人们常用程序流程图或者盒图(N-S图)来描述算法，但有时也用伪码或者问题分析图(PAD 图)来描述算法。

例如，对于问题“从键盘输入100个整数，分别计算其中的偶数之和、奇数之和”，图1-5-4给出了描述算法的程序流程图，图1-5-5给出了描述算法的盒图。

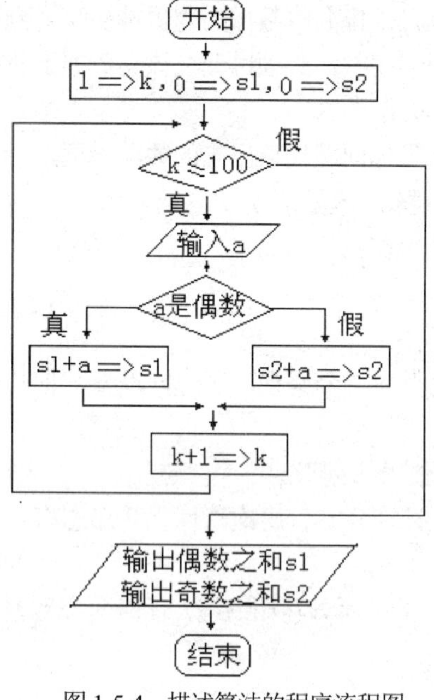

图1-5-4　描述算法的程序流程图

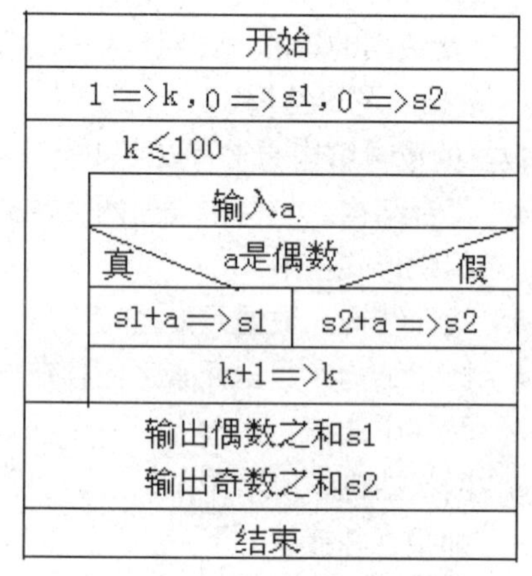

图1-5-5　描述算法的盒图

算法具有以下5个特点。

- 有穷性。任何一个算法应该包含有限的操作步骤，而不能是无限的。这个有限的操作步骤应该在合理的范围之内。例如，让计算机执行一个历时1000年的算法，显然不合理。
- 确定性。算法中的每一个步骤都应当是确定的、含义是唯一的，不能含糊、模棱两可。
- 可行性。算法中的每一个步骤都是可行的，都能有效地执行，或者说每一个步骤都必须在有限的时间内通过有限次操作完成。
- 有零个或若干个输入。所谓输入就是为了执行算法而从外界获取的信息。有的问题的算法不需要从外界输入的信息，而有的问题的算法依赖于从外界输入的信息。
- 有一个或多个输出。设计算法的目的是解决问题，当然需要输出结果。

第六节　信息安全和职业道德

一、信息安全的基本概念

1. 计算机信息安全

计算机信息系统是一个人机系统，基本组成包括3部分：计算机实体、信息和人。在计算机信息系统中，信息的采集取决于人，信息的处理取决于人，信息的使用取决于人。人机交互是计算机信息处理的一种基本手段，也是计算机信息犯罪的入口。

计算机信息系统安全的范畴主要包括：实体安全、信息安全、运行安全和人员安全。

实体安全是指保护计算机设备、设施(含网络)以及其他媒体免遭破坏的措施、过程。破坏因素主要包括人为破坏、雷电、有害气体、水灾、火灾、地震、环境故障。实体安全范畴包括环境安全、设备安全、媒体安全。计算机实体安全的防护是防止信息威胁和攻击的第一步，也是防止威胁和攻击信息的天然屏障。

信息安全是指防止信息被故意和偶然地非法授权、泄露、更改、破坏，或使信息被非法系统识别、控制。信息安全的目标是保证信息的保密性、完整性、可用性、可控性。信息安全范围主要包括操作系统安全、数据库安全、网络安全、病毒防护、访问控制、加密和鉴别7个方面。

运行安全是指信息处理过程中的安全。运行安全范围主要包括系统风险管理、审计跟踪、备份与恢复、应急4个方面的内容。系统的运行安全检查是计算机信息系统安全的重要环节，用来保证系统能连续、正常地运行。

人员安全主要是指计算机工作人员的安全意识、法律意识、安全技能等。除少数难以预知和抗拒的天灾外，绝大多数灾害是人为的。由此可见，人员安全是计算机信息系统安全工作的核心。

2. 计算机信息面临的威胁

计算机信息系统本身的缺陷和人类社会存在的利益驱使，不可避免地会存在对计算机信息系统的威胁。

1) 计算机信息系统的脆弱性

计算机信息系统的脆弱性可从以下几个环节来分析。

(1) 信息处理环节中存在的不安全因素。

信息处理环节的脆弱性存在于以下几点：①输入系统的数据容易被篡改或输入假数据。②数据处理部分的硬件容易被破坏或盗窃，并且容易受电磁干扰或自身电磁辐射而造成信息泄露。③数据容易在传输线路上被截获，传输线路容易被破坏或盗窃。④软件(包括操作系统、数据库系统和程序)容易被修改或破坏。⑤输出信息的设备容易造成信息泄露或被窃取。⑥系统的存取控制部分的安全功能还比较薄弱。

(2) 计算机信息系统自身的脆弱性。

计算机信息系统自身的脆弱性是指体系结构存在先天不足，其主要包括以下3方面。

- 计算机操作系统的脆弱性：操作系统的不安全性是信息不安全的重要原因。操作系统的程序是可以动态连接的，包括 I/O 的驱动程序与系统服务，都可以通过打补丁进行动态连接，该方法合法系统可用，黑客也可用。操作系统的安全隐患还包括为系统开发人员提供的便捷入口、操作系统设置的隐蔽信道和无口令入口。
- 计算机网络系统的脆弱性：当初建立网络协议时，基本没有考虑安全问题。ISO7498是在后来才加入了 5 种安全服务和 8 种安全机制。TCP/IP 也存在类似问题，Internet出现后使安全问题更为严重。TCP/IP 提供的 FTP、TELNET、E-mail、NFS、RPC 存在漏洞。通信网络也存在弱点，通过未受保护的线路就可以访问系统内部，通信线路可以被搭线窃听和破坏。
- 数据库管理系统的脆弱性：数据库管理系统的安全级别应与操作系统的安全级别相同。

(3) 其他不安全因素。

在信息处理方面也存在许多不安全因素，主要存在以下几方面。

- 存储密度高。在一张磁盘或 U 盘中可以存储大量信息，很容易放在口袋中带出去，容易受到意外损坏或丢失，造成大量的信息丢失。
- 数据的可访问性。数据信息可以很容易地被复制下来而不留任何痕迹。
- 信息的聚生性。信息系统的特点之一，就是能将大量信息收集在一起进行自动、高效的处理，产生有价值的结果。当信息以分离的小块形式出现时，它的价值往往不大，但当将大量信息聚集在一起时，信息之间的相关特性，将极大地显示出这些信息的重要价值。信息的这种聚生性与其安全密切相关。
- 保密困难性。计算机系统内的数据都是可用的，尽管可以设许多关卡，但对一个熟悉计算机的人来说，获取数据并非难事。
- 介质的剩磁效应。存储介质中的信息有时是擦除不干净或不能完全擦除掉的，会留下可读信息的痕迹，一旦被利用，信息就会泄露。
- 电磁泄漏。计算机设备工作时能够辐射出电磁波，任何人都可以借助仪器设备在一定的范围内收到它，尤其是利用高灵敏度仪器可以清晰地看到计算机正在处理的机密信息。
- 信息介质的安全隐患。在磁盘信息恢复技术方面，即使硬盘被格式化多遍，其残留信息仍能被恢复。当对磁盘“以旧换新”时，往往会忽视这种形式的信息外泄。

2) 计算机信息系统面临的威胁

计算机信息系统面临的威胁主要来自自然灾害构成的威胁、人为或偶然事故构成的威胁、计算机犯罪的威胁、计算机病毒的威胁和信息战的威胁等。

自然灾害构成的威胁包括火灾、水灾、风暴、地震、电磁泄漏、干扰和环境(温度、湿度、振动、冲击、污染)等的影响。例如，不少计算机机房没有防雷、避雷措施，容易使计算机遭受雷击损失。

人为或偶然事故构成的威胁有如下几方面：软硬件的故障引起安全策略失效；工作人员的误操作使系统出错，使信息严重破坏或无意地让他人看到了机密信息；环境因素的突然变化，如高温或低温、各种污染破坏了空气洁净度，电源突然掉电或冲击造成系统信息出错、丢失或破坏。

计算机犯罪的威胁是指利用暴力和非暴力形式，故意泄露或破坏系统中的机密信息，以及危害系统实体的不法行为对个人、社会造成的危害。暴力是指对计算机设备和设施进行物理破坏；非暴力是指利用计算机技术及其他技术进行犯罪。

计算机病毒的威胁是指遭受为达到某种目的而编制的、具有破坏计算机或毁坏信息的能力、自我复制和传染能力的程序的攻击。我国 90%的局域网，曾遭受过病毒的侵袭。例如，1998 年爆发的 CIH 病毒，2003 年爆发的冲击波病毒 Blaster，2006 年爆发的“熊猫烧香”病毒，2017 年开始并爆发肆虐多年的勒索病毒，都对我国及全球的计算机和网络造成了巨大的影响。

信息战的威胁是指为保持自己在信息上的优势、获取敌方信息并干扰敌方信息的信息系统、保护自己的信息系统所采取的行动。现代信息技术在军事上的使用称为信息武器，即第四类战略武器。信息武器大体分为 3 类：具有特定骚扰或破坏功能的程序，如计算机病毒；具有扰乱或迷惑性能的数据信号；具有针对性信息擦除或干扰运行的噪声信号。

3) 计算机信息受到的攻击

计算机信息受到的攻击可分为两类：对实体的威胁和攻击，对信息的威胁和攻击。信息攻击的目的是对信息的保密性、完整性、可用性、可控性进行破坏。

对实体的威胁和攻击主要是威胁和攻击计算机及其外设和网络，如各种自然灾害和人为的破坏、设备故障、电磁场干扰或电磁泄漏、战争破坏、媒体被盗或遗失等。

对信息的威胁和攻击所采用的主要手段有两种：信息泄露和信息破坏。前者是偶然地或故意地获得目标系统中的信息，其手段有侦收、截获、窃取、破译分析；后者是偶然事故或人为破坏信息，其手段有利用系统本身的脆弱性、滥用特权身份、不合法地使用、修改或非法复制系统中的数据。

攻击分为主动攻击与被动攻击。

(1) 主动攻击。

主动攻击是指以各种方法，有选择性地修改、删除、添加、伪造和复制信息。

主动攻击的主要方法有以下 5 种。

- 窃取并干扰通信线路中的信息。
- 返回渗透。有选择性地截取系统中央处理器的通信，然后将伪造信息返回给系统用户。
- 线间插入。当合法用户占用信道而终端设备还没有动作时，插入信道进行窃听或信息破坏活动。
- 非法冒充。采取非常规的方法和手段，窃取合法用户的标识符，冒充合法用户进行窃取或信息破坏。
- 系统人员的窃密和毁坏系统数据、信息的活动等。

(2) 被动攻击。

被动攻击是在不干扰系统正常使用的情况下进行侦收、窃取系统信息。利用观察信息、控制信息的内容来获取目标系统的设置、身份；利用研究机密信息的长度和传递的频度获取信息的性质。被动攻击的特点是隐蔽，不易被用户察觉，攻击持续性长，危害大。

被动攻击的主要方法有以下 5 种。

- 直接侦收。利用电磁传感器或隐藏的收发信息设备直接侦收或搭线侦收信息系统的中央处理器、外设、终端设备、通信设备或线路上的信息。
- 截获信息。系统及设备在运行时散射的寄生信号容易被截获，短波、超短波、微波和卫星设备有相当大的辐射面，市话线路、长途架空明线的电磁辐射面也相当广泛。
- 合法窃取。利用合法的用户身份，设法窃取未授权的信息；利用合法查询的数据，推导出不该了解的机密信息。
- 破译分析。对已经加密的机要信息进行解密，获取信息。
- 从遗弃的媒体中获取并分析信息。从遗弃的打印纸、各种记录和统计报表、窃取或丢失的光盘中获取信息。

3. 计算机信息安全技术

计算机信息安全保护的内容主要包括两个方面：一是国家实施的安全监督管理体系，二是计算机信息系统使用单位自身的保护措施。无论哪个方面都包括 3 项重点内容：安全法规、安全管理和安全技术。

1) 计算机信息的安全体系

建立信息安全体系的目的就是要将有非法侵入信息倾向的人与信息隔离开。

计算机信息安全体系保护的层次包括：信息、安全软件、安全硬件、安全物理环境、法律、规范、纪律、职业道德和人。

其中最里层是信息本身的安全，人处于最外层，需要层层防范。信息处于被保护的核心，与安全软件和安全硬件均密切相关。

2) 计算机信息的实体安全

在计算机信息系统中，计算机和相关的设备、设施(含网络)统称为计算机信息系统的“实体”。

实体安全是指为了保证计算机信息系统安全可靠地运行，确保计算机信息系统在对信息进行采集、处理、传输和存储的过程中，不至于受到人为或自然因素的危害，导致信息丢失、泄露或破坏，而对计算机设备、设施、环境人员等采取适当的安全措施。

实体安全主要分为环境安全、设备安全和媒体安全 3 个方面。

(1) 环境安全。计算机信息系统所在的环境保护，主要包括区域保护和灾难保护。

(2) 设备安全。计算机信息系统设备的安全保护主要包括设备的防毁、防盗、防止电磁信息辐射泄漏和干扰及电源保护等方面。

(3) 媒体安全。计算机信息系统媒体安全主要包括媒体数据的安全及媒体本身的安全。

实体安全的基本要求是：中心周围 100 米内没有危险建筑；设有监控系统；有防火、防水设施；机房环境(温度、湿度、洁净度)达到要求；配有防雷措施；配有相应的备用电源；有防静电措施；采用专线供电；采取防盗措施等。

3) 信息运行安全技术

保证计算机信息运行的安全是计算机安全领域中最重要的环节之一。这方面的技术主要有风险分析、审计跟踪技术、应急技术和容错存储技术。

(1) 风险分析。

风险分析方法用于估计威胁发生的可能性，以及由于系统容易受到攻击的脆弱性而引起的潜在损失。

风险分析一般分为 3 个阶段，即设计前和运行前的静态分析，意在发现对信息的潜在安全隐患；信息运行时的动态分析，跟踪并记录运行过程，意在发现运行时的安全漏洞；系统运行后的分析，得出系统脆弱性方面的分析报告。

风险分析方法就是按危险的严重性和可能性进行风险评估，划分等级，得出风险指数，并给出处理方法。

严重性等级分 4 级：Ⅰ级(灾难的)、Ⅱ级(严重的)、Ⅲ级(轻度的)和Ⅳ级(轻微的)。

可能性等级分 5 级：A 级(频繁)、B 级(很可能)、C 级(有时)、D 级(极少)和 E 级(不可能)。

(2) 审计跟踪技术。

审计是对计算机信息系统的运行过程进行详细的监视、跟踪、审查、识别和记录，从中发现信息的不安全问题。审计可以防止信息从内部泄露，防止和发现计算机犯罪。审计的主要内容有：记录和跟踪信息处理时各种系统状态的变化；实现对各种安全事故的定位；保存、维护和管理日志。

(3) 应急技术。

应急技术是在风险分析和风险评估基础上制订应急计划和应急措施。

应急计划的制订主要考虑3方面的因素：紧急反应、备份操作和恢复措施。与此对应的应急措施应包括：紧急行动方案、信息资源备份、快速恢复技术。

(4) 容错存储技术。

容错存储技术主要用于信息备份与保护的应急措施中。这些技术主要有以下几种。

- 自制冗余度：利用双硬盘自动备份每日的数据，当工作硬盘损坏后，仅损失当天的数据，这样可以减少信息的损失程度，也可以缩短备份的时间间隔。
- 磁盘镜像：这种技术也称为热备份技术。在处理信息时，通过智能控制器和软件同时对两个物理驱动器进行信息的写入，这样当一个工作驱动器损坏时，不会有数据损失。由于两个驱动器的信息完全相同，因此称其为镜像。
- 磁盘双工：将两个磁盘驱动器分别接到不同的磁盘控制器上。此种方式下即使有一个控制器出现故障，系统仍然可以利用另外一个控制器来读取另一个磁盘驱动器内的数据，因此具备容错功能，这种方式称为磁盘双工。

4) 计算机系统安全等级

为了有效地保护信息，防范各种可能的入侵，帮助系统设计者和使用者明确系统安全的程度，必须有一个安全等级的标准。美国国防部制定了《可信任计算机系统评估准则》(*Trusted Computer System Evaluation Criteria*)，将信息处理的等级和采取的应对策略划分为多个安全类别和级别，如表1-6-1所示。

表1-6-1　安全类别和级别

类别	级别	名称	主要特征
D	D	低级保护	没有安全保护
C	C1	自主安全保护	自主存储控制
	C2	受控存储控制	单独的可查性，安全标识
B	B1	标识的安全保护	强制访问控制，安全标识
	B2	结构化保护	面向安全的体系结构，较强的抗渗透能力
	B3	安全域	存取监控，高抗渗透能力
A	A	验证设计	形式化的最高级描述和验证

D级是最低的安全级别，对于硬件来说，没有任何保护措施。操作系统容易受到损坏，没有系统访问限制和数据访问限制，任何人无需任何账户都可以进入系统。可以不受限制地访问他人的数据文件。

C1是C类的一个安全子级。C1又称选择性安全保护系统，这种级别的系统对硬件具有某种程度的保护。例如，用户拥有注册账号和口令，系统通过账号和口令来识别用户是否合法，并决定用户对程序和信息拥有什么样的访问权，但硬件受到损害的可能性仍然存在。用户拥有的访问权是指对文件和目标的访问权。文件的拥有者和超级用户可以改变文件的访问属性，从而对不同的用户授予不同的访问权限。

C2级除了包含C1级的特征外，对控制环境具有访问权。该环境具有进一步限制用户执行某些命令或者访问某些文件的权限，而且还加入了身份验证等级。另外，系统对发生的事情会加以审计，并写入日志中，通过查看日志，就可以发现入侵的痕迹。

审计除了可以记录系统管理员执行的活动以外，还加入了身份验证级别，这样就可以知道谁在执行这些命令。审计的缺点在于它需要额外的处理时间和磁盘空间。使用附加身份验证就可以让一个 C2 级系统用户在不是超级用户的情况下有权执行系统管理任务。授权分级使系统管理员能够对用户进行分组，授予他们访问某些程序或特定目录的权限。

B 级中有 3 个级别，B1 级即标识的安全保护，是支持多级安全(例如秘密和绝密)的第一个级别，这个级别说明处于强制性访问控制之下的对象，系统不允许文件的拥有者改变其许可权限。B2 级，又称为结构化保护级别，它要求计算机系统中所有的对象都要加上标签，而且给设备(磁盘、磁带和终端)分配单个或者多个安全级别。B3 级，又称为安全域级别，使用安装硬件的方式来加强域的安全。例如，内存管理硬件用于保护安全域免遭无授权访问，或更改其他安全域的对象。该级别也要求用户通过一条可信任途径连接到系统上。

A 级又称验证设计级别，是当前橙皮书中的最高级别，它包含了一个严格的设计、控制和验证过程。该级别包含较低级别的所有的安全特性。

5) 信息安全技术

计算机信息安全技术是指信息本身安全性的防护技术，以免信息被故意地和偶然地破坏。主要有以下 4 种安全防护技术。

(1) 加强对操作系统的保护。

由于操作系统允许多用户和多任务访问存储区域，因此应加强 I/O 设备访问控制，限制过多的用户通过 I/O 设备进入信息和文件系统。

共享信息的完整性和一致性不容破坏，因此对于一般用户只给予只读性的访问。所有用户应得到公平服务，不应有隐蔽通道。操作系统开发时留下的隐蔽通道应及时封闭，对核心信息应采取隔离措施。

(2) 数据库的安全保护。

数据库是信息集中存放的位置。数据库系统是在操作系统的支持下运行的，操作系统会对数据库中的信息加以管理和处理。

在安全上虽然有操作系统给予一定的支持和保障，但信息最终是要与外界通信的，数据库由于本身的特点，使操作系统不能提供完全的安全保障，因此还需要对数据库加强安全管理。数据库主要有以下几个安全特点。

- 数据库中的信息众多，保护客体涉及多方面，如文件、记录、字段。它们所保护的程序和要求不同，数据库中某些数据信息的生命周期较长，需要长期给予安全保护。
- 在开发网络的数据库系统中，用户多而分散，安全问题尤为严重，数据库的语法和语义上存在缺陷，可能导致数据库的安全受损。
- 需要防止通过统计数据信息推断出机密的数据信息，要严防操作系统违反系统安全策略、通过隐蔽通道传输数据。

根据上述数据库的安全性特点，加强数据库系统的功能则需要构架安全的数据库系统结构，要确保逻辑结构机制的安全可靠，强化密码机制，严格鉴别身份和访问控制，加强数据库的使用管理和运行维护等。

(3) 访问控制。

访问控制是限制合法进入系统的用户的访问权限，主要包括授权、确定存取权限和实施权限。访问控制主要是指存取控制，它是维护信息运行安全、保护信息资源的重要手段。访问控制的技术主要包括目录表访问控制、访问控制表、访问控制矩阵等。

(4) 密码技术。

这是对信息直接进行加密的技术和维护信息安全的有力手段。它的主要技术是通过某种变换算法将信息(明文)转换成他人看不懂的符号(密文)，在需要时又可以通过反变换将密文转换成明文，前者称为加密，后者称为解密。明文是指加密前的原始信息；密文是指被加密后的信息，密文是杂乱无章的字符序列，使人难以理解和分析。密钥是实现加密算法和解密算法的关键信息。加密密钥和解密密钥可以相同或不相同。

4. 计算机网络安全技术

目前，计算机网络采用5层网络系统安全体系结构，即网络安全性、系统安全性、用户安全性、应用程序安全性和数据安全性。

- 网络安全性。网络安全性问题的核心在于网络是否能得到控制。
- 系统安全性。主要考虑的问题有两个：一是计算机病毒对于网络的威胁，二是黑客对于网络的破坏和入侵。
- 用户安全性。需要考虑的问题是：是否只有那些真正被授权的用户才能够使用系统中的资源和数据？要有强有力的身份验证，确保用户的密码不会被他人破译。
- 应用程序安全性。需要解决的问题是：是否只有合法的用户才能够对数据进行操作。
- 数据安全性。需要解决的问题是：机密数据是否还处于机密状态？在数据的保存过程中，机密数据即使处于安全的空间，也要对其进行加密处理，以防数据失窃，要让偷盗者(如网络黑客)也读不懂其中的内容。

计算机网络安全技术主要有以下5种，下面对其展开说明。

1) 网络加密技术

密码学是信息安全防护领域中的重要内容，涉及加密和解密两个方面。

(1) 保密密钥法。

保密密钥法也称对称密钥法，这类加密方法在加密时使用同一把密钥，这个密钥只有发信人和收信人知道。由于使用同一密钥，发信人和收信人在开始传输数据之前必须先交换密钥，由此引出了如何保证传输密钥的通道是否安全的问题。因此，收信人和发信人必须事先拟订一套在正式传输开始之前安全交换密钥的方案。目前，应用范围最广的是数字加密标准。

(2) 公开密钥法。

公开密钥法也称非对称密钥法。这类加密方法需要用到两个密钥：一个私人密钥和一个公开密钥。

在准备传输数据时，发信人先用收信人的公开密钥对数据进行加密，再把加密后的数据发送给收信人，收信人在收到信件后要用自己的私人密钥对它进行解密。公开密钥在概念上很简单，但要生成一对既能密切配合，又能高度保密的密钥，其过程是很复杂的。这个过程的复杂性，正好体现了数据的安全性，在传输数据时，人们不必再交换私人密钥。

(3) 数字签名。

数字签名(Digital Signature，DS)是通过某种加密算法在一条地址消息的尾部添加一个字符串，而收件人可以根据这个字符串验证发件人身份的一种技术。数字签名的作用与手写签名相同，能唯一地确定签名人的身份，同时还能在签名后对数据内容是否又发生了变化进行验证。

数字签名在确定信件发信人方面的准确性和可靠性方面功能更强大，但存在一个如何确认收信人的私人密钥没有泄密的问题。解决这个问题的一种方案是引入一个第三方，由它来确定密钥拥有者的身份并向收信人证明这一结论。人们把这样的第三方称为认证机构(CA)，它们是公共密钥体系的一个关键组成部分，一般由政府来承担。

2) 身份验证

随着网络经济的发展，网上支付方式应运而生。但网上支付除了传输安全以外，最重要的一点是如何保证其支付的合法性。要确保自身的利益不受损失，首先要确认对方的消息和传送者的真实性。验证技术要验证的身份信息一般指对方身份和授权界限，验证对方身份的作用是让系统知道确实存在这样一个用户，验证授权界限的作用是让系统判断该用户是否有权访问其申请的资源和数据。

3) 防火墙技术

黑客是指通过网络非法入侵他人系统、截获或篡改计算机数据、危害信息安全的计算机入侵者。黑客会非法入侵网站，更改网站内容，窃取敏感数据。

对付黑客和黑客程序的有效方法是安装防火墙，在联网的机器中使用信息过滤设备，可防止恶意、未经许可的访问。防火墙是指建立在内外网络边界的过滤封锁机制。内部网络被认为是安全和可信任的，外部网络被认为是不安全和不可信任的。由于网络协议本身存在安全漏洞，因此外部入侵是不可避免的，防火墙的作用是防止不希望的、未经授权的通信进出被保护的内部网络，通过边界控制来强化内部网络的安全政策。

4) Web 网中的安全技术

采用超文本链接和超文本传输协议(HTTP)技术的 Web，是 Internet 上发展最为迅速的网络信息服务技术。

目前解决 Web 安全的技术主要有两种：安全套接字层(简称 SSL)和安全 HTTP(SHTTP)协议。SSL 是由网景公司提出的、建立在 TCP/IP 协议之上的、提供客户机和服务器双方网络应用通信的开放协议。它由 SSL 记录协议和 SSL 握手协议组成。SSL 握手协议在 SSL 记录协议发送数据之前建立安全机制，包括认证、数据加密和数据完整性。SSL 实现通信双方之间的认证、连接的保密性、数据的完整性、数据源点的认证等安全服务。SHTTP 是由 EIT 公司提出的增强 HTTP 安全的一种新协议，它是一项新的 IETF 标准。

5) 虚拟专用网

虚拟专用网(VPN)是将物理分布在不同地点的网络，通过公用骨干网(尤其是 Internet)连接而成的逻辑上的虚拟子网。

为了保障信息的安全，VPN 技术采用了鉴别、访问控制、保密性和完整性等措施，以防信息被泄露、篡改和复制。

VPN 有两种模式：直接模式和隧道模式。直接模式 VPN 使用 IP 和编址来直接控制在 VPN 上传输的数据。

对数据加密采用的是基于用户身份的鉴别，而不是基于 IP 地址。隧道模式使用 IP 帧作为隧道发送分组。大多数 VPN 都运行在 IP 骨干网上，数据加密通常有 3 种方法：具有加密功能的防火墙、带有加密功能的路由器和单独的加密设备。

二、计算机病毒

1983 年以来，计算机病毒迅速在全世界蔓延。1989 年初，我国首次发现计算机病毒(小球病毒)。不久，计算机病毒在我国迅速蔓延，给计算机用户造成许多困难和损失。

1. 计算机病毒及其特点

计算机病毒(Computer Virus)的概念是美国的计算机安全专家弗雷德·科恩(Fred Cohen)博士在 1983 年 11 月首次提出的，计算机病毒威胁计算机的运行安全和信息安全。

根据《中华人民共和国计算机信息系统安全保护条例》第二十八条对计算机病毒的定义，计算机病毒是指编制或者在计算机程序中插入的破坏计算机功能或者破坏数据，影响计算机使用，并能自我复制的一组计算机指令或者程序代码。这个定义明确表明了破坏性和传染性是计算机病毒的最重要的两个特征。病毒可以借助计算机系统将病毒程序复制到计算机中那些本来不带有该病毒的程序中去，并能影响和破坏正常程序的运行及数据的安全。

计算机病毒是一种精巧的程序，它具有下列主要特点。

(1) 隐蔽性：计算机病毒都是一些可以直接或间接执行的具有高超技巧的程序，可以隐蔽在操作系统、可执行文件或数据文件中，不易被人们察觉或发现。

(2) 传染性：计算机病毒一旦进入计算机系统，就开始寻找能感染的程序，并进行感染复制。这样一来，就很快把病毒传播到整个系统，迅速蔓延到整个计算机网络。

(3) 潜伏性：计算机病毒可能潜伏几天、几个月甚至几年不发作。这期间，它可以悄悄地感染而不被人们察觉。

(4) 激发性：计算机病毒在它设置的一定条件下激发，之后病毒攻击性就会发作。

(5) 表现性或破坏性：计算机病毒发作时以某种形式表现出来，对系统进行不同程度的干扰或破坏。

计算机病毒有的只是自我表现，不破坏系统中的数据(如一些良性病毒)；有的会破坏系统中的数据，覆盖或删除文件，甚至使系统瘫痪(如一些恶性病毒)。

2. 计算机病毒的传染方式和危害

计算机病毒的传染方式一般有两种：一种是直接传染，即病毒直接传染给多个程序；另一种是间接传染，即病毒先传染程序 P1，带病毒的 P1 再传染程序 P2，以此类推。

事实上，计算机病毒是交叉地以上述两种方式传染蔓延的，病毒会以指数级的速度迅速扩散，造成大范围的危害。

计算机病毒对计算机系统的危害是多种多样的，其表现主要有以下 6 个方面。

(1) 破坏磁盘的文件分配表(FAT)，造成用户磁盘上的信息丢失。

(2) 修改内存中操作系统的有关参数，使系统无法正常工作。

(3) 破坏磁盘文件。

(4) 增加文件长度，减少内存的可用空间。

(5) 修改程序，破坏程序的正常运行。

(6) 系统空挂，造成键盘和显示器的封锁状态。

3. 计算机病毒的分类

(1) 按病毒的破坏性分类，可将计算机病毒分为干扰性病毒和破坏性病毒这两类。

① 干扰性病毒：它是有些人恶作剧的产物。计算机感染这类病毒后，系统的效率下降，机器无法正常运行或根本不能运行，但它们不破坏盘上的信息，如“小球”、Yang 和“雨点”等病毒。

② 破坏性病毒：这类病毒除了具有干扰性病毒的危害外，还有一个发作期，在发作时会带来严重的破坏性，或删除文件，或改变文件的内容，或对磁盘进行格式化，会严重威胁计算机系统信息的安全，如 DIR-2、“磁盘杀手”和“幽灵”等病毒。

(2) 按病毒的传染途径分类，可分为引导型病毒、文件型病毒、混合型病毒、宏病毒和网络型病毒，而网络型病毒又包括蠕虫、特洛伊木马程序和 Internet 语言病毒等。

① 引导型病毒：主要感染磁盘引导区和硬盘的主引导区。利用 DOS 操作系统的结构设计使得病毒可以在每次开机时，比系统文件先调入内存中，从而可以完全控制 DOS 的各类中断，产生破坏作用，如“小球”病毒、“巴基斯坦”病毒和“大麻(石头)”病毒。

② 文件型病毒：主要感染可执行文件。被感染的可执行文件在运行的同时，病毒被加载并传染给其他正常的可执行文件。文件型病毒分为非常驻型病毒和常驻型病毒。例如，Type-B 病毒会对.com 文件进行传染，每运行一次，该病毒都要到磁盘上寻找一个未感染的文件将其感染。“耶路撒冷”、Yang、DIR-2 等都属于此类病毒。

③ 混合型病毒：同时具有引导型和文件型病毒的特征，因此传染性比引导型和文件型病毒更为厉害。

④ 宏病毒：它是随着微软公司的 Office 软件的广泛使用、利用高级语言宏语言编制的一种寄生于文档或模板的宏中的计算机病毒。

⑤ 蠕虫病毒：它是一个程序或程序系统，通过网络来扩散传播，并造成网络服务遭到拒绝并发生系统瘫痪。蠕虫病毒借助于操作系统本身的错误和漏洞对计算机进行攻击。其典型的传播方式是采用网络链或电子邮件方式，由一台计算机传播到另一台计算机，通过网络复制自己，这不同于一般病毒对文件和操作系统的感染。2017 年在全球大规模爆发的勒索病毒 WannaCry 就是一种蠕虫病毒。

⑥ 特洛伊木马病毒：又称为特洛伊木马程序，也叫黑客程序或后门病毒。特洛伊木马程序是泛指那些内部包含为完成特殊任务而编制的代码程序，它是一种潜伏执行非授权行为的技术。它在正常程序中存放秘密指令，使计算机在仍能完成原先指定任务的情况下，执行非授权行为的技术，且不易被人发现。

⑦ Internet 语言病毒：随着 Internet 的发展，Java、VB 和 ActiveX 的网页技术逐渐被广泛应用，于是某些不良用心的人利用 Java、VB 和 ActiveX 的特性来编写病毒程序。这类病毒虽然从现在的发展情况来看并不能破坏硬盘上的资料，但是如果用户使用浏览器来浏览含有这些病毒的网页，浏览器就会把这些程序抓下来。然后传播到使用者的系统里，就这样在不知不觉中病毒进入机器进行自我复制，并通过网络窃取宝贵的个人秘密信息或使计算机系统资源的利用率下降，造成死机等现象。

对中国计算机用户来说，留下印象最深的是 CIH 病毒。CIH 病毒早在 1998 年就已经在我国发作过，但未引起广大计算机用户的注意。致使在 1999 年 CIH 病毒大爆发，给中国计算机用户造成巨大的损失，2000 年又爆发了一次。CIH 病毒能攻击硬盘和 PC 的 BIOS 芯片，造成系统崩溃，甚至损坏硬盘。2003 年冲击波病毒 Blaster 爆发，它利用了微软软件中的一个缺陷，对系统端口进行疯狂攻击，可以导致系统崩溃。2004 年 4 月震荡波病毒爆发，计算机一旦中招就会莫名其妙地死机或重新启动。2007 年的熊猫烧香病毒大规模爆发，它能感染系统中 EXE、 com、pif、src、html、asp 等文件，被感染的计算机会出现“熊猫烧香”的图案。2017 年 5 月全球多个国家遭受勒索病毒攻击，影响了全球约 150 个国家，受害计算机的磁盘文件会被篡改，图片、文档、视频、压缩包等各类资料都无法正常打开，只有支付赎金才能解密恢复。

(3) 按病毒本身代码是否发生变化，可分为简单性病毒、变形性病毒和病毒生成工具 3 类。

4. 计算机病毒的防范

对于没有上网的微型计算机，计算机病毒传染的主要媒介是磁盘、光盘和 U 盘。一张带病毒的磁盘，在健康的计算机上使用后，就会使系统受到感染，病毒就会潜伏在内存或硬盘中。在这以后，在这台计算机上使用过的磁盘，都可能被病毒感染。

为了防范计算机病毒，要养成良好的习惯，这主要包括以下几项内容。

(1) 尽可能用无毒的硬盘操作系统启动系统，而不要用 U 盘启动系统，尤其是不要用来历不明的 U 盘启动。

(2) 尽量不要使用外来磁盘、光盘，或复制他人的软件，除非做过彻底的检查。

(3) 坚持经常做好备份。无论是应用软件，还是数据文件，都应及时做好备份。

(4) 经常利用正规的杀毒软件对磁盘和文件进行检查，以便及时发现和消除病毒。

(5) 不从网上下载来历不明的软件。确有必要下载的软件，要查毒后再使用。

(6) 在收到电子邮件后，也应先查毒再阅读。

防毒、解毒程序一般分为 3 种类型：预警类、检测类和清除类。

总之，养成良好的习惯，就可防“毒”于未然，减少被计算机病毒感染的机会。

5. 常用的杀毒软件

国内著名的杀毒软件有瑞星杀毒软件、KV3000、金山毒霸和 360 杀毒，国外著名的杀毒软件有 Norton、Scan、卡巴斯基等。杀毒软件并不能完全将病毒遏制，新的计算机病毒会不断产生，因此杀毒软件也就需要不断更新、升级。

6. 黑客和黑客程序

黑客分为 6 种：解密者、恶作剧者、网络小偷、职业雇佣杀手、网络大侠和国家特工。

对网络安全构成威胁的黑客指的是网络小偷、职业雇佣杀手和国家特工，他们通过有组织、有针对性的大规模攻击，破坏国家和企业的信息系统，给国家和企业造成无法挽回的损失。

目前所发现的黑客程序主要有网络间谍、网络巴士、网络后门和网络后洞这 4 类。这 4 类黑客程序尽管分类不同，并且采用的技术也不同，但它们的目的是相同的，就是通过在计算机中的非法驻留，打开一个通道，进而通过网络获取计算机中的一切秘密。

2000 年 2 月 7 日至 2 月 9 日，美国的主要几大网站——雅虎(Yahoo)、亚马逊(Amazon.com)、电子港湾、CNN 等几乎同时受到黑客的攻击，致使这几大网站瘫痪，被迫关闭数小时。

这些黑客属于 DDoS 型，其攻击的原理是首先对网站进行大范围的扫描，针对一些已知的操作系统弱点寻找漏洞，一旦找到某服务器的漏洞，便采用“拒绝服务”攻击手段，将大量垃圾邮件发向对方的邮件服务器，使其电子邮件系统被堵塞以至崩溃，从而使网站瘫痪。

从某种意义上说，黑客对计算机及信息安全的危害性比一般计算机病毒更为严重。目前世界上推崇的信息系统防黑策略是著名的防黑管理型 PDRR。其中 P(Protection)即做好自身的防黑保护；D(Detection)即防黑扫描、检测；第一个 R(Response)即反应，反应要及时；第二个 R(Recovery)

是恢复，如果被黑，就要想办法立即恢复。一个信息系统要尽量做到P>D+R，若这样，这个系统就是安全的。这也就是防黑站点的标准——保护严密、检测迅速、反应及时。

三、计算机犯罪

1. 计算机犯罪的概念

所谓计算机犯罪，是指利用各种计算机程序及其处理装置进行犯罪，或者将计算机信息作为直接侵害目标的犯罪的总称。计算机犯罪一般采用窃取、篡改、破坏、销毁计算机系统内部的程序、数据和信息的形式，实现犯罪目的。根据信息安全的概念，计算机犯罪事实上是信息犯罪。因此，计算机犯罪是针对和利用计算机系统，通过非法的操作或其他手段，对计算机信息系统的完整性、可用性、保密性或正常运行造成危害的行为。

2. 计算机犯罪的类型

计算机犯罪的特点是行为隐蔽、技术性强、远距离作案、作案迅速，其危害巨大，并呈现上升势头，并且计算机违法犯罪具有社会化、国际化的特点。计算机犯罪其危害目的多样化，犯罪者年轻化，手段更趋隐蔽复杂。常见的计算机犯罪类型有以下几种。

(1) 非法入侵计算机信息系统。利用窃取口令等手段，潜入计算机系统，对其进行干扰、篡改、窃取或破坏。

(2) 利用计算机实施贪污、盗窃、诈骗和金融犯罪等活动。

(3) 利用计算机传播反动和色情等有害信息。

(4) 知识产权的侵权。它主要是针对电子出版物和计算机软件。

(5) 网上经济诈骗。

(6) 网上诽谤，个人隐私和权益遭受侵权。

(7) 利用网络进行暴力犯罪。

(8) 破坏计算机系统，如病毒危害等。

3. 计算机犯罪的手段

计算机犯罪通常采用下列技术手段。

(1) 数据欺骗：非法篡改数据或输入数据。

(2) 特洛伊木马术：非法装入秘密指令或程序，由计算机实施犯罪活动。

(3) 香肠术：从金融信息系统中一点一点地窃取存款，如窃取各户头上的利息尾数，积少成多。

(4) 逻辑炸弹：输入犯罪指令，在指定的时间或条件下抹除数据文件或破坏系统的功能。

(5) 陷阱术：利用计算机软、硬件的某些断点或接口插入犯罪指令或装置。

(6) 寄生术：用某种方式紧跟享有特权的用户打入系统或在系统中装入“寄生虫”。

(7) 超级冲杀：用共享程序突破系统防护，进行非法存取或破坏数据和系统功能。

(8) 异步攻击：将犯罪指令掺杂在正常的作业程序中，以获取数据文件。

(9) 废品利用：从废弃资料、磁盘、磁带中提取有用信息或进一步分析系统密码等。

(10) 伪造证件：伪造信用卡、磁卡和存折等。

四、计算机职业道德

利用计算机以非法手段获取信息会受到法律的制裁，但并非靠法律手段就能彻底遏制这类非法行为。道德是法律的行为规范的补充，但它是非强制性的，属于自律范畴。

1. 职业道德的基本范畴

道德是社会意识形态长期进化而形成的一种制约，是一定社会关系下，调整人与人之间，以及人和社会之间的关系的行为规范总和。计算机职业道德是指在计算机行业及其应用领域所形成的社会意识形态和伦理关系下，调整人与人之间、人与知识产权之间、人与计算机之间，以及人和社会之间的关系的行为规范总和。

在计算机信息系统形成和应用所构成的社会范围内，经过长期的发展，以及新社会形式的伦理意识和传统社会已有的道德规范的融合，形成了一系列的计算机职业行为规范。

2. 计算机职业道德教育的重要性

对每一位公民进行计算机职业道德教育，增强人们遵守计算机道德规范的意识，有利于计算机信息系统的安全，有利于整个社会中个体利益的保护，有利于整体道德水平的提高。

计算机职业道德规范中一个重要的方面是网络道德。网络在计算机信息系统中起着举足轻重的作用。大多数"黑客"开始是出于好奇和神秘，违背职业道德而侵入他人计算机系统，从而逐步走向计算机犯罪的。道德是人类理性的体现，是灌输、教育和培养的结果。对计算机犯罪和违背计算机职业道德的现象，开展道德教育活动更能体现出教育的效果。

3. 信息使用的道德规范

根据计算机信息系统及计算机网络发展过程中出现过的种种案例，以及保障每一个法人权益的要求，美国计算机伦理协会总结、归纳了以下计算机职业道德规范，称为"计算机伦理十诫"，供读者参考。

(1) 不应该用计算机去伤害他人。
(2) 不应该影响他人的计算机工作。
(3) 不应该窥探他人的计算机。
(4) 不应该用计算机进行偷窃。
(5) 不应该用计算机去做假证明。
(6) 不应该复制或利用未授权的软件。
(7) 不应该在未经他人许可的情况下使用他人的计算机资源。
(8) 不应该剽窃他人的精神作品。
(9) 应该注意正在编写的程序和正在设计的系统的社会效应。
(10) 应该始终注意，用户在使用计算机的过程中，是在进一步加强对他人的理解和尊敬。

第七节　计算机软件知识产权保护

在20世纪90年代以前，我国的软件市场基本处于无序状态。那时一些人错误地认为：复制别人的软件来使用是天经地义的，不用花钱购买软件。计算机软件本身研制工作量大，商品化又难，所以使得我国软件业的发展受到严重阻碍。计算机软件的知识产权保护，关系到软件产业和软件企业的生存与发展，也是多年来软件行业十分关注的问题。计算机软件知识产权保护是必须重视和解决的技术问题和社会问题。

我国政府对计算机软件产权的保护非常重视，从1990年起，陆续出台了有关计算机软件知识产权保护的一系列政策法规。到1998年，中国立体交叉式的保护计算机软件知识产权的法律体系已经基本建成。下面列举有关中国软件知识产权保护的主要政策法规。

1. 《中华人民共和国著作权法》

《中华人民共和国著作权法》于1990年9月7日由第七届全国人民代表大会常务委员会第十五次会议通过，同日，中华人民共和国发布第三十一号主席令，并于1991年6月1日开始施行。根据该法第二条的规定，计算机软件作为作品，其著作权及其相关权益受法律保护。该法规定侵权责任包括停止侵害、消除影响、公开赔礼道歉、赔偿损失等。鉴于计算机软件的特殊性，该法第五十三条规定，计算机软件的保护办法由国务院另行规定。

《中华人民共和国著作权法》后经过三次修正，最新版本是根据2020年11月11日第十三届全国人民代表大会常务委员会第二十三次会议《关于修改〈中华人民共和国著作权法〉的决定》第三次修正。其中，第六十四条规定，计算机软件、信息网络传播权的保护办法由国务院另行规定。

为了更好地实施《中华人民共和国著作权法》，国家版权局在1991年5月30日发布了《中华人民共和国著作权法实施条例》，对著作权法做了进一步解释，并对实施中的具体问题做出了解释。其中第53条规定，著作权行政管理部门在行使行政处罚权时，可以责令侵害人赔偿受害人的损失。该条例于2002年9月15日废止，同时施行新的《中华人民共和国著作权法实施条例》。其中，第三十六条和第三十七条对侵权行为的处罚进行了明确规定。

《中华人民共和国著作权法》是我国首次把计算机软件作为一种知识产权(著作权)列入法律保护范畴的法律。

2. 《计算机软件保护条例》

《计算机软件保护条例》在1991年5月24日由国务院第八十三次常务会议通过，6月4日发布，10月1日起实施。该条例对计算机软件和程序、文档做了严格定义，对软件著作权人的权益和侵权人的法律责任均做了详细的规定。该条例于2002年1月1日废止，同时施行新的《计算机软件保护条例》。

《计算机软件保护条例》的颁布与实施，对保护计算机软件著作权人的权益，调整计算机软件开发、传播和使用中发生的利益关系，鼓励计算机软件的开发和流通，促进计算机应用事业的发展都起到了重要的作用。

下面对《计算机软件保护条例》的内容进行简要介绍。

1) 计算机软件

在《计算机软件保护条例》中所称的计算机软件，是指计算机程序及其有关的文档。而计算机程序，则是指为了得到某种结果而可以由计算机等具有信息处理能力的装置执行的代码化指令序列，或可被自动转换成代码化指令序列的符号化指令序列或符号化语句序列。计算机程序包括源程序和目标程序。文档则指用来描述程序的内容、组成、设计、功能规格、开发情况、测试结果及使用方法的文字资料和图表等，包括程序使用说明书、程序流程图和用户手册等。

2) 计算机软件的著作权

在《计算机软件保护条例》中规定，中国公民、法人或者其他组织对其所开发的软件，不论是否发表，均享有著作权，但其所保护的范围不能延及开发软件所用的思想、处理过程操作方法或数学概念等。

3) 法律责任

在《计算机软件保护条例》中明确规定，未经软件著作权人许可，发表或者登记其软件的；将他人软件作为自己的软件发表或者登记的；未经合作者许可，将与他人合作开发的软件作为自己单独完成的软件发表或者登记的；在他人软件上署名或者更改他人软件上的署名的；未经软件著作权人许可，修改、翻译其软件的；复制或者部分复制著作权人的软件的；向公众发行、出租、通过信息网络传播著作权人的软件的；故意避开或者破坏著作权人为保护其软件著作权而采取的技术措施的；故意删除或者改变软件权利管理电子信息的；转让或者许可他人行使著作权人的软件著作权的，均属侵权行为。

凡有侵权行为的，应当根据情况承担停止侵权、消除影响、赔礼道歉、赔偿损失等民事责任，并可以由著作权行政管理部门责令停止侵权行为，没收违法所得，没收、销毁侵权复制品，可以并处罚款。

但是，因课堂教学、科学研究、国家机关执行公务等非商业性目的的需要对软件进行少量复制，可以不经软件著作权人或者其合法受让者同意，不向其支付报酬。但使用时应当说明该软件的名称、开发者，并且不得侵犯著作权人或者其合法受让者依本条例所享有的其他各项权利。该复制品使用完毕后应当妥善保管、收回或者销毁，不得用于其他目的或者向他人提供。

4) 计算机软件的登记

在本条例发布以后发表的软件，可向软件登记管理机构申请登记，登记获准之后，由软件登记管理机构发放登记证明文件，并向社会公告。向软件登记管理机构办理软件著作权的登记，是根据本条例提出软件权利纠纷行政处理或者诉讼的前提。软件登记管理机构发放的登记证明文件，是软件著作权有效或者登记申请文件中所述事实确实的初步证明。

3. 中国保护软件知识产权的其他重要政策法规

1992年7月1日，第七届全国人民代表大会常务委员会第二十六次会议决定：中华人民共和国加入《世界版权公约》。

1992年9月25日，国务院颁布《实施国际著作权条约的规定》。其中，第二条规定，对外国作品的保护，适用《中华人民共和国著作权法》《中华人民共和国著作权法实施条例》《计算机软件保护条例》和本规定。第七条规定，外国计算机程序作为文学作品保护，可以不履行登记手续，保护期为自该程序首次发表当年年底起50年。

1994年7月5日，第八届全国人民代表大会常务委员会第八次会议通过《全国人民代表大会常务委员会关于惩治侵犯著作权的犯罪的决定》，同日颁布实施。

1994年7月，国务院发布《关于进一步加强知识产权工作的决定》。

1995年2月，国务院知识产权办公室制订《有效保护及实施知识产权的行动计划》。

1997年10月1日，修订后的《中华人民共和国刑法》开始实施。新刑法增加了计算机犯罪的罪名，该法最具IT法律特点的规定主要集中在计算机犯罪与侵犯知识产权两部分。

1997年12月，国家科委(后改名为科学技术部)发出《关于加强当前知识产权保护工作实施意见要点》。

1998 年 3 月 4 日，原电子部发布《计算机软件产品管理办法》。该办法明确国家对软件产品实行登记备案制度。

1999 年 4 月，国务院转发国家版权局《关于不得使用非法复制的计算机软件的通知》。

2000 年 6 月，国务院发布《鼓励软件产业和集成电路产业发展的若干政策》。

2002 年 12 月 1 日起施行《中国互联网络信息中心域名注册实施细则》。

2005 年 3 月 20 日起施行《互联网 IP 地址备案管理办法》。

2007 年 6 月 9 日起《世界知识产权组织版权条约》和《世界知识产权组织表演和录音制品条约》在我国正式生效。

2008 年 6 月 5 日，国务院发布《国家知识产权战略纲要》，明确到 2020 年把中国建设成为知识产权创造、运用、保护和管理水平较高的国家。

2013 年 3 月 1 日起施行《国务院关于修改〈计算机软件保护条例〉的决定》。

2016 年 12 月 30 日，国务院发布《“十三五”国家知识产权保护和运用规划》。

2021 年 10 月 9 日，国务院印发《“十四五”国家知识产权保护和运用规划》。

以上一系列有关计算机软件知识产权保护的政策法规的制定和实施，表明我国立体交叉式的保护计算机软件的法律体系和执法体系已基本形成。

第八节 多媒体技术与多媒体计算机

多媒体技术是从 20 世纪 80 年代发展起来的。多媒体技术的发展和应用，对人类社会产生的影响和作用越来越明显，越来越重要。多媒体技术的应用使得人们的生活更加丰富多彩。

一、多媒体的基本概念

1. 媒体

媒体是信息表示和传播的载体。例如，文字、声音、图形和图像等都是媒体，它们向人们传递各种信息。在计算机领域，几种主要媒体的定义如下。

(1) 感觉媒体：直接作用于人的感官，使人能直接产生感觉的信息载体称为感觉媒体。例如，人类的各种语言、播放的音乐，自然界的各种声音、图形、静止或运动的图像，计算机系统中的文件、数据和文字等，都是感觉媒体。

(2) 表示媒体：这是为加工、处理和传输感觉媒体而人为地进行研究、构造出来的一种媒体，它是感觉媒体数字化之后的表示形式。各种编码都是表示媒体，如语言文字编码、文本编码、图像编码等。借助表示媒体，可存储和传输感觉媒体。

(3) 显示媒体：显示媒体是通信中用于使电信号和感觉媒体之间产生转换的媒体，计算机的输入输出设备都是显示媒体，如键盘、摄像机、光笔、话筒、显示器、打印机等。

(4) 存储媒体：存储媒体用来存放表示媒体，即存放感觉媒体数字化后的代码，它是存储信息的实体，如半导体存储器、软硬磁盘、唱片、磁带和 CD-ROM 等。

(5) 传输媒体：传输媒体是用来将媒体从一处传送到另一处的物理载体，如电话线、电波、双绞线、同轴电缆、光纤等。

2. 多媒体和多媒体技术

多媒体(Multimedia)是指将多种不同的但相互关联的媒体(如文字、声音、图形、图像、动画、视频等)综合集成到一起而产生的一种存储、传输和表现信息的全新载体。

多媒体技术是对多种信息媒体进行综合处理的技术，它将数字、文字、声音、图形、图像和动画等各种媒体有机组合起来，利用计算机、通信和广播电视技术，使它们建立起逻辑联系，并能对它们进行加工处理。

这里所说的“加工处理”，主要是指对多媒体信息的录入，进行压缩和解压缩、存储、显示和传输等。多媒体系统是一个可组织、存储、操纵和控制多媒体信息的集成环境和交互系统。

通常，多媒体技术有以下两层含义。

(1) 计算机以预先编写好的程序控制多种信息载体，如CD-ROM、激光视盘、录像机和立体声设备等。

(2) 计算机处理信息种类的能力，即能把数字、文字、声音、图形、图像和动态视频信息集成为一体的能力。

二、多媒体技术的特点

1. 信息载体的多样性

信息载体的多样性是多媒体的主要特点之一。在多媒体技术中，计算机所处理的信息空间范围拓展了，不再局限于数字、文本、图形和图像，并且强调计算机与声音、影像相结合，以满足人类感官空间对多媒体信息的需求。这在计算机辅助教育，以及产品广告、动画片制作等方面都有很大的发展前景。

2. 多种信息的综合和集成处理

多媒体技术不仅要对多种形式的信息进行各种处理，还要将它们有机地结合起来。

突出的例子是动画制作，要将计算机产生的图形或动画与摄像机拍摄获得的图像叠加在一起，在播放时再和文字、声音混合，这样就需要对多种信息进行综合和集成处理。

多媒体的集成性主要体现在两点：一是多媒体信息的集成，是指各种媒体信息应能按照一定的数据模型和组织结构集成为一个有机的整体，以便媒体的充分共享和使用。二是处理这些媒体信息的工具和设备的集成，是指与多媒体相关的各种硬件设备和软件的集成，这为多媒体系统的开发和实现建立了一个集成环境。

3. 多媒体系统是一个交互式系统

多媒体的另一个关键特点是具有交互性。多媒体系统采用人机对话方式，对计算机中存储的各种信息进行查找、编辑和同步播放，操作者可通过鼠标或菜单选择自己感兴趣的内容。交互性为用户提供了更加有效地控制和使用信息的手段和方法，这在计算机辅助教学、模拟训练和虚拟现实等方面都有着巨大的应用前景。

三、多媒体计算机

1. 多媒体计算机的概念

多媒体计算机(MPC)是指具有处理多媒体功能的个人计算机。由 Microsoft 公司联合主要

PC 厂商组成的 MPC 市场协会，分别在 1991 年、1993 年、1995 年和 1996 年制定了多媒体计算机(MPC)的标准(MPC1.0、MPC2.0、MPC3.0、MPC4.0)。按照 MPC 联盟的标准，多媒体计算机包含 5 个基本单元：个人计算机、CD-ROM 驱动器、音频卡、Microsoft Windows 操作系统和一组音响或耳机，同时对个人计算机的 CPU、内存、硬盘和显示功能等做了基本要求。

现代 MPC 的主要硬件配置必须包括 CD-ROM、音频卡和视频卡，这 3 方面既是构成现代 MPC 的重要组成部分，也是衡量一台 MPC 功能强弱的基本标志。

MPC4.0 标准制定以来，计算机的软硬件技术又有了新的发展，特别是网络技术的迅速发展和普及，使多媒体计算机不仅成为娱乐中心，也成为信息处理和通信中心的趋势。未来的多媒体计算机除了在多媒体功能上不断加强外，必须把网络功能和通信功能(如 Fax/Modem 及网络通信软件)作为基本配置列入标准。

2. 多媒体计算机的主要技术

在多媒体计算机中，主要技术有以下几项。

1) 视频和音频数据的压缩和解压缩技术

视频信号和音频信号数字化后数据量大得惊人，这是制约多媒体发展和应用的最大障碍。一帧中等分辨率(640×480)真彩色(24 位/像素)数字视频图像的数据量约占 0.9MB 的存储空间。如果存放在 650MB 的光盘中，以每秒 30 幅的速度播放，只能播放二十几秒；双通道立体声的音频数字数据量为 1.4MB/s，一个 650MB 的光盘只能存储 7 分钟的音频数据。一部放映时间为 2 小时的电影或电视，其视频和音频的数据量约占 208800MB 的存储空间。因此，一定要把视频和音频数据压缩后进行存放，在播放时解压缩。

所谓图像压缩，是指图像从以像素存储的方式，经过图像变换、量化和高速编码等处理转换成特殊形式的编码，从而大大降低计算机所需要存储和实时传送的数据量。

2) 超大规模集成(VLSI)电路制造技术

声音和图像信息的压缩处理需要进行大量的计算，视频图像的压缩处理要求实时完成，这对通用个人计算机来说是非常困难的。由于 VLSI 技术的进步，可以生产出低廉的数字信号处理器(DSP)芯片，使得通用个人计算机能够解决上述问题。在通用个人计算机上需要多条指令才能完成的处理，在 DSP 上用一条指令即可完成。

3) 专用芯片

多媒体计算机要进行大量的数字信号处理、图像处理、压缩和解压缩数据等，它需要使用专用芯片。专用芯片包含的功能较多，集成度可达上亿个晶体管。

4) 大容量存储器

目前，DVD-ROM 用得较多，研发大容量的 DVD-ROM 存储器是目前要解决的问题。DVD(Digital Video Disc)表示数字视频光盘，DVD 盘的容量为 4.7GB，而 CD 光盘的容量仅为 700MB。

5) 虚拟现实(VR)技术

虚拟现实(Virtual Reality，VR)技术是指利用计算机生成一种模拟环境，并通过多种专用设备使用户“投入”该环境中，实现用户与该环境直接进行交互的技术。VR 技术融合了数字图像处理、计算机图形学、人工智能、多媒体技术、传感器、网络和并行处理技术，可以为用户同时提供视觉、听觉、触觉等多种直观而自然的实时感知。

6) 多媒体的数字水印技术

目前的信息安全技术是以密码学理论为基础的。数字化的多媒体数据实际上就是数字信号，对这类数据如果采用密码加密模式，则其本身的信号属性就会被忽略。近几年许多研究人员放弃了传统密码学的技术路线，尝试用各种信号处理的方法对音像数据进行隐藏加密，并将该技术用于制作多媒体的“数字水印”。数字水印(Digital Watermark)技术是指用信号处理的方法，在数字化的多媒体数据中嵌入隐藏的标记。这种标记通常是可见的，只有通过专用的检测器或阅读器才能读取。

7) 超媒体技术

超文本结构类似于人类的联想记忆结构，它采用一种非线性的网状结构来组织块状信息，没有固定顺序，也不要求按顺序浏览。超文本是一种按信息之间关系，非线性地存储、组织、管理和浏览信息的计算机技术。超媒体技术是指采用超文本方法来表达丰富的多媒体信息的技术。

8) 研制适用于多媒体技术的软件

多媒体技术的软件包括许多种，例如多媒体操作系统，为多媒体计算机用户开发应用系统而设置的具有编辑功能和播放功能的创作系统软件，以及各种多媒体应用软件。

3. 多媒体计算机的硬件

多媒体计算机的硬件系统是指系统的所有物理设备，它是多媒体系统的物质基础。多媒体计算机的硬件系统由主机、多媒体外设接口卡和多媒体外设构成。多媒体外设接口卡包括音频卡、视频卡、VGA/TV 转换卡和光盘接口卡等。多媒体外设按照功能可分为以下 4 类。

- 视频/音频输入设备，如摄像机、录像机、影碟机、扫描仪、话筒、录音机激光唱盘和 MIDI 合成器等。
- 视频/音频输出设备，如显示器、电视机、投影电视、扬声器、立体声耳机等。
- 人机交互设备，如键盘、鼠标、触摸屏、光笔等。
- 数据存储设备，如 CD-ROM、磁盘、可擦写光盘等。

下面对一些多媒体计算机的硬件做简单介绍。

(1) 音频卡。音频卡简称声卡，从硬件上实现声音信号的数字化、压缩、存储、解压缩和回放等功能，并提供各种声音音乐设备(收音机、录放机、CD、合成器等)的接口与集成能力。

(2) 视频卡。视频卡以硬件方式快速有效地解决活动图像信号的数字化、压缩、存储、解压缩和回放等重要视频处理和标准化问题，并提供各种视频设备(如摄像机、影碟机、电视机等)的接口与集成能力。视频卡按功能可分为视频转换卡、动态视频捕捉卡、视频压缩卡和视频合成卡等。

(3) DVD-ROM(或 CD-ROM)驱动器。为了存储大量的影像、声音、动画、程序数据和高分辨率的图像信息，必须使用容量大、体积小、价格低的 DVD(或 CD-ROM)。DVD-ROM(或 CD-ROM)驱动器分为 1 倍速(150KB/s)、双倍速(300KB/s)、3 倍速(450KB/s)、4 倍速(600KB/s)、8 倍速(1200KB/s)、10 倍速(1500KB/s)、……、40 倍速(6000KB/s)等。

(4) 扫描仪。扫描仪用于扫描文字、表格、图形和图像。扫描仪分为黑白扫描仪和彩色扫描仪。

(5) 触摸屏。触摸屏用于直接在屏幕上通过触摸的方式来代替键盘、鼠标工作。

4. 多媒体操作系统

多媒体操作系统是多媒体系统的核心。它支持多媒体的输入输出以及相应的软件接口，具有实时任务调度、多媒体数据转换和同步控制、仪器设备驱动和控制、图形用户界面管理等功能。

多媒体操作系统主要有微软公司的 Windows 系列操作系统，以及苹果公司 SYSTEM 7.0 中提供的 Quick Time 操作平台等。

第二章

操作系统

操作系统(Operating System，OS)是管理计算机硬件与软件资源的计算机程序，同时也是计算机系统的内核与基石。许多基本事务需要操作系统来处理，如管理与配置内存、决定系统资源供需的优先次序、控制输入与输出设备、操作网络与管理文件系统等。

第一节 操作系统简介

操作系统是裸机上的第一层软件，是对计算机硬件功能的首次扩展。操作系统将应用软件与机器硬件隔开，目的是让用户不需要了解硬件的工作原理就可以很方便地使用计算机。操作系统的功能是控制和管理计算机系统内的各种资源，合理有效地组织计算机系统的工作，为用户提供一个使用方便且可扩展的工作环境，起到将计算机与用户连接起来的作用。

一、操作系统的功能

操作系统主要有四大功能：处理器管理、存储管理、设备管理和文件管理。

1. 处理器管理

操作系统需要管理处理器。计算机的处理器也称为中央处理器，即CPU，它是计算机系统中最宝贵的硬件资源。提高CPU的利用率是操作系统的主要功能之一。

1) 单道程序系统

在早期的计算机系统中，一旦某个程序开始运行，它就占用了整个系统的所有资源。在单道程序系统中，大量的资源在许多时间内都处于闲置状态，资源利用率较低。

2) 多道程序系统

为了提高系统资源的利用率，现代操作系统都允许同时有多个程序被加载到内存中执行。例如，用户可以边听音乐，边上网浏览，同时还可以运行聊天软件等。这样同时运行多个程序的操作系统被称为多道程序系统。在系统中同时有多道程序运行，它们共享系统资源，提高了系统资源的利用率。

3) 进程与线程

操作系统管理处理器的主要功能是把CPU的时间合理地分配给各个正在运行的程序。

在许多操作系统中，包括CPU在内的系统资源是以进程(Process)为单位分配的。因此，处理器的管理在某种程度上是进程的管理。

简单来说，进程就是一个正在运行的程序。一个程序被加载到内存后，系统就为它创建了一个进程，程序执行结束后，该进程也就消失了。在 Windows 10 系统下，打开任务管理器，窗口中显示的就是当前系统中正在执行的进程。

随着硬件和软件技术的发展，为了更好地实现并发和资源共享，提高 CPU 的利用率，许多操作系统将进程再细分成线程(Thread)。线程又被称为轻量级进程，用于描述进程内的执行，是操作系统分配 CPU 时间的基本单位。将线程作为分配 CPU 时间的基本单位，可以充分共享资源，减少内存开销，提高系统并发性，加快切换速度。

2. 存储管理

内存是计算机中的一个宝贵的硬件资源。当多个程序共享有限的内存资源时，如何为它们分配内存空间，使它们彼此隔离、互不侵扰，又能保证在一定条件下被正常调用，是存储管理的任务。

现代操作系统中存储管理的主要功能包括四个方面：存储器分配、地址转换、信息保护和虚拟内存。

(1) 存储器分配。存储器分配是存储管理的重要部分。程序只有被加载到内存中才可以执行，数据也只有被加载到内存中才可以被直接访问。在单道程序系统中，除操作系统占用的空间之外的全部空间被一道程序占用，内存分配很简单。但在多道程序系统中，系统中允许有多个进程并存。把有限的内存合理地分配给各个进程，提高内存的利用率，直接影响着系统的运行效率和用户的体验效果。

(2) 地址转换。当程序被调入内存时，操作系统需要将程序中的逻辑地址变换成存储空间的真实物理地址。

(3) 信息保护。在多道程序系统中，由于内存中有多个进程，为了防止一个进程的存储空间被其他进程占用或非法修改，而引起进程的执行错误甚至整个系统的崩溃，操作系统必须有效地保护信息。

(4) 虚拟内存。CPU 只能直接和内存通信，因此，正在执行的程序和有关数据必须驻留在内存中。但由于组成内存的器件比较昂贵，因此其容量一般有限，不能满足多道程序的需求。现在采取的较为普遍的做法是只将程序的一部分调入内存，把当前暂时不被执行的部分存放在辅助存储器(如硬盘)中，使用时再立即调入内存。当一个新的程序段或数据需要加载到内存，而内存中又没有空闲空间时，就必须置换出已在内存中的某一段程序或数据，这种存储管理技术称为虚拟内存。

3. 设备管理

设备管理是操作系统中最底层、最琐碎的部分。设备管理主要解决如下两个问题。

(1) 设备无关性：用户向系统申请和使用的设备与实际操作的设备无关。例如，在 Windows 的文件资源管理器中，硬盘、U 盘、大容量存储设备都用盘号表示，保存文件和打开文件的方法是一样的，但它们的内部操作是不同的。这一特征为用户使用设备提供了方便，也提高了设备的利用率。

(2) 设备分配：一般情况下，外设的种类和数量是有限的，而用户程序在运行期间都有可能申请使用外设，所以这些设备如何正确分配是很重要的。例如打印机，一般一台机器上只配有一台打印机，如果有多个打印任务，操作系统要保证这些打印任务能按顺序正确地完成。

4. 文件管理

文件管理是针对信息资源的管理。在现代计算机系统中，辅助存储设备(如硬盘)上保存着大量的文件，如果不能合理地管理文件，则会导致混乱。文件管理的主要任务是对用户文件和系统文件进行管理，实现按文件名存取，并以文件夹的形式实现分类管理；实现文件的共享、保护和保密，保证文件的安全；向用户提供一整套能够方便使用文件的操作和命令。

二、操作系统的分类

操作系统的分类方法有多种，按提供的功能可以分为4类。

1. 批处理操作系统

用户把要计算的问题、数据和作业说明书一起交给操作员，操作员启动有关程序将一批作业输入计算机，由操作系统去控制、调度各作业的运行并输出结果。通常，采用这种批量化处理作业技术的操作系统称为批处理操作系统。

批处理操作系统提高了系统的运行效率，但是作业提交给系统后，对执行中可能出现的意外情况则无法进行干预。

2. 实时操作系统

实时是指对随机发生的外部事件做出及时的响应并对其进行处理。在设计实时操作系统时，首先考虑的是实时响应，其次才考虑资源的利用率。当计算机用于实时处理系统时，如工业生产中的自动控制、导弹发射的控制等方面，称为实时控制。

实时系统的特点是对外部的响应及时、迅速，系统可靠性高。

3. 分时操作系统

一台计算机连接多个终端，用户通过各自的终端把作业输入计算机，计算机又通过终端向各用户报告其作业的运行情况。这种计算机能分时轮流地为各终端用户服务，并能及时地对用户的服务请求予以响应，就构成了分时操作系统。

分时操作系统的主要优点在于，它和多个终端用户的交互会话工作方式方便了用户使用计算机，并加快了程序的调试过程。

4. 网络操作系统

将地理位置不同、具有独立功能的多个计算机系统，通过通信设备和通信线路连接起来，在功能完善的网络系统软件的支持下，实现更加广泛的硬件资源、软件资源的共享，这就是计算机网络。网络管理模块的主要功能是支持网络通信和提供各种网络服务。

三、常用的微型机操作系统

微型机使用的操作系统很多，下面介绍几款常用的操作系统。

1. MS-DOS 操作系统

MS-DOS 是美国微软公司开发的字符界面的 16 位微机操作系统。20 世纪 80 年代到 90 年代中期，MS-DOS 操作系统是 IBM PC 系列微型机及其各种兼容机的主流操作系统。其用户量曾达到 6000 万以上。但 MS-DOS 操作系统也存在很大的局限性，它是基于单用户单任务的操作系统，在内存管理上采用静态分配，存在 640KB 内存的限制等弱点。

2. Windows 操作系统

微软公司为了克服 DOS 系统的弱点，提供更加人性化的操作环境，成功地开发了 Windows 操作系统。

1) Windows 操作系统的产生和发展

Windows 经历了以下阶段。

(1) 1985 年底，Windows 1.0 问世，当时人们反应冷淡。

(2) 1988 年，Windows/386 问世，它独具特色的图形界面和鼠标操作，使人耳目一新，但它内部的缺陷还是很明显的。

(3) 1990 年 5 月，Windows 3.0 问世，这时由于硬件的快速发展，计算机性能已能与 Windows 的要求相匹配，Windows 才开始得到 PC 用户的欢迎。

(4) 1992 年，Windows 3.1 问世，而 3.1 版本还不是一个真正的图形界面操作系统，它是依赖于 DOS 环境的一个操作平台。

(5) 1995 年，Windows 95 问世，它是一个真正的 32 位个人计算机环境的操作系统。它开创了 Windows 的新纪元。

(6) 1998 年，Windows 98 问世，它的性能进一步提升。

(7) 2000 年，微软公司推出了 Windows 2000 版，它增加了许多新特性和新功能。2001 年又推出了 Windows XP，与 Windows 2000 相比，Windows XP 在许多方面功能更加强大。

(8) 2006 年 11 月底，微软公司推出了 Windows Vista 系统。该系统相对 Windows XP，内核几乎全部重写，带来了大量的新功能。但由于兼容性的问题，它被认为是一个失败的操作系统版本。

(9) 2009 年 10 月，Windows 7 出现，同时服务器版本 Windows Server 2008 R2 也发布了。Windows 7 操作系统一经推出，就以其易用、快速、简单、安全等特性赢得了用户，并在兼容性上也做了很多的努力。

(10) 2012 年 10 月，Windows 8 出现。

(11) 2015 年 7 月，Windows 10 出现。Windows 10 操作系统在易用性和安全性方面有了极大的提升，除了针对云服务、智能移动设备、自然人机交互等新技术进行融合外，还对固态硬盘、生物识别、高分辨率屏幕等硬件进行了优化完善与支持。

(12) 2021 年 6 月，Windows 11 出现。Windows 11 有着更加美观的界面，更为精致的排版，更为友好的操作，能够支持安卓应用，更加省电，响应更快。

2) Windows 操作系统的特点

Windows 是以视窗形式来表述信息的。在系统设计方面，构思巧妙，具有多任务处理能力，多个应用程序可以同时打开，并运行于各自的窗口中。

Windows 的每一次升级都增加了一些新特性，下面以 Windows 10 为例介绍它的特点。

(1) 具有多任务处理和多屏幕显示能力。Windows 允许在前后台同时运行不同的应用程序；允许同时使用几台显示器以增大桌面尺寸，用户可以在不同的显示器上运行不同的程序。

(2) 虚拟内存管理。打破了 DOS 的 640KB 内存的限制，可以访问更多的内存并实现虚拟内存的管理。

(3) 操作灵活、简便。Windows 提供了一个非常友好的用户界面，即使是初学者，也很容易学会用鼠标操作它。

(4) 灵活的窗口操作。在 Windows 运行时，所有的程序都具有自己的运行窗口，窗口操作非常灵活。

(5) 灵活的快捷菜单操作。在任何一个窗口中，只要单击右键就可以弹出一个快捷菜单，快捷菜单中包含了完成各项操作的常用命令。

(6) Windows 具有强大的设备管理功能。支持新一代的硬件技术，如 DVD 存储技术、USB 接口、Microsoft 个人 Web 服务器等。具有全面的即插即用支持，包含了大多数硬件的驱动程序。

(7) 更强大的文件资源管理器。进入“文件资源管理器”主页，我们可以看到原先默认显示的“我的计算机”内容，现在已默认显示为“快速访问”内容(也可以使用“查看”选项卡中的“选项”命令，经过设置后，默认显示“此电脑”内容)。以前的“菜单+任务栏”形式现在变成了“选项卡+功能组+功能按钮”的功能区。在“主页”选项卡上，可以看到“剪贴板”“组织”“新建”“打开”“选择”等各种功能组。在“共享”选项卡上，可以看到“发送”“共享”“高级安全”功能组。在“查看”选项卡上，可以看到“窗格”“布局”“当前视图”“显示/隐藏”“选项”等功能组。这些功能组的使用非常方便。

(8) 增强的网络功能。Windows 简化了网络设置，使连接局域网和访问 Internet 更加容易，并且增加了网络的安全性和控制性。

3. UNIX 操作系统

UNIX 操作系统是一个多用户、多任务的分时操作系统。它的应用十分广泛，而且具有良好的可移植性，从各种微型机到工作站、中小型机、大型机和巨型机，都可以运行 UNIX 操作系统。

UNIX 系统具有如下特点。

(1) 短小精悍，与核外程序有机结合。UNIX 系统在结构上分为两大层：内核和核外程序。UNIX 系统内核设计得非常精巧，合理的取舍使之提供了基本的服务。核外程序充分利用内核的支持，向用户提供了大量的服务。

(2) 文件系统采用树状结构。

(3) 把设备看作文件。系统中所配置的每一个设备，包括磁盘、终端和打印机等，UNIX 都有一个特殊文件与之对应。用户可使用普通的文件操作手段，对设备进行 I/O 操作。

(4) UNIX 是一个真正的多用户、多任务的操作系统。

(5) UNIX 向用户提供了一个良好的界面。它包含两种界面：一种是用户在终端上通过使用命令和系统进行交互作用的界面；另一种是面向用户程序的界面，称为系统调用。

(6) 良好的可移植性。UNIX 系统的所有系统实用程序及内核的 90%都是用 C 语言编写的。由于 C 语言编译程序的可移植性，因此 C 语言编写的 UNIX 系统也具有良好的可移植性。

4. Linux 操作系统

Linux 也是一个真正的多用户、多任务的操作系统。它一开始仅仅是为基于 Intel 处理器的 PC 机而设计的操作系统，在世界各地的大量优秀软件设计工程师的不断努力下，以及目前计算机软件和硬件厂商的大力支持下，Linux 发展迅速，其提供的功能和用户可以获得的各种应用软件不断增加和完善。目前，它支持多种处理器。

第一版 Linux 的核心在 1991 年 11 月被放在 Internet 上免费供他人下载和使用。这样，很快形成了一支分布在世界各地的 Linux 爱好者的队伍，这进一步为 Linux 的发展提供了力量和源泉。在这些人中，有的人为 Linux 核心程序提供各种补丁程序，并修改了 Linux 核心，使 Linux 能够提供更强大的功能和具备更好的稳定性，同时还有大量的用户开始使用 Linux，不断地测试和报告系统程序的错误。所有这些都是 Linux 能够飞速发展的重要因素。

1) Linux 的组成部分

经过多年的发展，大量的免费软件已经被移植到 Linux 上，使 Linux 成为一个完整的系统。Linux 现在包括以下部分。

(1) 各种语言的编译程序和强大的开发工具。如 C 语言和 C++语言的编译软件 gcc，Java 编译软件和开发包，Perl 语言解释程序，人工智能的开发语言 LISP 等。可以说，目前世界各地存在并广泛使用的编程语言的编译或解释系统，都可以在 Linux 平台上找到。

随着各大软件厂商对 Linux 支持力度的不断加大，越来越多的集成开发工具和平台也被移植到 Linux 上来。

(2) 大量数据库管理系统。在 Linux 中存在着多种数据库管理系统，这为用户管理大批数据提供了方便。有的数据库管理系统是免费的，属于免费软件的一部分，如 MySQL 关系数据库系统和 PostgreSQL 面向对象的数据库管理系统。由于大量的软件厂商对 Linux 的支持，因此 Linux 系统目前还有许多可用的商业数据库系统。

(3) 图形用户界面。Linux 为用户提供了两种形式的界面，即图形界面和命令行控制台界面。Linux 使用 X Window 系统作为标准的图形界面。几乎所有的 Linux 发行版都提供了 X Window 软件和多种形式的窗口管理器。

(4) 网络通信工具和网络服务器软件。Linux 本身的发展依赖于 Internet 这个大环境，可以说 Linux 是 Internet 的产物。Linux 对网络的支持是非常完整和强大的。

(5) 办公自动化软件。为了使 Linux 能够用于不同的场合，Linux 系统提供了多种办公自动化软件，如多种排版系统、传真系统和会议安排系统等。

2) Linux 和 Windows 系统的性能比较

Linux 和 Windows 系统相比，具有如下特点。

(1) 操作系统性能。Linux 在开发过程中，一开始是由一群学生开发出系统的核心，由于条件的限制，他们在系统的设计过程中必须考虑硬件的性能。因此在性能上，Linux 比 Windows 好。

(2) 系统稳定性。从系统稳定性比较，Linux 也比 Windows 好很多。据统计，对于长时间不间断的工作，Linux 比 Windows 有更好的表现。Linux 系统极不容易崩溃，而相比之下，Windows 系列的操作系统在这方面的功能就差了很多。

(3) 系统对硬件的支持。从操作系统支持的硬件来看，Linux 支持几乎所有的处理器平台，其不足在于外设驱动程序比较少，但随着更多厂商的支持，这种情况会逐步改善。Windows NT 也支持多处理器平台，而且 Windows 操作系统的外设驱动程序比 Linux 要多。

(4) 系统的可维护性。Linux 系统的维护比较复杂和难懂，往往需要用户具有较多的专业知识才能够完成。在这方面，Linux 开发人员正在开发大量图形方式下的管理工具，使用户能够方便地管理该系统。对于 Windows 来说，系统管理比较简单，几乎不需要过多的专业知识。

(5) 系统中包含的应用软件。目前在 Linux 下包含的应用软件相对于 Windows 来说还是少一些。

(6) 系统对网络的支持。Linux 对网络的支持功能非常强大，目前网络上常见的网络软件和协议，Linux 几乎都可以完整地实现，尤其在服务器方面 Linux 表现更为出色，性能也十分稳定。对于 Windows 来说，就 Windows NT 操作系统而言，其网络的支持功能还比较完善，但是就其性能和网络服务支持的数量上来说还是比 Linux 要逊色一些。

第二节 Windows 10 的基本操作

Windows 10 是由微软公司 2015 年 7 月推出的操作系统。该系统旨在让用户的日常计算机操作更加简单和快捷，为用户提供高效易行的工作环境。它在 Windows 其他版本的基础上做了很大的改进，不论是从视觉上，还是功能上，都得到了很大的提升。

Windows 10 的设计主要围绕如下 5 个重点：针对笔记本电脑的特有设计、基于应用服务的设计、用户的个性化、视听娱乐的优化、用户易用性的新引擎。

相比于其他 Windows 操作系统，Windows 10 具体有如下特点。

- 更易用。Windows 10 做了许多方便用户的设计，如快速最大化、窗口半屏显示、跳转列表(Jump List)、系统故障快速修复等，这些新功能使 Windows 10 成为最易用的新系统。
- 更快速。Windows 10 大幅缩减了 Windows 的启动时间。据实测，在中低端配置下运行，系统加载时间一般不超过 20 秒，这与 Windows 以往的版本相比较，是一个很大的进步。
- 更简单。Windows 10 将会让搜索和使用信息更加简单，包括本地、网络和互联网搜索功能，直观的用户体验将更加高级，还会整合自动化应用程序提交和交叉程序数据透明性。
- 更安全。Windows 10 包括改进了的安全和功能合法性，把数据保护和管理扩展到外设。Windows 10 改进了基于角色的计算方案和用户账户管理，在数据保护和协作的固有冲突之间搭建了沟通桥梁，同时也开启了企业级的数据保护和权限许可。
- 更节约成本。Windows 10 可以帮助企业优化它们的桌面基础设施，具有无缝操作系统、应用程序的功能以及数据移植功能，并简化了 PC 供应和升级，进一步对应用程序进行更新和打补丁。

- 更好的连接。Windows 10 进一步增强了移动功能，无论在何时何地，任何设备都能访问数据和应用程序。无线连接、管理和安全功能会进一步扩展，使当前功能以及新兴移动硬件得以优化，从而实现多设备同步、管理和保护数据的功能。

一、Windows 10 的启动

启动计算机后，会进入用户登录界面，如图 2-2-1 所示。输入密码后，就可以进入 Windows 10 操作系统。

图 2-2-1　用户登录界面

如果 Windows 10 系统只有一个账户且没有设置密码，系统将跳过以上登录界面。

二、Windows 10 的界面组成

1. 桌面

桌面是指 Windows 10 屏幕的背景。就像是办公桌的桌面，办公桌的桌面上摆放了文档、记事本等办公工具，每个工具都具有不同的功能。

当系统登录成功后，屏幕将显示 Windows 10 的桌面，如图 2-2-2 所示。Windows 10 的桌面主要由“此电脑”“网络”“回收站”“任务栏”和“时钟”等组成。

Windows 10 的桌面上也可以放置其他一些应用程序，用户可以根据自己的需要，将一些经常使用的应用程序的图标放置在桌面上。

2. 桌面图标

图标是代表 Windows 10 各个应用程序对象的图形。双击应用程序图标可启动一个应用程序，打开一个应用程序窗口。用户可以把一些常用的应用程序和文件夹所对应的图标添加到桌面上。

图 2-2-2　Windows 10 桌面

3. 任务栏

任务栏是位于桌面最下方的小长条，主要由“开始”菜单、快速启动区、应用程序区、托盘区和显示桌面按钮组成。

从“开始”菜单可以打开大部分安装的软件与控制面板；应用程序区是多任务工作时存放正在运行程序的最小化窗口；托盘区则是通过各种小图标，形象地显示计算机软硬件的重要信息，主要有时钟、音量控制器、杀毒软件等相应的小图标。

4. “开始”菜单

桌面左下角的“开始”菜单是运行程序的入口，用户的一切工作都可以从这里开始，如图 2-2-3 所示。

“开始”菜单的主要组成如下。

- 所有程序区：集合了计算机中所有的程序，用户可以从“程序”菜单中进行选择，单击菜单中的某一项，即可启动相应的应用程序。
- 常用功能区：列出了“开始”菜单中的一些常用的选项，单击可以快速打开相应的窗口，并且开关机按钮也被集成到了此区域，单击最下方的按钮即可实现切换用户、注销、锁定、重新启动和睡眠等功能。
- 磁贴区：用户可以根据需求把常用的软件和功能固定在此区域，实现快速启动或打开的操作。此区域图标的摆放方式支持自定义，用户可以根据自己的需求，打造更具个性化的“开始”菜单。

在 Windows 10 中，程序按照首字母的方式排序，用户可以单击所有程序区中的首字母实现快速查找所需程序的操作。此外，Windows 7“开始”菜单中的搜索功能在 Windows 10 中已被放置在了系统桌面的任务栏中。

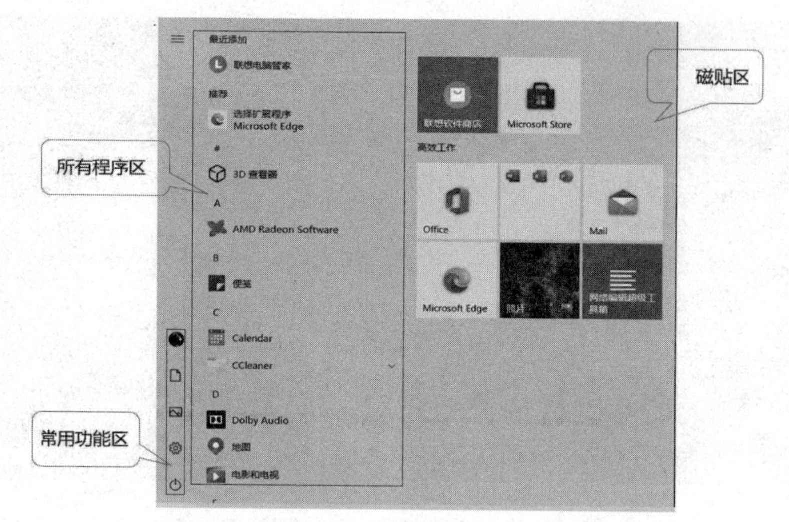

图 2-2-3　“开始”菜单

三、鼠标和键盘的操作

1. 鼠标的基本操作

- 单击：将鼠标光标指向某操作对象，然后快速按一下鼠标左键。
- 双击：将鼠标光标指向某操作对象，然后快速地连续按两下鼠标左键。
- 拖动：将鼠标光标指向某操作对象，然后在按住鼠标左键的同时移动鼠标，当到达合适位置时，放开鼠标左键。
- 右击：即单击鼠标右键。将鼠标光标指向某操作对象，然后快速按一下鼠标右键。

在 Windows 10 系统中执行的命令不同，鼠标光标所处的位置就会不同，鼠标光标的外形也会发生变化，以便用户更容易辨别当前所处的状态。

2. 键盘的操作

在 Windows 10 中，通过键盘可以完成许多操作，这种操作方式称为快捷方式，以下为较常用的快捷方式。

- Alt+Space：打开应用程序窗口的控制菜单。
- Alt+ -：打开文档窗口的控制菜单。
- Alt+菜单上有下画线的字母：打开菜单。
- Alt+Tab：弹出一个窗口缩放列表，可切换当前窗口。
- Alt+Esc：直接按顺序切换当前窗口。
- Alt+F4：结束当前应用程序窗口。
- Ctrl+F4：关闭文档窗口。
- Ctrl+Esc：打开“开始”菜单。
- Ctrl+Space：切换中英文输入法。
- Ctrl+Shift：切换输入法。

- F1：启动帮助。
- Windows 键+空格键：透明化所有窗口，快速查看桌面。
- Windows 键+字母键 D：最小化所有窗口，并快速查看桌面。
- Windows 键+数字键：按顺序打开快速启动栏中的相应程序。
- Windows 键+字母键 T：依次查看已经打开程序的预览图。
- Windows 键+字母键 G：依次显示桌面小工具。
- Windows 键+方向键↑：使当前使用的窗口最大化。
- Windows 键+方向键↓：使当前使用的最大化窗口恢复正常显示；如果当前窗口不是最大化状态，则会将其最小化。

四、窗口的操作

在 Windows 10 中，窗口一般分为系统窗口和程序窗口。二者功能上虽有差别，但组成部分基本相同。如图 2-2-4 所示，为 Windows 10 系统窗口。

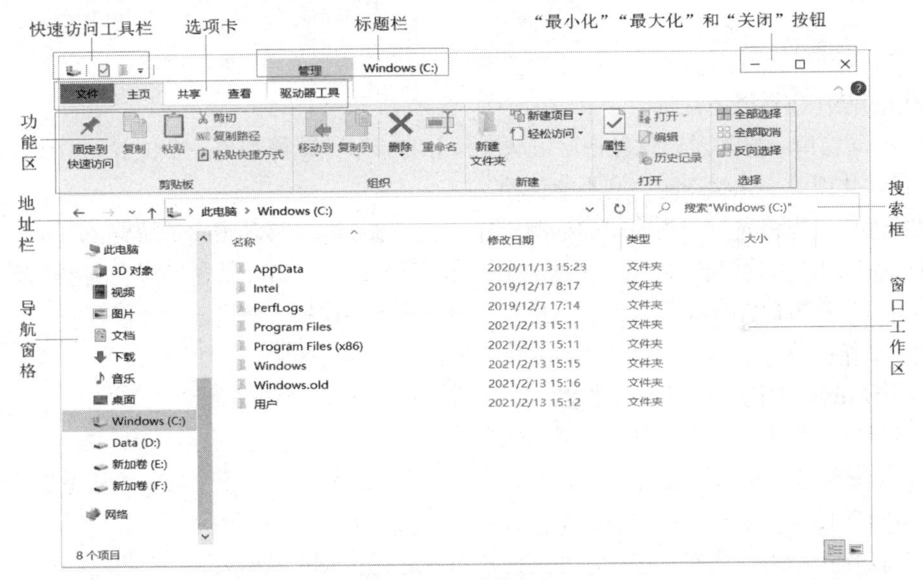

图 2-2-4　系统窗口

1. 窗口的主要组成

窗口主要包括以下组成部分。

(1) 快速访问工具栏。快速访问工具栏位于窗口左上方，由若干个工具按钮组成，若想增加或删除工具按钮，可单击其中最右侧的按钮▾，出现下拉菜单后，从中进行选择即可。

(2) “最小化”“最大化”和“关闭”按钮。“最小化”按钮位于窗口的右上角，单击此按钮，可将相应的窗口缩成图标形式，并显示在任务栏中。“最大化”按钮和“关闭”按钮与其相邻。

(3) 选项卡与功能区。选项卡位于标题栏下方，若干个选项卡的名字排成一行，每个选项卡上包含若干个命令按钮。若单击某个选项卡，则会在下面出现该选项卡对应的功能区，功能区中显示出该选项卡的所有命令按钮；选项卡上的命令按钮分为若干个组，每个组都有一个名称。若单击某个命令按钮，就会执行对应的命令。

(4) 搜索框。搜索框与“开始”菜单中的搜索框在用法上相同，都具有在计算机中搜索文件和程序的功能。

(5) 边框和滚动条。边框是指窗口四周的 4 条边，用鼠标拖动边框，可放大或缩小窗口。如果一个窗口中的内容在窗口中不能完全显示，窗口的右边和下边将显示相应的垂直和水平滚动条，通过拖动滚动条可以将不能显示的内容显示出来。

(6) 地址栏。显示当前打开的文件夹的路径。每个路径都由不同的按钮连接而成，单击这些按钮，就可以在相应的文件夹之间进行切换。

(7) 窗口工作区。占据窗口的大部分面积，用于显示当前窗口的内容或执行某项操作后显示的内容。

(8) 导航窗格。位于窗口工作区的左边，用户可以浏览系统结构的更多内容，方便用户进行切换。通过导航窗格，可以打开或者关闭不同类型的窗格内容；通过细节窗格可以获知窗口的细节信息。

2. 窗口的操作

窗口的操作包括以下几种。

(1) 移动窗口。移动窗口就是将窗口从屏幕上的一个位置移到另一个位置。但要注意，窗口处于最大化或最小化状态时，则不能移动。

具体操作：先将光标移到窗口的标题栏内，然后拖动即可移动窗口的位置。

(2) 窗口的最大化。窗口的最大化是指：若是应用程序窗口，其窗口将充满整个屏幕；若是文档窗口，其窗口将充满包含此文档窗口的应用程序的窗口工作区。

具体操作：单击窗口右上角的“最大化”按钮。

(3) 窗口的最小化。窗口最小化是把应用程序的窗口缩小至一个图标。

具体操作：单击窗口右上角的“最小化”按钮。

(4) 还原窗口。在已经最大化的窗口中，原来的“最大化”按钮变成了“还原”按钮，可以单击此按钮使窗口恢复至操作前的状态。

具体操作：单击“还原”按钮，即可使窗口恢复到原来的大小。

(5) 改变窗口大小。具体操作：将鼠标指向要改变窗口的边框或窗口角，此时鼠标的光标会变成双箭头光标。然后进行拖动，使窗口变为所需要的大小，最后释放鼠标。

(6) 关闭窗口。关闭应用程序窗口就是退出应用程序，关闭文档窗口就是关闭文档。

具体操作：单击窗口右上角的“关闭”按钮或按 Alt+F4 快捷键即可。

五、对话框的使用

对话框也是一个窗口，它是供用户输入和选择命令的窗口。系统也可以通过对话框向用户提供一些提示或警告信息。在用户操作系统的过程中，在多种情况下都会出现对话框。如图 2-2-5 和图 2-2-6 所示分别为“性能选项”对话框和“启动和故障恢复”对话框。

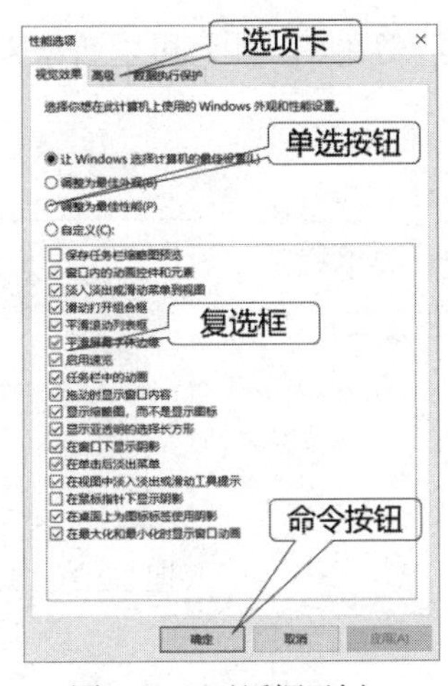

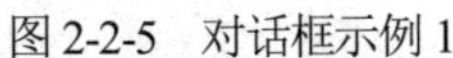
图 2-2-5　对话框示例 1

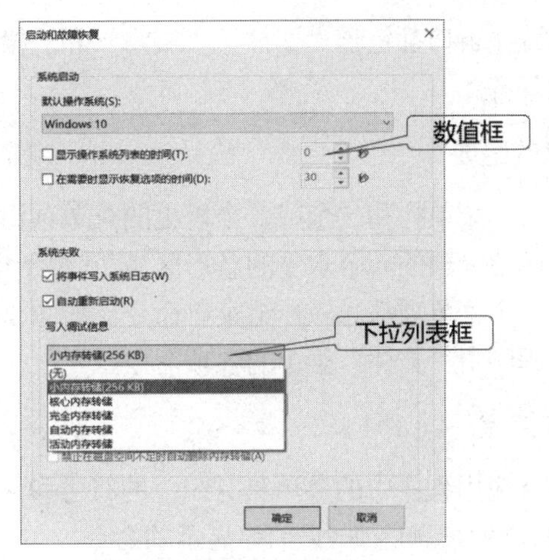

图 2-2-6　对话框示例 2

1. 对话框的组成

对话框通常包含下列对象：列表框、复选框、单选按钮、数值框、命令按钮、选项卡和下拉列表框等。

2. 对话框的操作

下面介绍对话框中各对象的操作方法。

(1) 列表框：列表框显示可供用户选择的选项，当选项过多而列表框无法显示时，可使用列表框的滚动条进行查看和选择。

(2) 复选框：复选框一般位于选项的左边，用于确定某选项是否被选定。若该项被选定，则用“√”符号表示，否则是空白的。单击复选框即可选中此复选框，再单击一下则取消选中。

(3) 单选按钮：单选按钮是一组互相排斥的功能选项，每次只能选中一项，被选中的标志是选项前面的圆圈中会显示一个黑点。若要选中某个单选按钮，只需单击它即可，再次单击则会取消选中。

(4) 数值框：要改变数字时，通过单击数值框中的上箭头或下箭头按钮，可以增大或减小输入值，也可以在数字框中直接输入数值。

(5) 命令按钮：命令按钮代表一个可立即执行的命令，一般位于对话框的右方或下方，当单击命令按钮时，就立即执行相应的功能。例如，“确定”“取消”和“应用”等都是命令按钮。若在命令按钮后面带有省略号，则表示单击此按钮后可打开另一个对话框。

(6) 选项卡：对于设置内容较多的对话框，通常通过选项卡来设置内容。单击选项卡上的某一选项，便可打开此选项。

(7) 下拉列表框：下拉列表框和列表框一样，都含有一系列可供选择的选项，不同的是下拉列表框最初看起来像一个普通的矩形框，只显示了当前的选项，只有在单击后才能看到所有的选项。单击下拉列表框右侧的向下箭头后，通过单击即可在下拉列表中选择相应的选项。

六、菜单的组成与操作

菜单是 Windows 10 窗口的重要组成部分，是一个应用程序的所有命令的分类组合。几乎所有的应用程序窗口都包含“文件”“编辑”和“格式”等菜单。用户可以通过执行菜单命令完成想要的任务。

1. 菜单的组成

菜单由一个菜单栏和一个或一个以上的菜单项组成。菜单栏是含有应用程序菜单项的一个水平的条形区域，它位于标题栏的下方，菜单栏中的每个菜单项都对应一组菜单命令，如图 2-2-7 所示的是“记事本”程序中“文件”菜单的各项命令。

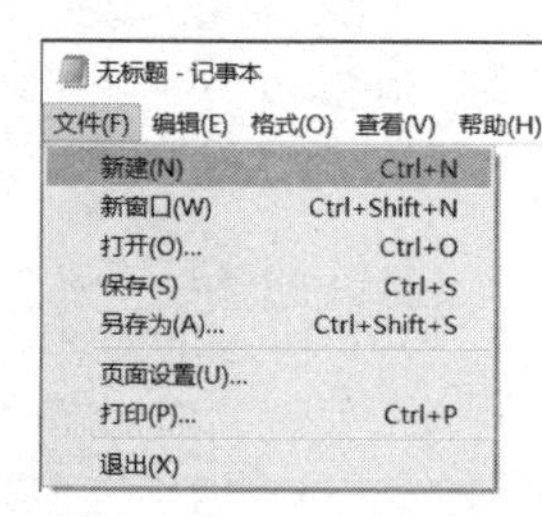

图 2-2-7　“文件”菜单

2. 菜单约定

Windows 应用程序中的菜单具有统一的符号和约定。

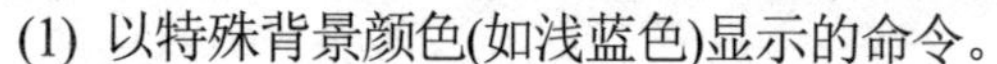

(1) 以特殊背景颜色(如浅蓝色)显示的命令。

例如，图 2-2-7 中的“新建(N)”命令行的背景颜色与其他行都不相同，背景颜色为浅蓝色，表示在“文件”菜单中它是当前被选中的命令，此时按 Enter 键或单击它，就可以执行与这个命令相对应的操作。

(2) 命令后带有省略号。

例如，图 2-2-7 中的“打开(O)…”命令，表示选择该命令后，并不马上执行相应的操作，而是会弹出一个对话框，等待用户继续选择。

(3) 灰色显示的命令。

灰色显示的命令表示在当前条件下，不能执行该命令。

(4) 带快捷键的命令。

快捷键所包含的按键或按键组合代表该菜单项的键盘命令(快捷键)，按下某个命令后的快捷键，就可以在不打开菜单的情况下，执行该命令。例如“新建(N)”命令，后面的(N)表示按下 Ctrl+N 就可以执行“新建”命令的操作。

(5) 带“√”和“▶”标记的命令选项。

带“√”标记的命令选项表示这些命令正在起作用。如果命令前没有加“√”标记，表示该命令当前没有起作用。命令后带一个实心三角符号“▶”，表示选择该命令后将弹出它的子菜单。

(6) 对于带下画线的字母命令，在打开菜单的情况下，在键盘上输入 Alt+带下画线的字母，就可以选择此菜单，这是选择菜单的快捷方法。

3. 菜单的类型

Windows 10 的菜单主要有以下 4 种类型。

(1) 下拉式菜单：下拉式菜单是目前应用程序中最常用的菜单类型。

(2) 弹出式菜单：弹出式菜单是附在某一菜单项右边的子菜单。

(3) 快捷菜单：在 Windows 10 中，右键单击某一个对象后，一般可以弹出一个菜单，此菜单称为快捷菜单。快捷菜单中列出了所选目标在当前状态下可以进行的所有操作。

(4) 级联式菜单：有的菜单命令右侧有个实心三角符号，这个符号表示该菜单项还有下一级菜单，通常也称为级联式菜单。

4. 菜单操作

在 Windows 下，所有的菜单操作都可以通过两种途径实现：鼠标和键盘。菜单操作包括：选择菜单、关闭菜单。

(1) 选择菜单：单击菜单项，打开菜单，然后单击可使用的菜单命令。

(2) 关闭菜单：单击菜单以外的任何位置，即可关闭该菜单。

七、工具栏的操作

Windows 中的应用程序一般都有工具栏，可以通过单击其上的按钮，对其进行操作。例如，Word 的工具栏如图 2-2-8 所示。

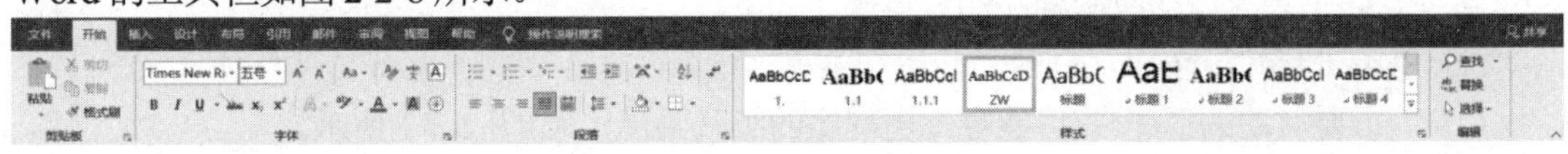

图 2-2-8　Word 的工具栏

八、帮助系统

Windows 10 提供了非常方便的帮助功能。如果用户在使用 Windows 10 时遇到问题，可以使用 Windows 的帮助功能。

使用帮助系统可进行如下操作。

(1) 按 F1 键。如果在打开的应用程序中按下 F1 键，而该应用程序提供了自己的帮助功能，则会打开帮助功能。否则，Windows 10 会调用用户当前的默认浏览器打开搜索页面，以获取 Windows 10 中的帮助信息。

(2) 询问 Cortana。Cortana(微软小娜)是 Windows 10 自带的虚拟助理，它不仅可以帮助用户安排会议、搜索文件，也可以回答用户提出的问题。因此有问题找 Cortana 是一个不错的选择，可以让它给出一些帮助。

(3) 使用任务栏上的搜索框。在任务栏上的搜索框中输入问题或关键字，使用搜索功能，可以访问各种联机帮助系统，可以联机向微软技术支持人员寻求帮助。

九、Windows 10 的退出

退出 Windows 10 的操作步骤如下。

(1) 单击“开始”按钮，弹出“开始”菜单。

(2) 单击“开始”菜单中的“电源”命令。

(3) 用户可以选择关机、重启或睡眠等操作。

第三节　Windows 10 对程序的管理

Windows 10 是一个多任务的操作系统，用户可以同时启动多个应用程序，打开多个窗口。但这些窗口中只有一个是活动窗口，它在前台运行，而其他窗口都在后台运行。对应用程序的管理包括：启动应用程序、切换应用程序窗口、排列应用程序窗口、使用滚动条查看窗口中的

内容、最小化所有应用程序窗口、退出程序、使用 Windows 任务管理器强制结束任务、使用快捷菜单执行命令、创建应用程序的快捷方式、剪贴板及其使用等。

一、启动应用程序

Windows 10 提供了多种启动应用程序的方法，最常用的方法有：从“开始”菜单中启动应用程序、从桌面启动应用程序、使用“文件资源管理器”启动应用程序、从“此电脑”启动应用程序、从控制台中通过输入命令启动应用程序等。

1. 从“开始”菜单启动应用程序

从“开始”菜单启动应用程序的具体操作如下。

(1) 单击“开始”按钮，打开“开始”菜单。

(2) 单击要启动的程序项(可能会弹出程序的级联菜单)，如图 2-3-1 所示。

(3) 在程序的菜单中选择要启动的应用程序选项，单击它即可。

2. 从桌面启动应用程序

在 Windows 10 的桌面上，有许多可执行的应用程序图标。有一些图标是 Windows 系统创建的，还有一些是用户自己创建的。双击某个应用程序图标，即可启动该应用程序。

3. 使用“文件资源管理器”启动应用程序

使用“文件资源管理器”启动应用程序的具体操作如下。

(1) 右击任务栏中的“开始”按钮，会出现“文件资源管理器”命令，如图 2-3-2 所示。

(2) 选择“文件资源管理器”命令，打开“文件资源管理器”窗口。

(3) 在资源管理器中双击所要运行程序的文件名，即可运行该程序。

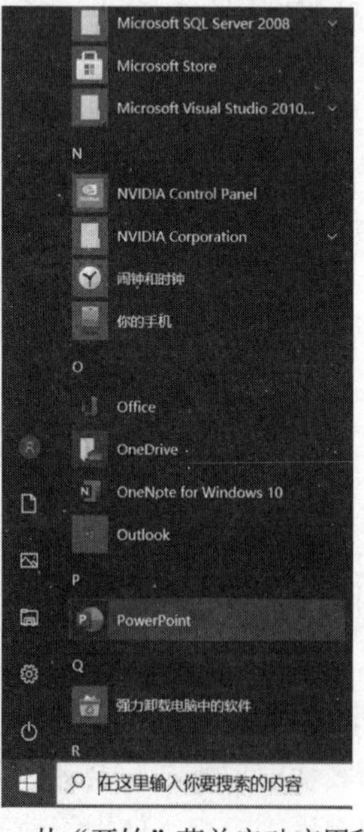

图 2-3-1　从“开始”菜单启动应用程序

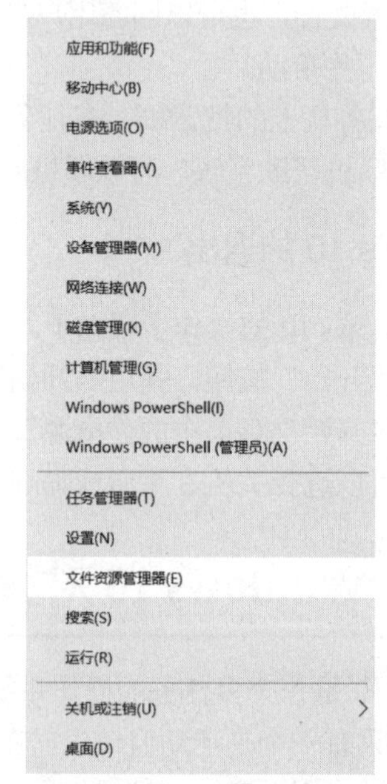

图 2-3-2　选择“文件资源管理器”命令

4. 从“此电脑”启动应用程序

在“此电脑”启动应用程序的具体操作如下。

(1) 双击桌面上的“此电脑”图标，打开“此电脑”窗口。

(2) 在“此电脑”窗口中双击文件夹，打开“文件夹”窗口。

(3) 找到要运行程序的文件名，然后双击它。

5. 从控制台中启动应用程序

控制台(Console)是系统提供的一个字符命令界面程序。从控制台中启动应用程序的具体操作如下。

(1) 单击“开始”按钮。

(2) 选择“开始”菜单中的“Windows 系统”子菜单，单击其中的“命令提示符”命令，进入“控制台”程序。

(3) 使用 CD 命令可以选择目录，输入需要运行的程序名，然后按 Enter 键。

二、切换应用程序窗口

在 Windows 10 下可以同时运行多个程序，每一个程序都有自己单独的窗口，可以单独地退出某一程序，或在多个程序之间互相切换。

切换应用程序窗口的具体方法有如下 3 种。

1. 用任务栏切换窗口

在屏幕最下面一行的任务栏上，单击相应的按钮即可切换到相应的应用程序窗口。

2. 用快捷键 Alt+Esc 切换窗口

按住 Alt 键不放，反复按 Esc 键，即可实现应用程序之间的切换。

3. 用快捷键 Alt+Tab 切换窗口

按住 A1t 键不放，反复按 Tab 键，即可在切换程序窗口中选择应用程序图标。选中所要切换到的应用程序图标后，松开 A1t+Tab 快捷键，此应用程序则被激活。

三、排列应用程序窗口

当桌面上有多个打开的窗口时，可以使窗口以层叠、堆叠和并排方式显示，具体操作如下。

(1) 右击任务栏的空白处，将弹出一个快捷菜单。

(2) 在菜单中选择“层叠窗口”“堆叠显示窗口”或“并排显示窗口”选项之一。

四、使用滚动条查看窗口中的内容

当窗口中的内容太多无法全部显示时，在窗口的边缘处就会自动出现滚动条，滚动条分为水平滚动条和垂直滚动条两类。

一个滚动条由 3 部分组成：滚动块、滚动框和滚动箭头。

用户可以通过滚动条来控制和调整窗口中显示的内容。下面以垂直滚动条为例，说明滚动条的使用方法。

垂直滚动条的主要操作方法有以下几种。

(1) 将鼠标移到滚动框两端向上(或向下)的滚动箭头上，单击滚动箭头，则窗口里的内容将向上(或向下)滚动一行。若按住鼠标左键不放，则窗口里的内容将连续滚动。

(2) 单击滚动框的上面或下面部分，内容将向上或向下滚动一屏。

(3) 将鼠标移到滚动块上，进行拖动，则窗口中的内容也随之向上或向下翻滚，待查找的内容出现在窗口中时，松开鼠标。此时，要查找的内容即在窗口中显示出来。

五、最小化所有应用程序窗口

当打开很多应用程序窗口时，屏幕很乱，这时可以先将所有打开的窗口最小化，然后再将某一个应用程序窗口激活。

可以按如下方式进行操作：右击任务栏的空白处，在弹出的快捷菜单中选择“显示桌面”命令，即可将所有打开的窗口最小化。

六、退出应用程序

Windows 10 提供了多种退出当前应用程序的方法，基本的退出方法有以下 4 种。

(1) 单击程序窗口右上角的“关闭”按钮。

(2) 选择“文件”菜单下的“退出”命令。

(3) 按 A1t+F4 快捷键。

(4) 右击任务栏上的应用程序按钮，然后从弹出的快捷菜单中选择“关闭窗口”命令。

七、使用 Windows 任务管理器强制结束任务

当在 Windows 10 下同时运行多个程序时，可以使用 Windows 任务管理器来强制结束程序，但是如果数据没有保存，将会丢失这些数据。具体操作步骤如下。

(1) 按 Ctrl+Alt+Delete 组合键，然后单击“任务管理器”选项，打开“任务管理器”对话框，如图 2-3-3 所示。

(2) 打开“进程”选项卡，选中“应用”列表框中要结束任务的应用程序名。

(3) 单击“结束任务”按钮，即可将所选程序强制结束。

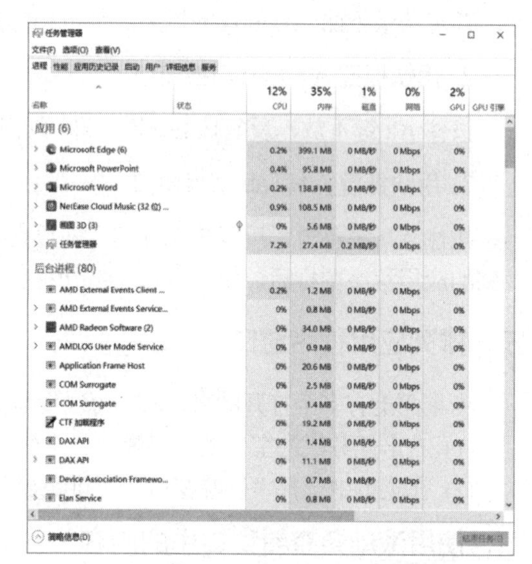

图 2-3-3　使用“任务管理器”强制结束任务

八、使用快捷菜单执行命令

当在 Windows 10 的程序上右击时，将显示一个菜单，这个菜单称为快捷菜单。在“文件资源管理器”或“此电脑”中，使用快捷菜单可以完成应用程序的“打开”“共享”“还原以前的版本”“复制”和“发送到”等操作。

例如，若要“打开”某个文件或文件夹，可以进行如下操作。

(1) 将鼠标指针移到需要执行的文件或文件夹上，右击文件或文件夹。

(2) 从弹出的快捷菜单中选择“打开”命令。

九、创建应用程序的快捷方式

1. Windows 10 的快捷方式

Windows 10 的快捷方式是一种对各种系统资源的链接，一般通过某种图标来表示，使用户可以方便、快速地访问有关资源。这些资源包括应用程序、文档、文件夹、驱动器等。

2. 快捷方式的属性

快捷方式本身实际上是链接文件，其扩展名为 lnk。在桌面上右击某个快捷方式的图标，在弹出的快捷菜单上选择“属性”命令，屏幕将显示如图 2-3-4 所示的“属性”对话框。单击“常规”选项卡，可以看到这个快捷方式的文件名、文件类型、创建和修改文件的时间、文件的大小等。单击“快捷方式”选项卡，可以看到文件存放的具体位置等。

3. 通过“向导”来新建快捷方式

(1) 在桌面的空白位置右击，弹出一个快捷菜单。

(2) 选择“新建”|“快捷方式”命令，打开“创建快捷方式”对话框，如图 2-3-5 所示。

(3) 在“请键入对象的位置(T)：”下面的文本框中输入一个确实存在的应用程序名，或通过“浏览”按钮获得应用程序名。

(4) 单击“下一步”按钮，在“键入该快捷方式的名称”的文本框中输入该快捷方式的名称。

(5) 单击“完成”按钮即可。

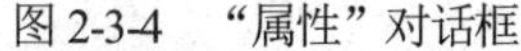
图 2-3-4　“属性”对话框

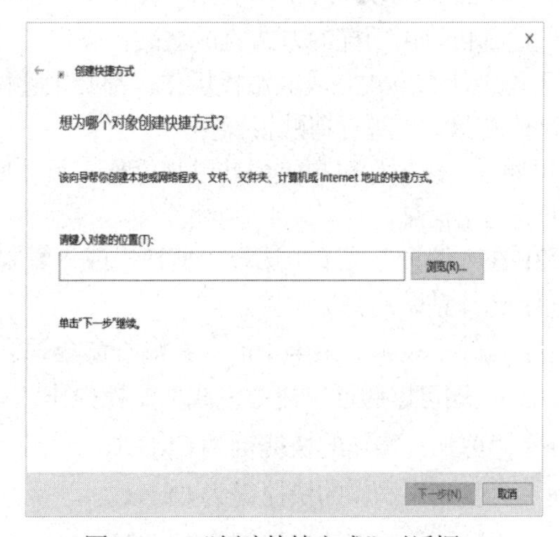

图 2-3-5　“创建快捷方式”对话框

4. 在“文件资源管理器”(或“此电脑”)中创建快捷方式

通过使用“文件资源管理器”(或“此电脑”)，也可以创建快捷方式。在“文件资源管理器”(或“此电脑”)中选中快捷方式对象，快捷方式的对象可以是文件、文件夹、程序、打印机、计算机或驱动器等。右击选中的快捷方式对象，在出现的快捷菜单中选择“创建快捷方式”命令，然后将快捷方式的图标拖动到桌面上。

十、剪贴板及其使用

剪贴板是在 Windows 10 环境下用来存储剪切或复制的信息的临时存储空间。这个存储空间可被所有的 Windows 10 程序使用。因此，剪贴板也就成了 Windows 10 程序之间交换信息的工具。

剪贴板中能保存的内容可以是文本信息、图形信息或其他形式的信息。

1. 剪贴板的基本操作

剪贴板的基本操作有剪切、复制和粘贴 3 种。

- 剪切：将信息从原来的位置剪切下来，存入剪贴板。原来位置上的信息不再存在。
- 复制：将信息复制到剪贴板，原来位置上的信息依然存在。
- 粘贴：将信息从剪贴板粘贴到指定位置，剪贴板中的信息依然存在。

组合以上 3 种操作可以完成信息的移动或复制。

- 信息的移动：先将指定的信息剪切到剪贴板，再粘贴到新位置。原来位置上的信息就不存在了，而在新位置上出现了指定的信息。
- 信息的复制：先将指定的信息复制到剪贴板，再粘贴到新位置。原来位置上的信息依然存在，而在新位置上也出现了指定的信息。

2. 剪贴板操作的实现

在 Windows 10 环境下，剪贴板操作是一种规范的操作。即无论对于什么对象，无论在什么位置，都可以用同样的方式完成剪贴板操作。

无论用什么方式完成剪贴板操作，都必须遵循“先选择，再操作”的原则，即先选择剪切或复制的对象，再进行剪贴板操作。

可通过“编辑”菜单完成剪贴板操作，具体操作如下。

(1) 选定信息。

(2) 在“编辑”菜单中选择“剪切”或“复制”命令，完成相应的操作。

(3) 选择粘贴的目标位置。

(4) 选择“编辑”菜单中的“粘贴”命令。

另外，还可以通过快捷键完成剪贴板操作，具体如下。

- “剪切”操作的快捷键为 Ctrl+X。
- “复制”操作的快捷键为 Ctrl+C。
- “粘贴”操作的快捷键为 Ctrl+V。

3. 将屏幕或当前活动窗口复制到剪贴板

Windows 10 支持两种特殊的剪贴板操作，即将整个屏幕或当前活动窗口复制到剪贴板。

复制到剪贴板之后，可以将剪贴板中的图形，粘贴到“画图”程序窗口，在“画图”程序中进行编辑或修改。

如果要复制整个屏幕的图像到剪贴板，应按下 Print Screen 键。

如果要复制当前活动窗口的图像到剪贴板，应按下 A1t+Print Screen 快捷键。

第四节 Windows 10 对文件的管理

“文件资源管理器”是用来管理文件和文件夹的工具。通过这种树状结构的文件管理系统，很容易查看各驱动器、文件夹和文件之间的关系。

使用文件资源管理器可以方便地对文件夹和文件进行选定、复制、移动和删除等操作。

一、Windows 10 的文件资源管理器

Windows 10 提供的“文件资源管理器”，可以实现管理资源的目的。

本地资源包括硬盘、文件、文件夹、控制面板和打印机等。网络资源包括映射驱动器、网络打印机、共享驱动器、文件夹和 Web 页等。

单击“开始”按钮，出现“开始”菜单后，选择“Windows 系统”之下的“文件资源管理器”命令，打开“文件资源管理器”窗口，如图 2-4-1 所示。

资源管理器由左右两个窗口组成：左边窗口有一棵文件夹树，显示计算机资源的组织结构；右边窗口显示左边窗口中的选定对象所包含的内容。

图 2-4-1 “文件资源管理器”窗口

1. 分隔条

如图 2-4-1 所示，在编辑窗口中，通过分隔条将其窗口分成左右两个窗口。移动分隔条可以改变两个窗口的大小。将鼠标指针指向分隔条处，鼠标指针会变成双箭头，进行拖动，分隔条即随着双箭头左右移动；当分隔条移至目标位置时，松开鼠标，则完成了这次移动。

2. 显示或隐藏工具栏

工具栏是提供给用户的一种操作捷径，其中的按钮在菜单中都有等效的命令。

单击菜单栏中的“查看”命令，会显示如图 2-4-2 所示的“导航窗格”子菜单，子菜单中有多个选项。

在“导航窗格”子菜单中，凡是在左侧有符号“✔”的项，表示该项内容已经展开显示；若想将其隐藏，只需单击该项，该项左侧的符号“✔”即消失；若想使其再展开显示，可再次单击子菜单中的该项，使该项左侧的符号“✔”再次出现。

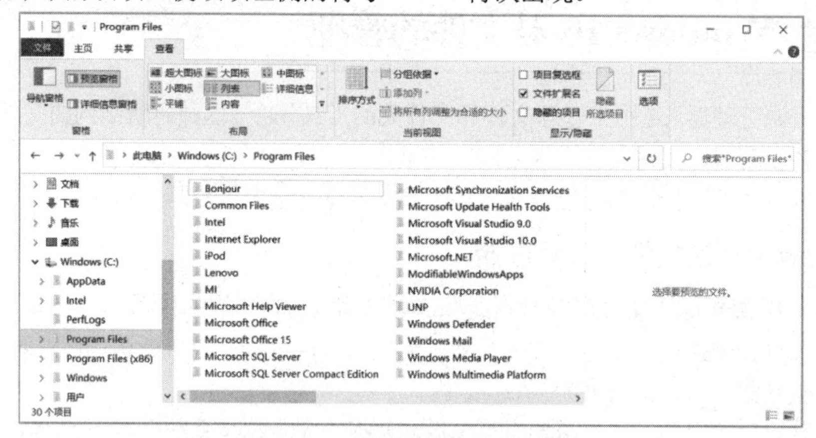

图 2-4-2　“查看”子菜单

3. 改变文件和文件夹的显示方式

文件和文件夹的显示方式有“超大图标”“大图标”“中图标”“小图标”“列表”和“详细信息”等。“详细信息”方式显示文件或文件夹的名称、大小、类型和修改时间等。如果要改变显示方式，可在“查看”选项卡中选取“大图标”“小图标”“中图标”“列表”和“详细信息”中的某个命令，如图 2-4-3 所示。

使用“详细信息”方式显示文件和文件夹时，可以修改“名称”“大小”“类型”和“修改时间”等各栏目的宽度，以便显示出所需要的信息。

修改的方法是将鼠标光标放在“名称”“大小”“类型”和“修改时间”等各栏目的交界处，然后进行拖动，当拖动到合适的宽度时，松开鼠标即可。

4. 文件和文件夹的排序

用户可以对文件和文件夹进行排序，排序方式有名称、修改日期、类型、大小等，可从“排序方式”下拉列表中进行选择，如图 2-4-3 所示。

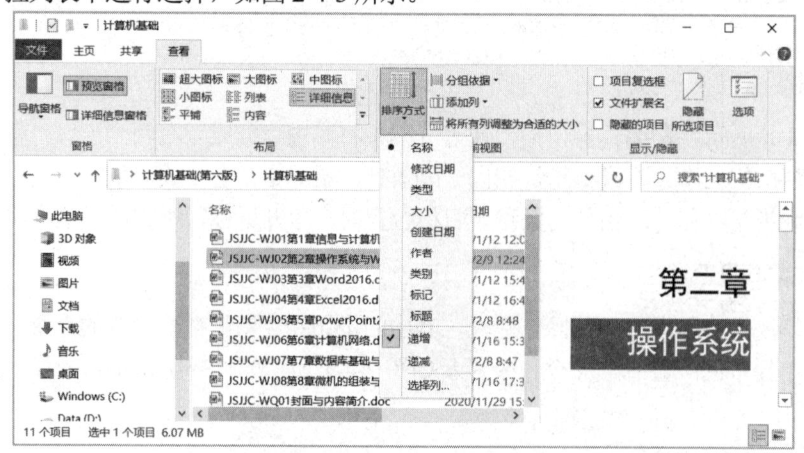

图 2-4-3　“排序方式”下拉列表

二、Windows 10 的文件和文件夹

1. 文件和文件夹

计算机中的大部分数据都是以文件的形式存储在磁盘上的，在计算机的文件系统中，文件是基本的数据组织单元。

文件又是一系列信息的集合，在其中可以存放文本、图像、声音和数值数据等各种信息。磁盘或光盘等是存储文件的大容量存储设备，可以存储很多文件。

为了便于管理文件，可以把文件放到目录中，在文件系统下，目录也称为文件夹。为了方便组织信息，操作系统允许用户在目录中再建立目录，这种目录称为子目录，也称子文件夹。

用户的文件可以按不同类型或不同应用，分门别类地保存在不同的文件夹中。而且，存储的文件个数一般可以不限，只受磁盘空间的限制。文件夹中还可存放除文件及文件夹之外的其他对象，如打印机、回收站、网络等。

注意：

在同一磁盘上的同一文件夹中不能有同名的文件夹或文件，而在不同的文件夹中则允许有同名的文件夹或文件。

文件可以从一张磁盘复制到另一张磁盘，或从一台计算机复制到另一台计算机上，可以通过存储设备带到任何地方。文件有属性，但不是固定不变的；文件可以被修改，也可以被删除。

2. 文件的类型

在 Windows 中，系统可以支持多种类型的文件。文件类型是根据其信息类型的不同而分类的，不同类型的文件要用不同的应用软件打开。同时，不同类型的文件在屏幕上的缩略显示图标也是不同的。文件大致可以分为下列两大类。

(1) 程序文件。程序文件是由二进制代码组成的。当用户查看程序文件的内容时，往往会看到一些不明意思的符号，这是二进制代码对应的 ASCII 符号。在系统中，程序文件的文件扩展名一般为 exe 或 com。一般双击程序文件名就可以启动该程序。

(2) 数据文件。数据文件是存放各种类型数据的文件，它可以是由可见的 ASCII 字符或汉字组成的文本文件，也可以是以二进制数组成的图片、声音、数值等各种文件，如图像文件、声音和影像文件、字体文件等。例如，Windows 10 中自带了多种字体，这些字体文件通常存放在 C:\Windows\Fonts 文件夹下。打开 Fonts 文件夹，可以看到其中的各种字体文件的图标，当双击某一字体文件图标时，可以打开该字体的样式说明窗口。

3. 文件及文件夹的命名

为了存取保存在磁盘中的文件，每个文件都必须有一个文件名，才能做到按名存取。

文件名由主文件名和扩展名两部分组成，中间用“.”作分隔。扩展名一般用于表示文件的类型，它一般是由生成文件的软件自动产生的一种格式标识符。文件生成后，一般不能通过改变其扩展名来改变文件类型，但可以通过相应的软件进行适当的变换。

Windows 10 允许文件名长达 255 个字符。为 Windows 10 设计的各种应用程序，都可以使用这些长文件名进行访问。

在 Windows 10 中，文件和文件夹的命名规则如下。

(1) 文件名或文件夹名，最多可使用 255 个字符。

(2) 组成文件名或文件夹名的字符可以是英文字母、数字及$、'、&、@、!、%、(、)、+、,、;、=、]、[、减号、下画线、空格、汉字等字符。但不能使用下列 9 个符号。

? \ * | " < > : /

(3) 文件名的首尾空格符将被忽略不计，但主文件名或扩展名的中间均可包含空格符。

(4) 引用文件名时，其主文件名不能省略，但扩展名可以省略。

(5) “*”和“?”字符不能作为文件名或文件夹名中的字符，但可以表示多义匹配字符，用来说明一组文件，称为文件的通配符。

“?”字符代替文件名某位置上的任意一个合法字符。“*”代表从*所在位置开始的任意长度的合法字符串的组合。例如，“x?y.tx?”代表文件名的第二位和扩展名的第三位可以为任意合法字符的一组文件。“*.exe”可代表所有以 exe 为扩展名的文件，而“*.*”则表示当前目录下的所有可显示的文件名。

Windows 10 并不忽略“*”号后的字符，例如，*prg*.*可代表 aprgwen.exe、xyzprgone. txt 等，只要文件名中含有 prg 字符即可。

4. 设备文件名

计算机配备的设备也被赋予了一个文件名，称为设备名。设备名具有文件名的同样作用，可用于命令中，但是用户不能使用它作为自己的文件名或目录名，否则会发生混乱。

每个磁盘驱动器或光盘也都被赋予了一个确定的名字，通常用英文字母来命名磁盘或光盘驱动器，其中“A：”和“B：”表示软盘驱动器，“C：”开始的字母表示硬盘、光盘、虚拟盘或者压缩盘。当前正在直接使用的驱动器，称为当前驱动器或默认驱动器。表 2-4-1 列出了一些常用的设备名。在 Windows 10 中，各设备都有对应的特定图标。

表 2-4-1 常用的设备名

设备名	对应的设备
CON	控制台(键盘/显示器)。输入时，CON 代表键盘；输出时，CON 代表显示器
LPT1(或 PRN) ～ LPT3	第一台到第三台打印机 (作为并行输出设备)
A：～ Z：	驱动器号(软盘、硬盘或光盘)，其中“A：”和“B：”表示软盘驱动器，“C：”开始的字母表示硬盘、光盘、虚拟盘或者压缩盘
COM1(或 AUX) ～ COM2	第一个或第二个串行口
NUL	作为测试用的虚拟设备(空设备，不产生输入输出)，空文件名

5. 文件路径

目录(文件夹)是一个层次式的树状结构，目录可以包含子目录，最高层的目录通常称为根目录。根目录是在磁盘初始化时由系统建立的，如“C:\”和“D:\”等。

用户可以删除子目录，但不能删除根目录。文件都是存放在文件夹中，如果要对某个文件进行操作，就应指明被操作文件所在的位置，这就是文件路径。

把从根目录(最高层文件夹)开始到达指定的文件所经历的各级子目录(子文件夹)的这一系列目录名(文件夹名)称为目录的路径(或文件夹路径)。路径的一般表达方式如下。

\子目录1\子目录2\……\子目录n

或：

\子文件夹1\子文件夹2\……\子文件夹n

在使用文件的过程中，经常需要给出文件的路径来确定文件的位置。常常通过浏览的方式查找文件，路径会自动生成。

三、管理Windows 10的文件和文件夹

1. 创建文件夹

在“此电脑”或“文件资源管理器”窗口中，选中需要创建新文件夹的位置，如桌面或某一个文件夹。使用下列方法之一都可以创建新文件夹。

(1) 通过菜单创建：单击窗口左上角快速访问工具栏中的“▾”按钮，在出现的下拉菜单中选择“新建文件夹”命令，如图2-4-4所示。

(2) 在空白处右击，出现快捷菜单后，选择“新建”|“文件夹”命令，如图2-4-5所示。

创建新文件夹后会出现新文件夹图标，并显示蓝色的“新建文件夹”几个字作为新文件夹的临时名称，可以输入所创建文件夹的名称来代替“新建文件夹”几个字。

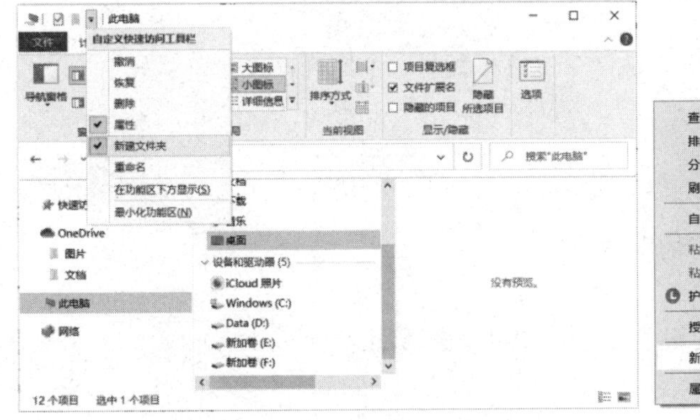

图2-4-4 新建文件夹方法1

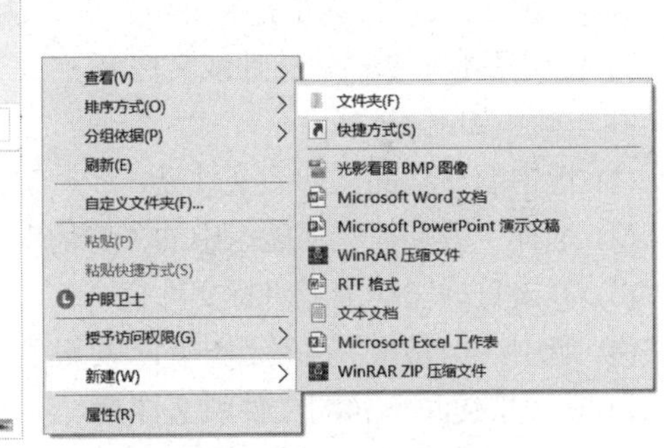

图2-4-5 新建文件夹方法2

2. 文件和文件夹的选定与撤销

1) 选定文件或文件夹的方法

在对文件或文件夹进行操作之前，首先要选定文件或文件夹。一次可以选定一个或多个文件或文件夹，被选定的文件或文件夹的背景呈淡蓝色显示。下面介绍几种选定的方法。

(1) 选定一个文件或文件夹：单击所要选定的文件或文件夹即可。

(2) 选定多个不连续的文件或文件夹：单击第一个要选定的文件或文件夹，然后按住Ctrl键不放，单击要选定的其他文件或文件夹。

(3) 选定多个连续的文件或文件夹：单击第一个要选定的文件或文件夹，然后按住Shift键不放，单击最后要选定的文件或文件夹，则在这两项之间的所有文件或文件夹将被选定。

(4) 反向选定多个不连续的文件或文件夹：有时，在一个文件夹中要选定的文件很多，而只有几个不选时，可以先选定不需要的文件，然后再利用“编辑”菜单中的“反向选择”命令进行选定。

(5) 选定驱动器：单击要选定的驱动器图标即可选定该驱动器。在“文件资源管理器”窗口的左窗格中的“此电脑”之下，单击某个驱动器图标就可选定该驱动器。当前选定的驱动器图标所在行的背景将呈现浅蓝色，在右窗口中可以看到该磁盘上包含的文件及文件夹，并且窗口标题名称、状态栏内容都将随之更新。在左窗格中单击想要查找的文件夹图标，该文件夹的内容也会显示在右窗格中。也可以通过双击右窗格中的某个文件夹图标来显示其中的内容。

(6) 选定某个文件夹中的全部内容：打开该“文件夹”窗口，单击“主页”选项卡，选择功能区中的“全部选择”命令或按 Ctrl+A 快捷键，即可选定文件夹中的所有内容。

2) 撤销选定项

撤销选定项的具体操作如下。

若要撤销一个选定项，则先按住 Ctrl 键，然后单击要取消的项。

若要撤销多个选定项，则先按住 Ctrl 键，然后分别单击要取消的项。

3) 撤销所有选定项

若要撤销所有选定项，则单击未选定的任何区域即可。

3. 移动文件和文件夹

移动文件或文件夹就是把文件或文件夹从一个位置移到另一个位置。

1) 使用菜单命令移动文件或文件夹

具体操作如下。

(1) 选中要移动的文件或文件夹。

(2) 选择“剪贴板”功能组中的“剪切”命令。

(3) 双击目标驱动器或目标文件夹。

(4) 选中“剪贴板”功能组中的“粘贴”命令，即可完成移动。

2) 使用快捷菜单移动文件或文件夹

具体操作如下。

(1) 选中要移动的文件或文件夹。

(2) 在选中的文件或文件夹上右击，出现快捷菜单后，选择“剪切”命令，将选定的文件或文件夹放到剪贴板中。

(3) 选中目标驱动器或目标文件夹。

(4) 在选中的目标驱动器或文件夹上右击，出现快捷菜单后，选择“粘贴”命令，将剪贴板中的内容粘贴到目标驱动器或目标文件夹中。

3) 使用鼠标拖动实现文件或文件夹的移动

具体操作如下。

(1) 选定要移动的文件或文件夹。

(2) 移动窗口之间的滚动条，使目标位置可见。

(3) 将选定的文件或文件夹直接拖到目标驱动器或目标文件夹中。

注意：

如果要在不同驱动器中移动文件或文件夹，则必须先按住 Shift 键，再进行拖动操作。

4. 复制文件和文件夹

复制是将要复制的文件或文件夹制作一个备份，存入一个新的位置，原文件或文件夹仍然保存在原来位置。

1) 使用剪贴板命令复制文件和文件夹(单击“主页”选项卡，可看到“剪贴板”功能组)

具体操作如下。

(1) 选中要复制的文件或文件夹。

(2) 选择“剪贴板”功能组中的“复制”命令。

(3) 选中目标驱动器或目标文件夹。

(4) 选择“剪贴板”功能组中的“粘贴”命令即可。

2) 使用快捷菜单复制文件或文件夹

具体操作如下。

(1) 选中要复制的文件或文件夹。

(2) 在选中的文件或文件夹上右击，出现快捷菜单后，选择“复制”命令，将选定的文件或文件夹放到剪贴板中。

(3) 选中目标驱动器或目标文件夹。

(4) 在选中的目标驱动器或目标文件夹上右击，出现快捷菜单后，选择“粘贴”命令，将剪贴板中的内容粘贴到目标驱动器或目标文件夹中。

3) 使用鼠标复制文件或文件夹

具体操作如下。

(1) 选定要复制的文件或文件夹。

(2) 移动窗口之间的滚动条，使目标驱动器或目标文件夹可见。

(3) 先按住 Ctrl 键，然后将选定的文件或文件夹拖到目标驱动器或目标文件夹中。

5. 删除文件或文件夹

1) 使用“文件资源管理器”删除文件或文件夹

具体操作如下。

(1) 在“文件资源管理器”中选定要删除的文件或文件夹。

(2) 在“主页”选项卡的功能区中选择“删除”命令按钮，单击“删除”命令按钮的向下箭头，在出现的列表中选择“永久删除”或“回收”。

(3) 若选择“永久删除”，屏幕上会出现一个“删除文件”对话框，询问用户是否将文件永久删除。单击“是”按钮将永久删除文件，单击“否”按钮将取消删除操作。

(4) 若选择“回收”，则将选定的文件或文件夹放到回收站。

2) 使用鼠标删除文件或文件夹

具体操作如下。

(1) 选定要删除的文件或文件夹。

(2) 将选定的文件或文件夹直接拖到“回收站”图标上即可。

3) 使用键盘删除文件或文件夹

具体操作如下。

(1) 选定要删除的文件或文件夹。

(2) 按 Delete 键或 Del 键即可删除文件或文件夹。

以上介绍的删除方法都是将删除的文件或文件夹放到回收站中，这是一种不完全删除的方法。如果还需要已放入回收站中的文件或文件夹，可以从回收站将其恢复到原来的位置。

4) 永久删除文件或文件夹

具体操作如下。

(1) 选定要删除的文件或文件夹。

(2) 按住 Shift 键不放，再按 Delete 键或 Del 键将彻底删除所选的文件或文件夹。

6. 重命名文件或文件夹

重命名文件或文件夹的方法很多，具体操作如下。

1) 使用“文件资源管理器”重命名

具体操作如下。

(1) 选定一个要重命名的文件或文件夹。

(2) 在“主页”选项卡的功能区中选择“重命名”命令按钮。

(3) 在名称文本框中输入新的文件名或文件夹名，然后按 Enter 键。

2) 使用鼠标重命名

具体操作如下。

(1) 选定一个要重命名的文件或文件夹。

(2) 单击文件或文件夹的名称。

(3) 在名称文本框中输入新的名称，然后按 Enter 键。

7. 搜索文件和文件夹

在计算机中，文件和文件夹都存储在磁盘和光盘中。要快速搜索到用户所需要的某个文件或文件夹，可使用“开始”按钮右侧任务栏的搜索框来完成搜索操作，也可以使用“文件资源管理器”中的搜索框。

使用“开始”按钮右侧任务栏的搜索框搜索文件或文件夹的方法是：在搜索框中输入搜索内容即可。

在“文件资源管理器”中完成搜索操作的方法是：在“文件资源管理器”的搜索框中输入搜索内容，然后单击搜索框右侧的→按钮。

如图 2-4-6 所示搜索的范围是“桌面”，搜索的关键词是“计算机”。

搜索时，如果记不清完整的文件名，可以使用“?”通配符代替文件名中的一个字符，或使用“*”通配符代替文件名中的任意字符。也可以输入待搜索文件中存在的部分内容和关键词。

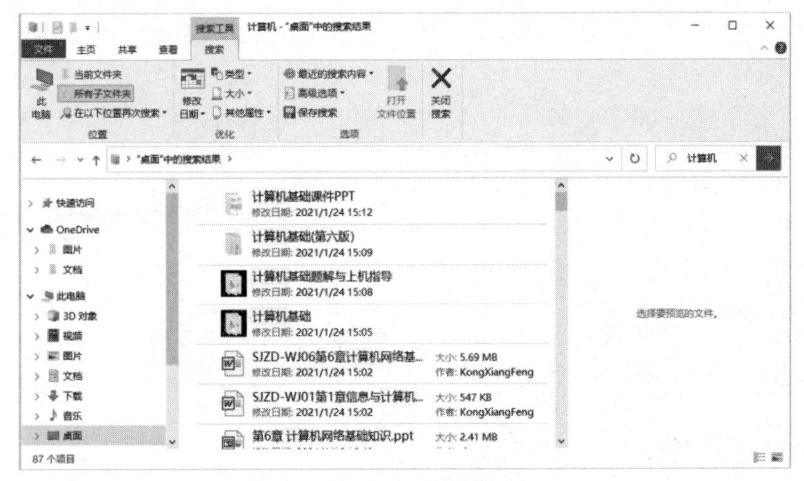

图 2-4-6　搜索结果

8. 发送

发送的具体操作步骤如下：选定要发送的文件或文件夹，右击鼠标，在出现的快捷菜单中选择“发送到”命令，如图 2-4-7 所示。

9. 使用回收站

回收站是一个系统文件夹，其作用是把删除的文件或文件夹临时存放在一个特定的磁盘空间中。用户可以对回收站中的文件或文件夹进行管理。如果用户想恢复某个文件，可以从“回收站”中恢复。如果确实不想再保留“回收站”中的文件，可以永久删除。还可以打开回收站的属性窗口，根据用户需要，设置回收站的大小，设置删除时不将文件移入回收站等。

1) 还原“回收站”中的文件

具体操作如下。

(1) 双击桌面上的“回收站”图标，打开“回收站”窗口。

(2) 选定要恢复的文件或文件夹。

(3) 选择“文件”选项卡中的“还原”命令，该文件将被恢复到原来的位置。

2) 清空回收站

具体操作如下。

(1) 双击桌面上的“回收站”图标，打开“回收站”窗口。

(2) 选择“文件”选项卡中的“清空回收站”命令，屏幕上将显示确认清空的对话框。

(3) 单击“是”按钮或按 Enter 键将删除所有文件。

3) 设置“回收站属性”

具体操作如下。

(1) 在桌面上右击“回收站”图标，出现一个快捷菜单。

(2) 在快捷菜单中选择“属性”命令，出现“回收站 属性”对话框，如图 2-4-8 所示。

(3) 在删除文件或文件夹时，如果删除内容不放到回收站，可选中“不将文件移到回收站中。移除文件后立即将其删除(R)”单选按钮。

(4) 如果不希望在删除时出现确认对话框，则取消“显示删除确认对话框”复选框的选中状态。

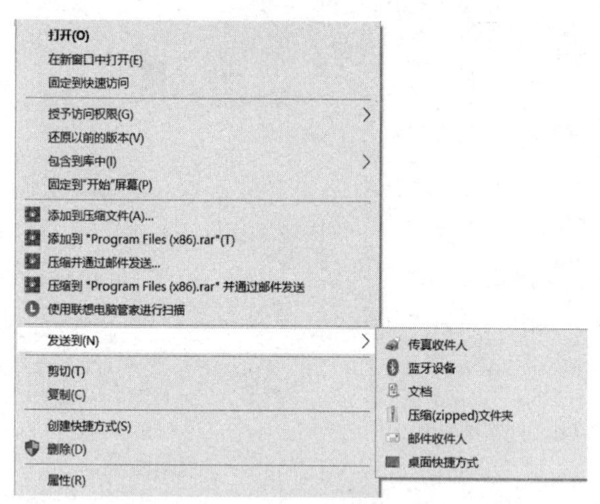

图 2-4-7　选择“发送到”命令

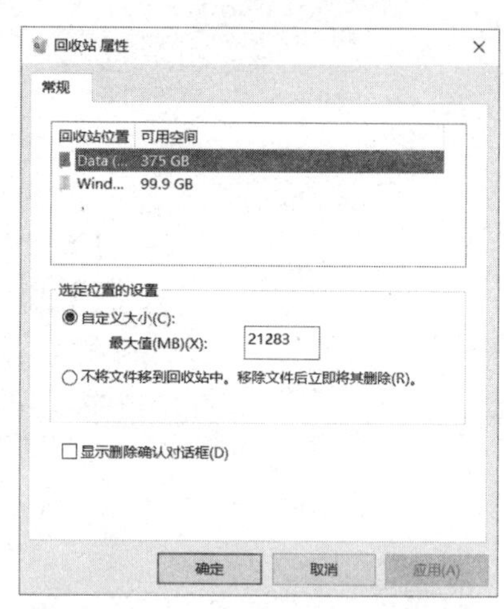

图 2-4-8　“回收站 属性”对话框

10. 查看并设置文件的属性

在 Windows 10 中，文件和文件夹都有各自的属性，根据用户需要，可以设置或修改文件或文件夹的属性。了解文件或文件夹的属性，有利于对它们进行操作。

查看文件或文件夹属性的具体操作如下：右击文件或文件夹，弹出快捷菜单。在该快捷菜单中，选择“属性”命令，打开“属性”对话框，如图 2-4-9 所示。图 2-4-9(a)是文件属性对话框，图 2-4-9(b)是文件夹属性对话框。

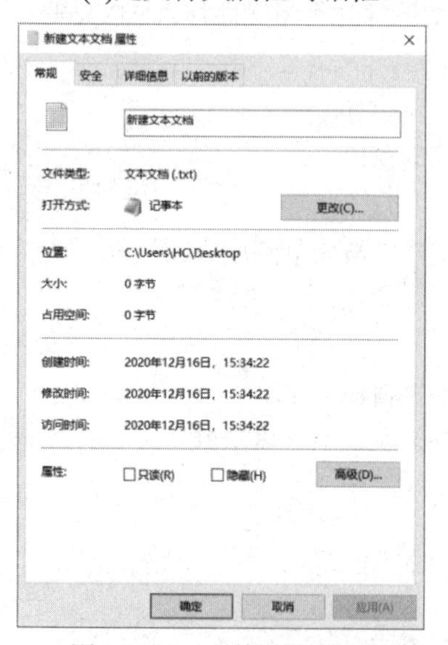

图 2-4-9(a)　文件属性对话框

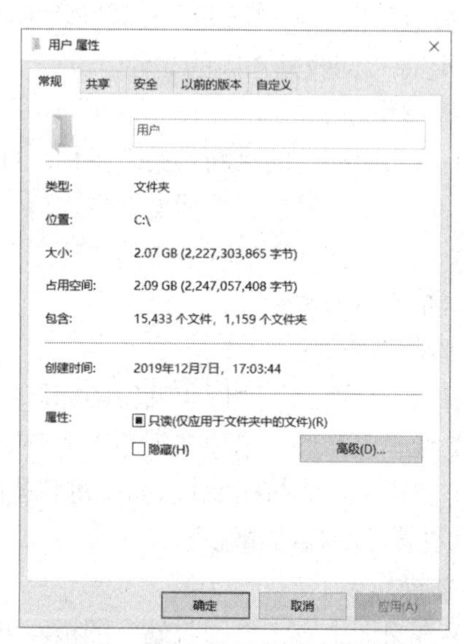

图 2-4-9(b)　文件夹属性对话框

文件或文件夹的属性有：文件类型、文件或文件夹的名称、文件夹中所包含的文件和子文件夹的数量、创建时间、修改或访问的时间。如果该文件夹是共享的，则“共享”选项卡中列出了其他用户通过网络访问文件夹内容时必须使用的共享名、用户数限制等。

11. 设置文件或文件夹的只读属性

对于具有只读属性的文件或文件夹，用户只能浏览其内容而不能修改其内容。

通常情况下，是把用户的某个文件或文件夹、网络的共享文件夹，以及共享驱动器设置为只读属性。

设置只读属性的具体操作如下。

(1) 选定某个文件或文件夹。

(2) 右击所选的文件或文件夹，弹出一个快捷菜单。

(3) 在该快捷菜单中选择“属性”命令，出现如图 2-4-9 所示的“属性”对话框。

(4) 在“属性”对话框中选中“只读”复选框。

(5) 单击“确定”按钮即可。

第五节　Windows 10 对磁盘的管理

一、查看磁盘空间

在使用计算机的过程中，掌握计算机的磁盘空间信息是非常必要的。如在安装比较大的软件时，首先要检查各磁盘空间的使用情况。一般是将系统软件安装在 C 盘，其他软件安装在 D、E、F 等盘。

查看磁盘空间的具体操作如下。

(1) 双击“此电脑”图标，打开“此电脑”窗口(或“文件资源管理器”窗口)。

(2) 单击各磁盘驱动器图标，将分别显示各磁盘驱动器的存储空间及使用情况，如图 2-5-1 所示为 C 盘的空间大小。

在窗口顶部的“查看”选项卡中选择“详细信息窗格”(否则不显示详细信息)，单击 C 盘图标，在窗口右侧的“详细信息”中将显示 C 盘的可用空间为 84.5GB，总大小为 146GB 等。

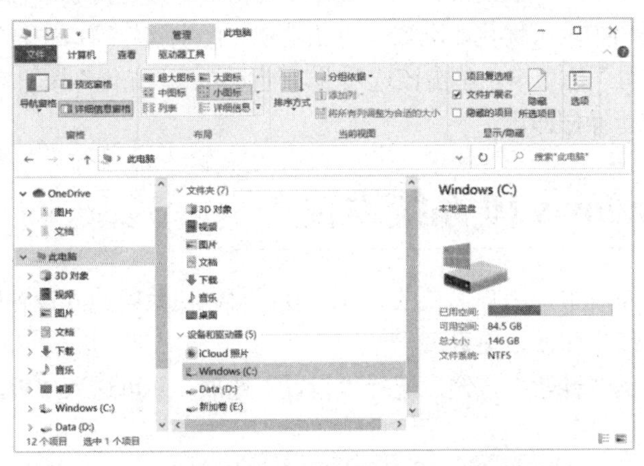

图 2-5-1　C 盘的空间大小

二、格式化磁盘

格式化磁盘就是在磁盘上建立可以存放文件或数据信息的磁道和扇区。

对于一个没有被格式化的新磁盘，Windows 和应用程序无法向其中写入文件或数据信息，必须先对其进行格式化，才能存放文件。

如果要对已用过的磁盘重新进行格式化，将会清除磁盘上的所有信息。

格式化磁盘的具体操作如下。

(1) 双击“此电脑”图标，打开“此电脑”窗口。

(2) 右击所要格式化的磁盘，在弹出的快捷菜单中选择“格式化”命令，将弹出“格式化”对话框。若选中“快速格式化”复选框，表示将删除盘上的所有内容，但不检测坏的扇区。只有磁盘在此之前曾格式化过，此选择才起作用。

(3) 对话框中的“卷标”用于为执行格式化的磁盘命名或改变原来的名称。

(4) 设置完毕后，单击“开始”按钮，进行格式化。此时，对话框底部的格式化状态栏会显示格式化的过程。完成格式化后，单击“关闭”按钮退出格式化程序。

三、资源监视器

可以使用资源监视器实时查看磁盘、CPU、内存和网络等硬件资源的使用情况，以及软件资源的使用情况。可以使用资源监视器了解进程和服务如何使用系统资源，以便监视、启动、停止、挂起和恢复指定的进程和服务。

打开“开始”菜单，找到“Windows 管理工具”，选择“Windows 管理工具”下面的“资源监视器”选项，出现“资源监视器”窗口。“资源监视器”窗口中有“概述”“CPU”“内存”“磁盘”“网络”五个选项卡，用户可通过选项卡查看磁盘等资源的使用情况。

四、碎片整理和优化驱动器

“碎片整理和优化驱动器”是 Windows 提供的磁盘工具之一，主要使文件存储在连续的磁盘簇中，重新安排文件和硬盘上的未用空间，以提高文件的访问速度。

打开“开始”菜单，找到“Windows 管理工具”，选择“Windows 管理工具”下面的“碎片整理和优化驱动器”选项，出现“优化驱动器”对话框，按照提示进行操作即可。

在“此电脑”窗口中也可优化驱动器，方法是在“此电脑”窗口中选定某个驱动器，这时出现“管理驱动器工具”选项卡，单击该选项卡功能区中的“优化”按钮，出现“优化驱动器”对话框，按照提示进行操作即可。

第六节 Windows 10 系统设置

在 Windows 10 系统中，用户需要的大部分设置可以在系统的“设置”菜单中实现，实现方式比之前的操作系统更简便、更直观。

单击桌面任务栏的“开始”按钮，选择“设置”选项，即可进入“Windows 设置”窗口，如图 2-6-1 所示。

Windows 10 的控制面板中也包含了用来设置系统的全部命令，可以对显示器、键盘和鼠标等硬件进行设置；也可以对软件进行设置，如添加或删除应用程序；同时还可以用来配置网络适配器、网络协议等。更改后的信息将保存在 Windows 注册表中，以后每次启动系统时，都将按更改后的设置进行。

若要进入控制面板，可单击“开始”按钮，选择“Windows 系统”菜单，单击其中的“控制面板”选项，打开“控制面板”窗口，如图 2-6-2 所示。

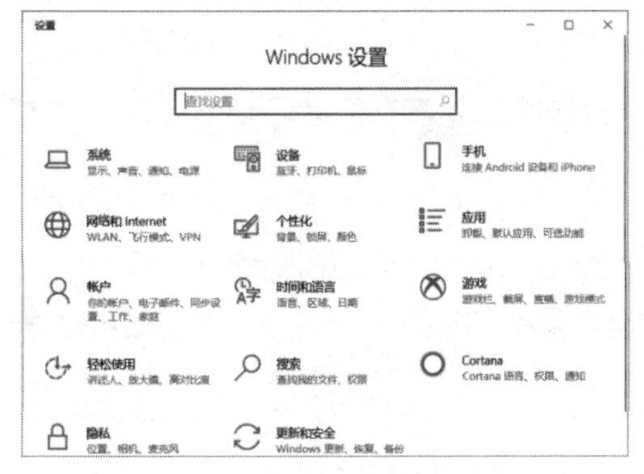

图 2-6-1　“Windows 设置”窗口

图 2-6-2　“控制面板”窗口

一、设置桌面显示

1. 背景的设置

设置屏幕背景的具体操作如下。

(1) 在如图 2-6-1 所示的“Windows 设置”窗口中选择“个性化”，打开“个性化”窗口。

(2) 在“个性化”窗口中，有“背景”“颜色”“主题”等选项，如图 2-6-3 所示。

(3) 选择“个性化”下面的“背景”选项，窗口右侧会出现设置“背景”的有关内容。

(4) 窗口右侧“背景”下面的列表框中会出现三种选择：图片、纯色、幻灯片放映，根据需要，用户可选择一种，例如选择图片，用户可在下面出现的图片中选择一张作为背景。

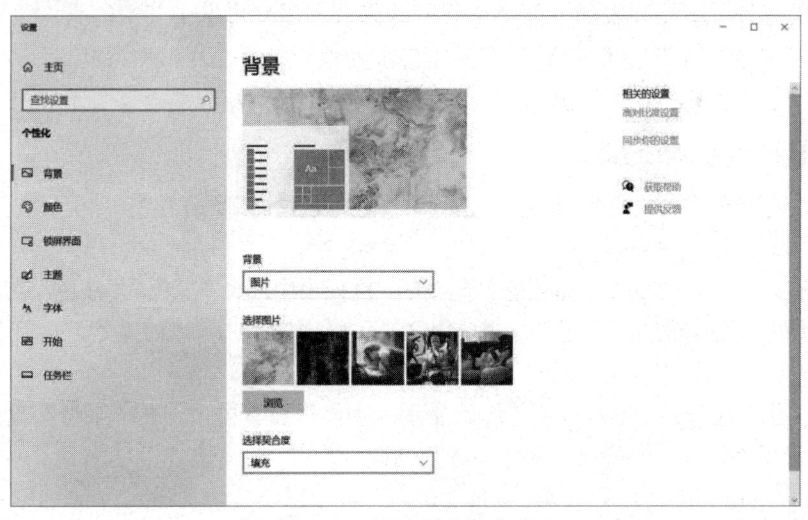

图 2-6-3　“个性化”窗口

(5) 用户也可单击 “浏览”按钮，在磁盘上选择图片文件作为屏幕的背景。

(6) 在“选择契合度”下拉列表中可以选择背景的显示方式，包括填充、适应、平铺、居中和拉伸等。

也可以不选图片作为背景，而选择纯色作为背景，或者选择幻灯片放映作为背景。

2. 屏幕保护的设置

在 Windows 10 中，如果在一段时间内既没有按键输入，也没有移动鼠标光标，那么屏幕保护程序将在屏幕上显示指定的图片。

设置屏幕保护的具体操作步骤如下。

(1) 在“个性化”窗口中，单击“锁屏界面”选项，显示如图 2-6-4 所示的界面。

(2) 在图 2-6-4 右侧的“背景”下拉列表中选择“图片”选项(也可选择其他的选项)，表示将以图片作为锁屏界面。

图 2-6-4　设置锁屏界面

(3) 在“背景”下拉列表的下面会出现一些图片，用户可选中其中的某一张图片，在上面的“预览”中会看到图片的效果，该图片将作为锁屏界面。

(4) 用户也可单击“浏览”按钮，在磁盘上选择其他图片。

3. 窗口颜色和字体的设置

在“个性化”窗口中，单击“颜色”，显示“颜色”设置窗口。在该窗口中可设置 Windows 10 窗口颜色方案。

用户可在该窗口右侧的“选择颜色”下面的下拉列表中选择“深色”“浅色”或“自定义”。如图 2-6-5 所示，选择的是“深色”。用户可在窗口右侧“选择你的主题色”的下面进行主题色的选择。

在“个性化”窗口中，单击“字体”，显示“字体”设置窗口。在“字体”设置窗口中，用户可在“可用字体”下面列出的字体中进行选择。

4. 显示的设置

在如图 2-6-1 所示的“Windows 设置”窗口中选择“系统”，打开“系统”设置窗口，单击其中的“显示”选项，会出现如图 2-6-6 所示的窗口。

在图 2-6-6 所示的窗口中，可以通过左右拖动滑动模块来更改显示器的亮度，可以设置夜间模式，可以通过缩放来更改文本、应用等项目的大小，可以改变屏幕的分辨率，可以改变屏幕的显示方向等。

单击“高级显示设置”选项，打开“高级显示设置”对话框，用户可以在其中选择显示器、查看显示信息。

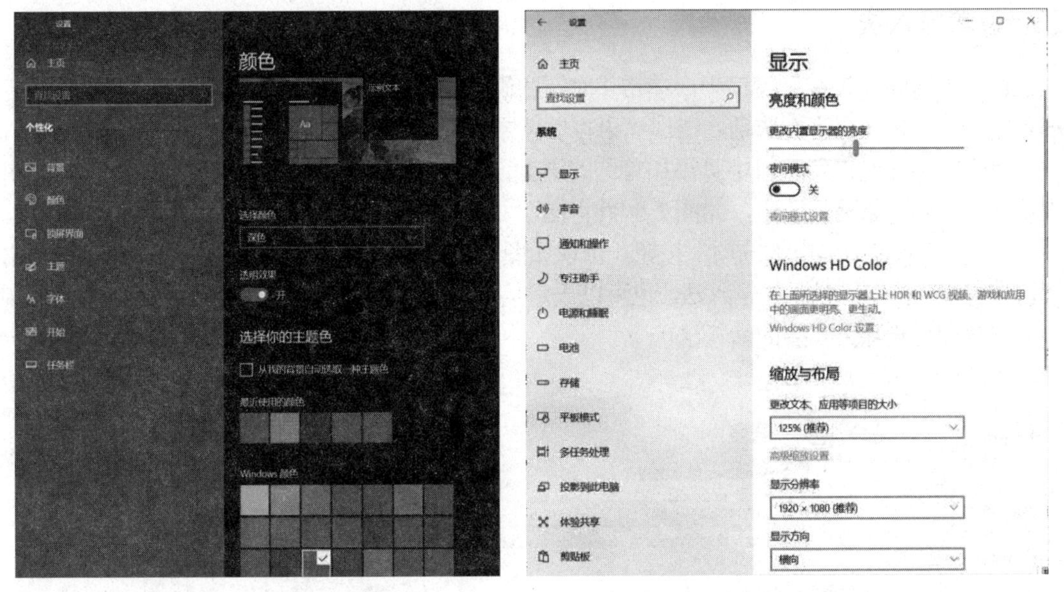

图 2-6-5　“颜色”设置　　　　图 2-6-6　“显示”设置

二、设置日期和时间以及时区

在 Windows 10 中设置日期和时间的具体操作步骤如下。

(1) 在图 2-6-1 所示的“Windows 设置”窗口中，单击“时间和语言”图标，可以打开如图 2-6-7(a)所示的设置窗口。

(2) 在图 2-6-7(a)所示的“日期和时间”设置窗口中，可以打开或关闭“自动设置时间”开关，可以打开或关闭“自动设置时区”开关。

(3) 当“自动设置时间”开关关闭时，可以单击“手动设置日期和时间”下面的“更改”按钮，出现如图 2-6-7(b)所示的对话框时，在该对话框中更改日期和时间。

(4) 当“自动设置时区”开关关闭时，可以更改时区。此时在“时区”下面的列表中进行选择即可。

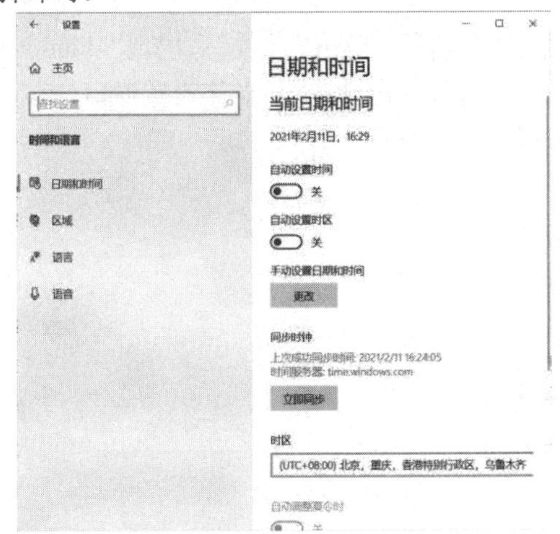

图 2-6-7(a)　“日期和时间”设置窗口

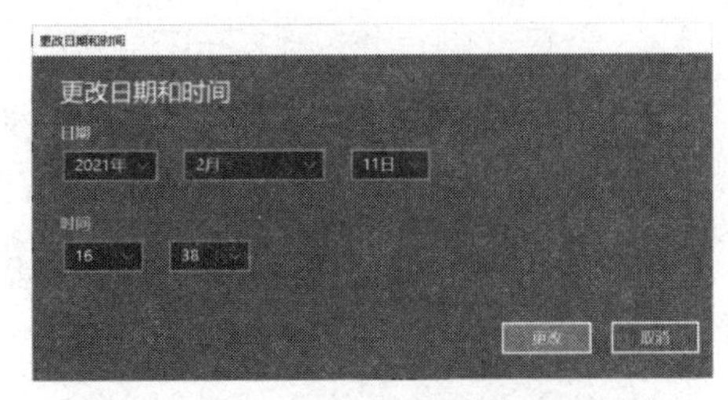

图 2-6-7(b)　“更改日期和时间”对话框

三、设置输入法

在“Windows 设置”窗口中，单击“时间和语言”图标，打开“时间和语言”设置窗口。在该窗口中选择“语言”选项，出现“语言”设置窗口，如图 2-6-8(a)所示。

单击“语言”设置窗口中“添加首选的语言”下面的“中文(中华人民共和国)”选项，出现“选项”和“删除”按钮，如图 2-6-8(a)所示。

在图 2-6-8(a)中单击“选项”按钮，出现如图 2-6-8(b)所示的窗口。在图 2-6-8(b)中，单击“添加键盘”按钮可以添加输入法。也可以选定某个输入法，当出现“删除”按钮后，单击“删除”按钮即可删除已安装的输入法。

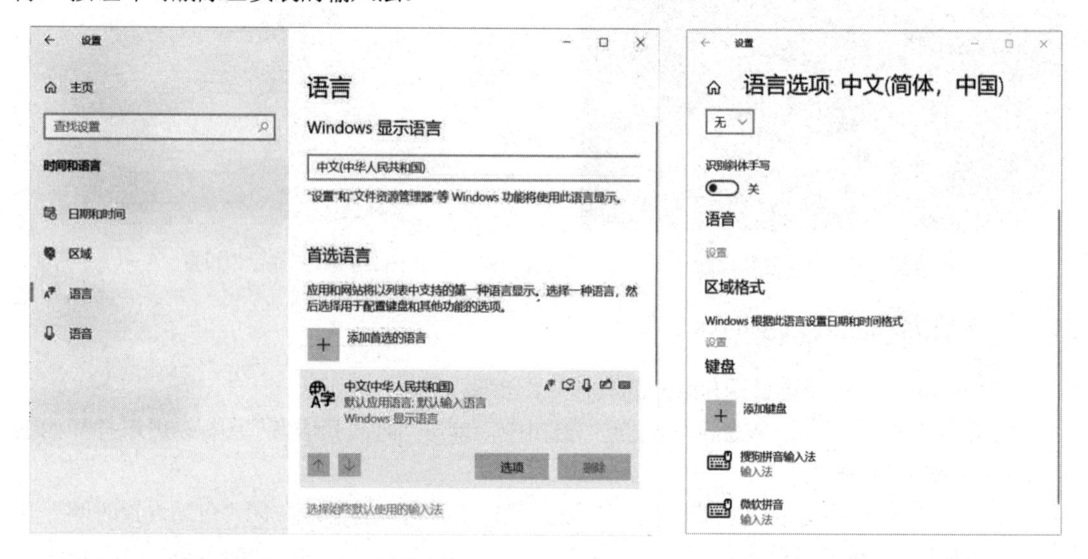

图 2-6-8(a) “语言”设置窗口

图 2-6-8(b) 添加输入法

四、设置鼠标和键盘

1. 设置鼠标

单击“开始”按钮，在出现的“开始”菜单的左侧选择“设置”，单击“设置”后出现“Windows 设置”窗口。单击“Windows 设置”窗口中的“设备”选项，出现 “设备”设置窗口。在该窗口的左侧单击“鼠标”选项，则可以在该窗口的右侧设置鼠标。

设置鼠标包括如下内容。

- 可以选择主按钮，允许选择左或右，默认是左。
- 设置滚轮一次滚动多行还是滚动一个屏幕。
- 设置滚动滑轮滚动一个齿格所滚动的行列数。
- 更改鼠标指针的大小和颜色，更改光标的大小。
- 更改鼠标指针的形状、双击速度和移动速度。

2. 设置键盘

在“开始”菜单的左侧选择“设置”，单击“设置”后出现“Windows 设置”窗口。单击

“Windows 设置”窗口中的“设备”选项，出现“设备”设置窗口。在“设备”设置窗口的左侧单击“输入”选项，则可以在该窗口的右侧设置键盘。

五、添加或删除程序

在“开始”菜单的左侧选择“设置”，单击“设置”后出现“Windows 设置”窗口。

单击“Windows 设置”窗口中的“应用”选项，在出现的“应用”设置窗口的左侧单击“应用和功能”选项，则在该窗口的右侧就可以执行“添加或删除程序”操作，如图 2-6-9 所示。

打开“控制面板”窗口，也可添加或卸载应用程序。

1. 删除程序

如图 2-6-9 所示，在列表中列出了已经安装的应用程序。按照提示，单击某个应用程序，然后单击“卸载”即可卸载该程序。如图 2-6-9 所示选择了“360 安全卫士”应用程序，若单击“卸载”按钮即可卸载该程序。

使用“控制面板”窗口卸载应用程序的方法是：在“控制面板”窗口中选择“程序”，再选择“程序和功能”，出现图 2-6-10 所示的窗口后，选中某个应用程序，单击“卸载”按钮即可。

或者在“开始”菜单中找到某个应用程序，在该应用程序上右击，出现快捷菜单后单击其中的“卸载”选项，也可删除该应用程序。

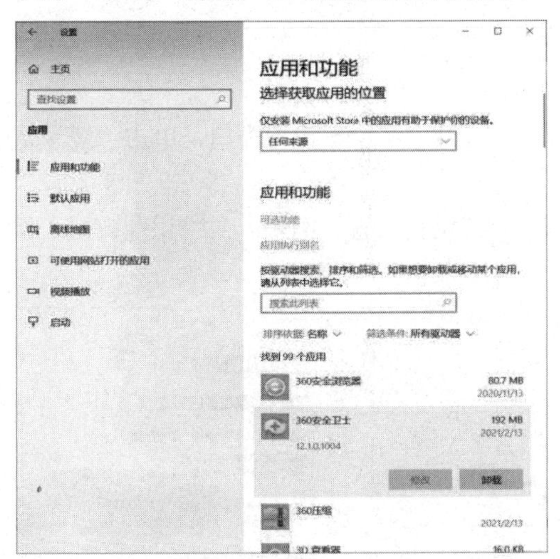

图 2-6-9　“应用”设置窗口

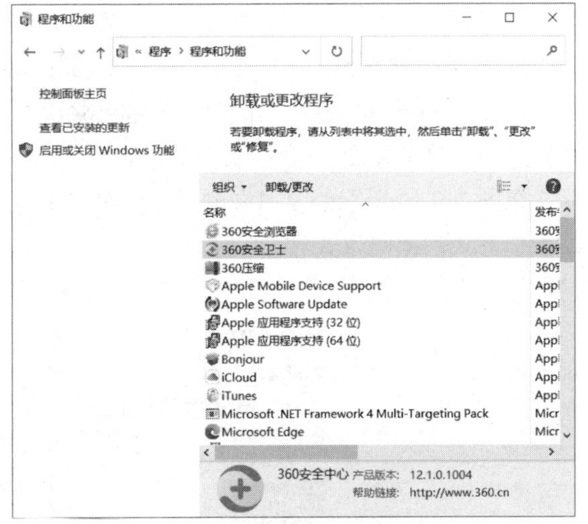

图 2-6-10　“程序和功能”窗口

2. 添加或删除 Windows 组件

(1) 在图 2-6-10 所示的窗口中，单击窗口左侧的“启用或关闭 Windows 功能”按钮，打开如图 2-6-11 所示的“Windows 功能”对话框。

(2) 在组件列表框中列出了 Windows 10 的功能，若要启用某一功能，可在其左边的复选框中单击选中。若要关闭某一功能，取消选中复选框即可。

图 2-6-11　“Windows 功能”对话框

六、管理账户

Windows 有 4 种不同的账户，分别是管理员账户、标准账户、来宾账户和 Microsoft 账户，不同的账户具有不同的权限。

- 管理员账户：拥有对计算机的最高操作权限，可以对计算机进行任何设置。
- 标准账户：可以使用大多数软件，可以更改不影响其他用户或计算机安全的系统设置。
- 来宾账户：适用于暂时使用计算机的情况，拥有最低的使用权限，不能对系统进行修改，只能进行最基本的操作。
- Microsoft 账户：使用微软账号登录的网络账户。

1. 账户的创建

可以在计算机中创建多个账户，不同的用户可以在各自的账户下对计算机进行操作。

账户的创建过程如下：打开“Windows 设置”窗口，单击“账户”选项，打开“账户”设置窗口，单击“家庭和其他用户”选项，打开如图 2-6-12 所示的窗口。

若要为家庭成员添加账户，在图 2-6-12 所示的窗口右侧，可以单击“添加家庭成员”选项，然后按照提示进行操作即可。

若要为其他用户添加账户，在图 2-6-12 所示的窗口右侧，可以单击“将其他人添加到这台电脑”选项，然后按照提示进行操作即可。

2. 登录选项设置

打开“Windows 设置”窗口，单击“账户”选项，打开“账户”设置窗口，单击“登录选项”选项，打开如图 2-6-13 所示的窗口。

在图 2-6-13 所示的窗口右侧，可以对登录电脑的方式进行设置，例如：人脸识别方式、指纹识别方式、密码方式等。

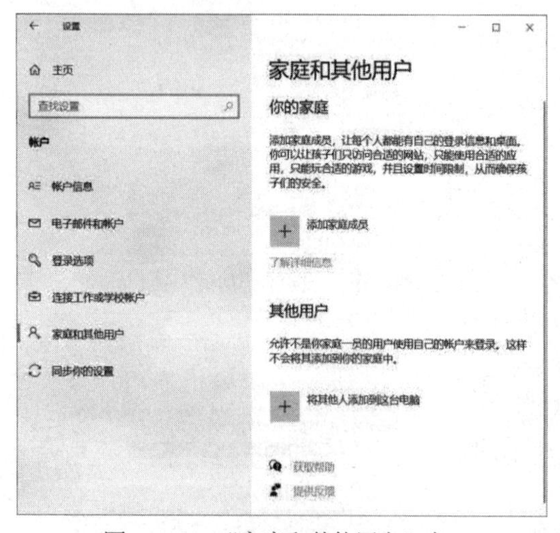

图 2-6-12 “家庭和其他用户”窗口

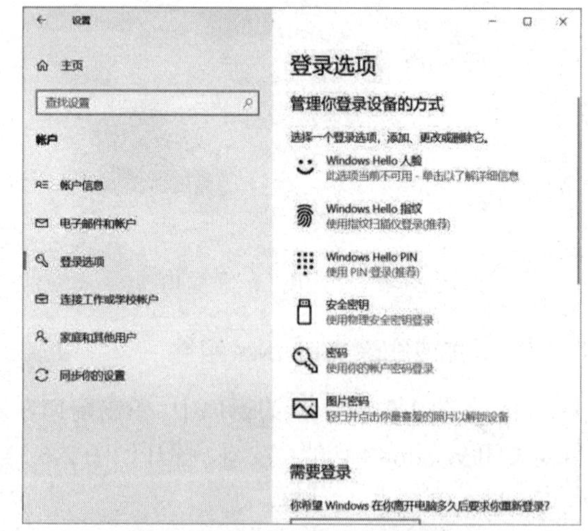

图 2-6-13 “登录选项”窗口

3. 通过控制面板管理账户

可以通过控制面板管理账户，具体操作如下：打开“控制面板”窗口，在该窗口中单击“用户账户”按钮。在出现的“用户账户”对话框中，可以更改账户信息、更改账户类型、管理其他账户、更改用户账户控制信息等。

七、查看系统信息

打开桌面的“此电脑”窗口，单击“计算机”选项卡下面的“属性”选项(也可在“控制面板”中选择“系统和安全”选项，再单击“系统”选项)，打开如图 2-6-14 所示的窗口，从中可以查看计算机系统的软硬件基本信息。

图 2-6-14　“系统”窗口

“Windows 版本”显示计算机所安装的操作系统的信息；“系统”显示 CPU、内存的信息，以及制造商等信息；另外，计算机的名称、域和工作组设置，以及 Windows 激活的相关信息也可以从中获取或者设置。

单击图 2-6-14 中“计算机名、域和工作组设置”区域中的“更改设置”按钮，可以打开如图 2-6-15 所示的“系统属性”对话框。在该对话框中，可以设置计算机在网络中的标识名称。单击该窗口中的“更改”按钮，打开如图 2-6-16 所示的对话框，在该对话框中可以进行计算机的重命名、工作组或域的更改。

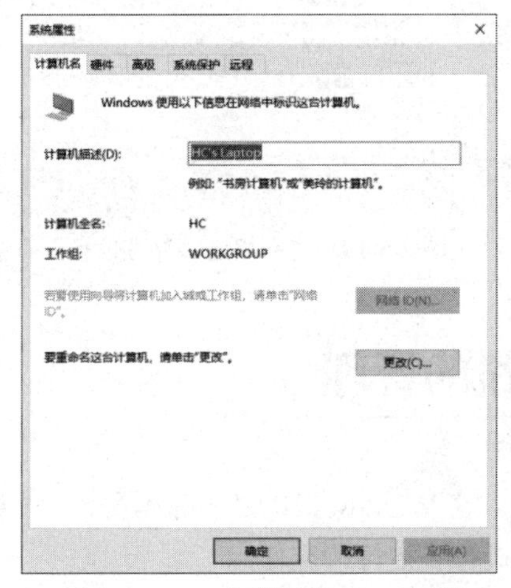

图 2-6-15　“系统属性”对话框

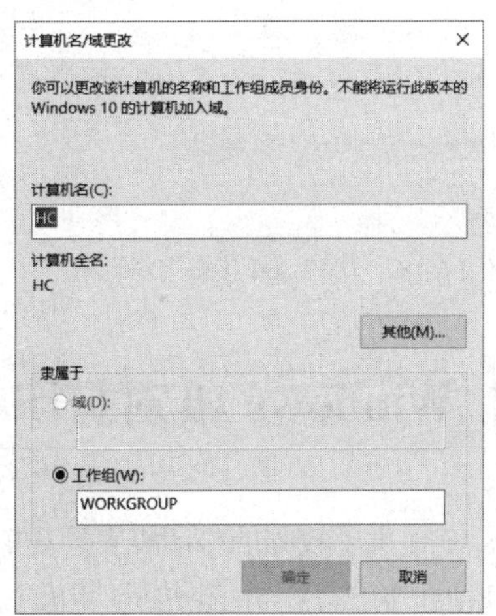

图 2-6-16　“计算机名/域更改”对话框

八、查看网络信息

打开“控制面板”，选择“网络和 Internet”选项，再单击“网络和共享中心”命令，打开如图 2-6-17 所示的“网络和共享中心”窗口。

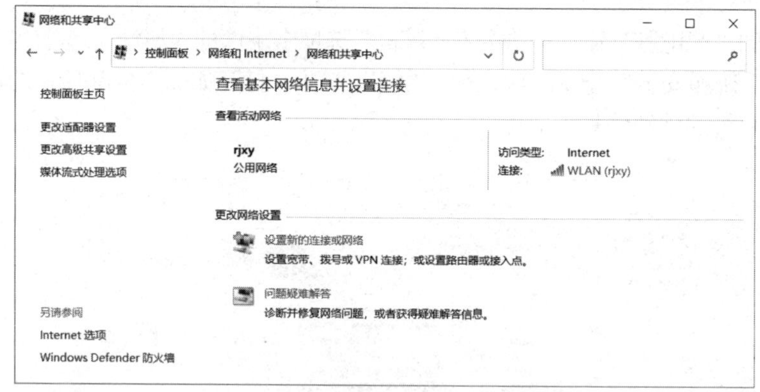

图 2-6-17　“网络和共享中心”窗口

从“网络和共享中心”窗口中可以查看网络信息并设置网络连接。单击“查看活动网络”中的连接，可以打开图 2-6-18 所示的“WLAN 状态”对话框。在该对话框中，显示了当前网络连接为“IPv4 连接：Internet”、速度为 300Mbps，以及已发送、已接收数据的字节量等信息。

在图 2-6-18 中单击“详细信息”按钮，将出现图 2-6-19 所示的“网络连接详细信息”对话框，从中可以获取网卡的物理地址、IP 地址、子网掩码、默认网关、DNS 服务器等信息。

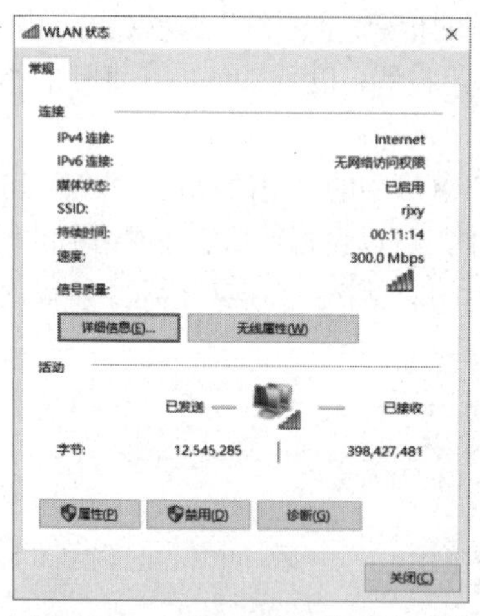

图 2-6-18　“WLAN 状态”对话框

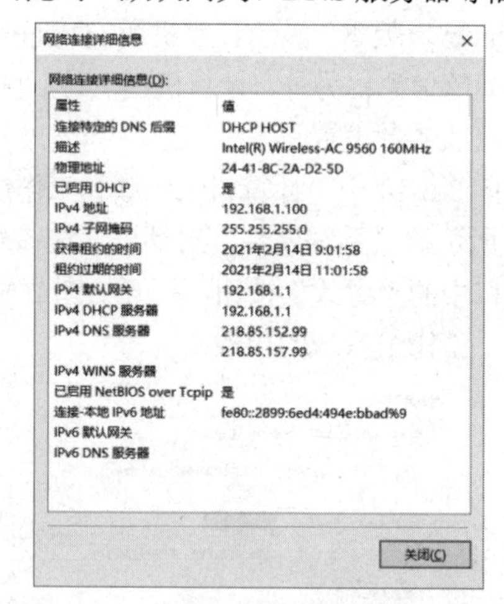

图 2-6-19　“网络连接详细信息”对话框

第七节　Windows 10 对打印机的管理

Windows 10 提供了较强的打印机管理功能。在 Windows 10 中正确地安装、设置打印机后，就可以很方便地在本地打印机或网络打印机上进行各种打印操作。

一、安装和删除打印机

一般在 Windows 10 的安装过程中就可完成打印机的安装和设置，如果用户当时没有选择安装，也可以在以后任何时候进行安装。

用户安装到计算机上的打印机无论是本地打印机还是网络打印机，都可以使用“添加打印机”向导。

在 Windows 10 中删除打印机也很简单，就像删除一个文件或文件夹那样方便。

1. 安装打印机

安装打印机有两种方式：一种是在本地安装打印机，也就是在个人计算机上安装打印机；另一种是安装网络打印机，此种情况下，打印作业要通过打印服务器完成。

如果要将正在安装和设置的打印机作为网络打印机，供其他计算机共享使用，则首先应该将此打印机作为本地打印机来安装和设置，然后再将该打印机共享为网络打印机。

安装打印机的具体操作步骤如下。

(1) 在“Windows 设置”菜单中选择“设备”选项，再选择“打印机和扫描仪”选项，出现图 2-7-1 所示的“打印机和扫描仪”窗口。

图 2-7-1　“打印机和扫描仪”窗口

(2) 单击窗口右侧的“添加打印机和扫描仪”，如图 2-7-1 所示。

(3) 按照提示即可完成添加打印机和扫描仪的操作。

2. 删除打印机

删除打印机的具体操作步骤如下。

(1) 打开“控制面板”窗口，在该窗口中选择“硬件和声音”|“设备和打印机”选项，打开“设备和打印机”窗口，如图 2-7-2 所示。

(2) 选择所要删除的打印机图标，选择“删除设备”命令按钮；或者在选定的打印机上右击，从弹出的快捷菜单中选择“删除设备”命令，如图 2-7-2 所示。

(3) 从弹出的提示框中，单击“是”按钮，即可删除该打印机。

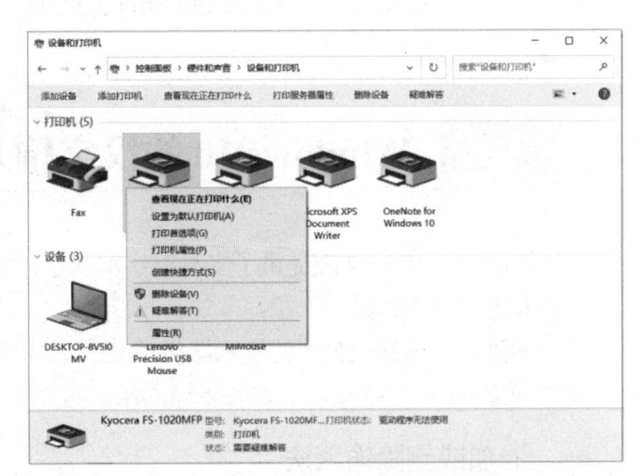

图 2-7-2　“设备和打印机”窗口

二、配置打印机

在如图 2-7-2 所示的“设备和打印机”窗口中，右击选定的打印机，在出现的快捷菜单中选择“打印首选项”和“打印机属性”命令，可以完成打印机的各种功能和属性的设置。

三、指定默认打印机

在如图 2-7-2 所示的“设备和打印机”窗口中，右击即将设置为默认打印机的打印机，从弹出的快捷菜单中选择“设置为默认打印机”命令。

这样，一个复选标记“√”就会出现在“设置为默认打印机”命令的左边，该打印机即被设为默认打印机。

四、共享打印机

在图 2-7-2 中，右击即将设置为共享的打印机，从弹出的快捷菜单中选择“打印机属性”命令，在弹出的对话框的“共享”和相关选项卡中进行设置即可。

五、管理和使用打印机

打印机在打印文件时有一个显示其打印状态的窗口，该窗口中列出了等待打印的任务，其中有一个任务正处于打印状态。

通过打印状态窗口可以对打印任务进行管理，如观察打印队列情况、暂停打印任务和删除打印任务等。

1. 显示打印机的状态

在图 2-7-2 所示的“设备和打印机”窗口中，右击要查看的打印机，从弹出的快捷菜单中选择“查看现在正在打印什么”命令，即可显示打印状态窗口，如图 2-7-3 所示。

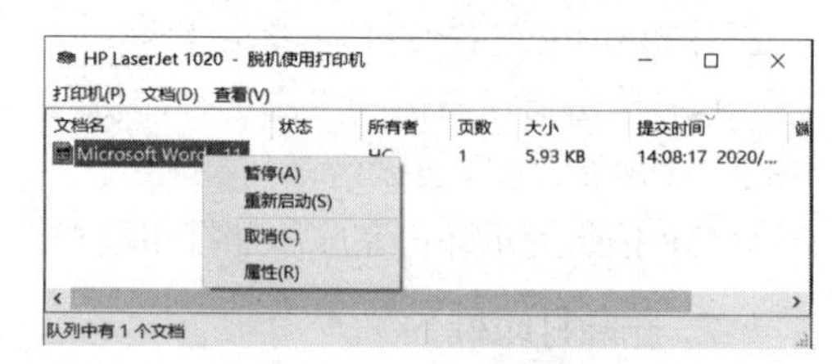

图 2-7-3 打印状态窗口

2. 暂停、重启、取消打印任务

在图 2-7-3 所示的打印状态窗口中选定的任务上右击，在弹出的快捷菜单中选择相应的选项即可。

第八节 Windows 10 的汉字输入法

Windows 10 中文版提供了多种汉字输入法，如微软五笔输入法、微软拼音输入法等，还有一些其他国家语言的输入法。

另外，一些其他公司的输入法由于其灵活性和个性化的特点，得到了更为广泛的应用，例如搜狗输入法、QQ 输入法、谷歌输入法、百度输入法等。

一、添加或删除输入法

1. 添加输入法

用户可根据需要，任意添加或删除某种输入法。汉字输入法的添加步骤如下。

(1) 在“Windows 设置”窗口中单击“时间和语言”图标，打开“时间和语言”窗口，在该窗口中选择“语言选项”，出现“语言”窗口，如图 2-8-1 所示。

(2) 单击需要添加输入法的语言(中文)，出现“选项”按钮后，单击该按钮。

(3) 在所出现的如图 2-8-2 所示的窗口中单击“添加键盘”图标，选择需要添加的输入法即可。

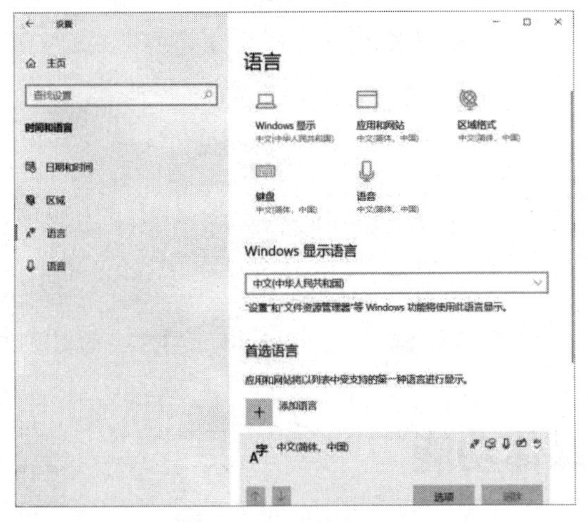

图 2-8-1　“语言”窗口

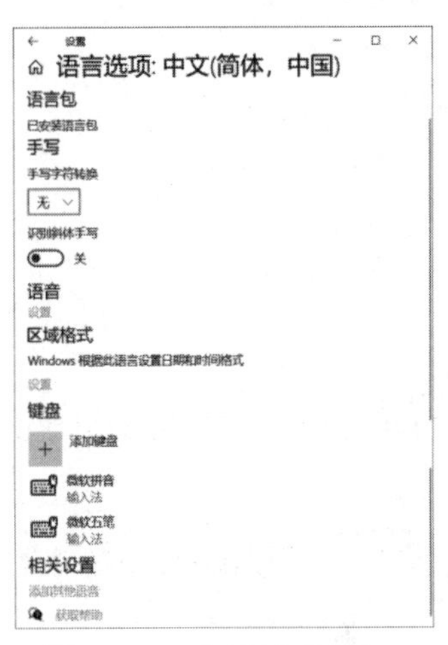

图 2-8-2　“语言选项”窗口

Windows 10 操作系统自带的输入法只有微软拼音和微软五笔两种，若用户使用起来感觉不习惯，可以添加第三方输入法，如上面所列的输入法。这些输入法只需从网络下载并安装后即可使用。

2．删除某输入法

(1) 在图 2-8-2 中选择要删除的某输入法，此时会出现“删除”按钮。

(2) 单击“删除”按钮，即可完成对该输入法的删除。

二、输入法的切换

安装输入法后，用户就可以在 Windows 的工作环境中使用不同的输入法输入汉字。

用户可以通过按 Ctrl+空格键来启动或关闭汉字输入法，可以通过按 Ctrl+Shift 快捷键在各种输入法之间进行切换。

用户也可以单击任务栏上的输入法图标，在弹出的输入法列表中选择所需的输入法。

三、设置输入法

在图 2-8-2 所示的窗口中，单击“微软拼音”图标，出现“选项”按钮，单击该按钮，出现图 2-8-3 所示的“微软拼音”设置窗口。在此窗口中可以对微软拼音输入法进行设置。

在图 2-8-3 所示的窗口中，若单击“常规”选项，则出现图 2-8-4 所示的“常规”设置窗口。在该窗口中，可以选择“全拼”或“双拼”，可以开启或关闭“自动拼音纠错”开关，可以开启或关闭“智能模糊拼音”开关，等等。

在图 2-8-3 所示的窗口中，若单击“按键”选项，则出现图 2-8-5 所示的“按键”设置窗口。在该窗口中，可以进行与“按键”有关的多项设置。

若在图 2-8-2 所示的窗口中，单击“微软五笔”图标，则会出现“选项”按钮，单击该按钮，可出现对微软五笔进行设置的窗口。

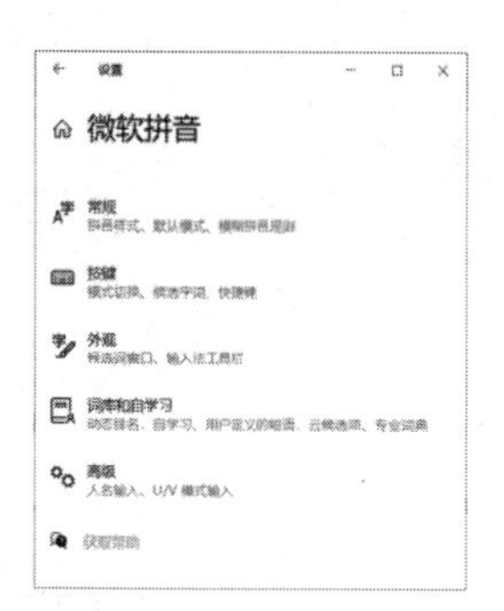
图 2-8-3 “微软拼音”设置窗口

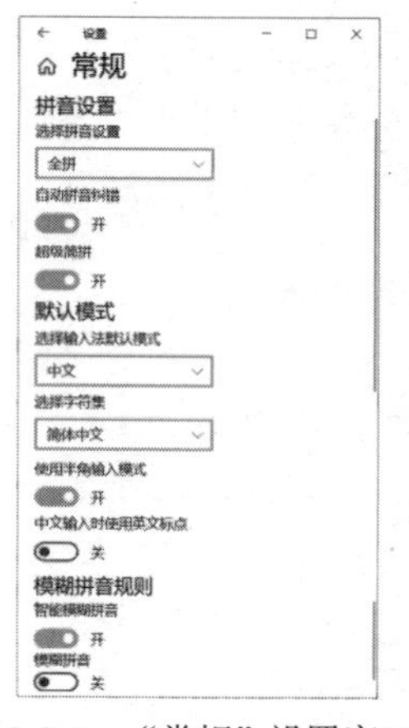
图 2-8-4 “常规”设置窗口

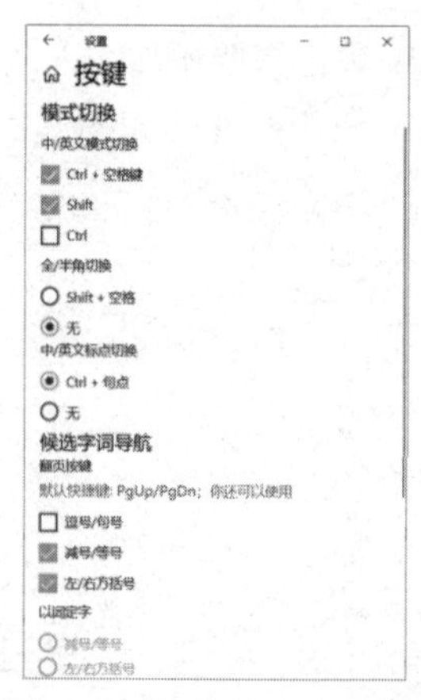
图 2-8-5 “按键”设置窗口

第九节 Windows 10 的多媒体功能

Windows 10 具有强大的多媒体处理功能，其中包含“录音机”“画图”“Groove 音乐”“相机”和“屏幕截图”等应用程序。

一、录音机

启动录音机的具体操作如下：单击“开始”按钮，在“开始”菜单中找到“录音机”命令选项，单击该命令选项，打开“录音机”程序，出现如图 2-9-1 所示的窗口。

若在图 2-9-1 中单击窗口正中间的按钮，则开始录音，出现如图 2-9-2 所示的窗口。

在图 2-9-2 所示的正在进行录音的窗口中，若要暂停录音，可单击暂停按钮，再次单击暂停按钮，则可继续录音。完成录音后，单击停止录音按钮，出现如图 2-9-3 所示的窗口。

在图 2-9-3 所示的窗口中，录音得到的音频文件显示在窗口左上部，名称为“录音”。右击该音频文件，在出现的快捷菜单中可以选择“重命名”选项，对该音频文件重命名；也可以选择“打开文件位置”选项，查看音频文件存放的位置；还可以选择“删除”选项，删除该音频文件。

若要重新开始录音，则在图 2-9-3 所示窗口单击窗口底部的按钮即可。

图 2-9-1 “录音机”窗口

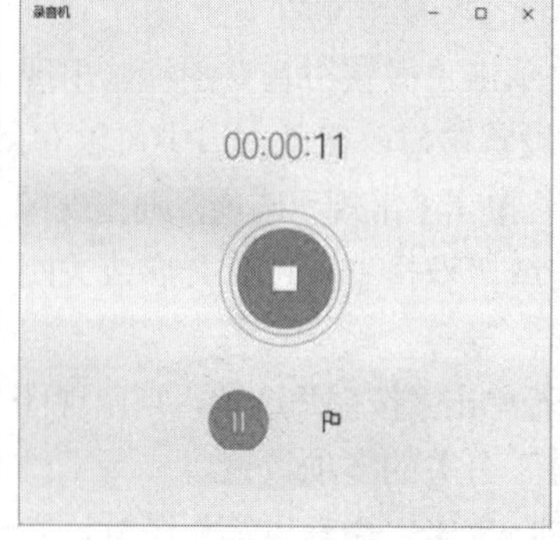

图 2-9-2 正在录音的窗口

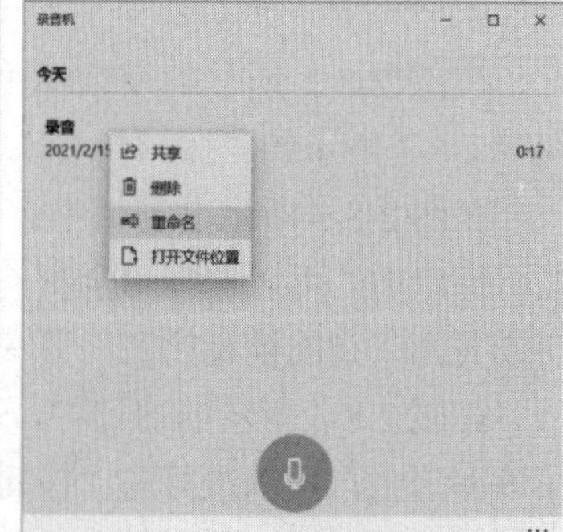

图 2-9-3 选择“重命名”选项

二、相机

Windows 10 自带一个“相机”软件，该软件具有拍照与录制视频的功能。

单击“开始”按钮，在“开始”菜单中找到“相机”命令选项，单击该命令选项，打开“相机”程序，出现如图 2-9-4 所示的窗口。

在图 2-9-4 所示的窗口中，窗口中间的画面是“相机”的摄像头当前看到的景象。若要拍照，可单击窗口右侧的按钮；若要录制视频，可单击窗口右侧的按钮；若要查看所拍的照片和所录制的视频，可单击窗口右下侧的方框按钮。若单击窗口左上侧的按钮，可对“相机”进行设置。

三、Groove 音乐

“Groove 音乐”是 Windows 10 自带的一个音乐播放器。

单击“开始”按钮，在“开始”菜单中找到“Groove 音乐”命令选项，单击该命令选项，打开“Groove 音乐”程序，出现如图 2-9-5 所示的窗口。

该窗口左侧的菜单为用户提供了多种选择，用户可以根据需要进行操作。

图 2-9-4 “相机”窗口

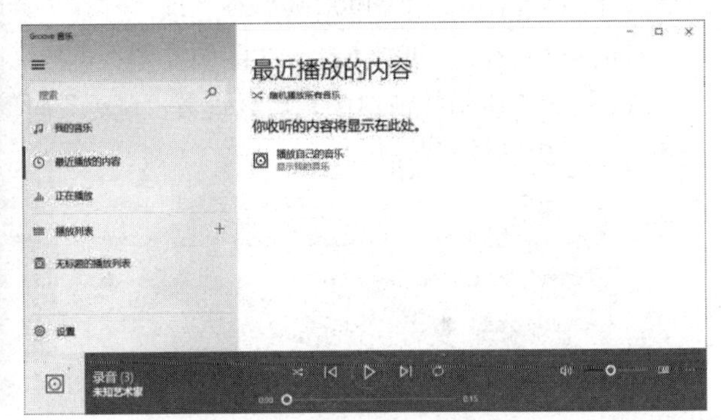

图 2-9-5 “Groove 音乐”窗口

四、画图

“画图”程序是 Windows 10 自带的一个画图工具，可以用它创建简单的图画，也可以查看和编辑已有的图片。

单击“开始”按钮，在“开始”菜单中找到“画图”命令选项，单击该命令选项，打开“画图”程序，出现如图 2-9-6 所示的窗口。

画图程序提供了画图用的多种工具，这些工具排列在窗口上部的功能区中。用户可根据需要，单击选择某个工具按钮，然后在中间的工作区中使用鼠标进行操作，画出所要的图形。

窗口上部的颜料盒提供了画图用的多种颜料。可将鼠标放在某一种颜料对应的区域中，若单击则确定前景色，若右击则确定背景色。确定前景色和背景色后，画出的图形就是彩色的。

画图完成之后，可以进行保存、编辑、翻转/旋转、拉伸/扭曲、缩放、反色、打印等操作。也可以打开其他图片文件，对其进行各种编辑操作。

还可以使用“粘贴”命令按钮，将使用 Alt + Print Screen 快捷键复制的当前活动窗口，或使用 Print Screen 键复制的整个屏幕粘贴到“画图”工作区中，经过编辑后，保存起来。

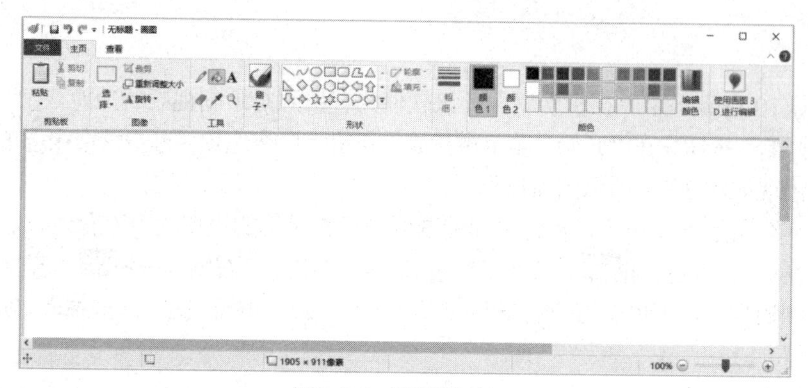

图 2-9-6 “画图”窗口

五、截图工具

“截图工具”软件是 Windows 10 自带的一个工具软件，可以用它在屏幕上截取图片，还可以用它对图片进行简单的操作。

打开一幅图像，准备截取该图像中的一部分。单击“开始”按钮，在“开始”菜单中找到“截图工具”命令选项，单击该命令选项，打开“截图工具”软件，出现如图 2-9-7 所示的窗口。此时屏幕的背景是刚才打开的图像，图 2-9-7 所示的窗口浮在该图像的上一层。

在图 2-9-7 所示的窗口中，可以设置“延迟”时间，可以设置截图“模式”，图 2-9-8 所示是设置了“矩形截图”模式。

图 2-9-7 “截图工具”窗口

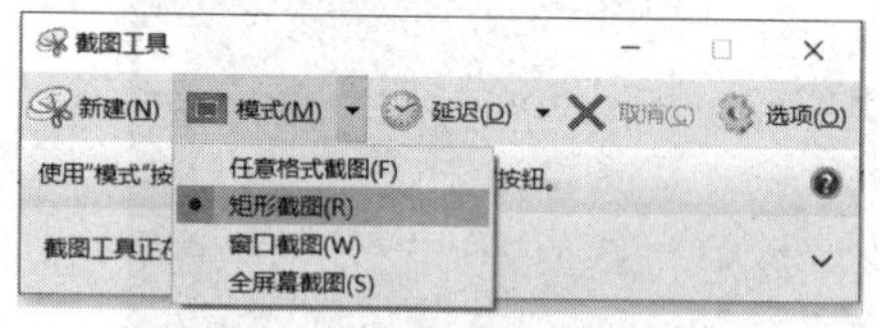

图 2-9-8 选择“矩形截图”模式

若在图 2-9-7 中单击“选项”，则出现图 2-9-9 所示的“截图工具选项”对话框，该对话框提供了多个选项，用户可根据需要进行选择。

若在图 2-9-7 所示的窗口中，单击“新建”，则进入截图状态。此时，背景屏幕变为灰色，鼠标形状变为十字形，在背景屏幕显示的图像上选定位置后，拖动鼠标，截取所要的一个矩形区域(因为前面设置的是“矩形截图”模式)，然后松开鼠标，该矩形区域就为所截取的图像。

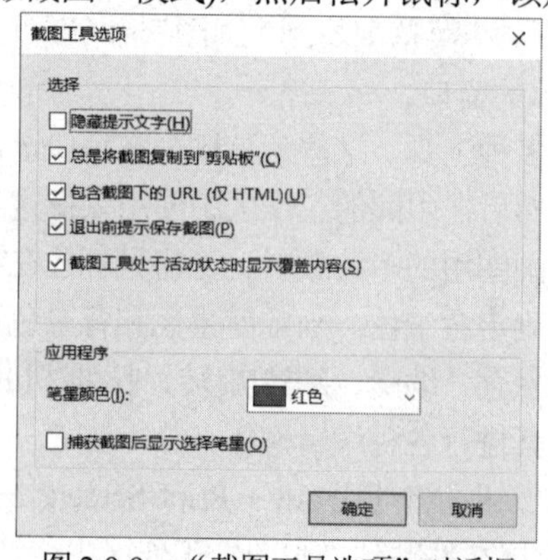

图 2-9-9 “截图工具选项”对话框

六、音量控制

在 Windows 10 中，通过以下两种方法可以控制播放的声音。

(1) 使用任务栏中的声音图标调节声音大小。单击任务栏上的音量控制器的图标，出现如图 2-9-10 所示的音量控制框，通过拖动音量滑动按钮，可调节音量的大小。

(2) 右击任务栏中的声音图标，在弹出的快捷菜单中选择“打开音量合成器”命令，出现如图 2-9-11 所示的“音量合成器-扬声器”窗口。

“音量合成器-扬声器”窗口可以控制多个输入的音量，可以通过拖动滑动按钮来调节音量的大小以及各种平衡等。

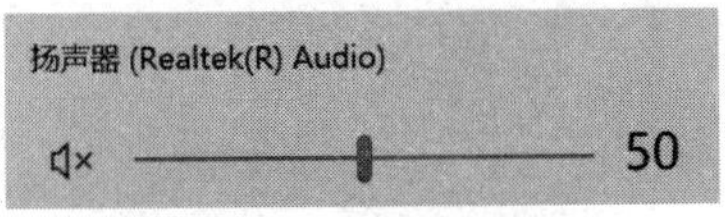

图 2-9-10 音量控制框

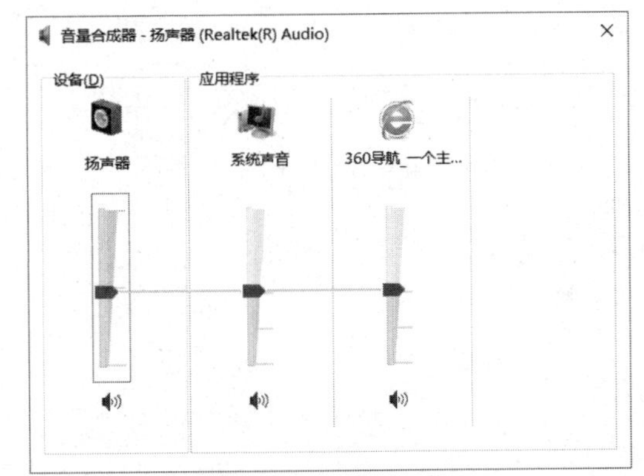

图 2-9-11 “音量合成器-扬声器”窗口

七、Windows 10 的 Cortana

Cortana(中文名：微软小娜或小娜)是微软发布的一款个人语音智能助理。它能够了解用户的喜好和习惯，帮助用户进行日程安排、问题回答，等等。目前 Cortana 已经集成在各种版本的 Windows 10 中，可以说 Cortana 是微软在机器学习和人工智能领域方面的一个尝试。微软想实现的事情是用户与 Cortana 的智能交互，不是简单的基于存储式的问答，而是对话。

Cortana 会记录用户的行为和使用习惯，利用云计算、搜索引擎和“非结构化数据”分析，读取和“学习”用户的文本文件、电子邮件、图片、视频等数据，来理解用户的语义和语境，从而实现人机交互。

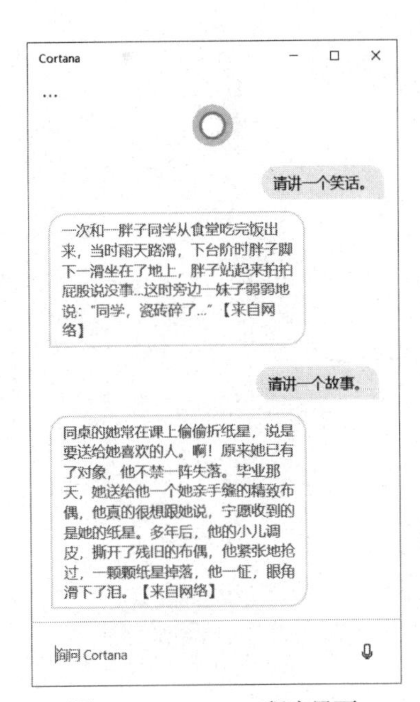

图 2-9-12 Cortana 程序界面

使用 Cortana 的方法如下：单击任务栏中的 Cortana 图标 ○，出现如图 2-9-12 所示的界面。此时单击右下角的🎙图标，即可说出指令(例如，请讲一个笑话)，请 Cortana 回答，Cortana 回答的内容显示在 Cortana 界面窗口中。

也可以使用键盘，在图 2-9-12 左下角的“询问 Cortana”之处输入指令，请 Cortana 回答。

Cortana 可以实现的功能包括但不限于下列各项。

(1) 聊天功能。例如，请讲一个笑话、请用成语接龙、请讲一个故事。

(2) 提醒功能。例如，请提醒我中午 12 点去舅舅家、请将 15 点的日程更改到 18 点。

(3) 娱乐功能。例如，请播放一段音乐、请唱一首歌。

(4) 交通功能。例如，请告诉我现在的位置、请告诉我附近的餐馆。

(5) 查询功能。例如，请告诉我今日天气情况、请告诉我飞机到达的时间、请告诉我陆地面积最大的国家、请使用英语翻译我的名字。

第三章

Word 2016 文字处理软件

Word 是微软公司开发的文字处理软件，是办公自动化套件 Microsoft Office 的重要组成部分。Word 易学、易用、功能强，因此得到了文字处理者的喜爱，被广泛使用。本章首先介绍汉字编码与汉字输入的基础知识，然后重点介绍 Word 2016 的使用。

第一节 汉字编码与汉字输入

一、汉字编码知识

利用计算机进行汉字信息处理，涉及以下 3 个问题。

(1) 汉字信息是如何通过鼠标和键盘等输入设备输入计算机内的？

(2) 计算机内处理的汉字信息是以什么形式表示与存储的？

(3) 经过计算机处理后的汉字信息，在显示或打印时，是如何转换成字形的？

以上的 3 个问题其实都属于汉字的编码问题。

简单来说，用户通过键盘输入汉字使用的是汉字的输入编码；汉字在计算机内部进行存储和处理采用的是汉字的机内码形式；汉字的输出则与汉字的字形编码有关。

汉字的输入方法多种多样，概括起来分为两大类：键盘输入法和非键盘输入法。

键盘输入法是目前主要的汉字输入方法。用键盘输入汉字，需要对汉字进行编码，用户通过汉字的输入编码向计算机输入汉字信息。目前已有数百种汉字编码方案，其中比较流行的仅十多种，如拼音、五笔字型、智能 ABC、搜狗输入法等。

用户通过汉字输入编码向计算机输入汉字信息，这些汉字信息在计算机内部以机内码形式存储和处理。处理之后的信息又可以按汉字字形形式输出。

从用户使用键盘输入汉字到汉字的输出，各个环节的汉字信息分别使用各自的编码。

汉字的编码分为国标码、区位码、机内码、字形码和输入码。它们之间的关系如图 3-1-1 所示。

1. 国标码

国标码是汉字的国家标准编码。

为了使每一个汉字有一个全国统一的代码，1980 年我国颁布了第一个汉字编码的国家标准：《信息交换用汉字编码字符集・基本集》，代号为 GB2312-80，作为国内汉字系统的统一标准。

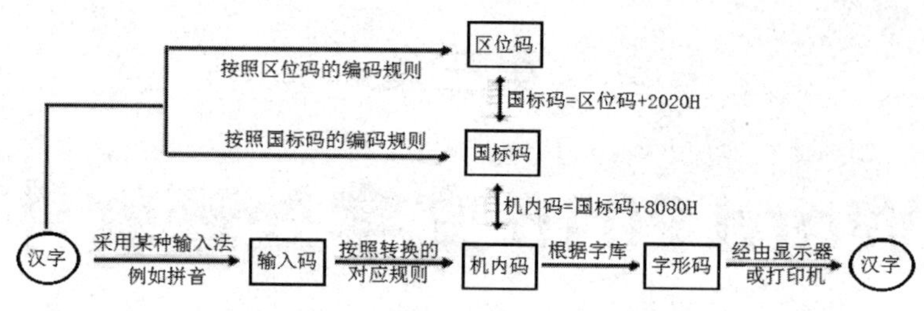

图 3-1-1　汉字的各种编码之间的关系

GB 2312-80 中有 7445 个字符编码位置。其中包括了 682 个非汉字字符编码和 6763 个汉字编码。汉字集合又被分成一级常用汉字(共 3755 个，按拼音字母排序)和二级次常用汉字(共 3008 个，按偏旁部首排序)。每个汉字编码用 2 字节表示，以 ASCII 码中的 94 个可见字符的编码空间为 1 个编码字节，总计拥有 94×94=8836 个可用编码位置。国标码与 ASCII 码属于同一制式，国标码可以被认为是扩展的 ASCII 码。

GB 2312-80 规定，所有的国标汉字与符号组成一个 94×94 的矩阵。如图 3-1-2 所示的是汉字和符号在 94×94 矩阵中的示意图。在此矩阵中，每一行称为一个“区”，共 94 个区，区号为 01~94；每一列称为一个“位”，共 94 个位，位号为 01~94。

一个汉字所在的区号和位号简单地组合在一起就构成了该汉字的“国标区位码”，简称国标码。例如，“文”字位于 78 区 68 位，国标码是“78　68”。

区码	位码
	01　02　……　94 位
01 ⋮ 09	非汉字图形符号
10 ⋮ 15	自定义符号
16 ⋮ 55	一级汉字(3755 个)　按拼音字母排序
56 ⋮ 87	二级汉字(3008 个)　按偏旁部首排序
88 ⋮ 94	自定义汉字

图 3-1-2　所有的国标汉字与符号组成一个 94×94 的矩阵

2. 区位码

区位码是一种以数字形式编码的汉字输入码，它用一个区号和一个位号来表示汉字的编码。通常情况下，区号与位号分别用二位的十进制数表示。

区位码以国标码为参照，它们的关系是：将十进制数形式的区号和位号分别转换为二位的十六进制数(各一个字节)，再分别加上十六进制的 20H，就成了十六进制形式的国标码。

例如，“中”字的区位码是“54　48”，区码和位码分别写成十六进制数是“36　30H”。“中”字的区码和位码各加上 20H，得到“中”的国标码是“56　50H”。

注意：

若将“中”字区位码中的区号和位号写成 8 位二进制数，表示成二进制编码形式，则为 00110110　00110000。

区码和位码分别加 20H(20H 的二进制是 00100000)，相当于将区位码的二进制形式中的每个字节的第 3 位加“1”。即“中”字的国标码编码的二进制形式为 01010110　01010000。

3. 机内码

机内码是计算机内部进行汉字存储、处理、传输的统一使用的代码。每一个汉字都有唯一的机内码。由于国标码的每个字节的最高位为 0，因此在信息存取时，为了区分内存中已作为机内码的 ASCII 码，将国标码的每个字节的最高位设置成 1，作为汉字的机内码。一个汉字的机内码占 2 字节。机内码也称为变形的国标码。

汉字机内码与国标码之间的转换关系是：汉字国标码的每个字节上加 80H，就是这个汉字的机内码。

例如，“中”字的国标码是“56　50H”(即 01010110　01010000)。“中”字的机内码应在每个字节上加 80H(80H 的二进制是 1000 0000)，得“D6　D0H”，即 11010110　11010000。

4. 字形码

字形码是汉字模型在计算机中的表示方法，用于显示和打印输出。汉字的字形码的集合构成汉字库，汉字字形码通常将汉字以点阵方式形成数字信息，有 16×16、24×24、64×64 点阵等。

点数越多，表示的汉字字形越细微。用一位二进制数表示点阵中的一个点，有笔画的点处为 1，无笔画的点处为 0，每 8 位占用 1 字节。随着点数的增多，存储量也随之增多。

例如，一个 16×16 点阵的字形码需要 16×16/8=16×2=32 字节，一个 24×24 点阵的字形码需要 24×24/8=72 字节。以“中”字的 16×16 点阵字形为例，如图 3-1-3 所示。每行由 16 个点构成，每行使用 2 字节(16 个二进制位)。

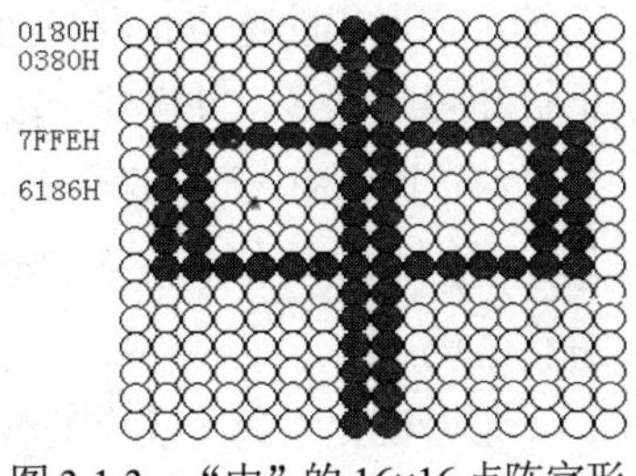

图 3-1-3　“中”的 16×16 点阵字形

16×16 点阵方式是最基础的汉字点阵，若用这种字形码存储一级和二级汉字及符号(7445 个)，有 242.03125KB 的存储空间就可以了。而使用 32×32 点阵存储 7445 个一级和二级汉字及符号，则需要 968.125KB 的存储空间。高点阵方式的汉字只用于特殊印刷要求。

5. 输入码

汉字输入码也叫汉字外码，是用户在输入汉字时使用的汉字编码。不同的汉字输入方法对同一个汉字的编码方法各不相同，从而产生了汉字的多种不同的输入码。

例如，“中”字的全拼码是 zhong，双拼码是 vs，而五笔字型码是 khk。

用户在输入汉字时可以切换到某一种汉字输入法状态，通过输入这种汉字输入法的输入码进行汉字输入。

汉字编码小结如下。

(1) 输入码依据输入方法的不同而不同。

(2) 计算机处理、存储汉字用机内码。一个机内码占 2 字节。

(3) 国标码用于信息交换，也占 2 字节。

(4) 国标码+8080H=机内码。

(5) 区位码+2020H=国标码。

(6) 字形码所占的存储空间与点阵数有关。

(7) 一个 $n \times n$ 点阵的字形码占$(n \times n)/8$ 字节。

二、汉字输入法概述

汉字输入法可以分为两大类：一类是键盘输入法，另一类是非键盘输入法。

1. 键盘输入法

键盘输入法是目前普遍使用的汉字输入方法。按汉字的编码原理，可将键盘输入法所用的汉字编码分为以下 4 类。

(1) 数字码：是将汉字集以一定规则排序后，给每个汉字以相应的数字串作为汉字输入代码。例如，区位码和电报码是典型的数字码，都是用 4 个数字对一个汉字进行编码。数字码的优点是无重码，并且和机内码之间的转换比较方便，缺点是代码较难记。

(2) 拼音码：是以汉语拼音方案为基础的输入编码，如全拼、简拼、双拼、智能 ABC 等。拼音码的最大优点是简单易学，但由于汉字的同音字较多，因此重码率较高，输入时需要选择汉字，输入速度会受到影响。

(3) 字形码：是以汉字形状为基础确定汉字编码的一种输入码，如五笔字型、纵横码和郑码等。字形码的特点是码长(每个汉字的编码个数)较短，重码率较小，输入速度快。但学习和记忆花费时间多，并需要一段时间才能达到熟练的程度。

(4) 其他输入码：除了数字码、拼音码和字形码外，还有音形码和形音码。

音形码是对每个汉字的编码，通过先取读音的每一个字母，再按一定规则拆分该字的部件进行编码。

形音码是对每个汉字的编码，通过先拆分部件，按一定规则提取部件，再把所取部件读音的第一个字母连成字符串，即得汉字输入编码的一种输入码。

2. 非键盘输入法

非键盘输入法，目前主要有以下 3 种。

(1) 手写笔输入法：是利用汉字识别技术，通过一种叫作“手写笔”的工具在感应板上书写汉字，从而向计算机输入汉字的方法。

(2) 语音输入法：是利用语音识别技术，通过口说来向计算机输入汉字的方法。

(3) 扫描识别输入法：是通过扫描仪将印刷在纸上的汉字扫描到计算机，再经过相应软件处理后转换成汉字的机内码的汉字输入技术。

第二节 Word 2016 简介

对比以前版本的 Word 窗口界面而言，Word 2016 界面具有更好的美观性和实用性。

Word 2016 继续使用选项卡和选项组代替传统的菜单栏与工具栏。在 Word 2013 的基础上，Word 2016 的“文件”菜单下的内容又做了一些改动，保留了原来的基本功能，而画面让用户有焕然一新的感觉。

一、认识 Word 2016 的界面

Word 2016 的界面整体上可分为 4 大块，分别是控制和功能区域、“导航”窗格区域、用户编辑区域和状态栏区域，如图 3-2-1 所示。下面分别进行介绍。

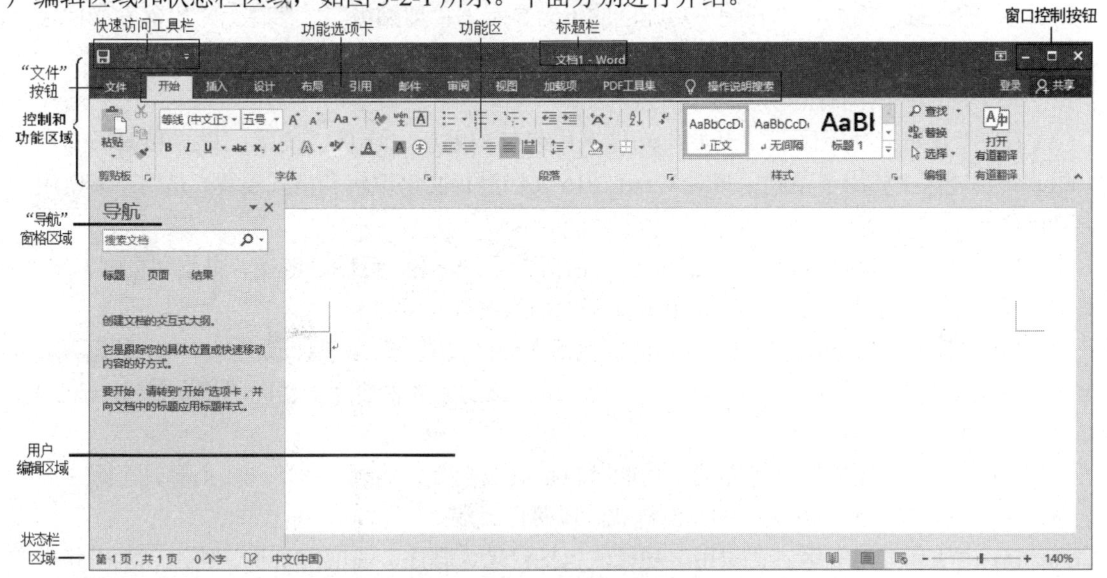

图 3-2-1　Word 2016 界面

1. 控制和功能区域

控制和功能区域位于操作界面的上半部分，主要包括快速访问工具栏、标题栏、窗口控制按钮、“文件”按钮、功能选项卡、功能区分组按钮。

- 位于操作界面最上面的中间的标题栏：显示当前文档的名称。
- 位于左上角的快速访问工具栏：集成了多个常用的按钮，如“保存”、“撤销键入”、“重复键入”和“自定义快速访问工具栏”按钮等。单击“保存”按钮可实现保存功能，若文件没有保存过，单击该图标可出现“另存为”对话框。单击按钮会出现下拉菜单，可使用该菜单为快速访问工具栏添加或删除工具图标。
- 位于右上角的窗口控制按钮：包括窗口最小化、最大化(或者向下还原)和关闭按钮。
- 位于标题栏右侧的“功能区显示选项”图标：单击该图标会出现下拉菜单，其中有三个选项，分别是：自动隐藏功能区(选择该项则将功能区隐藏起来)、显示选项卡(选择该项则只显示各个选项卡的名字，不显示功能区选项卡的每项命令)、显示选项卡和命令(选择该项则不但显示各个功能区选项卡的名字，还显示选项卡的每项命令)。
- 位于操作界面第二行最左端的“文件”按钮：单击该按钮，可显示包括文档的保存、打开、关闭、信息及打印等操作选项信息的菜单。

- 位于操作界面第二行的功能选项卡标签：标签中显示了各个功能选项卡的名称，如“开始”“插入”“设计”“布局”“引用”“审阅”等。
- 位于操作界面的功能选项卡标签下面的功能区：单击功能区选项卡标签名，会在下面显示该功能区的内容。每个功能区都包含许多按钮，用户可以通过单击按钮来使用 Word 提供的命令。
- 组名称：对于每个功能区，根据功能的不同又分为若干个组，每个组的下方显示了组的名称。例如，“开始”功能区的下方显示了“剪贴板”“字体”“段落”“样式”“编辑”等组名，便于用户按类查找操作命令。

每个功能区所拥有的功能如下所述。

(1) “开始”功能区。“开始”功能区中包括剪贴板、字体、段落、样式和编辑等几个组。该功能区主要用于帮助用户对 Word 2016 文档进行文字编辑和格式设置，是用户最常用的功能区。

(2) “插入”功能区。“插入”功能区包括页面、表格、插图、链接、页眉和页脚、文本、符号等几个组，主要用于在 Word 2016 文档中插入各种元素。

(3) “设计”功能区。“设计”功能区包括文档格式(主题、标题、颜色、字体、段落间距)、页面背景(水印、页面颜色、页面边框)等几个组。该功能区主要用于帮助用户设置 Word 2016 文档格式和页面背景。

(4) “布局”功能区。“布局”功能区包括页面设置、稿纸、段落、排列等几个组，用于帮助用户设置 Word 2016 文档的页面样式、段落格式等。

(5) “引用”功能区。“引用”功能区包括目录、脚注、引文与书目、题注、索引和引文目录等几个组，用于实现在 Word 2016 文档中插入目录或其他比较高级的功能。

(6) “邮件”功能区。“邮件”功能区包括创建、开始邮件合并、编写和插入域、预览结果和完成等几个组。该功能区的作用比较专一，专门用于在 Word 2016 文档中进行邮件合并方面的操作。

(7) “审阅”功能区。“审阅”功能区包括校对、语言、中文简繁转换、批注、修订、更改、比较和保护等几个组，主要用于对文档进行校对和修订等操作，适用于多人协作处理 Word 2016 的长文档。

(8) “视图”功能区。“视图”功能区包括视图、显示、显示比例、窗口和宏等几个组，主要用于帮助用户设置 Word 2016 操作窗口的视图类型，以方便操作。

(9) “加载项”功能区。“加载项”功能区只包括菜单命令一个分组，加载项是可以安装在 Word 2016 中的附加属性，如自定义的工具栏或其他命令扩展。“加载项”功能区用于在 Word 2016 中添加或删除加载项。

(10) “PDF 工具集”功能区。“PDF 工具集”功能区包括导出 PDF、设置两个分组，主要用于帮助用户将 Word 文档转换为 PDF 文档。

2. “导航”窗格区域

在默认方式下启动 Word 2016 新建文档时，界面中会显示“导航”窗格。用户可以通过“导航”窗格快速查看文档的标题、文档的页面，或者在文档中直接搜索要查看的内容。

下面按顺序介绍“导航”窗格中各组成元素的名称和功能。

- 任务窗格选项按钮▼：单击该按钮，可打开“任务窗格选项”菜单。通过该菜单可以移动“导航”窗格、改变“导航”窗格大小和关闭“导航”窗格等。
- 搜索窗格：用来在文档中进行搜索，还可以查找选项及设置其他搜索命令。
- 浏览切换按钮有三个：位于搜索框的下面，分别是“标题”“页面”和“结果”。用来切换“导航”窗格中显示的对象，单击“标题”按钮可显示标题，单击“页面”按钮可显示页面，单击“结果”按钮可显示搜索结果。
- 单击“标题”或“页面”按钮之后，若内容比较多，可以使用上下移动按钮和滚动条，在上一标题和下一标题之间移动，或者在上一页面和下一页面之间移动。

“导航”窗格可以隐藏或显示，通过取消选中“视图”选项卡中“显示”组的“导航窗格”复选框即可隐藏“导航”窗格。

3. 用户编辑区域和状态栏区域

用户编辑区域是用户操作 Word 文档的主要区域，用户编辑文本、插入图片、绘制表格、排版文档都在该区域中进行。

- 显示编辑区标尺：编辑区窗口的上沿与左沿的数字刻度部分叫标尺。选择“视图”功能区，选中“显示”组中的“标尺”复选框可以显示或隐藏标尺。标尺主要用来估计所编辑内容的物理尺寸，如正文、图片和表格等的宽度和高度。使用水平标尺可以快速地改变段落的缩进、调整页边距、设置制表位等。
- 使用滚动条：滚动条分为垂直滚动条和水平滚动条。单击垂直滚动条可以上移或下移一屏。单击滚动条上端或下端的滚动按钮可以逐行滚动文本。
- 选定栏：指编辑窗口左边的空白栏部分(当鼠标指针指向该区域时，会变成右向上箭头)，对选定栏进行鼠标的单击、双击和三击操作分别可以选定指针所在的一行文本、一段文本和整个文档。在选定栏中进行拖动，则可以进行连续多行的选择。

状态栏位于 Word 界面的下方，包括左边的文档页码显示区、字数统计结果显示区、校对结果显示区、语言设置区，以及右边的视图按钮栏、显示比例设置条等。

二、Word 2016 的新增功能

1. 改进的“导航”窗格

单击 Word 2016 窗口的控制和功能区域的“视图”选项卡，选中“显示”功能组中的“导航窗格”复选框，即可在主窗口的左侧打开“导航”窗格。Word 2016 的“导航”窗格使用“标题”“页面”“结果”这样的文字形式，代替了原来的图标形式，更方便用户进行操作。

2. 裁剪图片功能

与 Word 2013 相比较，Word 2016 内置了裁剪图片功能，不但可以对图片进行常规裁剪，还可以裁剪为你想要的形状，例如椭圆形、三角形、平行四边形、五边形、六边形等。

常规裁剪方法为：选中要裁剪的图片，切换到“图片工具/格式”选项卡，单击“大小”组中的“裁剪”按钮，此时图片四周的 8 个控制点上将出现黑色的竖条，单击某个竖条，按下鼠标左键拖动，此时鼠标指针变为黑色十字状，拖到合适位置释放鼠标左键，然后按下回车键确认裁剪即可。

裁剪为想要形状的方法为：选中要裁剪的图片，切换到“图片工具/格式”选项卡，单击“大小”组中的“裁剪”下拉按钮，在弹出的下拉列表中单击“裁剪为形状”选项，在弹出的子菜单中单击需要的形状(例如椭圆形)即可。

3. 协同工作功能

与 Word 2013 相比较，Word 2016 新增了协同工作的功能，只要通过共享功能选项发出邀请，就可以让其他使用者一同编辑文件，而且每个使用者编辑过的地方，也会出现提示，让所有人都可以看到哪些段落被编辑过。对于需要合作编辑的文档，这项功能非常方便。

4. “告诉我你想做什么”功能

与 Word 2013 相比较，对于不熟悉 Word 的用户来说，Word 2016 的“告诉我你想做什么”功能为他们带来了福音，非常方便这些用户使用。

“告诉我你想做什么”以“操作说明搜索”的形式显示在操作界面的第二行，位于所有选项卡的最后面，由图标开始。

当你找不到需要的功能时，可以直接在这个搜索框中进行查找。例如，如果你在“操作说明搜索”框中输入“段落”，那么在出现的下拉菜单中，就会有关于“段落”操作的若干项命令供你选择。

5. 云模块与 Office 融为一体

用户可以继续使用本地硬盘存储文件，也可以指定“云”作为默认存储路径。由于“云”的使用也是 Windows 10 的主要功能之一，因此 Word 2016 实际上是为用户打造了一个开放的文档处理平台，通过手机、iPad 或者其他客户端，用户可随时存取刚刚存放到云端上的文件。单击“文件”按钮，选择“另存为”命令，然后单击 OneDrive 按钮，就可以进行注册和登录操作了。

6. “墨迹公式”功能

单击“插入”选项卡，出现“插入”功能区后，选择其功能区右上角的“公式”，单击“公式”右侧的小三角形，在出现的下拉菜单中选择 “墨迹公式”选项。

打开墨迹公式后，弹出公式输入窗口，这时可以按下鼠标左键不放并在黄色区域中进行手写了。不用担心手写字母不好看，“墨迹公式”的识别能力非常强。如果“墨迹公式”识别错了，也不要着急改，继续手写后面的内容，它会自动进行校正；如果校正不过来，可以选择“清除”按钮工具进行擦除重写。还可以通过“选择和更正”按钮工具选中识别错误的符号，这时会弹出一个菜单框，从中选择正确的符号即可。

第三节 Word 2016 的文档与基本编辑操作

一、Word 2016 文档的操作

Word 2016 文档的操作包括创建文档、保存文档、打开文档等。Word 文档的默认类型名是“.docx”，当然也可以创建、保存、打开其他文档，例如类型名是“.doc”的文档。

1. 创建新文档

启动 Word 2016 后，会自动新建一个名为“文档 1”的空白文档。

Word 2016 允许用户创建、打开多个文档。如果用户需要创建另一个新文档，可以利用 Word 2016 中的新建文档功能来实现。

新建文档的常见操作如下。

(1) 单击位于 Word 窗口左上方的“文件”选项卡，选择其中的“新建”命令。

(2) 在打开的“新建”界面选择“空白文档”模板，这时会打开一个新的 Word 文档窗口。

为了方便新建空白文档，用户也可以在快速访问工具栏中添加“新建”按钮。单击“自定义快速访问工具栏”按钮，在弹出的下拉列表中选择“新建”命令，即可在快速访问工具栏中添加“新建”按钮。以后只要单击“新建”按钮，即可创建一个新文档。

若要删除快速访问工具栏中新添加的“新建”按钮，可在该按钮上单击右键，在出现的快捷菜单中选择“从快速访问工具栏删除”命令，即可删除“新建”按钮。按 Ctrl+N 快捷键，也可以快速地创建一个新文档。

2. 打开旧文档

用户需要操作存放在存储设备上的文档时，应该先将文档打开，方法如下。

(1) 单击“文件”选项卡，选择其中的“打开”命令(或单击添加在快速访问工具栏上的“打开”按钮，或按 Ctrl+O 快捷键)，出现“打开”对话框。

(2) 在“打开”对话框中，根据文档所在的位置，选择要打开的文档文件所在的文件夹。在文件列表中选择要打开的文档文件名。

(3) 单击“打开”按钮，即可打开所选的文件。

3. 存储文档

修改文档之后，应将它保存起来。Word 提供了多种保存文档的方法。例如，单击快速访问工具栏上的“保存”按钮直接保存；单击“文件”选项卡，选择其中的 “保存”命令；单击“文件”选项卡，选择其中的“另存为”命令等。

编辑文本时，可以让 Word 2016 自动地每隔一段时间重新保存一次文档，这个功能可以通过设置 Word 2016 的“选项”对话框来实现，操作步骤如下。

(1) 单击“文件”选项卡，选择其中的“选项”命令，弹出“Word 选项”对话框。

(2) 在“Word 选项”对话框中选择“保存”选项，如图 3-3-1 所示。

(3) 选中“保存自动恢复信息时间间隔”复选框，输入间隔时间。选中“如果我没保存就关闭，请保留上次自动保留的版本”复选框，单击“确定”按钮。

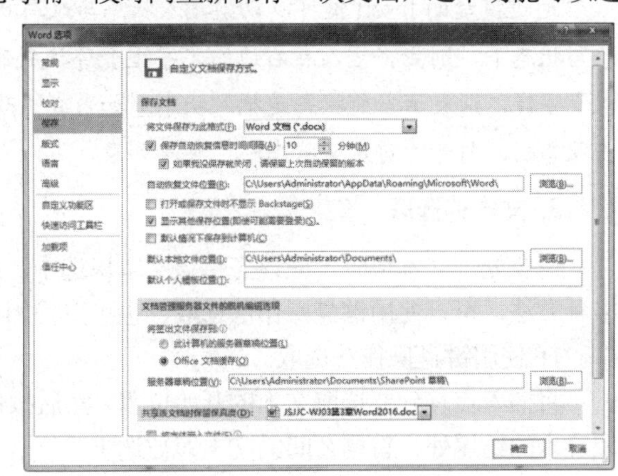

图 3-3-1　“Word 选项”对话框

二、基本编辑操作

1. 正文的输入

在 Word 文档窗口中，为了输入正文文字，可以自由选择任何一种输入法。文字始终在插入点位置输入。插入点位置是指光标闪烁的位置，每输入一个文字，插入点位置自动后移。

按 Enter 键之后，将会在插入点处插入一个段落标记，表示在此位置后另起一段，插入点自动移至新段落的段首。段落标记是 Word 格式应用范围的一个重要识别标记，许多关于段落格式的设置会自动应用于整个段落范围。若在输入内容时，不想分段但需要另起一行，可以按 Shift+Enter 快捷键，插入一个叫“软回车”的换行符标记。

Word 使用完一个页面后会自动分页，若想在某一位置另起一页，只需将插入点定位于该处，按 Ctrl+Enter 快捷键插入一个分页符，表示在此处另起一页。

1) 移动插入点位置

可以使用鼠标单击或使用光标移动键，在正文区域内随意移动插入点位置。

还可以使用键盘输入快捷键的方法快速移动光标。例如，按 Home 键可将插入点光标移到行首，按 End 键可将插入点光标移到行尾，按 Ctrl+Home 快捷键可将插入点光标移到文首，按 Ctrl+End 快捷键可将插入点光标移到文末。

2) 特殊符号的输入

单击“插入”选项卡，打开“插入”选项功能区，在“符号”功能组中单击“符号”按钮右侧的小三角形，选择其中的“其他符号(M)…”命令，打开“符号”对话框。在该对话框中选择“符号”选项卡，选取所需的符号。单击“插入”按钮，所选符号就会插入插入点位置。

也可以使用软键盘输入常用的符号。方法是：先选择一种输入法，右击输入法提示栏中的软键盘按钮，选择一种软键盘，可以在其中单击符号键输入符号。

3) 插入文本

切换到插入状态，将插入点移到要插入文本的位置，输入文本，Word 自动将原插入点右边的文本向右推移。

说明：

通过键盘的 Insert 键可以切换插入状态与改写状态。插入文本应在插入状态下进行，如果在改写状态下，则会将插入点右边的文字逐个替换成输入的文本。Word 窗口的状态栏如果有“插入”字样，则表示当前状态是插入状态。如果有“改写”字样，则表示当前状态是改写状态。右击状态栏，打开“自定义状态栏”菜单列表，可以自由选择在状态栏中要显示或隐藏的栏目。

2. 文本的选取

需要处理文本块时，应该先将该文本块选中，选中的文本块以灰底色显示。选取文本块有多种方法，可以使用键盘操作法选取，也可以使用鼠标操作法选取。

1) 使用键盘操作法选取

将插入点移到要选取文本的开始位置，然后按住 Shift 键，同时反复按方向键，一直到要选取文本的结尾处，首尾之间的文本即被选中。

要选中一行文本，先将插入点移到行首(或行尾)，然后按住 Shift 键，同时按一下 End 键(或 Home 键)。选取整篇文档可以使用 Ctrl+A 快捷键。

2) 使用鼠标操作法选取

通过拖动鼠标，可以选取鼠标指针起始位置至目标位置之间的文本。

大批量文本内容的选取，常常通过先定位光标到这批文本一端，按住 Shift 键，再单击另一端的方法选取。值得注意的是，还可以用如下方法选取文本。

- 按住 Alt 键，再从一个指定点拖到另一个指定点，可以选取一个矩形块。
- 单击选定栏，可以选取鼠标指针所在的一行文本。(“选定栏”是指文档窗口左边界到正文左边界间的空白区域。)
- 双击选定栏，可以选取指针所在的一段文本。
- 三击选定栏，可以选取整篇文档。
- 在选定栏中拖动，可以选取连续多行。

Word 2016 还支持多块区域的选定。方法是：选取一块区域后，按住 Ctrl 键，再用鼠标选取其他区域。

3. 文本的删除、复制和移动

对文本进行删除、复制和移动之前，首先要选取所要操作的文本内容。

1) 删除文本

(1) 选取要删除的文本内容。

(2) 直接按键盘上的 Delete 键即可删除文本。也可以单击“开始”选项卡，在它的功能区的“剪贴板”功能组中，选择“剪切”命令，将选取的文本删除。

2) 复制文本

(1) 选取要进行复制的文本内容。

(2) 单击“开始”选项卡，在它的功能区的“剪贴板”功能组中，选择“复制”命令，将选取的文本复制到剪贴板。或者按 Ctrl+C 快捷键，也可以将选中的文本内容复制到剪贴板。

(3) 将插入点移到准备复制文本的新位置，在“开始”选项卡的功能区中的“剪贴板”功能组中，选择“粘贴”命令，则选取的文本内容就被复制到新位置了。或者将插入点移到准备复制文本的新位置，按 Ctrl+V 快捷键，也可完成复制任务。

3) 移动文本

移动文本的操作与复制文本相似。

(1) 选取要进行移动的文本内容。

(2) 单击“开始”选项卡，在“开始”功能区的“剪贴板”功能组中，选择“剪切”命令，将选取的文本剪切到剪贴板。这时选取的文本内容在原来的位置就不存在了。

(3) 将插入点移到文本准备要移到的新位置，在“开始”选项卡的功能区的“剪贴板”功能组中，选择“粘贴”命令，则选取的文本内容就被移到了新位置。

4. 撤销、恢复和重复操作

Word 2016 可以依次撤销用户之前的操作步骤，以下是几种常用的操作方法：按 Ctrl+Z 快捷键，可以撤销用户之前的操作；使用快速访问工具栏中的“撤销”按钮，也可以方便地撤销用户之前的操作。

Word 2016 还有“恢复”功能，它可以将用户刚刚撤销的操作恢复。单击快速访问工具栏上的“恢复”按钮，即可恢复被撤销的操作。

“恢复”按钮只有在用户进行撤销操作后才可用。另外，如果用户没有进行过任何撤销操作，那么快速访问工具栏上显示的不是“恢复”按钮，而是“重复”按钮，此时，单击该按钮可以重复最近一次的操作。

5. 文本的查找与替换

查找和替换功能在编辑文本时经常使用。使用 Word 2016 提供的查找与替换功能，可以很轻松地在文档中找到某个字或词，也可以很轻松地将指定范围内的某个字或词替换成其他内容。

1) 查找

(1) 在“开始”选项卡的功能区中，选择“编辑”组中的“查找”命令。Word 窗口的左边会显示“导航”窗格，如图 3-3-2 所示，光标在“导航”窗格的“搜索文档”框中闪烁。

(2) 在“搜索文档”框中输入要查找的文本，如“计算机”。这时文档中所有的“计算机”文本都会突出显示，表示找到了文档中的所有“计算机”文本。

(3) 单击“搜索文档”框右边的下拉按钮，选择“高级查找”命令，打开“查找和替换”对话框，如图 3-3-3 所示。单击“查找下一处”按钮可以逐个搜索。

(4) 在图 3-3-3 所示的“查找和替换”对话框中，单击“更多”按钮，可以展开对话框，为要查找的内容设置更多的选项。

图 3-3-2 “导航”窗格的上部分

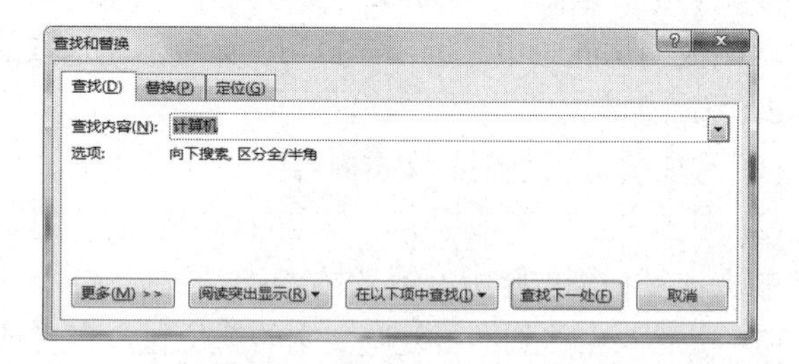

图 3-3-3 “查找和替换”对话框

2) 替换

在“开始”选项卡的功能区中，选择“编辑”功能组中的“查找”命令，打开 “查找和替换”对话框。在“查找内容”框中输入需要被替换的内容，如“计算机”。在“替换为”框中输入需要替换成的新内容，如“电脑”。

若想将整个文档中的“计算机”都替换成“电脑”，可单击“全部替换”；若想逐个查找“计算机”一词，再由用户决定是否需要替换，可先单击“查找下一处”按钮，被找到的词会反色显示。此时，用户如果需要替换该词，只需要单击“替换”按钮。

单击“高级”按钮，对话框将被扩展。其中，“搜索选项”区域包括了“搜索：”下拉列表框和其他一些复选框。“搜索”下拉列表框可以选择查找和替换的方向有“全部”“向上”“向下”这 3 种。其他一些复选框可用来对“查找内容”框或“替换为”框中的内容设置匹配选项。“格式”按钮用来设置“查找内容”框或“替换为”框中的文本的格式。“特殊格式”按钮用来选择作为查找或替换内容的一些特殊符号。“不限定格式”按钮用来取消对“查找内容”框或“替换为”框中设置的文本格式。

第四节　Word 2016 文档格式与排版操作

为了美化文档版面，需要对输入的内容进行修饰与排版操作，主要涉及对选定的文字进行格式设置、对指定段落进行格式设置和对文档进行页面设置等操作。格式设置和页面排版可以在“之后”设置，也可以在“之前”设置，下面说明这两种方法。

所谓“之前”设置是指在输入文字内容之前，先在当前插入点位置将字体、字形和字号等格式预先设置好，此后输入的文字都会自动应用那些格式设置。默认情况下，Word 2016 的字体、字形和字号的默认设置是字体为宋体、字形为常规、字号为五号。

所谓“之后”设置是指文字内容已经输入，但想改变已输入的文字内容的格式。做法是先选定需要重新定义格式的文字，再设置字体、字形和字号等格式。

对于段落格式，可在新的段落开始时，事先设置关于段落的各种格式。

对于页面排版，可在打开的文档中，通过打开“布局”选项卡的功能区，选择其中的“页面设置”功能组中的功能选项来进行。

本节将从几个方面具体讨论文档的格式化与排版操作。

一、字符格式化

字符格式化包括文字的字体、字形、字号、颜色、效果、字符间距、字符边框与字符底纹等的设置。其操作主要通过“开始”选项卡的功能区中的“字体”功能组提供的命令进行，如图 3-4-1 所示。

图 3-4-1　“开始”选项卡功能区中的“字体”功能组

对文字进行格式化的操作步骤如下。

(1) 选定文本。

(2) 在“开始”选项卡功能区的“字体”组中选择相应的工具按钮进行设置，工具按钮的提示比较直观形象，将鼠标指针指向按钮，系统会给出功能的跟随指示。

也可以通过单击“字体”功能组右下角的对话框启动器按钮，打开“字体”对话框进行设置，如图 3-4-2 所示。

在“字体”对话框中可以进行中文字体、西文字体、字形、字号、下画线、字体颜色、着重号和效果等的设置。用户可以在该对话框的“预览”区域中预览每一种格式设置后的显示效果。

在图 3-4-2 中单击“高级”选项卡，如图 3-4-3 所示。在“字符间距”栏中可以进行所选文字的缩放、间距、位置等的设置。

- 缩放：用于对选定的文字按比例改变横向大小。
- 间距：用于改变选定文字的字间距，具体改变值可在右边“磅值”框中设置。
- 位置：用于改变选定文字的纵向位置，具体改变值可在右边“磅值”框中设置。

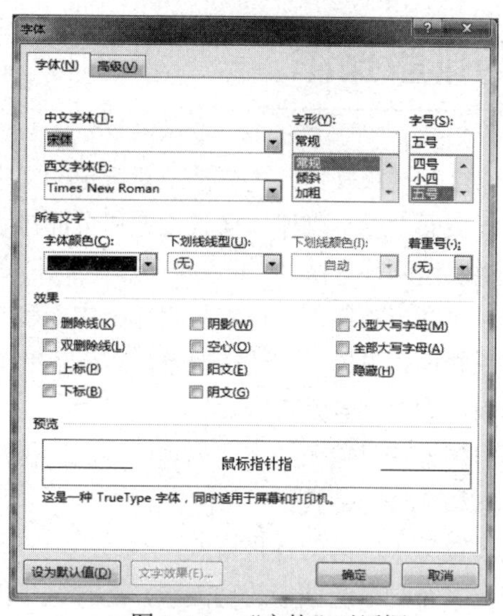

图 3-4-2 “字体”对话框

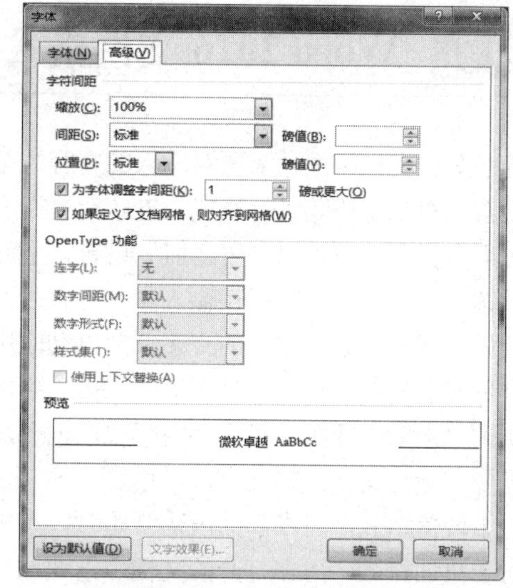

图 3-4-3 “高级”选项卡

单击“字体”对话框中的“文字效果”按钮，打开“设置文本效果格式”对话框。在该对话框中可以进行文本填充、文本边框的设置，如图 3-4-4(a)所示。在该对话框中还可以进行阴影、三维格式等的设置，如图 3-4-4(b)所示。

“字体”对话框设置完毕后，单击“确定”按钮，前面设置的各种格式都将应用到选定的文字中。单击“取消”按钮，则表示放弃设置。

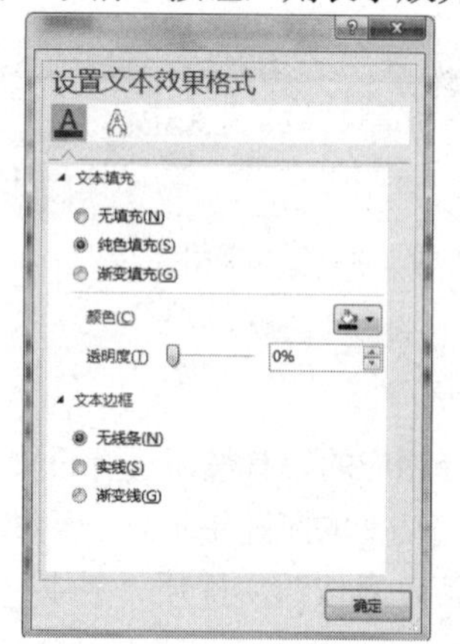

图 3-4-4(a) 设置文本填充和文本边框

图 3-4-4(b) 设置阴影和三维格式等

二、段落格式化

Word 中的段落是指以段落标记为结尾的内容。段落格式化包括段落中文字的对齐方式、缩进、行距调整、段落间距、段落的边框和底纹、项目符号、编号和多级列表等。其操作主要通过“开始”选项卡功能区的“段落”组提供的命令进行。

1. 段落对齐

段落的对齐方式包括左对齐、右对齐、两端对齐、居中和分散对齐。改变段落对齐方式的操作步骤如下。

(1) 选定需要改变对齐方式的段落。

(2) 单击“开始”选项卡，在出现的功能区的“段落”组中，单击相应的按钮，例如需要左对齐，则单击按钮≡，即可得到所需的左对齐方式。

提示：

在步骤(1)中，如果仅仅要求对一个段落设置对齐方式，只需将插入点移动到这个段落的任何位置，然后设置对齐方式即可；如果要求对多个连续的段落同时设置对齐方式，则需要选取这些段落后再设置对齐方式。

以上段落的对齐操作，也可以通过“段落”对话框来完成。操作步骤如下。

(1) 选定需要设置对齐方式的段落。

(2) 单击“开始”选项卡功能区中的“段落”组右下角的对话框启动器按钮，打开“段落”对话框，如图3-4-5所示。

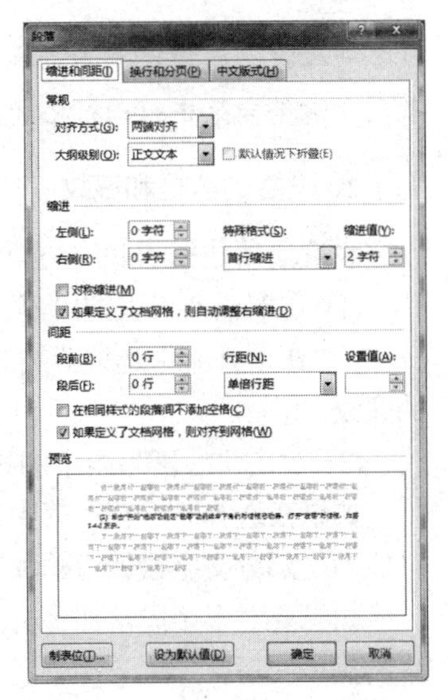

图3-4-5　“段落”对话框

(3) 在“缩进和间距”选项卡中，设置“常规”选项组的“对齐方式”选项，然后单击“确定”按钮。

2. 段落缩进

段落缩进是指段落的首行缩进、悬挂缩进、左缩进和右缩进这几种缩进方式。段落缩进的常用操作方法有两种：一种是拖动水平标尺中的相应小滑块，如图3-4-6所示。

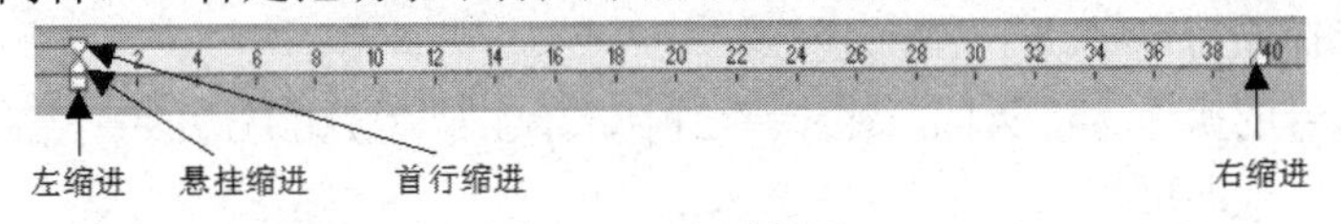

图3-4-6　水平标尺

另一种方法是通过“段落”对话框进行设置，操作步骤如下。

(1) 选取要设置缩进的段落。

(2) 打开“段落”对话框，在“缩进”栏中相应项右边输入需要缩进的度量值(需要注意，首行缩进、悬挂缩进在“特殊格式”下拉列表中选择，度量单位可以通过自行输入进行修改)，单击“确定”按钮完成设置。

3. 段落间距和行间距

设置段落间距、行间距的操作步骤如下。

(1) 选取需要操作的段落。

(2) 单击“开始”选项卡功能区中的“段落”组右下角的对话框启动器按钮，打开“段落”对话框，如图3-4-5所示。

(3) 在“缩进和间距”选项卡中，对“间距”栏的相应项进行设置，然后单击“确定”按钮完成设置。

注意：

“段落”对话框中的“段前”与“段后”选项用于调整相邻段落之间的距离，“行距”选项用于调整段落中行与行之间的距离。

4. 段落的边框和底纹

设置段落边框和底纹的操作步骤如下。

(1) 选取需要设置的段落。

(2) 在“开始”选项卡的“段落”组中，单击按钮右边的下拉箭头，可以设置所选段落的底纹。

(3) 单击“段落”组中的按钮右边的下拉箭头，可以设置所选段落的框线。

如果在选择时，在段落中只选取了部分文字，表示作用对象是这个段落的部分文字，那么只能为这部分文字设置边框和底纹。

如果要对多个段落加边框和底纹，在选择时，则要同时选定这些段落，表示作用对象是这些段落。

5. 项目符号和编号

项目符号或编号的作用对象是所选的段落，可以给段落加项目符号，也可以给段落加编号，项目符号或编号的形式可以由用户选择。

给段落加项目符号的操作步骤如下。

(1) 选取需要加项目符号的段落。

(2) 在“开始”选项卡功能区中的“段落”组中，单击按钮右边的下拉箭头，在打开的项目符号库中选择项目符号。

给段落加编号的操作方法类似，在步骤(2)中，单击按钮右边的下拉箭头，在打开的编号库中选择编号样式即可。

三、页面设置

页面设置包括页边距设置、纸张方向和纸张大小及分栏设置、版式和文档网格设置等，其操作主要通过“布局”选项卡功能区中的“页面设置”组提供的命令进行，如图 3-4-7 所示。

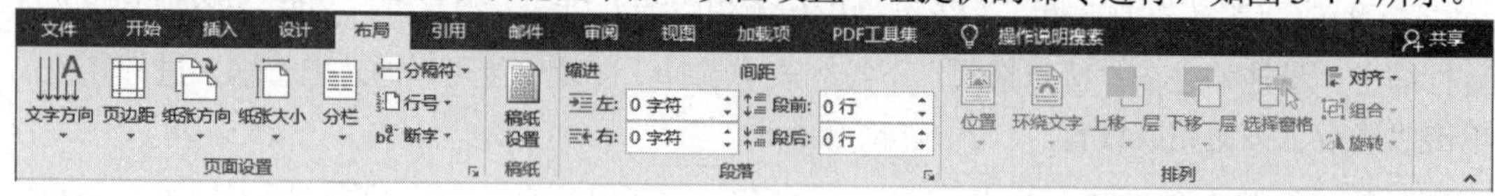

图 3-4-7 “布局”选项卡

单击“页面设置”组右下角的对话框启动器按钮，打开“页面设置”对话框，如图 3-4-8 所示。

1. 设置页边距

“页边距”包括上、下、左、右边距，是指距每页纸的边缘的距离。文档中的正文文字一般显示在页边距线所围的区域内。设置页边距的操作如下。

(1) 在“页面设置”对话框中，单击“页边距”选项卡，如图 3-4-8(a)所示。

(2) 根据需要，在各设置框中进行设置。单击“确定”按钮，完成操作。

提示：

拖动标尺上的上边距、下边距、左边距、右边距标记，也可进行上、下、左、右页边距的设置。按住 Alt 键单击标尺中的页边距标记，将显示出边距值。

2. 设置纸张

Word 允许用户改变整个文档或部分文档的纸张大小或方向，操作步骤如下。

(1) 在“页面设置”对话框中，单击“纸张”选项卡，如图 3-4-8(b)所示。

(2) 在“纸张大小”列表框中，选择标准纸张大小或自行定义一种纸张大小。

(3) 在“应用于”中设置应用范围。单击“确定”按钮，完成操作。

3. 设置文档网格

Word 可以让用户设置页面中每页的行数、每行的字符数等，操作步骤如下。

(1) 在“页面设置”对话框中，单击“文档网格”选项卡，如图 3-4-8(c)所示。

(2) 可选定文字排列方向(水平或垂直)，可选定网格样式等。可在“每行”框中输入字符数，可在“每页”框中输入行数。

(3) 单击“确定”按钮。

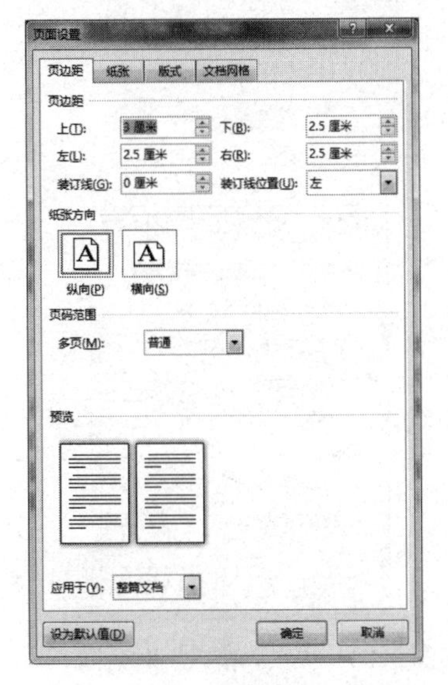

图 3-4-8 (a) “页面设置”对话框 1

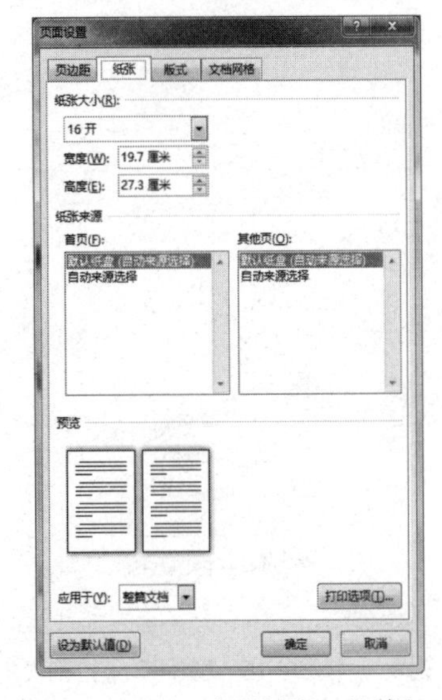

图 3-4-8 (b) “页面设置”对话框 2

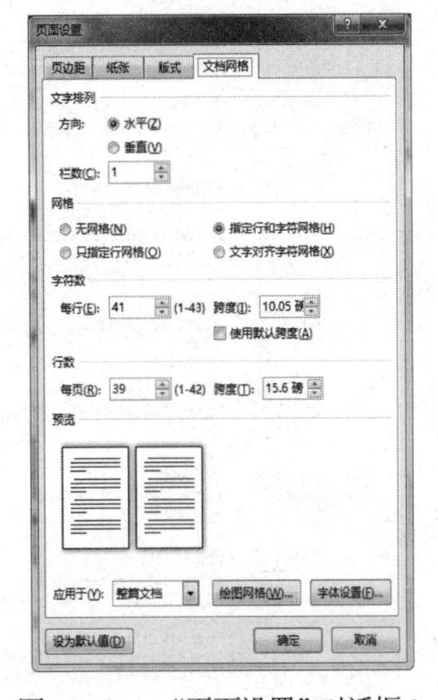

图 3-4-8 (c) “页面设置”对话框 3

4. 设置分栏

Word 可以让每页分为 2 栏或 3 栏等，操作方法为：单击“页面设置”组中的“分栏”按钮，在出现的列表中选择需要的分栏数。或者在“页面设置”对话框中，单击“文档网格”选项卡，在“文档网格”选项卡中的“栏数”后面的框中输入分栏的数值即可。

5. 分页

Word 具有自动分页的功能，当一页不够用时，自动开始新的一页，这种分页称为自动分页，有时用户在输入文字还没有写满一页时就希望分页，这时需要进行手工分页。

1) 手工分页

手工分页只需要在分页的位置插入一个分页符，操作方法为：移动插入点到要分页的位置，按 Ctrl+Enter 快捷键，即可完成分页。

2) 使用功能区按钮分页

在“布局”选项卡功能区的“页面设置”组中单击“分隔符”按钮，出现如图 3-4-9 所示的“分页符”列表和“分节符”列表。单击其中的“分页符”选项，即可完成分页操作。

四、添加页码、页眉和页脚

1. 添加页码

要为每一页添加页码，可以单击“插入”选项卡，在它的功能区中的“页眉和页脚”组中，选择“页码”命令即可实现，操作步骤如下。

(1) 单击“页眉和页脚”组中的“页码”命令，显示下拉列表，如图 3-4-10 所示。

(2) 在下拉列表中进行选择，确定页码的显示位置和样式等，即可完成操作。

如果需要修改起始页码，可以通过单击“页码”命令后选择“设置页码格式”命令，打开“页码格式”对话框，如图 3-4-11 所示。在“页码编号”栏中设置“起始页码”即可。

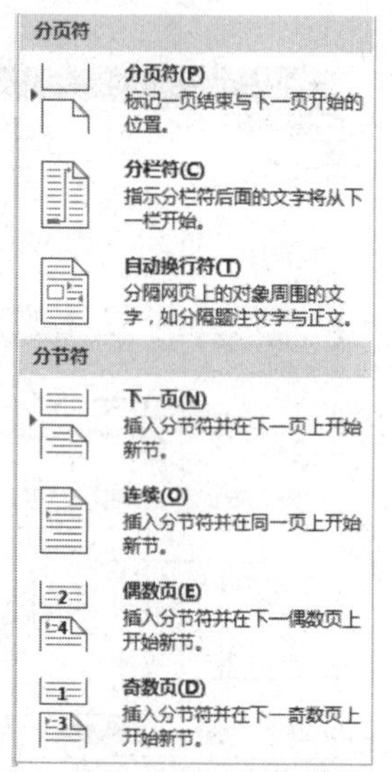

图 3-4-9 “分页符”列表和“分节符”列表

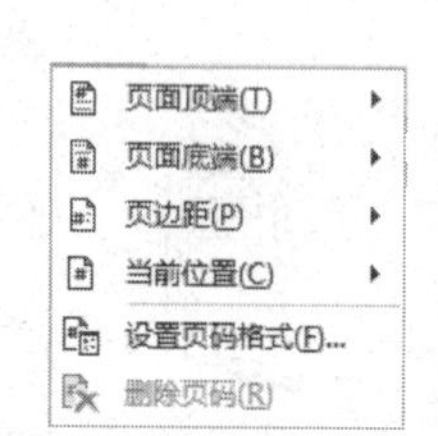

图 3-4-10 “页码”下拉列表

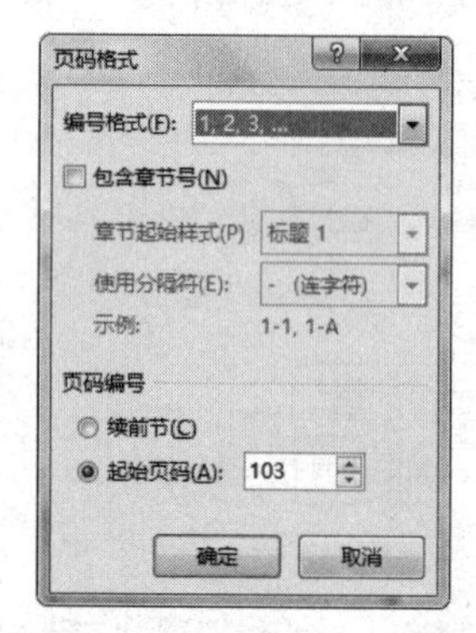

图 3-4-11 “页码格式”对话框

2. 添加页眉和页脚

页眉位于页面上部，一般在上页边距线之上。页脚位于页面下部，一般在下页边距线之下。

添加页眉和页脚可以通过选择“插入”选项卡功能区中的“页眉和页脚”组中的命令实现。

例如，要为页面添加页眉，页眉内容是“计算机基础”，操作步骤如下。

(1) 单击“页眉和页脚”组中的“页眉”选项，在弹出的下拉列表中选择“编辑页眉”命令。Word 进入页眉和页脚编辑状态，此时正文不可编辑。同时，窗口出现页眉和页脚工具“设计”选项卡，如图 3-4-12 所示。

(2) 接下来只需在页眉编辑区输入页眉内容“计算机基础”即可。

此时如果想添加页脚，只需单击图 3-4-12 所示的页眉和页脚工具“设计”选项卡上面的“导航”组中的“转至页脚”按钮，切换至页脚编辑区，输入页脚内容即可。

(3) 最后单击图 3-4-12 所示的页眉和页脚工具“设计”选项卡上面的“关闭”组的“关闭页眉和页脚”按钮，切换到正文编辑状态，完成操作。

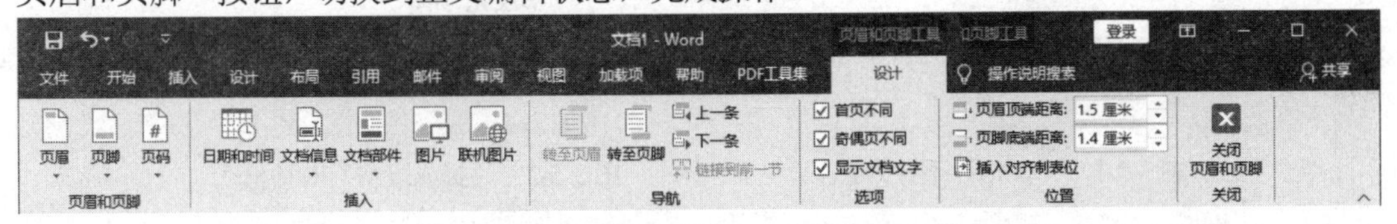

图 3-4-12　页眉和页脚工具“设计”选项卡

此时，页眉和页脚的内容变灰，表示此时页眉和页脚的内容不可编辑，正文内容恢复到可编辑状态。

页眉和页脚工具“设计”选项卡中提供了许多命令，利用这些命令可以进行高级的页眉和页脚设置。

第五节　Word 2016 的表格操作

一、创建表格

Word 2016 提供了绘制表格、自动生成表格、编辑表格的功能。

用户可以先制作表格，再编辑内容。也可以按某个规则编辑好文本，再转换生成表格。Word 的表格大小没有限制，如果表格超过一页，系统会自动添加分页符，用户可以指定一行或多行作为每页表格的标题，标题会在每页表格的顶部显示。

1. 创建空表格

创建空表格的常用方法有两种：一种方法是利用 Word 2016 提供的“插入表格”命令自动创建表格，另一种方法是用 Word 2016 提供的绘制表格工具直接在文档中绘制。

(1) 使用“插入表格”命令自动创建空表格，操作步骤如下。

① 移动光标到需要插入表格的位置，在“插入”选项卡功能区的“表格”组中单击“表格”，显示下拉列表，如图 3-5-1 所示。在图 3-5-1 中选择“插入表格”命令，出现图 3-5-2 所示的“插入表格”对话框。

② 在图 3-5-2 的“列数”和“行数”文本框中分别输入表格的列数和行数。

③ 然后单击“确定”按钮，完成操作。

(2) 使用“表格”下拉列表中的“插入表格”工具自动创建空表格，操作步骤如下。

① 移动光标到需要插入表格的位置。

② 在图 3-5-1 中，在“表格”下拉列表的“插入表格”的方格区域移动鼠标，形成一个动态的表格，然后单击进行确认即可。

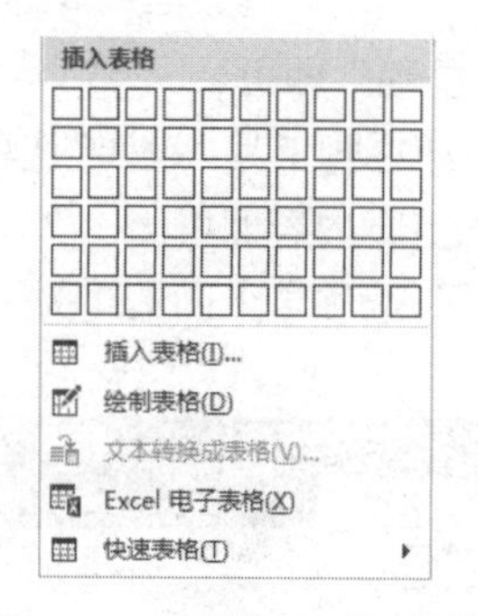

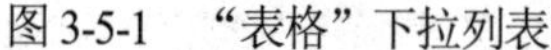

图 3-5-1 “表格”下拉列表

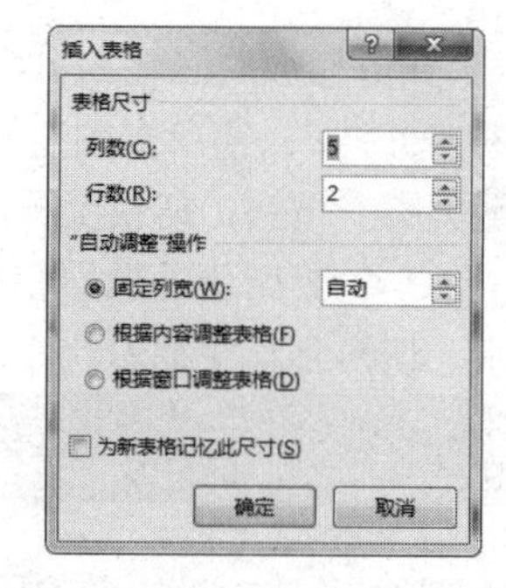

图 3-5-2 “插入表格”对话框

(3) 使用绘制表格工具手工绘制表格，操作步骤如下。

① 在图 3-5-1 中，在“表格”下拉列表中选择“绘制表格”命令，鼠标指针呈画笔形，表示此时可以使用鼠标绘制表格。

② 拖动绘制出一个单元格，用同样的方法绘制出相邻的其他单元格。如果在单元格内进行拖动，可以绘出表格线或表格斜线。按 Esc 键可取消表格的“绘制”状态。

(4) 使用“橡皮擦”工具修改表格，操作方法如下。

① 将光标定位在表格内，功能区中会出现表格工具“设计”和“布局”两个选项卡。

② 如图 3-5-3 所示，在“布局”选项卡的“绘图”组中单击“橡皮擦”命令按钮，鼠标指针将呈橡皮状。

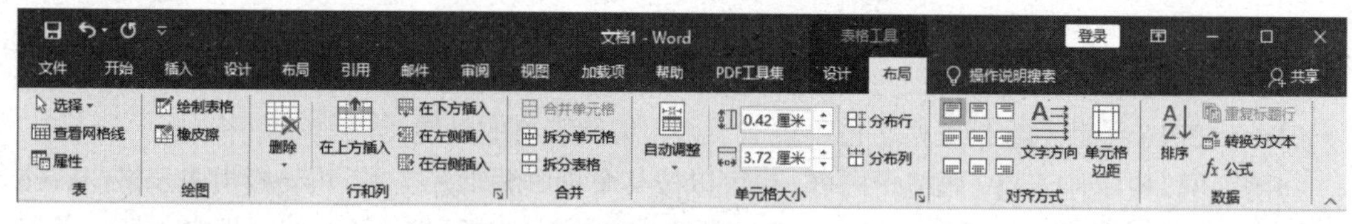

图 3-5-3 表格工具“布局”选项卡

③ 在要擦除的表格线上单击或拖动，即可擦除表格线。按 Esc 键可取消表格的“擦除”状态。

生成空表后，将插入点移到单元格内，如同编辑正文内容一样，在单元格内编辑文本和图形。每个单元格中可以输入若干个字符，也可以输入几行文字。Word 会根据长度自动调整单元格的大小。

2. 将文本转换为表格

Word 2016 可以方便地将文本转换为表格。方法是：输入正文，将正文中想要成为单元格内容的文本之间用适当的分隔符如空格、逗号、回车等分开。

例如，将下列所示的文本转换成表格。

姓名，　性别，　　成绩
张山，　　男，　　89
李市，　　男，　　91
赵兰，　　女，　　88

选取以上 4 行文本，在“插入”选项卡功能区的“表格”组中单击“表格”，显示下拉列表，选择其中的“文本转换成表格”命令，出现如图 3-5-4 所示的对话框。

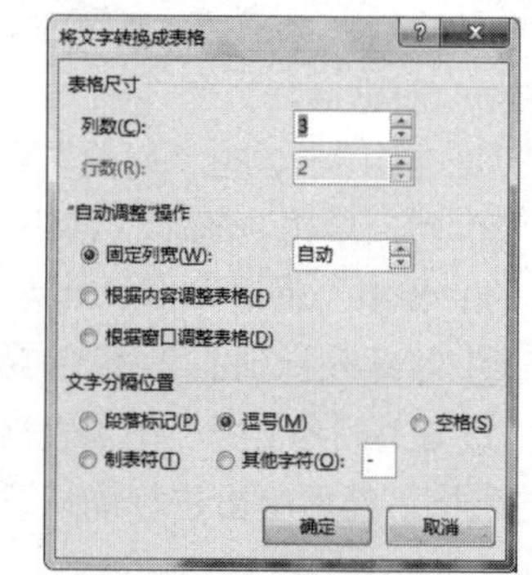

图 3-5-4 “将文字转换成表格”对话框

在该对话框中，文字分隔位置设置为“逗号”；“列数”默认为3；行数由Word自动进行计算。单击“确定”按钮，得到如表3-5-1所示的表格。

表3-5-1　转换后的表格

姓名	性别	成绩
张山	男	89
李市	男	91
赵兰	女	88

注意：

对于转换之前的文本，分隔符(如逗号)必须是半角字符。

二、修改表格

1. 改变行高、列宽

通过修改表格属性可以改变表格中的行高或列宽；也可以使用鼠标拖动表格线改变表格中的行高或列宽；还可以通过拖动标尺上的“调整表格行”或“移动表格列”按钮改变表格中的行高或列宽。

通过修改表格属性的方法改变行高的操作步骤如下。

(1) 选定需要改变行高的表格行。

(2) 在表格工具的“布局”选项卡功能区中的“表”组中选择“属性”命令，打开“表格属性”对话框，如图3-5-5所示。

(3) 在图3-5-5中，单击打开“行”选项卡，如图3-5-6所示。选中“指定高度”复选框，在旁边的框中输入高度值。

(4) 单击“确定”按钮。所选行的高度就会变成指定的高度值。

改变行高的另一种方法是在表格工具“布局”选项卡的“单元格大小”组中直接设置高度和宽度。

图3-5-5　“表格属性”对话框

图3-5-6　打开“行”选项卡

2. 选定单元格、行、列

- 选择一行：单击该行的选定栏。

- 选择一列：将鼠标指针移至该列的上边界，当鼠标指针呈向下箭头时单击。
- 选择连续的部分单元格中的内容：从第一个单元格开始拖动鼠标直到最后一个单元格。
- 选择不连续的部分单元格中的内容：先选定第一个单元格中的内容，然后按住 Ctrl 键，再选定其他单元格中的内容。

3. 行、列的插入

插入表格行的操作步骤如下。

(1) 选定表格行，将光标移到要插入表格行的位置。

(2) 在图 3-5-3 所示的表格工具“布局”选项卡的“行和列”组中选择“在上方插入”或“在下方插入”，就可以在选定表格行的上方或下方插入若干行。

插入表格列的操作方法也类似，在此不再赘述。

4. 行、列、表格的删除

删除表格中行与列的操作步骤如下。

(1) 选取表格中需要删除的若干行(列)。

(2) 在图 3-5-3 所示的表格工具“布局”选项卡的“行和列”组中单击“删除”按钮，在下拉列表中选择“删除行”(“删除列”)命令即可。

若选择下拉列表中的“删除表格”命令，可以删除整个表格。

三、设置单元格和表格边框

Word 2016 可以对所选取的表格或部分单元格设置各种框线，操作步骤如下。

(1) 选取需要添加框线的单元格区域。

(2) 在如图 3-5-7 所示的表格工具“设计”选项卡中，单击“边框”组右下角的对话框启动器按钮，打开“边框和底纹”对话框，如图 3-5-8 所示。

(3) 在“边框和底纹”对话框中的“边框”选项卡中，设置合适的边框类型、线型和线宽，单击“确定”按钮。

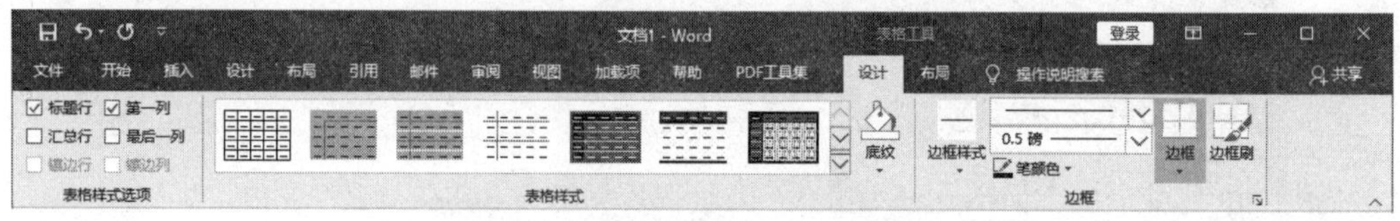

图 3-5-7　表格工具“设计”选项卡

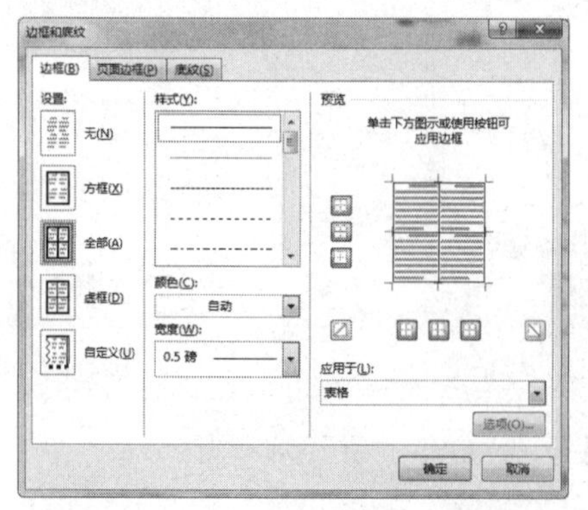

图 3-5-8　“边框和底纹”对话框

四、跨页表格重复标题

有的表格较长，需要跨页。用户如果要求在后续页中重复表格标题，只需使用 Word 的重复表格标题功能即可，操作步骤如下。

(1) 在表格中选定将要作为标题行的表格行。

(2) 在表格工具“布局”选项卡功能区中的“数据”组中选择“重复标题行”命令。这样，当这个表格跨页时，Word 会自动在下一页的表格首行重复该标题。

第六节　Word 2016 的图形功能和图文混排

如果用户需要向文档中添加图形，可以使用多种方法，常用的方法有：用 Word 提供的基本图形绘制工具直接绘制；使用复制和粘贴的方法，将剪贴板中的图形粘贴到文档中；通过插入图形文件的方法，将其他图形软件制作的图形插入文档中。

Word 2016 还提供了插入屏幕截图的功能和插入 SmartArt 图形的功能。

Word 具有很强的图文混排功能，图形可以插入文档的插入点位置，成为文本层的内容；也可以置于文档的绘图层中，使插入图形浮于文字上方或置于文字下方；还可以将图形与文本之间设置成环绕关系等。另外，图形之间又具有相互叠放的关系，可以根据用户的需要改变叠放次序。通过图文混排功能，可以使文章具有更强的艺术效果。

一、图形操作

Word 2016 提供了许多形状绘制工具，能够绘制多种图形。在“插入”选项卡的“插图”组中单击“形状”按钮，会显示形状绘制工具下拉列表，如图 3-6-1 所示。使用列表中提供的形状绘制工具，可以方便地绘制出线条、基本形状、箭头、流程图、标注图与旗帜等图形。

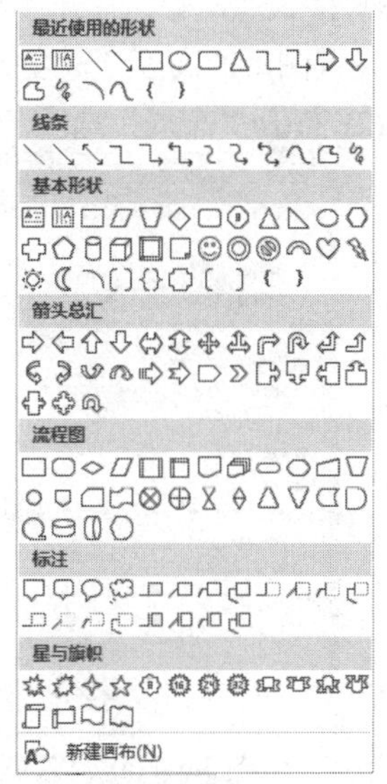

图 3-6-1　“形状”绘制工具下拉列表

1. 绘制与编辑图形

(1) 使用形状绘制工具绘制图形，可先选择相应的按钮，然后拖动绘制。例如，欲画一条直线，单击选择“线条”中的“直线”工具按钮，在文档中直接拖动绘制即可，绘制的图形默认位于文字的上方。若想在文档中开辟一个区域用于绘制图形，只需先在“形状”绘制工具列表中选择“新建画布”命令，在文档的光标位置处插入一块画布，然后使用形状绘制工具在画布中绘制即可。在画布中绘制的优点在于形状之间的位置在图文混排时也相对固定，可以不受影响。

(2) 若需要修饰图形，只需单击该图形将其选中，在所出现的绘图工具“格式”选项卡的功能区中单击相应的按钮命令进行设置即可，如图 3-6-2 所示。

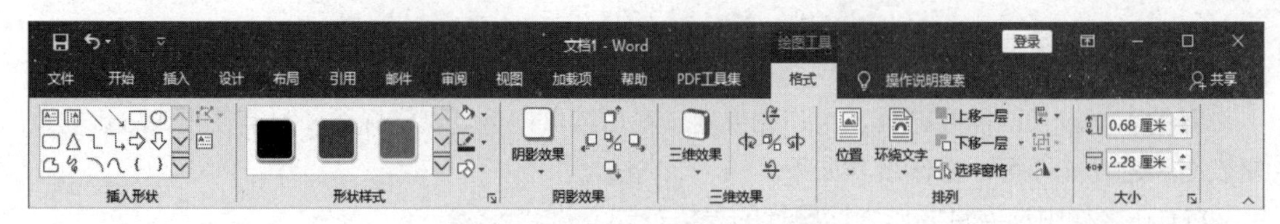

图 3-6-2　绘图工具“格式”选项卡

(3) 选中图形后，可以拖动旋转控制点(绿色实心圆点)自由地旋转图形，也可以拖动周围的8个控制点调整图形大小。

2. 在图形上添加文字

有些图形中可以添加文字，操作方法为：选中图形，并在图形上右击，在弹出的快捷菜单中选择“添加文字”命令，然后输入文字内容。

例如，在图 3-6-1 中选择“箭头总汇”下的右箭头，绘制一个右箭头图形，并在图形中加上“由此向前”字样，结果如图 3-6-3 所示。

图 3-6-3　在图形上添加文字

3. 图形布局设置

对于插入文档中的图形(例如图 3-6-3 中绘制的右箭头)，可以进行大小缩放操作，也可以对图片和正文之间的环绕方式进行设置。

移动图形位置的操作方法如下：将鼠标指针指向图形(例如图 3-6-3 中绘制的右箭头)，此时鼠标指针带有一个十字箭头，用鼠标拖动图形到要移入的位置即可。

设置图片的高度和宽度，以及与正文之间的环绕方式，操作方法如下。

(1) 在图形(例如图 3-6-3 中绘制的右箭头)上右击，在弹出的快捷菜单中选择“设置自选图形/图片格式”命令，打开“设置自选图形格式”对话框的“大小”选项卡，如图 3-6-4(a)所示。可以设置图形的高度、宽度等。

(2) 打开“布局”选项卡，如图 3-6-4(b)所示，可以进行图形与文字之间环绕方式的设置。

图 3-6-4 (a)　“大小”选项卡

图 3-6-4 (b)　“布局”选项卡

提示：

对于在文档中插入的其他图形/图片对象，也可以进行大小缩放、环绕方式等格式设置。当选定图形对象后，会出现“图片工具/格式”选项卡，选择该选项卡中的“位置”或“环绕文字”选项，可以对图片的位置或环绕方式进行设置。

4. 图形的组合

可以将多个图形组合起来作为一个整体进行操作，组合图形的操作步骤如下。

(1) 单击“插入”选项卡中的“形状”按钮，选定并画出多个图形。

(2) 单击画出的多个图形中的某一个，按住 Shift 键不放，用鼠标逐个单击其他各个图形，这时，这些图形都被选中。

(3) 在选中的图形上右击，在弹出的快捷菜单中，选择“组合”中的“组合”命令。这时，被选中的图形将组合成一个整体。

二、插入图片、艺术字和公式

Word 可以将已经绘制好的图片插入文档中，图片的来源可以是本台电脑，也可以来自联机图片。插入图片的操作主要通过“插入”选项卡功能区中的“插图”组提供的命令进行。插入艺术字可以通过“插入”选项卡功能区中的“文本”组提供的“艺术字”命令进行。插入公式可以通过“插入”选项卡功能区中的“符号”组提供的“公式”命令进行。

1. 插入来自文件的图片

插入图片的操作步骤如下。

(1) 移动光标到要插入图片的位置。

(2) 在“插入”选项卡功能区中的“插图”组中选择“图片”或“联机图片”命令，打开“插入图片”对话框。

(3) 在打开的对话框中选择图片文件后进行确定即可。

2. 插入艺术字

操作步骤如下。

(1) 在“插入”选项卡的“文本”组中，单击“艺术字”，显示艺术字样式列表。

(2) 选择一种艺术字样式，文档中会出现“请在此放置您的文字”艺术字编辑区域。

(3) 在艺术字编辑区域中，可以编辑文字。例如，可以对文字“计算机基础知识”进行各种设置，设置好文字后单击“确定”按钮即可，效果如图 3-6-5 所示。

计算机基础知识

图 3-6-5　设置好的艺术字

3. 插入公式

Word 提供了公式工具，使用它可以方便地在文档中插入各种数学符号以及编辑各种数学表达式，如分数、积分和根式等。

例如，可以编写出下面的公式。

$$S=\sum_{i=1}^{100}x(i)+\sqrt{\frac{z}{1+z^2}}$$

使用公式编辑器编辑公式的操作步骤如下。

(1) 设置要插入公式的插入点位置。

(2) 在“插入”选项卡功能区中的“符号”组中单击“公式”下拉列表。

(3) 在下拉列表中选择“插入新公式”命令，这时在文档插入点位置处会出现“在此处键入公式”提示。同时，在功能区中会出现“公式工具/设计”选项卡，如图 3-6-6 所示。

(4) Word进入公式编辑状态后，在公式编辑框内，通过输入字符，使用“公式工具/设计”选项卡中的工具按钮，选择样式按钮等，完成公式的编辑。

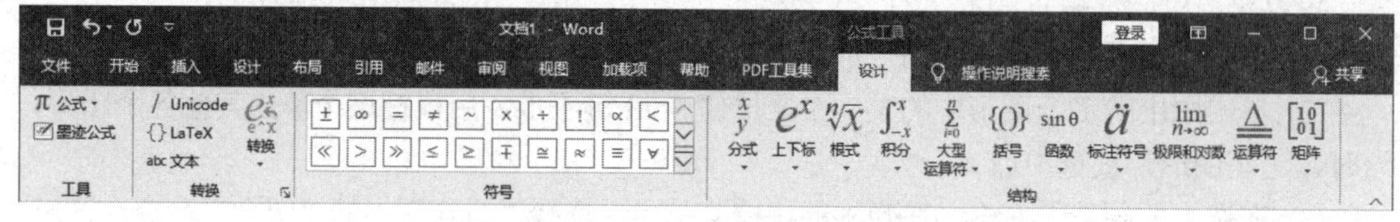

图3-6-6 “公式工具/设计”选项卡

本章第二节介绍的Word 2016新功能“墨迹公式”为编辑公式提供了方便。要使用“墨迹公式”，可以单击“插入”选项卡，出现“插入”功能区后，选择其功能区右上角的“公式”，单击“公式”右侧的小三角形，在出现的下拉菜单中选择“墨迹公式”。使用“墨迹公式”，用户可以随心所欲地书写和编辑各种公式。

对于一些常用的公式，如二项式定理、傅里叶级数、勾股定理、三角恒等式、泰勒展开式等，可以直接使用Word内置公式进行插入。

三、图文混排

Word文档分成3个层次：文本层、绘图层和文本层之下的层。

- 文本层：该层是用户在处理文档时所使用的层。
- 绘图层：该层一般在文本层之上。建立图形对象时，Word可以让图形对象放在该层上，产生图形浮于文本之上的效果。
- 文本层之下的层：可以把图形对象放在文本层之下，产生图形衬于文本之下的效果。

1. 改变图形之间的叠放关系

在插入图形的过程中，图形默认按插入顺序进行层次叠放。用户可以根据需要，对文本层之上的图形进行叠放次序的更改，也可以对文本层之下的图形进行叠放次序的更改，操作方法如下。

(1) 选中要改变图形叠放层次的图形，在该图形上右击，在弹出的快捷菜单中选择“排序”，出现级联子菜单后，选择“置于顶层”或“置于底层”命令。

(2) 在出现的“排序”级联子菜单中，根据需要，还可以选择“上移一层”或“下移一层”命令，改变该图形的叠放层次。

2. 改变图形与正文文字之间的叠放关系

用户可以将图形置于文字的下方或置于文字的上方，操作方法如下。

(1) 选中要改变图文叠放层次的图形，在该图形上右击，在弹出的快捷菜单中选择“排序”命令，出现级联子菜单。

(2) 在“排序”的级联子菜单中，根据需要选择“浮于文字上方”或“衬于文字下方”命令，就可以改变该图形与正文文字(文本层)的叠放次序。

3. 改变图形与文字之间的环绕方式

用户可以根据需要设置图形或图片与文字之间的环绕方式和环绕位置，操作方法如下。

(1) 选中要设置图文环绕方式的图形或图片，出现“绘图工具/格式”选项卡或“图片工具/格式”选项卡。

(2) 在该选项卡中单击“环绕文字”选项，出现下拉列表。

(3) 根据需要，在出现的下拉列表中选择一种“文字环绕”方式。

第七节　创建索引与目录

索引和目录为读者阅读文档提供了便利：索引可以帮助读者快速找到信息的位置，目录可以帮助读者快速了解文档的组织结构，引导读者阅读所需要的部分，索引和目录在长文档编排中常被采用。下面介绍创建索引和目录的方法。

1. 标记索引项

要为正文内容创建索引，首先要将正文中待索引的项做上索引标记。为索引项加索引标记常采用两种办法：即手动标记和自动标记。

手动标记索引项的操作步骤如下。

(1) 选择正文中欲标记为索引项的文字。例如，希望将正文中某处的“题注”二字标记为索引项，先选中这两个字，之后在“引用”选项卡功能区中的“索引”组中单击“插入索引”命令按钮，打开“索引”对话框，如图 3-7-1 所示。

(2) 单击“标记索引项”按钮，打开“标记索引项”对话框，如图 3-7-2 所示。

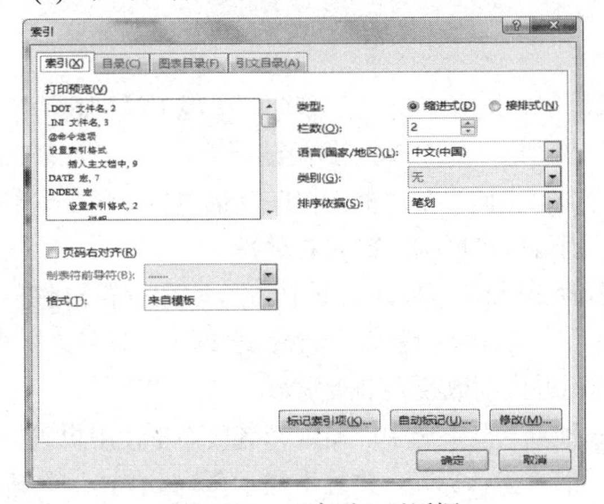

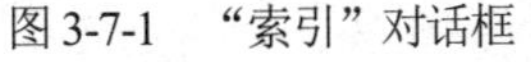

图 3-7-1　“索引”对话框

图 3-7-2　“标记索引项”对话框

(3) 在图 3-7-2 中单击“标记”按钮，则所选择的“题注”就被标记为索引项。可以看到，选中的文字右边增加了记号，这就是索引标记。

自动标记索引项可以一次对多个待标记项做上索引标记。方法是先创建一个作为索引自动标记文件的 Word 文档，其中是一张两列的表格，首列内容是标记项的名称列表，第二列是对应首列的希望标记成的名称。然后打开“索引”对话框，单击“自动标记”按钮，在打开的“打开索引自动标记文件”对话框中选择前面建立的索引自动标记文件，单击“打开”按钮，则文本相关的待标记项右边全都被加上了索引标记。

2. 生成索引

生成索引目录就是将文本加有索引标记的项的位置页码自动识别出来，形成一个可供检索的目录，其操作步骤如下。

(1) 将插入点定位于希望放置索引目录的位置。在“引用”功能区的“索引”组中选择“插入索引”命令，打开“索引”对话框，如图 3-7-1 所示。

(2) 从图 3-7-1 的“格式”下拉列表中为索引选择一种格式，为了在对话框中方便地进行操作，注意观察“打印预览”框中显示的内容，会看到索引目录的外观样式。

(3) 在图 3-7-1 的“类型”选项组中，如果想让次索引项和次次索引项能直接出现在主索引项下面而不是被缩进，可选中“接排式”单选按钮。

(4) 在图 3-7-1 的“栏数”框中为索引目录设置列数，如果选择项多于两列，可选中“接排式”单选按钮。这样各列之间不会相互拥挤。

(5) 在图 3-7-1 所示的对话框底端设置一些选项，包括“页码右对齐”复选框、“制表符前导符”下拉列表框。

(6) 单击“确定”按钮，关闭该对话框即可。

3. 编制目录

为长文档编制目录是常见的文档编排需求，Word 可以将具有大纲级别或标题样式的段落内容通过自动生成目录操作形成目录。

在希望生成目录之前，首先将正文中相关的章或节的标题内容，按照用户生成目录的层次要求设置成大纲级别或标题样式，然后再进行目录的生成操作。

生成目录的操作步骤如下。

(1) 将插入点定位于希望放置目录的位置。

(2) 在“引用”选项卡功能区中的“目录”组中选择“目录”命令，出现下拉列表后，单击其中的“自定义目录”命令，打开“目录”对话框，如图 3-7-3 所示。

(3) 在图 3-7-3 的“目录”选项卡中选中“显示页码”复选框，将在目录中显示各个章节标题的起始页码；选中“页码右对齐”复选框，则可以将页码设置为右对齐。

(4) 在图 3-7-3 的“目录”选项卡的“制表符前导符”下拉列表框中选择页码前导连接符号。

(5) 在图 3-7-3 的“目录”选项卡的“常规”选项组的“格式”下拉列表框中选择目录样式，在“显示级别”数值框中输入目录中要显示的标题级别数或大纲级别数。

(6) 在图 3-7-3 的“目录”选项卡的“Web 预览”框下选中“使用超链接而不使用页码”复选框，则在 Web 版式视图中的目录将以超链接形式显示标题，并且不显示页码。单击这些超链接可以直接跳转到相应的标题内容。

(7) 以上设置完毕后，在“打印预览”或“Web 预览”框中查看效果。单击“确定”按钮，则自动生成目录。

4. 更新目录

对一个目录进行更新，操作步骤如下。

(1) 在页面视图中，右击目录中的任意位置，从弹出的快捷菜单中选择“更新域”命令。

(2) 弹出“更新目录”对话框，如图 3-7-4 所示，在该对话框中选择更新类型。

(3) 若选中“只更新页码”单选按钮，则目录将只对标题所对应页码的变化进行更新。

(4) 若选中“更新整个目录”单选按钮，则目录将根据所有标题内容以及页码的变化进行更新。

(5) 单击“确定”按钮，目录即被更新。

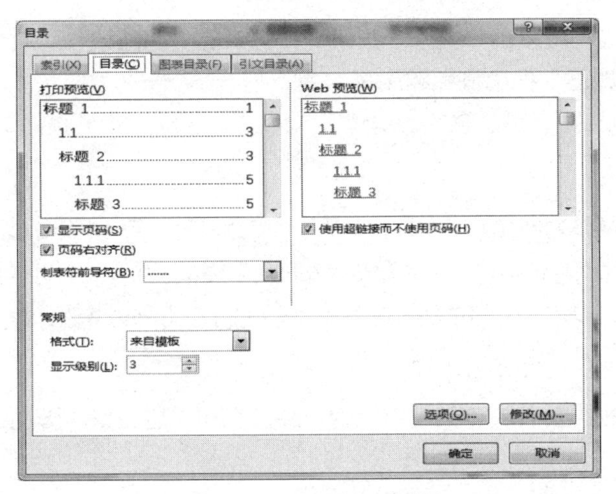

图 3-7-3　“目录”对话框

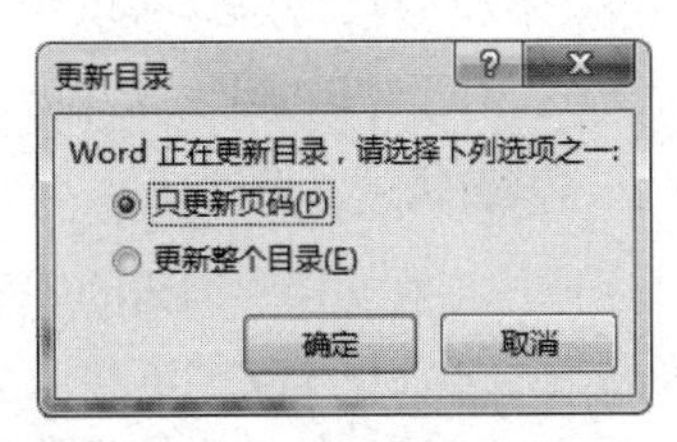

图 3-7-4　“更新目录”对话框

第八节　Word 2016 的其他功能

一、题注、注释和书签

1. 题注

Word 中的题注是指给表格、图形、文本等对象添加的一种带编号的说明。以这种方法添加的题注，可以方便地在正文中的任何位置进行交叉引用。

给某一对象添加题注的操作方法如下。

(1) 将光标移到要添加题注的位置。一般来说，图形对象的题注加在对象的下方，表格对象的题注加在对象的上方。

(2) 在“引用”选项卡功能区中的“题注”组中，如图 3-8-1 所示，选择“插入题注”命令，打开“题注”对话框，如图 3-8-2 所示。

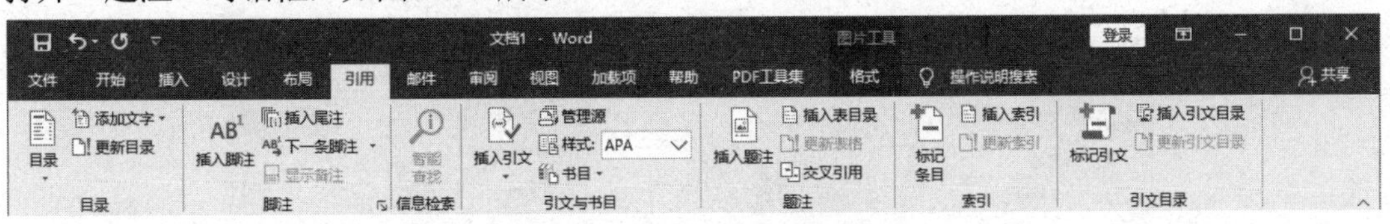

图 3-8-1　“引用”选项卡的功能区

(3) 该对话框中的“题注”文本框显示了默认的题注内容，包括题注标签和题注编号，用户可根据需要进行相关设置。

(4)“标签”框中显示默认的标签名。Word 为用户提供了 3 个选项：图表、公式和表格。用户如果需要改变标签，可以在“标签”下拉列表中进行选择。如果用户需要其他标签，可以通过“新建标签”按钮创建。

(5) 在“位置”下拉列表框中，用户可以设定插入的题注是放在“所选项目上方”还是“所选项目下方”。如果用户先选中对象再执行插入题注命令，就可以设置位置项。

(6) 如果需要改变题注的编号格式，可单击“编号”按钮，在弹出的“题注编号”对话框中选择需要的格式。用户也可以在“题注”框中添加题注文本。

(7) 最后，单击“确定”按钮即可。

提示：

用户可以为某类条目设置自动插入题注的功能，当在文档中插入这类条目时，Word会自动为插入的条目添加题注。为此，可以在“题注”对话框中单击“自动插入题注”按钮，在打开的对话框中进行设置。对于对话框中被选中的条目，以后在文档中插入该条目时，Word会自动为其添加题注。

2. 注释(脚注、尾注)

注释是指对文档中词语的解释，根据解释文本的位置分为“脚注”和“尾注”。脚注位于页面底端，尾注位于文档末尾或节尾。

插入脚注或尾注的操作步骤如下。

(1) 将插入点定位在要加注释的词语后。

(2) 单击“引用”功能区的“脚注”组右下角的对话框启动器按钮，打开“脚注和尾注”对话框，如图3-8-3所示。

(3) 根据注释位置的实际要求，选中“脚注”或“尾注”单选按钮，在右边的下拉列表中选择脚注或尾注内容的显示位置。

(4) 设置编号方式。在“编号格式”下拉列表中进行选择，使Word可以自动对注释进行编号；选择“自定义标记”，用户可以输入自己需要的标记字符，但Word不会对自定义的引用标记重新编号。

(5) 单击“插入”按钮，Word将插入注释引用标记，同时插入点转到脚注或尾注的实际显示位置，用户输入注释内容即可。

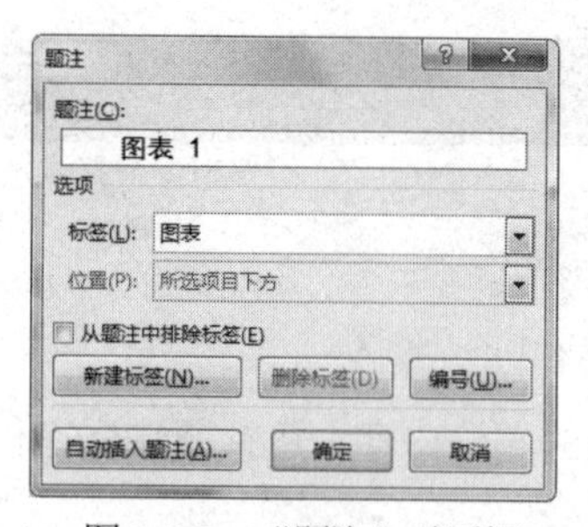

图3-8-2 “题注”对话框

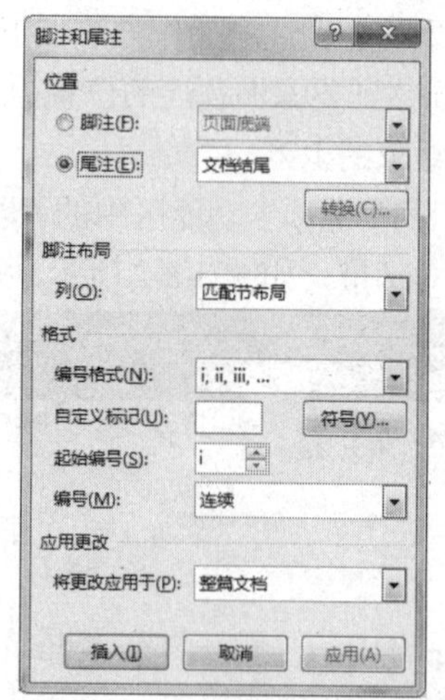

图3-8-3 “脚注和尾注”对话框

3. 书签

Word书签是指对选定的文本、图形、表格以及其他条目的一种特定标记。书签显示为一对方括号(默认隐藏)。如果设置了书签但没有显示方括号，只需单击“文件”按钮，选择“选项”命令，在弹出的“选项”对话框中，选择“高级”选项，在右边的列表中找到“显示文档内容”类别中的“显示书签”复选框，将其设置为选中状态，这样书签方括号就会显示。

定义书签的操作步骤如下。

(1) 选定要标记的条目，如文本、图形或表格等。

(2) 在“插入”选项卡功能区中的“链接”组中，选择“书签”命令，弹出如图3-8-4所示的对话框。

(3) 在“书签名”文本框中输入书签名，单击“添加”按钮，即定义了一个书签。

注意：

书签名必须以字母开头，由字母、数字和下画线组成。

定义了书签后，如果用户想要找到文档中该书签所在的位置，可以采用以下方法进行定位。

(1) 使用“书签”对话框中的“定位”按钮。操作方法是先在“书签”对话框中选中要查找的书签名，然后单击“定位”按钮。

(2) 使用“查找和替换”对话框中的“定位”选项卡。单击“开始”选项卡功能区中的“编辑”组中的“替换”命令，打开“查找和替换”对话框，选择“定位”选择卡，如图 3-8-5 所示。在“定位目标”下拉列表框中选择“书签”，在“请输入书签名称”下拉列表中选择要查找的书签，之后单击“定位”按钮即可。

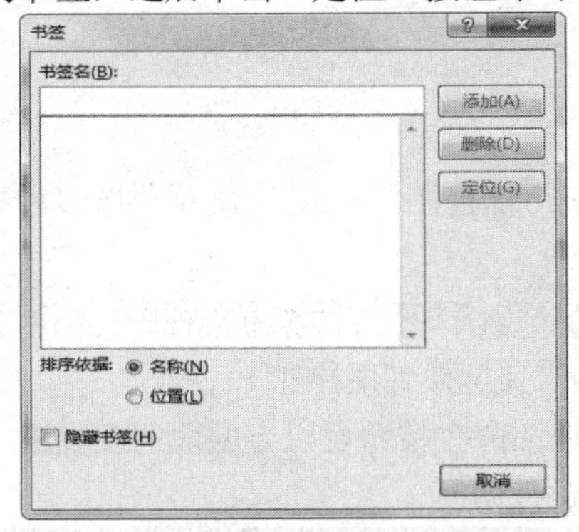

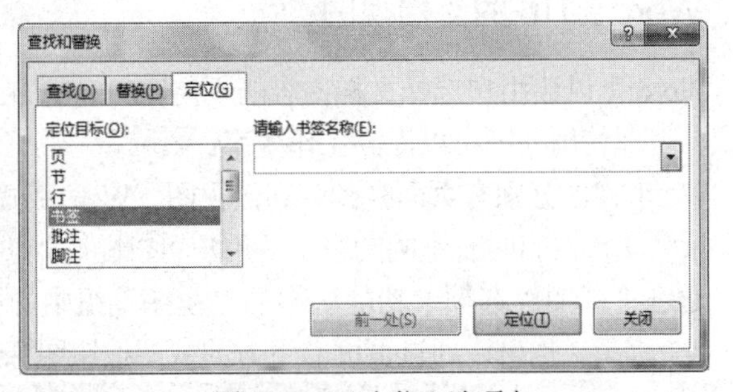

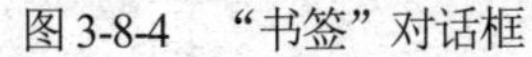
图3-8-4　“书签”对话框　　　　图3-8-5　“定位”选项卡

提示：

在一个文档中，若要跳转到文档中的某一特定位置(如书签、脚注、尾注等)，都可以通过“查找和替换”对话框中的“定位”选项卡来定位。

二、交叉引用

交叉引用是指在文档的某一位置引用文档中的某一个可引用项。

例如，如果文档正文中的表格添加了题注“表格 1”，那么正文将引导读者去关注该表格，常会有这样的表述：“如表格 1 所示”，这就是对表格题注的交叉引用。

交叉引用的条目类型可以是编号项、标题、书签、脚注、尾注、表格、公式和图表等。引用的内容可以是题注、页码和段落编号等。

创建交叉引用的操作步骤如下。

(1) 将插入点定位在要建立交叉引用的位置。

(2) 在“引用”功能区的“题注”组中选择“交叉引用”命令，打开“交叉引用”对话框，如图 3-8-6 所示。

(3) 在“引用类型”下拉列表框中选择引用项类型。例如，选择“编号项”，这时对话框中将列出所有的“编号项”题注；在“引用内容”下拉列表框中选择要显示的信息，如“段落编号”。

(4) 在“引用哪一个编号项”列表框进行选择，然后单击“插入”按钮，完成一个交叉引用的插入。

交叉引用的优点是：当引用项发生变化时，Word会自动更新。

如果用户想及时查看更新结果，可以通过以下操作完成交叉引用的更新。

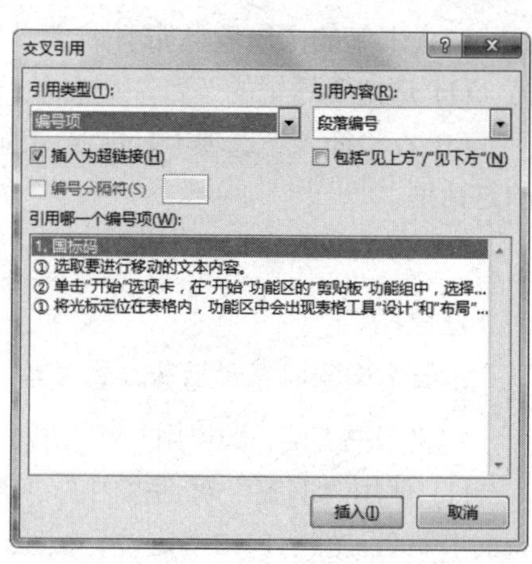

图 3-8-6　“交叉引用”对话框

- 选定全部文档，按 F9 键，全部交叉引用都会更新。
- 将插入点移到要更新的交叉引用处，按 F9 键。
- 将鼠标指针指向要更新的交叉引用处并右击，在打开的快捷菜单中选择“更新域”命令。

如果要删除交叉引用，方法同删除正文文字一样。

三、Word 2016 的文档视图

Word 可以让用户选择文档内容的不同窗口显示方式，即视图。Word 2016 提供了多种视图形式，合理使用视图可以提高工作效率。

Word 视图分别有页面视图、阅读视图、Web 版式视图、大纲视图和草稿视图。不同的视图在反映文档内容时有不同的特点，用户可以随时根据需要切换到某种视图。

通过“视图”选项卡功能区中的“视图”组中的视图命令按钮可以方便地切换视图，如图 3-8-7 所示。也可以通过页面右下方的视图按钮图标进行切换。

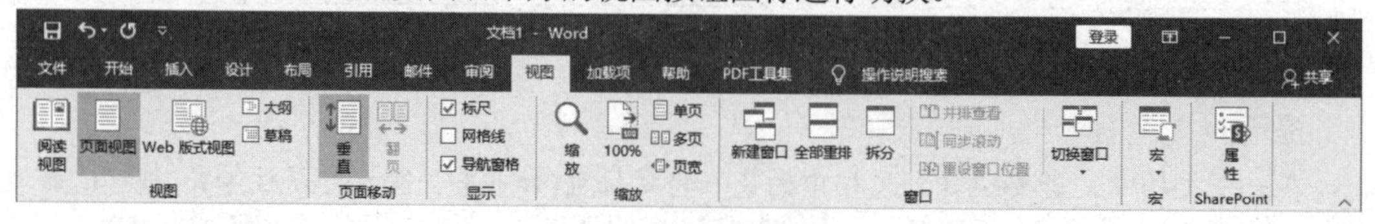

图 3-8-7　“视图”选项卡

1. 页面视图

页面视图是编辑文档时最常用的视图。在页面视图中，用户可以编辑页眉与页脚、调整页边距、处理分栏和实现图文混排功能等。页面视图与打印输出效果基本一致。

页面视图下，可以看到在上下两页之间的灰色分界区域。在分界区域上双击，可进行空白区域与黑色的实心线之间的切换。

2. 阅读视图

阅读视图便于用户在计算机上阅读文档和简单编辑文档。它模拟书本阅读的方式，让用户感觉是在翻阅书籍，同时又能将相连的两页显示在一个版面上，使得阅读文档十分方便。该视图下，选项卡功能区等窗口元素被隐藏起来，只有“文件”“工具”“视图”等按钮。在阅读视图中，默认不进行编辑操作。

3. Web 版式视图

文档在 Web 版式视图中的显示与在浏览器(如 IE)中的显示完全一致。采用该视图版式，可以编辑用于网站发布的文档。这样，就可以将 Word 中编辑的文档直接用于网站，并可通过浏览器直接浏览。Web 版式视图具有以下特点。`

- Web 版式视图可用于制作 Web 页。
- Web 版式视图中文档显示为不带分页符的长页，所以没有分页线。文本和表格将自动调整以适应窗口大小，图形位置与在 Web 浏览器中的位置一致。
- Web 版式视图中，不能在文档中插入页码。
- 以“Web 版式”方式显示 Web 文档时，可以显示超链接、文字动画、背景和底纹等各种格式，其显示效果和在相应的浏览器中的显示效果一样。
- 使用 Word 2016 打开一个 HTML 页面，Word 将自动转入 Web 版式视图。

4. 大纲视图

大纲视图便于用户编写文档的大纲结构，并能方便地通过移动、复制标题等方法重新组织正文。在“大纲视图”方式下，会出现一个“大纲显示”选项卡，如图 3-8-8 所示。

图 3-8-8　大纲视图方式下的“大纲显示”选项卡

利用“大纲工具”组中的按钮，用户可以方便地将光标所在的段落提升或降低大纲级别；将光标所在的段落上移或下移；将文稿中选定的段落的大纲结构展开或折叠；还可以显示指明级别范围内的标题或文字内容等；在大纲视图中可以显示或隐藏文本格式。

大纲视图下，单击“大纲显示”功能区的“主控文档”组中的“显示文档”按钮，可以展开或折叠“主控文档”组。通过该组提供的命令，可进行主控文档的相关操作。

主控文档可以有效地组织和维护长文档。用户创建一个篇幅很长的文档时，一般采用的方法是先创建若干个小文档，然后再将这些小文档合并成一个长文档。对长文档的处理会占据更多内存，造成 Word 工作效率降低。为此，用户可以通过创建主控文档与子文档的办法，将长文档拆分成若干个独立保存的子文档和一个主控文档。这样通过增加文件个数，可以减少文件长度。

在“大纲显示”选项卡功能区的“主控文档”组中包括几个关于主控文档操作的命令按钮，如“折叠子文档”“创建”“插入”“取消链接”“合并”“拆分”和“锁定文档”等，利用这些命令按钮可以方便地完成相应的操作。

- 折叠子文档：使用这个命令按钮可以将子文档折叠，在主控文档中仅显示指向子文档的超链接，也可以将子文档的内容展开在主控文档中。
- 创建：使用这个命令按钮可以将文档中选定的具有标题级别的内容创建成一个子文档，默认是以标题为文件名保存到磁盘中。
- 插入：使用这个命令按钮可以将外部文档文件插入主控文档中，成为一个子文档。

- 取消链接：使用这个命令按钮可以将光标所在的子文档解除其子文档的性质，使其内容成为主控文档的内容。这种操作不会将磁盘中的子文档文件删除。
- 合并：使用这个命令按钮可以将选中的若干个子文档合并成一个子文档。
- 拆分：使用这个命令按钮可以将一个较大的子文档拆分成两个较小的子文档。
- 锁定文档：可以将插入点所在的子文档锁定，使该子文档只能查看不能修改。也可以将插入点所在的子文档锁定解除，允许对子文档进行修改。

5. 草稿视图

草稿视图不显示文档的空白边，页与页之间的分页线是一条虚线。

在草稿视图中，用户可以方便地输入、编辑文字，还可以编排文字的格式，但在处理某些版式的图形对象时有一定的局限性。草稿视图简化了页面的布局。

四、模板和样式

Word 2016 可以让用户在创建文档时使用“模板”，编排文档时应用“样式”，以提高排版与格式处理的效率。

1. 模板

模板是文档的样板文件。Word 2016 提供了许多模板文件，供用户在创建文档时选用。使用模板新建文档的操作步骤如下。

(1) 单击“文件”按钮，选择“新建”命令，窗口中会显示“可用模板”主页，其中显示了可供选择的模板或模板组，如图 3-8-9 所示。

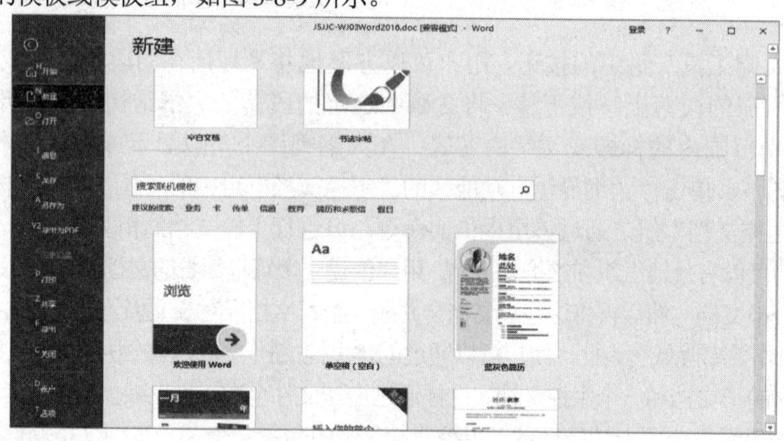

图 3-8-9　“新建”窗口

(2) 选择模板组，例如“教育”，可以列出更多的模板。

(3) 在“模板”列表中选择一种模板，单击“创建”按钮，Word 将按模板内容新建一个文档。

(4) 编辑文档内容，保存文档。

2. 样式

样式是若干种格式的组合，每个样式都有名称，应用样式就是将其包含的格式全部应用于指定文本。

Word 2016 中有许多内置样式。在“开始”选项卡功能区中的“样式”组中，单击右下角的对话框启动器按钮，打开“样式”窗格，如图 3-8-10 所示，其中包含了许多标题样式。

Word 允许用户创建新样式，以便使用新样式进行格式处理，新建样式的操作步骤如下。

(1) 打开“样式”窗格，如图 3-8-10 所示。

(2) 单击窗格左下角的“新建样式”按钮，打开“根据格式化创建新样式”对话框，如图 3-8-11 所示。

(3) 在“名称”文本框中为新建的样式命名，并对“样式类型”“样式基准”和“后续段落样式”各项进行设置。

(4) 单击“格式”按钮设置格式，这样就完成了样式的设置，最后单击“确定”按钮。

应用样式的操作步骤如下。

(1) 指定要应用样式的文字或段落。

(2) 在“样式”组或“样式”窗口中，选择适当的样式，这时所选择的对象就具有样式的格式了。

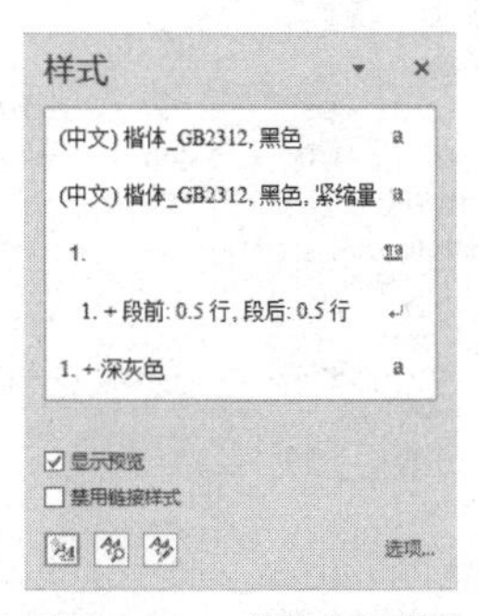

图 3-8-10　“样式”窗格

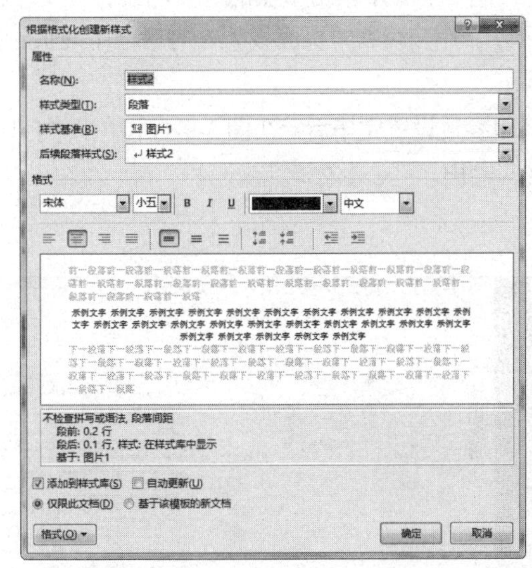

图 3-8-11　“根据格式化创建新样式”对话框

第九节　Word 2016 的打印预览与打印

编辑、排版好一篇文档后，可以先预览一下打印输出的效果，然后再打印输出。

1. 打印预览

单击“文件”选项卡，再单击左侧列表中的“打印”选项，界面显示如图 3-9-1 所示。该界面右侧显示了当前文档页面的打印预览效果，拖动右侧的滚动条可以上下逐页预览。

2. 打印参数的设置

如图 3-9-1 所示的界面的中间一栏，包括“打印”“打印机”和“设置”这 3 个区域。

当决定将文档内容打印输出时，用户可以单击“打印”区域中的按钮打印，Word 将以用户默认的打印方式打印文本。

如果用户需要改变打印方式，可以分别在“打印”“打印机”和“设置”栏中进行设置。

(1) 打印份数设置：如果要让打印机同时连续地打印多份文稿，可以在“份数”文本框中输入要打印的份数。

(2) 打印机设置：如果用户所连接的打印机不止一台，则可以根据需要，在“打印机”栏的选择框中单击下拉按钮，可以从下拉列表中选择用户准备使用的打印机。

其中，选择“Microsoft Office Document Image Writer”或者“导出为 WPS PDF”等选项，可以将文本内容输出成一个文件而不是输出到打印机。

(3) 其他设置：预设置打印页的范围可以在“打印所有页”下拉列表中进行选择设置；在“页数”中可以自定义打印页的范围；在“单面打印”下拉列表中可以设置需要“单面打印”还是“手动双面打印”。

若在图 3-9-1 中单击下侧的“页面设置”文字链接，可以打开“页面设置”对话框，如图 3-9-2 所示。用户可在“页面设置”对话框中对页边距、纸张等进行设置，设置完成后单击“确定”按钮。

打印参数设置完毕后，在图 3-9-1 中单击“打印”按钮，Word 就可以根据设置要求将文本内容打印输出。

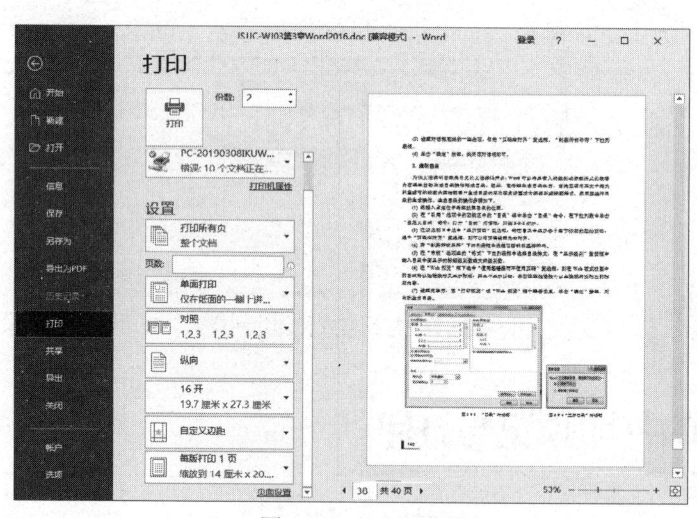

图 3-9-1　打印预览界面

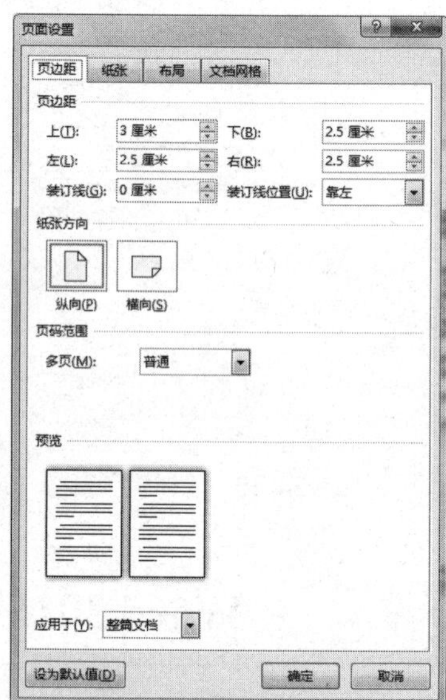

图 3-9-2　“页面设置”对话框

第四章
Excel 2016 表格处理软件

表格处理软件(又称电子表格软件)是一种帮助用户处理数据报表和打印各种表格的有效工具，它是一个由图、文、表三者结合的数据分析管理软件。

例如，财务人员利用电子表格对报表、工资单等进行统计和分析；销售人员利用电子表格进行销售统计；教师利用电子表格记录分数、定量分析教学质量问题等。

常见的电子表格软件有：微软公司的 Excel、Lotus 公司的 Lotus-1-2-3、金山软件公司的 WPS Office 办公组合软件中的金山表格等。其中，微软公司开发的 Excel 是这种软件工具的优秀代表。

Excel 软件有很多版本，最早是 1987 年推出的 Excel 2，后经不断改进、升级，于 1995 年推出了 Windows 95 平台的 Excel 7 版本，后又推出了 Excel 2000、Excel 2003、Excel 2010、Excel 2016 等多种版本。本章介绍中文版 Excel 2016 的使用方法。

Excel 主要有以下功能。

(1) 具有方便的制表功能。用户可利用它进行表格的设计、数据的组织、页面布局的调整和打印格式的设置等。

(2) 提供简单易用的数据图表功能。用户可以在数据报表中嵌入图表，并使图表随着数据的修改而自动变化。

(3) 提供精巧的图形功能。用户可利用它的绘图工具绘制各种图形，添加艺术字或嵌入其他图形，从而得到漂亮的报表。

(4) 提供得心应手的数据分析工具。借助其内置的“分析工具库”，用户可以方便地进行多种应用数据的分析和统计。

除此之外，还可使用它方便地与 Office 的其他组件相互调用数据，实现资源共享。

第一节 初识 Excel 2016

一、启动和退出 Excel 2016

1. 启动 Excel 2016

启动 Excel 2016 的方法有以下几种。

(1) 使用桌面快捷图标：如果在桌面上有 Excel 2016 的快捷方式图标，则在 Windows 桌面上双击该图标，即可启动 Excel 2016。

(2) 使用“开始”菜单中的命令：单击 Windows 任务栏上的“开始”按钮，在“开始”菜单中选择 Microsoft Excel 2016 选项。

(3) 双击 Excel 格式文件：找到使用 Excel 编辑并保存的文件后，双击该文件，即可自动启动 Excel 2016 并打开该文件。

(4) 通过快速启动栏启动：拖动桌面上的 Excel 2016 快捷图标至快速启动栏中，以后只需单击快速启动栏中的 Excel 按钮即可。

2. 退出 Excel 2016

退出 Excel 2016 的方法有以下几种。

(1) 单击 Excel 2016 窗口右上角上的关闭按钮。

(2) 在 Excel 2016 的工作界面中按 Alt+F4 快捷键。

(3) 单击 Excel 2016 工作界面的“文件”标签，然后在弹出的菜单中选择“关闭”命令。

(4) 右击桌面下端任务栏中的 Excel 2016 图标，在弹出的快捷菜单中选择“关闭窗口”命令。

如果在 Excel 中已经输入过新的数据，则在退出之前系统将弹出一个提示框，询问用户是否保存数据。用户可以根据需要，单击“保存”“不保存”或“取消”按钮。

二、Excel 2016 的界面

1. 工作簿、工作表和单元格

启动 Excel 2016 后即进入 Excel 2016 的工作区，称为工作簿窗口。在此窗口中可以输入数据和文本、绘制图形、进行计算等，如图 4-1-1 所示。

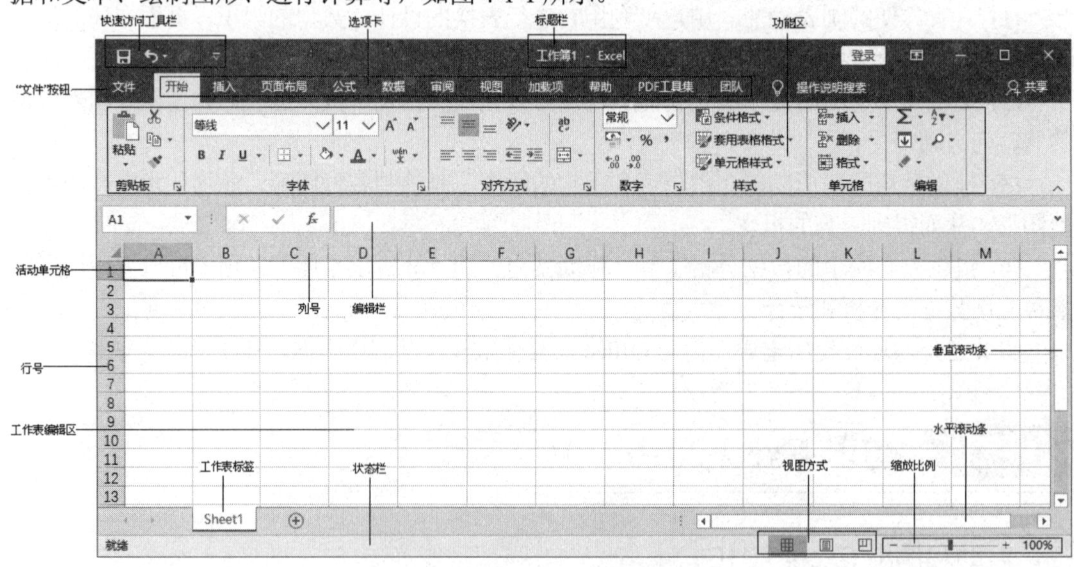

图 4-1-1　Excel 2016 的工作簿窗口

1) 工作簿

在 Excel 2016 中，一个工作簿对应一个 Excel 文件，一个工作簿可以包含多个工作表。实质上，工作簿是工作表的容器。可以将工作簿看作账本，将工作表看作账本中的账页。

刚启动 Excel 后，系统会自动创建默认的工作簿，名为工作簿 1(文件扩展名为.xlsx)，在该工作簿内有 3 张空白工作表(名为 Sheet1、Sheet2、Sheet3)。若要增加空白工作表，可以单击 Sheet3 右侧的“新工作表”符号⊕，每单击一次添加 1 张空白工作表(名为 Sheet4、Sheet5 等)。

Excel 2016 中允许打开多个工作簿，可以像 Word 一样进行多窗口操作。

2) 工作表

屏幕上出现的由网格构成的表格称为工作表，又称为电子表格。Excel 的一切操作，如输入数据、存储数据、处理数据和显示数据等都是在工作表上进行的。

工作表由一系列单元格组成，单元格通过列号和行号加以标识。列号用大写英文字母标注，从 A 列开始；行号以数字标注，从 1 开始。

每个工作表都有一个工作表标签作为标识该工作表的名字。默认的工作表标签名为 Sheet1、Sheet2、Sheet3，以此类推，标签名显示在工作簿窗口的左下角。单击某工作表标签名可以激活它，使它成为当前工作表。当前工作表的标签名的背景为白色。

3) 单元格

单元格是工作表中每行、每列交叉处的小矩形格。以列、行名作为标识名，如 A6、B3 等。当前被选取的单元格称为活动单元格，又称单元格指针，用粗线框表示。图 4-1-1 中的单元格 A1 为活动单元格。在 Excel 中，只有在活动单元格中才能进行输入和编辑操作。

2. 标题栏、快速访问工具栏

标题栏位于 Excel 窗口的最上方，用于显示当前正在运行的程序和文件的名称等信息。标题栏最左边是快速访问工具栏，显示了常用的一些工具按钮，可执行保存、恢复、撤销等操作。

3. “文件”按钮、选项卡、功能区

“文件”按钮是 Excel 2016 中新增的功能，单击后会弹出“文件”菜单，在其中可以实现文件的新建、打开、保存、打印、选项、关闭等一些操作。

Excel 窗口包含多个选项卡，选项卡标题行位于 Excel 窗口的第二行。单击某个选项卡，在下面会出现它的功能区，功能区中包含一些命令按钮，命令按钮被分为若干个组，单击某个命令按钮即可执行 Excel 的某项功能操作。

4. 编辑栏

编辑栏的左侧为名称框，显示活动单元格的名称。编辑栏的右侧为编辑区，它可以编辑活动单元格中的内容。编辑栏的中间有 3 个按钮，分别是“取消”“输入”和“插入函数”按钮，如图 4-1-2 所示。该图中编辑区内显示的是当前活动单元格中的内容，即“电话”。

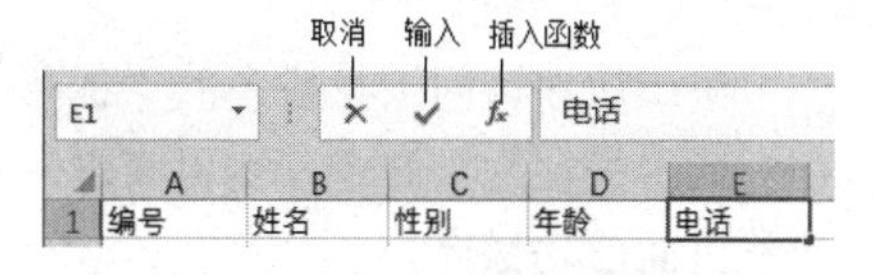

图 4-1-2　编辑栏中间的按钮

5. 状态栏、视图方式、缩放比例

- 状态栏位于 Excel 窗口底部，用来显示当前工作区的状态。一般情况下，状态栏左侧显示“就绪”字样，表明工作表正在准备接收新的操作；在向单元格中输入数据时，状态栏左端将显示“输入”字样；对单元格中的数据进行编辑时，将显示“编辑”字样。

- 视图方式中的各按钮位于状态栏右侧，单击视图方式中的各按钮可以在 Excel 的 3 种视图(即“普通”“页面布局”及“分页预览”)间进行切换。
- 调整缩放比例的按钮位于状态栏右侧，拖动调整缩放比例的按钮可以快速调整工作区中内容显示的大小。

6. 其他组件

- 工作表标签：用于显示工作表的名称，在有多个工作表的情况下，若单击某个工作表标签，则可以将该工作表设为当前工作表。
- 行号与列号：用来标明数据所在的行与列，常用来选择该行或该列位置的单元格。
- 工作表编辑区：这是工作表中最大且最重要的区域，用户在此区域进行编辑操作。
- 滚动条：拖动它可查看文档中更多需要显示的内容。

第二节 工作簿和工作表的基本操作

一、工作簿的新建、打开和保存

工作簿是保存工作表数据的文件，Excel 2016 的工作簿文件的扩展名为“.xlsx”。工作表建立在工作簿之上，单元格存在于工作表中。因此，要进行电子表格的生成和处理，首先要创建和打开工作簿文件。具体操作和 Word 中类似。

1. 创建工作簿文件

启动 Excel 后会自动创建一个空白工作簿文件，名为“工作簿 1”，等待用户输入信息。若要创建另一工作簿，可以在“文件”菜单中选择“新建”命令来创建，也可以根据模板来创建带有样式的新工作簿。

2. 打开工作簿文件

单击“文件”按钮，从弹出的菜单中选择“打开”命令；或者按 Ctrl+O 快捷键，出现“打开”对话框后，选定相应的文件夹，选择要打开的工作簿文件，再单击“打开”按钮即可。

3. 保存工作簿文件

单击快速访问工具栏中的“保存”按钮；或单击“文件”按钮，在弹出的菜单中选择“保存”或“另存为”命令，均可实现保存操作。在操作中要注意随时保存，以防止由于突然断电或死机而前功尽弃。

前面已打开的工作簿，如果是已经保存过的文件，可使用“保存”命令，这时不会弹出“保存”对话框，而是直接保存到相应的文件中。

有时需要把当前工作进行备份，或者不想改动当前的文件，要把所做的修改保存到另外的文件中，这时可使用“另存为”命令。在“另存为”对话框中，如果想把文件保存到某个文件夹中，可以单击“浏览”选项，选择保存位置对应的文件夹即可。在“文件名”文本框中输入文件名，单击“保存”按钮，这个文件就保存到指定的文件夹中了。

二、工作表的基本操作

在使用 Excel 时，有时工作簿中默认打开的工作表不够用，这时就需要自己添加工作表；有时需要删除、重命名、复制、移动工作簿中的工作表等。

1. 选择工作表

要选择一个工作表，只需单击要选择的工作表标签名即可，被选择的工作表标签名的背景变为白色表示被选中。

选择多个工作表时，应先按住 Ctrl 键，再逐个单击要选择的工作表标签名。

另外，如要选择多个连续的工作表，可以先选中第一个工作表，再按住 Shift 键，单击最后一个工作表标签名。

2. 插入工作表

除了工作簿默认包含的 3 张工作表之外，还可以在工作簿中随时根据需要来添加新的工作表。有以下 3 种插入工作表的方法。

- 在工作簿中直接单击工作表标签中的“新工作表”按钮⊕，这样插入的工作表会出现在最后一个工作表右侧的位置。
- 右击工作表标签，在弹出的快捷菜单中选择“插入”命令，出现“插入”对话框后选择“工作表”选项，然后单击“确定”按钮，即可在当前工作表的前面插入新的工作表。
- 切换到功能区中的“开始”功能区，在“单元格”组中单击“插入”按钮右侧的向下箭头，从弹出的下拉菜单中选择“插入工作表”命令，也可在当前工作表的前面插入新的工作表。

3. 工作表的重命名

用户可以双击工作表的标签名，在被选中的工作表标签名的背景显示变为灰色后，再输入新的工作表名。还可以右击要更改名称的工作表标签，在弹出的快捷菜单中选择“重命名”命令，然后在工作表标签处输入新的工作表名。

另外，先选中要重命名的工作表，选择“开始”选项卡，在“单元格”组中单击“格式”按钮，从弹出的菜单中选择“重命名工作表”命令，也可以改变当前工作表的名称。

4. 移动工作表

拖动要移动的工作表的标签，在进行拖动的同时可以看到鼠标的箭头上多了一个文档的标记，同时在标签栏中有一个黑色的三角标志指示工作表被拖到的位置，在目标位置释放鼠标，即可改变工作表的位置。

还可以右击要移动的工作表标签，在弹出的快捷菜单中选择“移动或复制”命令，然后在弹出的对话框中选择移动工作表的位置，单击“确定”按钮，如图 4-2-1 所示。注意：不要选中左下角的“建立副本”复选框。

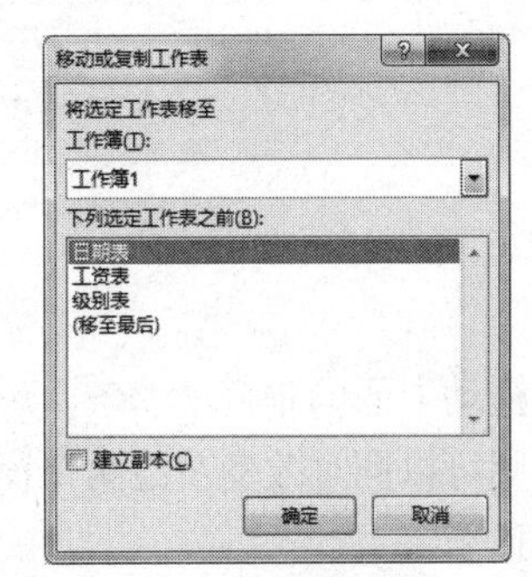

图 4-2-1　“移动或复制工作表”对话框

5. 复制工作表

复制工作表和移动工作表相类似，拖动要复制的工作表标签，同时按下 Ctrl 键。此时鼠标上会增加一个小的加号，拖动到新的位置，释放后就制作了一个工作表副本，该工作表副本的名称是在原名称的后面加“(2)”。

还可以右击要移动的工作表标签，在弹出的快捷菜单中选择“移动或复制”命令，然后从弹出的对话框中选择复制工作表的位置，同时选中对话框左下角的“建立副本”复选框，然后单击“确定”按钮，如图 4-2-1 所示。

6. 删除工作表

选中要删除的工作表，右击工作表标签，在弹出的快捷菜单中选择“删除”命令，即可删除当前工作表。

也可以先单击要删除的工作表标签，然后单击“开始”选项卡，在功能区的“单元格”组中单击“删除”按钮右侧的向下箭头，在弹出的菜单中选择“删除工作表”命令。

如果要删除的工作表中包含数据，则会弹出对话框提示“Microsoft Excel 将永久删除这些数据，是否继续？”，单击“删除”按钮即可删除工作表。

三、拆分和冻结工作表

1. 拆分工作表窗口

通常所查看的工作表都是比较大的工作表，查看这种表时经常会遇到一个困难，即当对表中两个部分的数据进行比较时无法同时看到这两部分的数据。

对于这种情况可以采用如下解决方法：切换到“视图”选项卡，单击功能区中“窗口”组中的“拆分”按钮。这时，在工作表的当前选中单元格的上面和左边就出现了两条拆分线，整个窗口分成了 4 部分，而垂直滚动条和水平滚动条也都变成了两个，如图 4-2-2 所示。

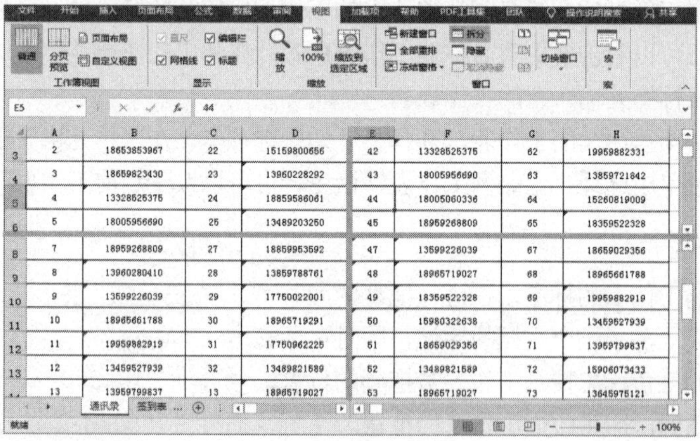

图 4-2-2　拆分窗口

拖动上面的垂直滚动条，可以同时改变上面两个窗口中的显示数据；拖动左边的水平滚动条，则可以同时改变左边两个窗口显示的数据。这样就可以通过这 4 个窗口分别观看不同位置的数据了。

还可以拖动这些分隔线：把鼠标光标放到这些分隔线上，可以看到鼠标光标变成了✢形状，单击并拖动，即可改变分隔线的位置。

取消这些分隔线时，只要再次单击“拆分”按钮即可撤销窗口的拆分。

2. 冻结工作表窗口

在查看表格时还会经常遇到这种情况：在拖动滚动条查看工作表后面的内容时看不到前面的行标题和列标题，这给查阅带来很大的不便。遇到这种情况时，用户使用拆分和冻结功能，可以很容易地解决这个问题。

单击“视图”选项卡，再单击“窗口”组中的“冻结窗格”按钮，出现下拉菜单之后，选择其中的“冻结首行”命令。

在使用“冻结首行”命令之前，当拖动右侧的滚动条时，首行也滚动过去而看不到了。现在使用了“冻结首行”命令，再拖动右侧的滚动条时，可以发现首行被“冻结”了，首行下面的各行在滚动，而首行不动，如图 4-2-3 所示。

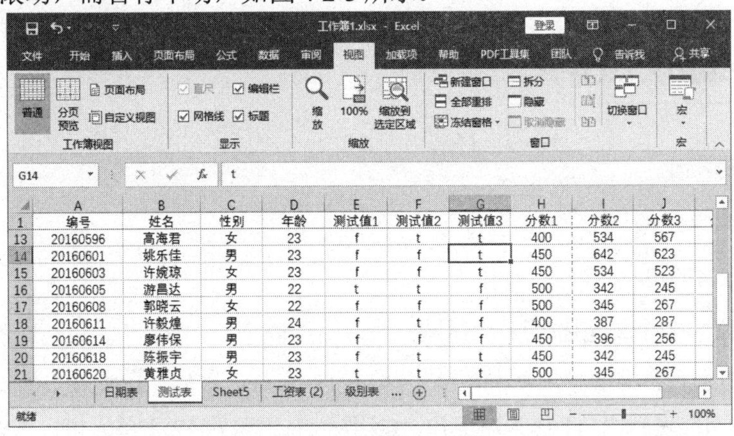

图 4-2-3　冻结窗口首行

使用“冻结首行”命令，可以方便地浏览行数特别多的表格。如果表格的列数特别多，而最左列是标题列，则可以使用“冻结首列”命令。

“冻结”首列的操作方法与“冻结”首行基本相同。单击“视图”选项卡，再单击“窗口”组中的“冻结窗格”按钮，出现下拉菜单之后，选择其中的“冻结首列”命令即可。此时拖动下边的滚动条时，可以发现首列被“冻结”了，首列右侧的各列在滚动，而首列不动。

还可以将表格的若干行或若干列冻结起来。例如，将表格的最左侧的 3 列冻结起来。操作方法为：单击选中图 4-2-3 所示的表的 D3 单元格，然后切换到“视图”选项卡，单击功能区中“窗口”组中的“冻结窗格”按钮，从下拉菜单中选择“冻结窗格”命令。

执行上面的操作后，移动下侧的水平滚动条的位置，可以看到最左侧的 3 列(A、B、C 列)被冻结起来了，移动水平滚动条时，只是右侧的各列在滚动。这时若移动右侧的垂直滚动条，会发现 D3 单元格上面的第 1 行和第 2 行被冻结起来了，只是第 1 行和第 2 行下边的各行在滚动，而第 1 行和第 2 行不动，如图 4-2-4 所示。

如果要取消冻结，可以切换到功能区中的“视图”选项卡，单击“窗口”组中的“冻结窗格”按钮，从下拉菜单中选择“取消冻结窗格”命令。

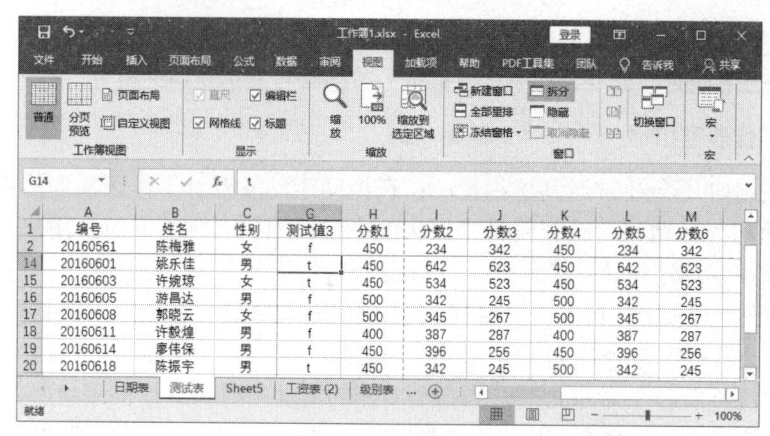

图 4-2-4 冻结窗口最左侧的 3 列以及前两行

第三节 编辑工作表

一、选定操作区域

1. 选定单个单元格

单击该单元格即可选定。

2. 选定连续的多个单元格(即一个区域)

在 Excel 中，一个区域是用左上角单元格和右下角单元格的名称来表示的，中间用冒号(:)分隔，如“A1:C4”表示由 A1 作为左上角，C4 作为右下角的 12 个单元格。选取方法如下。

(1) 先选取该区域左上角的单元格，再拖动到右下角的单元格，然后释放鼠标。被选取的区域以反向显示，但其中的活动单元格仍为白底色。

(2) 先选取区域左上角的单元格，然后按下 Shift 键不要放开，再选中右下角的单元格，最后放开 Shift 键。

3. 选定不连续的多个单元格或区域

首先选取一个单元格或区域，再按下 Ctrl 键不放，继续选取其他单元格或区域。

4. 选定整行或整列

单击行号或列标即可。多行多列的选择和上面相同，但记住是在行号或列标上进行操作。

5. 选定整个表格

单击工作表左上角的“全选框”按钮(位于行标号与列标号相交的左上角处)，或按 Ctrl+A 快捷键。

二、在单元格中输入数据

在工作表中有两类数据。一类是常量，可以是数值形式，如数字、日期、时间、货币形式、百分比等；也可以是文字形式，包括中英文、字符串等。另一类是公式，由常量、单元格、函数和运算符等组成。

对于文字和数字，只要选定单元格后，就可以直接输入。输入时，编辑栏中将同时显示所输入的内容，可以在编辑栏中编辑输入的内容。确认输入可以单击“确认”按钮(√)；也可按Enter键(即回车键)；也可单击其他单元格，或用方向键移动单元格等。

1. 输入字符型数据

在Excel中，字符型数据包括汉字、英文字母和空格等。默认情况下，字符数据自动沿单元格左侧对齐。当输入的字符串超出了当前单元格的宽度时，如果右侧相邻单元格中没有数据，那么字符串会往右延伸；如果右侧单元格中有数据，超出的那部分数据就会隐藏起来，只有把单元格的宽度变大后才能显示出来。

如果要输入的字符串全部由数字组成，如邮政编码、电话号码和存折账号等，为了避免Excel把它按数值型数据处理，在输入时可以先输一个单引号“'”(英文符号)，再接着输入具体的数字。例如，要在单元格中输入电话号码“64516203”，先连续输入“'64516203”，然后按Enter键，出现在单元格里的就是“64516203”，并自动左对齐。

2. 输入数值型数据

在Excel中，数值型数据包括0~9中的数字和含有正号、负号、货币符号、百分号等任一种符号的数据。默认情况下，数值自动沿单元格右侧对齐。在输入过程中，有以下3种比较特殊的情况需要注意。

(1) 负数：在数值前加一个“-”号或把数值放在括号里，都可以输入负数。

例如，要在单元格中输入“-766”，可以连续输入“-766”或“(766)”，然后按Enter键，就会在单元格中出现“-766”。

(2) 分数：要在单元格中输入分数形式的数据，应先在编辑框中输入0和一个空格，然后再输入分数，否则Excel会把分数当作日期处理。例如，要在单元格中输入分数5/7，先在编辑框中输入0和一个空格，然后输入5/7，按Enter键，单元格中就会出现分数5/7。

(3) 输入中文大写数字：除直接输入外，还可以先右击已输入阿拉伯数字的单元格，从弹出的快捷菜单中选择“设置单元格格式”命令。

在打开的“设置单元格格式”对话框中，选择“数字”选项卡，然后在“分类”下拉列表框中选择“特殊”选项。最后，在“类型”下拉列表框中，选择“中文大写数字”选项，单击“确定”即可。

数值型数据默认是右对齐。当数值长度超过单元格宽度时，在单元格中显示为科学记数法，如2.4E+12。若显示不下时，以一串#表示，但编辑区中仍保持原来输入的内容。

3. 输入日期型数据和时间型数据

在人事管理中，经常需要录入一些日期型的数据。

在录入过程中，需要注意以下几点。

(1) 输入日期时，年、月、日之间要用“/”号或“-”号隔开，如2012-8-28、2023/3/8。

(2) 当输入时间时，时、分、秒之间要用冒号隔开，如“11:29:36”。

(3) 若要在单元格中同时输入日期和时间，日期和时间之间应该用空格隔开。

4. 自定义序列和填充柄

1) 使用填充柄进行数据的自动填充

输入数据的时候可以合理地利用自动填充功能，先在一个单元格中输入数据，然后把鼠标指针放到单元格右下角的黑色小方块(称为填充柄)上，看到鼠标指针变成一个黑色的十字时向下拖动，直到一定的单元格数目就可以停止。

填充还有许多其他用法。例如，输入一个 7-11 后按 Enter 键，它就自动变成了一个日期，向下填充，日期会按照顺序变化，如图 4-3-1 所示。

2) 自定义填充序列

通过工作表中现有的数据项，或临时输入方式，可以创建自定义填充序列。

创建自定义填充序列的操作步骤如下。

(1) 单击“文件”按钮，在弹出的菜单中选择“选项”命令，打开“Excel 选项”对话框。选择左侧列表框中的“高级”选项，然后拖动右侧的滚动条，出现“编辑自定义列表”按钮时单击该按钮，如图 4-3-2 所示。

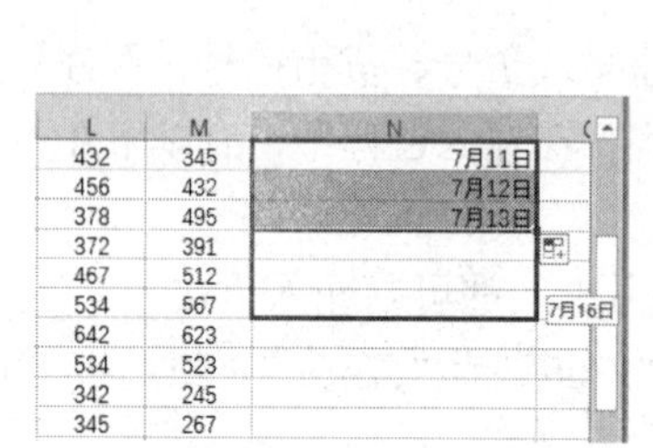

图 4-3-1　填充的实现

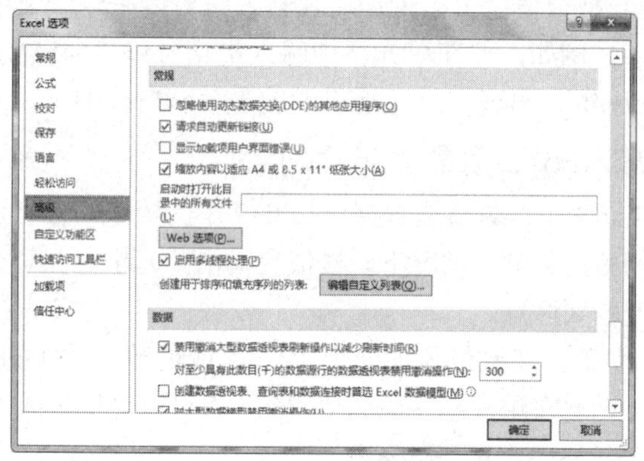

图 4-3-2　“Excel 选项”对话框

(2) 在图 4-3-2 中单击“编辑自定义列表”按钮后，打开“自定义序列”对话框，在“输入序列”文本框中输入自定义的序列项(如：第一组、第二组……)，输入每项后按 Enter 键。单击“添加”按钮，新定义的填充序列就会出现在“自定义序列”列表框中，如图 4-3-3(a)所示。

使用自定义序列的方法：在单元格中输入自定义序列的第一个数据，通过拖动填充柄进行填充，即可完成自定义序列的填充，如图 4-3-3(b)所示。

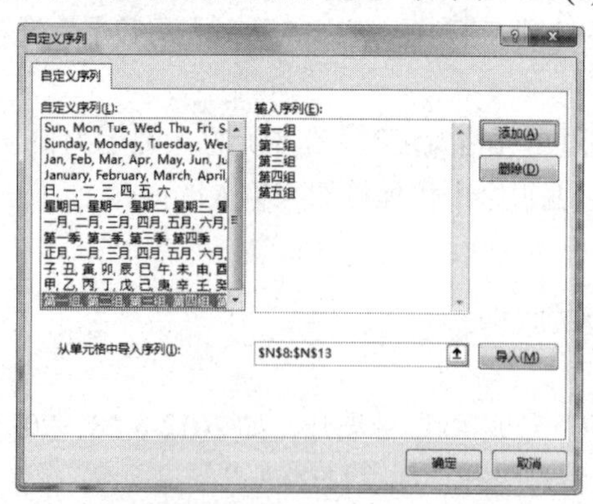

图 4-3-3(a)　“自定义序列”对话框

图 4-3-3(b)　自定义序列的填充

三、合并和拆分单元格

为了使表格更加专业与美观，常常需要对一些单元格进行合并或者拆分操作。

1. 合并单元格

合并单元格的具体操作步骤如下。

(1) 选择要合并的单元格区域，切换到“开始”选项卡。单击功能区中“对齐方式”组右下角的“对话框启动器”按钮(也可以单击“单元格”组中的“格式”按钮，从弹出的菜单中选择“设置单元格格式”命令)，打开“设置单元格格式”对话框。

(2) 切换到“对齐”选项卡，选中“合并单元格”复选框，单击“确定”按钮。

2. 合并后居中

有时为了将标题居于表格的中央，可以利用“合并后居中”功能，操作方法为：选择好要合并的单元格区域后，切换到“开始”选项卡；在功能区中的“对齐方式”组中单击“合并后居中”按钮右侧的向下箭头，在弹出的菜单中选择“合并后居中”命令。

3. 拆分单元格

对于已经合并的单元格，在需要时可以将其拆分为多个单元格。右击要拆分的单元格，在弹出的快捷菜单中选择“设置单元格格式”命令，打开“设置单元格格式”对话框。切换到“对齐”选项卡，将已经选中的“合并单元格”复选框取消选中即可。

四、修改、插入和删除操作

1. 修改数据

选定要修改的单元格，然后重新输入新的数据即可。

若数据较长且只需要更改一部分内容，可先进入编辑状态(先选定单元格再按 F2 键；或双击单元格，也可在编辑栏中进行编辑)。然后移动光标进行修改，完成后确认输入。

2. 插入

1) 插入行(列)

Excel 的插入是在当前行(列)的上(左)面插入。

选中一行或多行，然后右击该行，从弹出的快捷菜单中选择“插入”命令(或者单击“开始”选项卡，再单击功能区中“单元格”组中的“插入”按钮右侧的向下箭头，在弹出的下拉菜单中选择“插入单元格”命令)，即可在选中行的上面插入一行或多行。插入列的操作与插入行类似。选中一列，右击该列，从快捷菜单中选择“插入”命令即可。

2) 插入单元格

选中一个或多个单元格，再切换到“开始”选项卡，在功能区中的“单元格”组中，单击“插入”按钮右侧的向下箭头，在弹出的下拉菜单中选择“插入单元格”命令。也可以右击，从弹出的快捷菜单中选择“插入”命令，打开“插入”对话框，如图 4-3-4 所示。选中“活动单元格下移”或“活动单元格右移”单选按钮，单击“确定”按钮，就可以在当前位置的上方或左方插入一个或多个单元格，而原来的数据都会向下或向右移动。

3. 删除

1) 删除行、列或单元格

选中要删除的行、列或单元格，再切换到“开始”选项卡。在功能区的“单元格”组中单击“删除”按钮右侧的向下箭头，在弹出的下拉菜单中选择“删除单元格”命令(或选择右键快捷菜单中的“删除”命令)，即可删除行、列或单元格。

对于单元格，会弹出“删除”对话框，如图4-3-5所示。根据需求，选择一种方式即可。

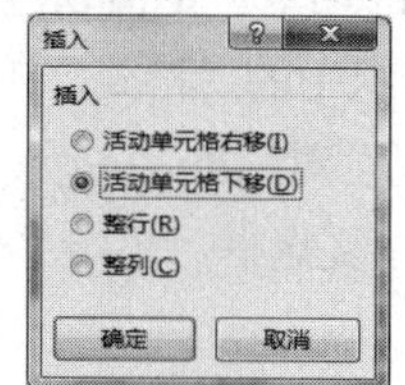

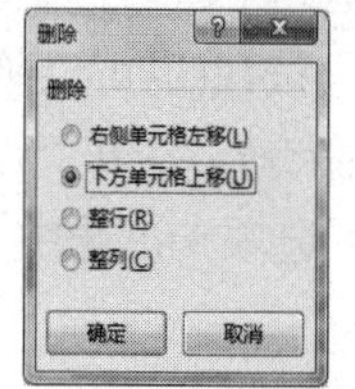

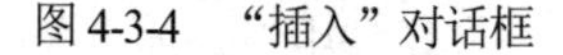

图4-3-4　“插入”对话框　　　　图4-3-5　“删除”对话框

2) 清除

清除只是抹去单元格或区域的内容，而单元格本身没有被删除，这是清除和删除操作的不同之处。清除单元格操作的方法为：选中要清除的单元格或区域，再切换到“开始”选项卡。在功能区的“编辑”组中单击“清除”按钮(橡皮擦形状)右侧的向下箭头，在弹出的下拉菜单中选择“清除”命令。从5个命令(全部清除、清除格式、清除内容、清除批注、清除超链接)中，根据需要选择一个即可。

若只是清除内容，可按Delete键；或右击鼠标，从快捷菜单中选择“清除内容”命令。

五、移动和复制操作

1. 移动或复制单元格内容

选中要移动或复制的单元格，把鼠标指针移到选区的边框上，进行拖动(复制时要同时按下Ctrl键)。此时，会看到一个虚框，这表示移动或复制的单元格到达的位置，在合适的位置释放鼠标即可。

如果单元格要移动或复制的距离比较长，超过了一屏，这样拖动起来就很不方便了。这时，可以使用剪切粘贴的方法来实现。

操作方法如下：选中要移动或复制的部分，再切换到“开始”选项卡；在功能区的“剪贴板”组中单击“剪切”按钮(复制时要单击“复制”按钮)，然后选定要粘贴数据的位置，在“剪贴板”组中单击“粘贴”按钮，即可将单元格数据移动或复制至新位置。

复制来的数据会在粘贴数据下面显示“粘贴选项”按钮。单击该按钮，将会打开“粘贴选项”快捷菜单。在该菜单中，可确定如何将信息粘贴到文档中，而移动的数据下面则不会显示“粘贴选项”按钮。

2. 复制单元格格式

选中要复制格式的单元格，然后切换到“开始”选项卡。在功能区的“剪贴板”组中单击“格式刷”按钮，鼠标指针变成✚🖌时，在目标单元格区域上拖动，就可以复制格式了。

六、查找和替换操作

查找和替换操作与Word类似，下面举例说明如何使用查找和替换功能。

1. 查找

例如，想要查看文字“电脑”在表中的哪些地方出现，可单击“开始”选项卡，选择功能区“编辑”组中的“查找和选择”按钮，单击该按钮后，选择菜单中的“查找”命令，打开“查找和替换”对话框。切换到对话框中的“查找”选项卡，在文本框中输入“电脑”，如图 4-3-6 所示。单击“选项”按钮，在“查找范围”下拉列表框中选择“值”选项。单击“查找下一个”按钮，就可以逐个找到使用这些文字的位置了。

2. 替换

如果要把一个表中的文字“电脑”替换成文字“微机”，这时就可以使用替换功能。切换到“开始”选项卡，在功能区的“编辑”组中单击“查找和选择”按钮。选择“替换”命令，打开“查找和替换”对话框。切换到对话框的“替换”选项卡，如图 4-3-7 所示，在“查找内容”文本框中输入“电脑”，在“替换为”文本框中输入“微机”。然后，单击“查找下一个”按钮，Excel 就会自动找到第一个。如果需要替换，就单击“替换”按钮。如果单击“全部替换”按钮，则可以替换全部符合条件的字符。

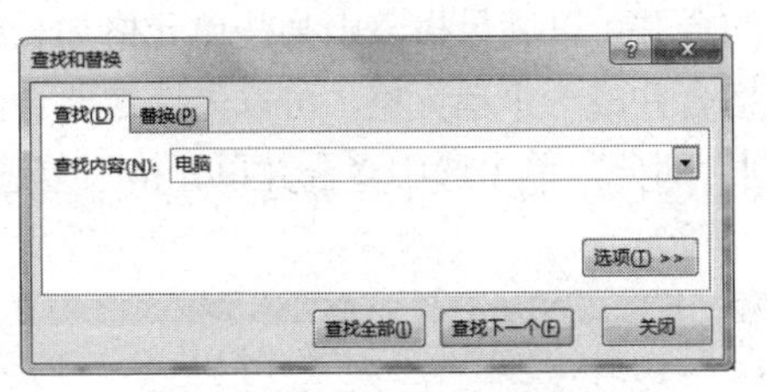

图 4-3-6　“查找”选项卡

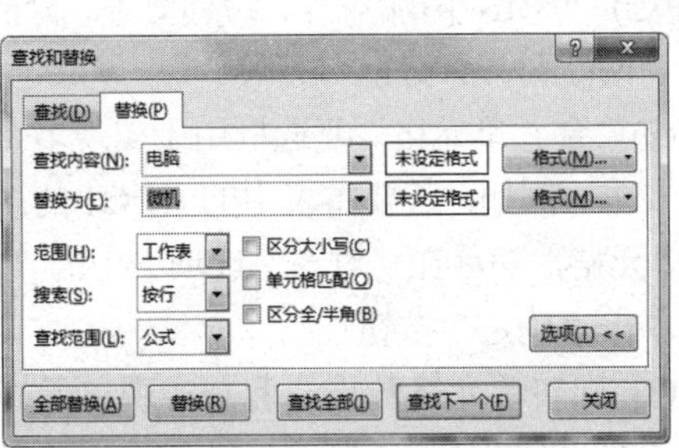

图 4-3-7　“替换”选项卡

第四节　设置工作表的格式

设置工作表的格式可以使用“开始”选项卡中的命令或“设置单元格格式”对话框来实现。

一、设置字体格式

用户可以通过打开“开始”选项卡，单击“字体”组中的按钮来设置字体、字形、字号、颜色等常用属性。若对字体格式设置有更高的要求，可以通过下面的步骤来实现。

(1) 选定要设置的单元格或区域。

(2) 切换到“开始”选项卡，单击功能区“字体”组中的“对话框启动器”按钮(也可以单击“单元格”组中的“格式”按钮，从弹出的菜单中选择“设置单元格格式”命令)，打开“设置单元格格式”对话框，如图 4-4-1 所示。

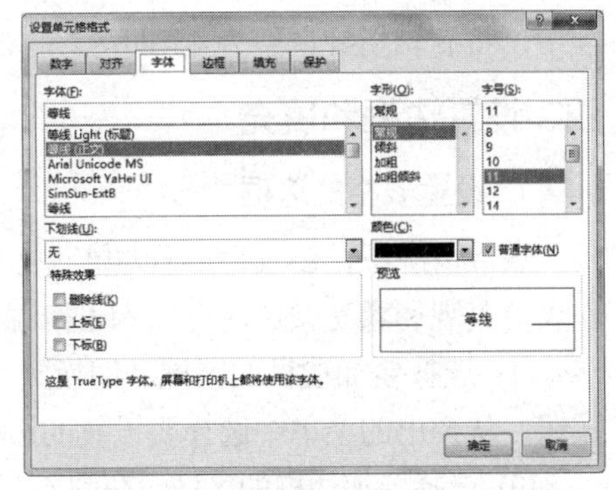

图 4-4-1　“设置单元格格式”对话框

(3) 打开“字体”选项卡，在其中设置需要的字体、字形、颜色等，单击“确定”按钮。

二、设置数字显示格式

与上面的方法类似，通过使用“开始”选项卡中的命令按钮或设置“设置单元格格式”对话框的“数字”选项卡来实现。

内容包括：设置货币格式、设置日期格式、设置时间格式、设置分数格式、设置数值格式和自定义格式等。

三、设置对齐方式

所谓对齐，是指单元格的内容在显示时，相对单元格上下左右的位置。默认情况下，单元格中的文本靠左对齐，数字靠右对齐，逻辑值和错误值居中对齐。

通过“开始”选项卡的“对齐方式”组中的命令按钮，可以快速设置单元格的对齐方式；也可以通过“设置单元格格式”对话框中的“对齐”选项卡来控制单元格中数据的对齐方式。

“对齐”选项卡中常用的选项功能介绍如下。

(1) 对齐方式可分为水平对齐和垂直对齐。水平对齐方式有：常规、靠左(缩进)、居中、靠右(缩进)、填充、两端对齐、跨列对齐、分散对齐(缩进)等。垂直对齐方式可分为：靠上、靠下、居中、两端对齐、分散对齐等。

(2)“合并单元格”复选框用于实现多个单元格的合并，以满足报表中某些单元格加长或加宽的要求。例如，若要将表中的 A1:G1 的 7 个单元格合并成一个单元格，可以先选定要合并的 7 个单元格，然后在“对齐”选项卡中的“文本控制”部分，单击选中“合并单元格”复选框，最后单击“确定”按钮。

(3) 旋转单元格数据。若想实现单元格数据在-90°~90°的任意角度的旋转显示，可以单击“开始”选项卡的“对齐方式”组中的“方向”按钮，在弹出的下拉列表中选择“设置单元格对齐方式”命令，出现的对话框如图 4-4-2 所示。例如，若想让 C1 和 D1 单元格的“性别”和“年龄”以 45°显示，方法是选定 C1 和 D1 单元格，选择“设置单元格格式”对话框中的“对齐”选项卡，在其右部的“方向”控制选项中，将旋转指针调整为 45°即可。

图 4-4-2　旋转单元格数据

四、设置边框和填充

1. 设置表格的边框

默认情况下，Excel 并不为单元格设置边框，打印时并不显示工作表中的框线。为了使工作表更美观和容易阅读，可以为表格添加不同线型的边框，设置边框的方法如下。

(1) 选择要加边框的区域，切换到“开始”选项卡，在功能区的“字体”组中单击“边框”按钮，从弹出的菜单中选择要设置的边框线类型。

(2) 选择要加边框的区域，在图 4-4-1 所示的“设置单元格格式”对话框中打开“边框”选项卡。在该选项卡左部的“直线”栏中，选择边框的线条样式和颜色。在该选项卡右部的“预置”栏中选择边框形式，可在“无”“外边框”或“内部”3 种形式中进行选择，如图 4-4-3 所示。

2. 设置单元格的填充效果

Excel 默认单元格的颜色是白色。为了使表格中的重要信息更加醒目，可以为单元格设置填充效果，操作方法为：选择要设置填充效果的单元格区域，切换到“开始”选项卡，单击功能区“字体”组中的“填充颜色”按钮右侧的向下箭头，从下拉列表中选择所需的颜色，如图 4-4-4 所示。

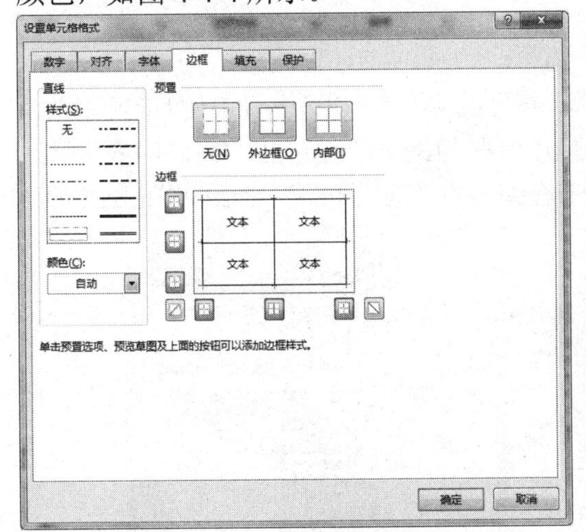

图 4-4-3　单元格边框设置

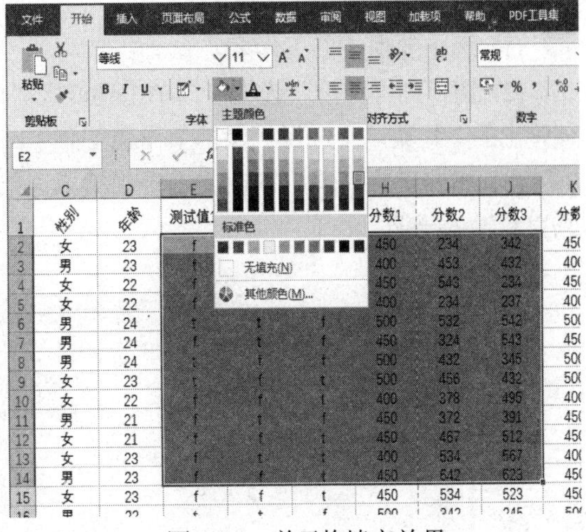

图 4-4-4　单元格填充效果

五、改变行高、列宽

1. 改变行高

改变行高的操作方法有以下两种。

(1) 移动鼠标指针到要调整行高的该行的行号底边框线处，此时鼠标指针变成带上下箭头的十字形状，拖动到合适的高度为止。

(2) 若要精确改变行高，选定行后，切换到“开始”选项卡。单击功能区“单元格”组中的“格式”按钮右侧的向下箭头，从弹出的下拉菜单中选择“行高”命令。在弹出的对话框中输入新的行高值，然后单击“确定”按钮即可。

2. 改变列宽

操作方法与改变行高的方法类似。

注意：

单元格的高度和宽度，只能整行和整列地改变。

六、锁定、隐藏和保护工作表

有时，用户自己制作的表格不希望别人进行修改，这时就要对工作表进行保护。这样，只有知道密码的人才能解除保护，修改数据。

1. 锁定与隐藏单元格

默认情况下整张表格是锁定的，但没有被隐藏。所以要对某指定区域进行锁定，应该先选中整张表，撤销原有的锁定，然后再选中要锁定的区域，进行锁定。方法是打开如图 4-4-1 所示的“设置单元格格式”对话框，选择“保护”选项卡进行设置，选中“锁定”复选框，如图 4-4-5 所示。隐藏操作则只要选中要操作的区域，再选中“隐藏”复选框即可。

无论是锁定或是隐藏操作，最后必须是通过“保护工作表”命令来实现，否则锁定和隐藏将不起作用。

2. 保护工作表

(1) 选中要保护的工作表。

(2) 切换到“开始”选项卡，单击功能区“单元格”组中的“格式”按钮右侧的向下箭头，从弹出的下拉菜单中选择“保护工作表”命令，弹出“保护工作表”对话框，如图 4-4-6 所示。

(3) 如要设置密码，则在文本框中输入，接着在弹出的“确认密码”对话框中把刚才的密码重新输入一遍。

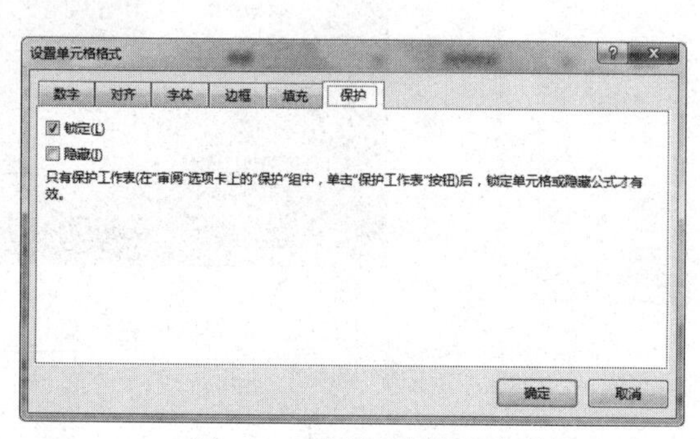

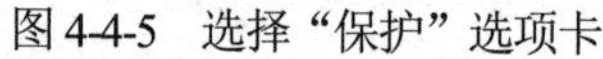

图 4-4-5　选择“保护”选项卡

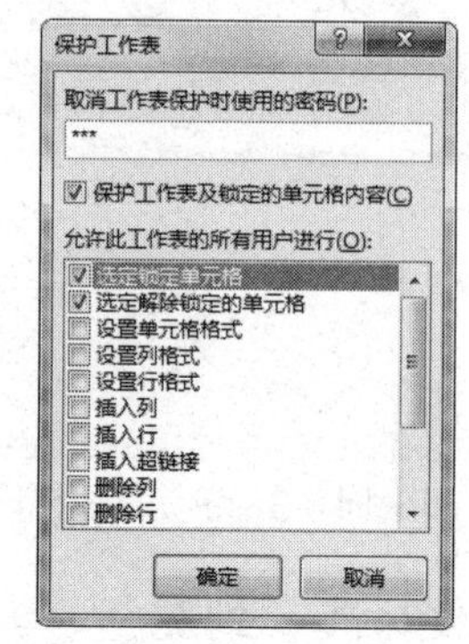

图 4-4-6　“保护工作表”对话框

若要修改工作表，切换到“开始”选项卡，单击功能区“单元格”组中的“格式”按钮右侧的向下箭头。从弹出的下拉菜单中选择“撤销工作表保护”命令，在“撤销工作表保护”对话框中输入密码，单击“确定”按钮即可继续修改工作表。

这是对工作表的保护，还可以设置工作簿的保护，设置方法与工作表的保护基本相同，只是要切换到功能区中的“审阅”选项卡，单击“保护工作簿”按钮来实现。

七、设置条件格式

所谓条件格式，是指单元格中的数据满足了某一指定条件后，才使用某个指定的显示格式。

1. 设置默认条件格式

选择要设置条件格式的数据区域，然后切换到“开始”选项卡。单击功能区“样式”组中的“条件格式”按钮，在弹出的菜单中选择设置条件格式的方式，如图 4-4-7 所示。

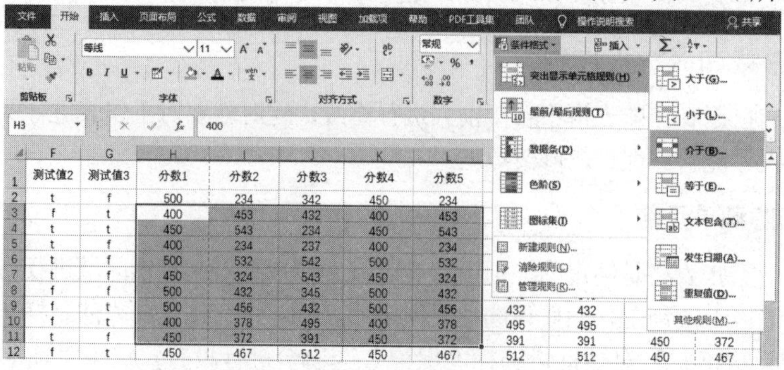

图 4-4-7　选择设置条件格式的方式

例如，选择“突出显示单元格规则”命令中的“介于”，打开“介于”对话框。在左侧和中间的文本框中输入条件的界限值 400 和 450，然后在“设置为”下拉列表框中选择“浅红填充色深红色文本”，显示格式如图 4-4-8 所示。

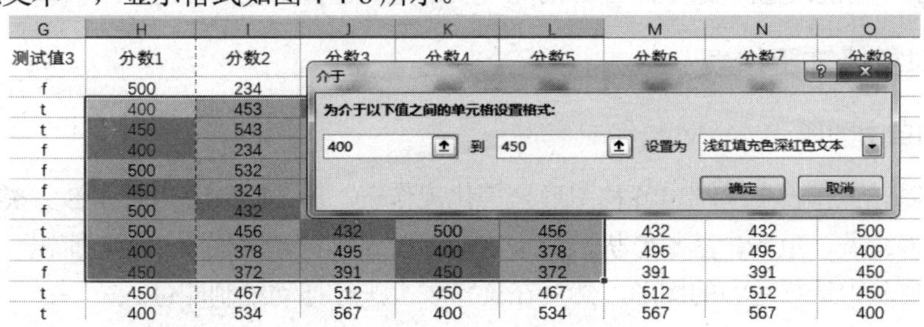

图 4-4-8　“介于”对话框以及显示格式

2. 设置自定义条件格式

除直接使用默认条件格式外，还可根据需要自定义条件格式，操作步骤如下。

(1) 选择要应用条件格式的单元格区域，切换到“开始”选项卡。在功能区的“样式”组中单击“条件格式”按钮，在弹出的菜单中选择“新建规则”命令。

(2) 出现“新建格式规则”对话框后，选择相应的规则类型，在下方的规则内容框中选择或输入相应内容，然后单击“格式”按钮。

(3) 出现“设置单元格格式”对话框后，根据需要设置条件格式，之后单击“确定”按钮即可。

3. 使用三色刻度、数据条和图标集标示单元格数据

三色刻度使用 3 种颜色的深浅程度来帮助用户比较某个区域的单元格，颜色的深浅表示值的高、中、低。

操作方法为：选定单元格区域，切换到“开始”选项卡，单击功能区“样式”组中的“条件格式”按钮，然后选择“色阶”右侧弹出菜单中的一种三色刻度即可。

数据条和图标集的设置同三色刻度的设置类似。

八、自动套用格式

有时为了节省时间，可以利用 Excel 预定义的格式，操作方法为：首先，选定表格中要套用样式的单元格区域，然后切换到“开始”选项卡。在功能区的“样式”组中单击“套用表格格式”按钮，在弹出的菜单中选择喜爱的样式。在确认表数据的来源区域正确后，单击“确定”按钮即可。

九、单元格的批注操作

用户可以为单元格添加批注，批注相当于注释，这样有助于他人理解和使用表格。还可以对表格中的数据做出评论。

打开所创建的表格，选中要添加批注的单元格并右击，从弹出的快捷菜单中选择“插入批注”命令。此时，会出现一个类似文本框的输入框，在其中输入提示信息，然后单击工作表中的其他任意位置。之后，在这个单元格的右上角就会出现一个红色的三角形，当将鼠标指针移到这个单元格上时，刚才看到的那个批注的提示框以及输入的提示信息就会出现。

插入的批注也可以修改，在单元格中右击，从弹出的快捷菜单中选择“编辑批注”命令，出现输入框后，就可以对批注进行修改了。删除批注也很简单，在单元格中右击，从弹出的快捷菜单中选择“删除批注”命令即可。批注一般都是一些提示性的信息。

十、添加对象修饰工作表

1. 绘制自由图形

用户可以在工作表中绘制出各种图形来美化工作表。Excel 2016 内置了 8 大类图形，大约 170 种，分为线条、矩形、基本形状、箭头总汇、公式形状、流程图、星与旗帜、标注。用户可以根据需要从中选择适当的图形，然后在工作表上进行拖动绘制即可。

2. 插入文本框

通常，在单元格中直接输入文本是向工作表中添加文本的最便捷方式，但是如果要添加不属于单元格的“浮动”文本来灵活控制文本在工作表中的位置，则要使用文本框功能。

用户可以切换到“插入”选项卡，单击功能区“文本”组中的“文本框”按钮，从弹出的菜单中选择“横排文本框”或“垂直文本框”命令。然后在工作表中拖动绘制出一个文本框，最后释放鼠标，在文本框中输入相应的文本。

3. 插入图片

用户可以在工作表中插入本台电脑存储的图片文件或者是联机图片，方法是单击“插入”选项卡，选择其中的“插图”按钮，在“插图”的下拉选项中选择图片或联机图片，通过浏览找到需要的图片之后，即可将其插入表格中。

4. 插入 SmartArt 图形

Excel 的 SmartArt 图库中提供了极具专业水准的列表图、流程图、循环图、层次结构图、关系图、矩阵图和棱锥图。用户可以在工作表中直接插入 SmartArt 图库中的图形，以快速创建可视化的图形示例。

打开“插入”选项卡，在“插图”组中单击 SmartArt 按钮。在打开的“选择 SmartArt 图形”对话框中选择图形类别和布局，即可在工作表中快速插入 SmartArt 图形。

5. 插入艺术字

艺术字是一个文字样式库，用户可以将艺术字添加到 Excel 文档中，制作出绚丽的文本，以增加装饰性效果。

打开“插入”选项卡，单击功能区“文本”组中的“艺术字”按钮，从弹出的艺术字样式列表框中选择样式，即可在工作表中快速插入艺术字。

第五节 使用公式和函数

使用公式与函数是 Excel 在数据分析与处理方面的优势，也是 Excel 区别于文字处理软件的特性。Excel 提供了大量的函数来创建复杂的公式。

一、公式

1. 公式简介

公式是在单元格中对数据进行计算和分析的表达式，它由数字、运算符、单元格引用和函数等构成。输入公式要以等号“=”开头，输入完成并确认后，单元格中会显示计算结果，但单元格中真正存储的是公式(可在编辑区中看到输入时的公式)。

如图 4-5-1 所示，D1 中显示的 60 只是公式的计算结果，公式的内容“=A1+B1+C1”要在编辑区中才可以看到。

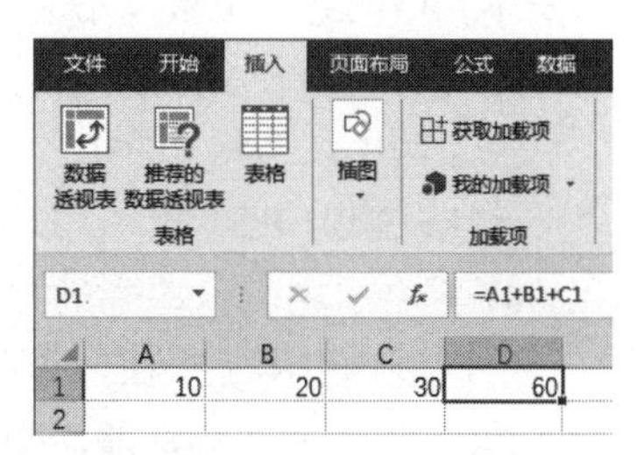

图 4-5-1　在单元格中输入公式

2. 运算符

运算符用于对操作数进行运算。Excel 中提供了算术运算符、比较运算符和文本运算符等。它们的优先级如表 4-5-1 所示。

表 4-5-1　运算符的优先级

运算符	括号 ()	冒号 ：	逗号 ，	空格	负数 —	百分比 %	乘方 ^	乘 除 * /	加 减 + −	串接 &	比较运算符 = < > <= >= <>
优先级	1	2	3	4	5	6	7	8	9	10	11

(1) 算术运算符：包括加(+)、减(−)、乘(*)、除(/)、百分比(%)、乘幂(^)等。例如，公式“=2^3/2*7”的结果为 28。

(2) 比较运算符：用于比较两个数值并产生逻辑值 TRUE(真)或 FALSE(假)，包括等于(=)、小于(<)、大于(>)、小于或等于(<=)、大于或等于(>=)、不等于(< >)等。

(3) 文本(字符)运算符：文本运算符&可将一个或多个文本(字符)连接为一个组合文本。例如，在单元格中输入：=“浙江”&“海洋大学”，结果为“浙江海洋大学”。

3. 单元格的引用

Excel 可以通过引用，在公式中使用所有工作表上任意单元格中的数据。根据单元格的地址被复制到其他地方时是否会改变，单元格的引用分为相对引用、绝对引用和混合引用。

1) 相对引用

这是默认状态下 Excel 引用单元格的方式。相对引用指的是当公式被复制到其他单元格时，公式中的单元格地址会跟着改变。

例如，将单元格 D1 中的公式“=A1+B1+C1”复制到 D2 时，公式内容自动变成“=A2+B2+C2”，复制到 D3 时，公式内容自动变成“=A3+B3+C3”，如图 4-5-2 所示。

D2　=A2+B2+C2

	A	B	C	D	E
1	10	20	30	60	
2	20	30	40	90	
3	30	40	50	120	
4					
5					

图 4-5-2　相对引用单元格

实际上，相对引用地址在系统内部保存的是公式所在单元格与被引用单元格之间的相对位移，公式中相对引用所指向的单元格将随着公式所在位置的改变而改变。

2) 绝对引用

要使公式中的单元格地址不随公式的所在位置而改变，必须使用绝对引用。绝对引用考虑的是单元格的绝对位置，不会随位移的方向与大小而改变。

绝对引用的表示方法是在列标和行标之前都加上符号“$”。

在上例中，若将 D2 中的公式改为“=$A$1＋$B$1＋$C$1”，则复制到 D2 时，公式仍是“=$A$1＋$B$1＋$C$1”，D2 中的值就不是 90，而仍然是 60。

3) 混合引用

所谓混合引用是指在一个单元格地址中，既有绝对地址引用，又有相对地址引用，如$B4、A$4 等。若$符号在列标前，则列地址是绝对的，行地址是相对的；反之亦然。

在复制公式时，绝对引用部分的行地址和列地址保持不变，而相对引用部分的行地址和列地址会改变。

例如，如图 4-5-3 所示，在 F2 中输入公式“=C$2+D$2+E$2”，将它复制到 G2 时公式变成“=D$2+E$2+F$2”(注：列是相对引用，故位移加 1 列时公式中列标加 1，而行是绝对引用，故不变)；将它复制到 F3 后变成“=C$2+D$2+E$2”(注：列虽是相对引用，但因列位移为 0 故列标没变，而行是绝对引用故也不变)。

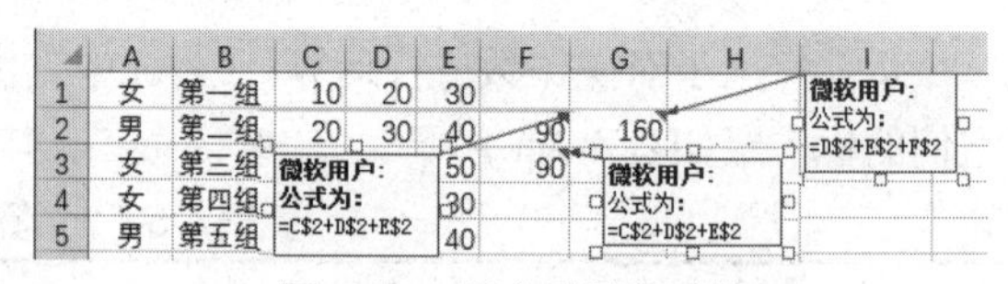

图 4-5-3　混合引用单元格

4) 引用其他工作表中的单元格

在 Excel 中引用其他工作表中单元格的形式是：

工作表名!单元格地址

例如，公式“=Sheet3!F4”表示相对引用 Sheet3 工作表中的 F4 单元格；也可使用绝对引用，例如“=Sheet3!$F$4”。

在 Excel 中引用其他工作簿中工作表单元格的形式如下：

[工作簿名]工作表名!单元格地址

例如“[Book2.xls]Sheet3!F4”，表示相对引用 Book2 工作簿 Sheet3 工作表中的 F4 单元格。

被引用的工作簿文件必须处于打开状态。若未打开，还必须前置工作簿文件的路径，如'C:\MyDocuments\[test.xls]Sheet2'!$E$5，并且要将文件路径和工作表名放在单引号内。

4. 公式的基本操作

1) 输入公式

输入公式的方法与输入文本的方法类似。具体操作步骤为：选择要输入公式的单元格，然后在单元格(或编辑栏)中输入“=”符号，接着输入公式内容，按 Enter 键(或单击编辑栏中的“输入”按钮)，即可将公式运算的结果显示在所选单元格中。

2) 显示公式

默认设置下，在单元格中只显示公式计算的结果，而公式本身则只显示在编辑栏中。

3) 复制公式

通过复制公式操作，可以快速地为其他单元格输入公式。复制公式的方法与复制数据的方法相似。

4) 删除公式

选中公式所在的单元格，按 Delete 键即可删除单元格内的全部内容。

二、函数

函数可以作为公式的组成部分。函数通过使用参数接收数据，并返回计算结果。

函数的语法形式为：函数名(参数 1，参数 2，…)。

函数名用大写字母，参数在函数名后的小括号内，参数可以是常量、单元格引用、公式或其他函数，参数个数和类别由函数的性质决定。

1. 函数的输入

函数的输入有以下 3 种方法。

(1) 直接在单元格中输入函数及其参数，如“=SUM(A1:A4)”或“=MAX (B2:F2)”等。

(2) 单击编辑栏中的“插入函数”按钮，利用公式选项板进行输入。

(3) 对于求和、求平均值、求最大值、求最小值函数，可以通过单击“自动求和”按钮Σ在下拉菜单中选择来实现，其他函数可以通过单击“插入函数”按钮后在对话框中选择来实现。

这些方法的具体操作可参见后面介绍的常用函数示例。

2. Excel 函数简介

Excel 函数包括财务函数、日期与时间函数、数学和三角函数、统计函数、查询和引用函数、数据库函数、文本函数、逻辑函数、信息函数、工程函数、多维数据集与兼容性函数等。

- 财务函数：财务函数可以进行一般的财务计算，如确定贷款的支付额、投资的未来值或净现值，以及债券或息票的价值。系统内部的财务函数包括 DB、DDB、SYD、SLN、FV、PV、NPV、NPER、RATE、PMT、PPMT、IPMT、IRR、MIRR 和 NOMINAL 等。
- 日期与时间函数：通过日期与时间函数，可在公式中分析和处理日期值、时间值。系统内部的日期和时间函数包括 DATE、DATEVALUE、DAY、HOUR、TIME、TODAY、WEEKDAY 和 YEAR 等。
- 数学和三角函数：通过数学和三角函数，可以进行简单的计算。例如，对数字取整、计算单元格区域中的数值总和或复杂计算。系统内置的数学和三角函数包括 ABS、ASIN、COMBINE、COSLOG、PI、ROUND、SIN、TAN 和 TRUNC 等。
- 统计函数：统计工作表函数用于对数据区域进行统计分析。其中，常用的统计函数包括 AVERAGE、COUNT、MAX 和 MIN 等。
- 查询和引用函数：当需要在数据列表或表格中查找特定数值，或者需要查找某一单元格的引用时，可以使用查询和引用工作表函数。系统内部的查询与引用函数包括 ADDRESS、AREAS、CHOOSE、COLUMN、COLUMNS、GETPIVOTDATE、HLOOKUP、HYPERLINK、INDEX、INDIRECT、LOOKUP、MATCH、OFFSET、ROW、ROWS、TRANSPOSE 和 VLOOKUP 等。

- 数据库函数：当需要分析数据列表中的数值是否符合特定条件时，可以使用数据库函数。数据库函数用于对存储在数据列表或数据库中的数据进行分析，这些函数名称的第一个字符为 D，因此又称为 D 函数。每个函数均有三个相同的参数，分别是 database、field 和 criteria。这些参数指向数据库函数所使用的工作表区域。其中，参数 database 为工作表上包含数据列表的区域。参数 field 为需要汇总的列的标志。参数 criteria 为工作表上包含指定条件的区域。系统内部的数据库函数包括 DAVERAGE、DCOUNT、DCOUNTA、DGET、DMAX、DMIN、DPRODUCT、DSTDEV、DSTDEVP、DSUM、DVAR 等。
- 文本函数：通过文本函数，可以在公式中处理文字串。系统内部的文本函数包括 ASC、CHAR、EXACT、FIND、LEFT、LEN、LOWER、MID、REPLACE、RIGHT、RMB、TEXT、TRIM、UPPER 和 VALUE 等。
- 逻辑函数：使用逻辑函数可以进行真假值判断，或者进行复合检验。主要包括 AND、FALSE、IF、NOT、OR 和 TRUE。
- 信息函数：可以使用信息函数确定存储在单元格中的数据的类型。信息函数包含一组称为 IS 的工作表函数，在单元格满足条件时返回 TRUE。主要包括 CELL、INFO、ISBLANK、ISERR、ISERROR、ISLOGICAL、ISNA、ISNONTEST、ISNUMBER、ISREF、ISTEXT 和 TYPE 等。
- 工程函数：工程函数主要应用于计算机、物理等专业领域，可用于处理贝塞尔函数、误差函数以及进行各种负数计算等。主要包括 BESSELI、BESSELJ、BESSELK、BIN2OCT、OCT2 BIN、OCT2 HEX、DEC2 HEX、ERF、GESTEP、DELTA 和 CONVERT 等。

以上对 Excel 的函数做了简要介绍，但是由于 Excel 的函数太多，因此只能介绍几种常用函数。对于其他更多的函数，用户可以通过 Excel 的在线帮助功能进行详细的了解。

三、举例

【例 4-5-1】如图 4-5-4 所示，求每组生产零件的总和以及各小组的平均生产量。

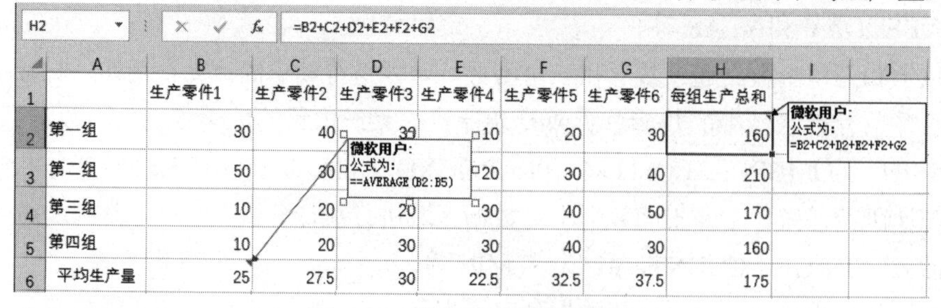

	A	B	C	D	E	F	G	H	I	J
1		生产零件1	生产零件2	生产零件3	生产零件4	生产零件5	生产零件6	每组生产总和		
2	第一组	30	40	30	10	20	30	160		
3	第二组	50	30		20	30	40	210		
4	第三组	10	20	20	30	40	50	170		
5	第四组	10	20	30	30	40	30	160		
6	平均生产量	25	27.5	30	22.5	32.5	37.5	175		

图 4-5-4　公式函数的使用示例

操作步骤如下。

(1) 在 H2 单元格中输入公式“=B2+C2+D2+E2+F2+G2”，按 Enter 键确认。

(2) 拖动 H2 单元格的填充柄到 H5。

(3) 在 B6 中输入公式“=AVERAGE(B2:B5)”或使用公式“=(B2+B3+B4+B5)/4”。

(4) 拖动 B6 单元格的填充柄到 H6。

另外，求和也可用自动求和按钮来实现，选中 H2 单元格，单击“自动求和”按钮，在出现的下拉菜单中选择即可。

【例 4-5-2】利用 IF 函数计算各小组的奖励等级，大于 200 的为“一等奖”，否则为二等奖。工作表内容如图 4-5-5 所示。

J2 =IF(H2>200,"一等奖","二等奖")

	A	B	C	D	E	F	G	H	I	J
1		生产零件1	生产零件2	生产零件3	生产零件4	生产零件5	生产零件6	每组生产总和	检测	奖励等级
2	第一组	30	40	30	10	20	30	160	合格	二等奖
3	第二组	50	30	40	20	30	40	210	合格	一等奖
4	第三组	10	20	20	30	40	50	170	合格	二等奖
5	第四组	10	20	30	30	40	30	160	合格	二等奖
6	平均生产量	25	27.5	30	22.5	32.5	37.5	175		

图 4-5-5　IF 函数的使用

操作步骤如下。

(1) 单击 J2 单元格，输入公式：“=IF(H2>200,"一等奖","二等奖")”。

(2) 拖动 J2 单元格的填充柄到 J5 即可。可以看到 J2 到 J5 的四个单元格中出现了一个“一等奖”以及三个“二等奖”。

上面 IF 函数中 3 个参数的含义如下：“H2>200”是一个逻辑表达式，可以看作评价的标准；第二个参数“一等奖”是“H2>200”成立时的函数的值；第三个参数“二等奖”是“H2>200”不成立时的函数的值(即表达式为假时函数的值)。

【例 4-5-3】使用函数统计表格中性别为“女”的人数，并把结果放入 T3 单元格中。要求用公式选项面板实现。

操作步骤如下。

(1) 单击 T3 单元格。切换到“公式”选项卡，单击“函数库”组中的“其他函数”按钮，在下拉菜单中选择“统计”组中的 COUNTIF，如图 4-5-6 所示。

(2) 出现如图 4-5-7 所示的“函数参数”对话框后，在“Range”右侧的框中输入统计的范围“B3:S3”，在“Criteria”右侧的框中输入统计的条件“女”，单击“确定”按钮。

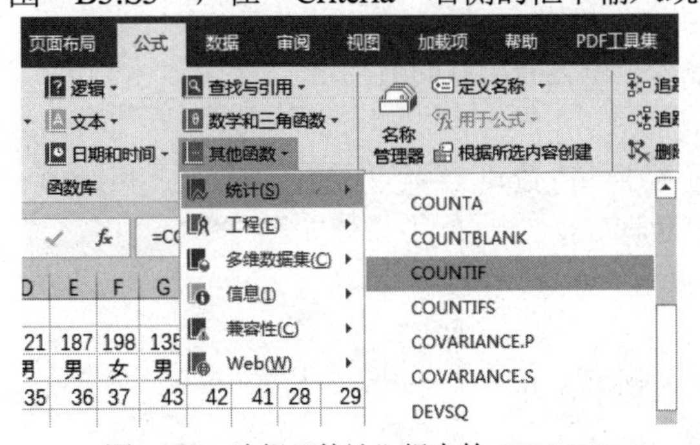

图 4-5-6　选择“统计”组中的 COUNTIF

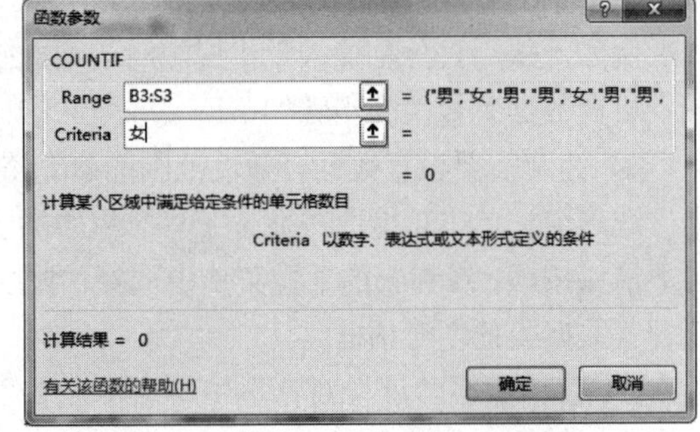

图 4-5-7　COUNTIF 函数参数的输入

从表格中可以看到：编辑区中出现了公式“=COUNTIF(B3:S3,"女")”、单元格 T3 中出现了统计结果 8，表示性别为“女”的人数有 8 个，如图 4-5-8 所示。

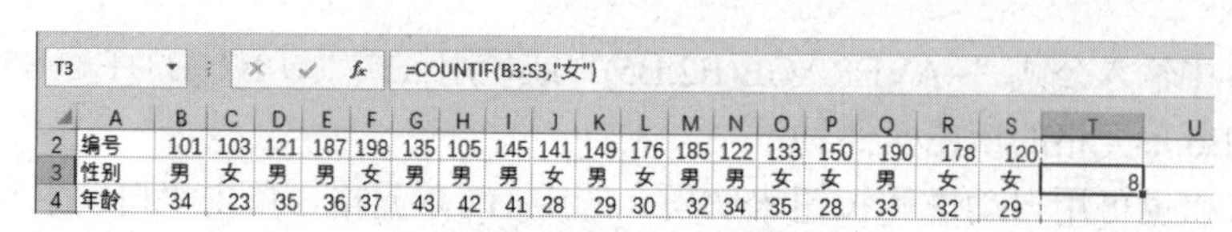

	A	B	C	D	E	F	G	H	I	J	K	L	M	N	O	P	Q	R	S	T	U
2	编号	101	103	121	187	198	135	105	145	141	149	176	185	122	133	150	190	178	120		
3	性别	男	女	男	男	女	男	男	男	女	男	女	男	男	女	女	男	女	女	8	
4	年龄	34	23	35	36	37	43	42	41	28	29	30	32	34	35	28	33	32	29		

图 4-5-8　显示统计结果

四、出错信息

表格中存在错误时，系统会给出出错信息。出错信息以#开头，常见的出错信息如表 4-5-2 所示。

表 4-5-2　Excel 中的出错信息及其解释

错误信息	解释
#DIV/0!	公式或宏正在试图除以 0
#N/A	遗漏了函数中一个或多个参数或引用的是目前无法使用的数值
#NAME?	使用了 Excel 不能识别的名称
#NULL!	试图为两个不相交区域指定交叉引用
#NUM!	公式中使用了不合适的参数
#REF!	引用了无效的单元格
#VALUE!	使用了错误的参数或操作数类型

第六节　数据管理与分析

作为一款数据管理软件，Excel 2016 具有有效性设置、排序、筛选和汇总等强大的数据管理功能，能将各种处理的数据创建成各种统计图表，这样能直观形象地呈现所处理的数据。

Excel 2016 提供了一种实用的数据分析工具——数据透视表和数据透视图。使用数据分析工具，可以更全面生动地对数据重新组织和统计。

一、设置数据的有效性

在默认情况下，可以在单元格中输入任何数据。在实际应用中，经常要给一些单元格或区域定义数据的有效范围。

例如，采用百分制输入学生成绩时，要求输入范围为 0~100 的数字。

设置数据有效性的步骤如下。

(1) 选定需要设置数据有效性范围的单元格，切换到“数据”选项卡。单击功能区“数据工具”组中的“数据验证”向下箭头按钮，在弹出的下拉菜单中选择“数据验证”命令，打开“数据验证”对话框。

(2) 在“数据验证”对话框中单击“设置”选项卡，在“允许”下拉列表框中选择允许输入的数据类型，例如“小数”；在“数据”下拉列表框中选择所需的操作，例如“介于”；在“最小值”下面的框中输入 0；在“最大值”下面的框中输入 100。单击“确定”按钮，如图 4-6-1 所示。

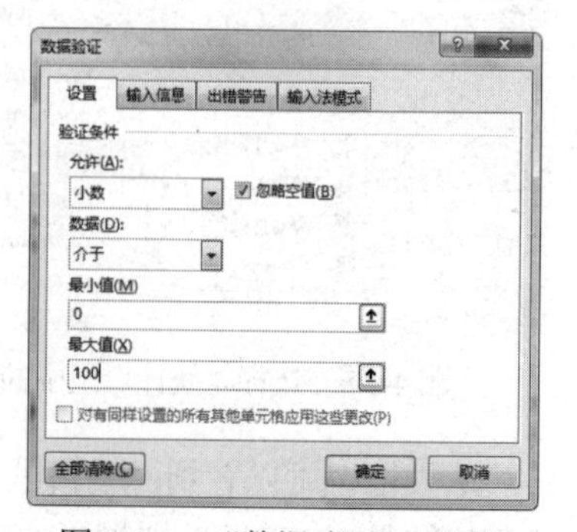

图 4-6-1　“数据验证”对话框

完成上面的操作之后，在设置了“数据验证”的单元格内，只能输入允许范围(0~100)内的数。如果输入超出范围的数据，就会弹出对话框提示“此值与此单元格定义的数据验证限制不匹配”。

若要清除“数据验证”设置，可先选定目标单元格，单击“数据”选项卡中“数据工具”组中的“数据验证”向下箭头按钮，弹出下拉菜单后选择“数据验证”命令，打开图 4-6-1 所示的“数据验证”对话框，单击对话框左下角的“全部清除”按钮，再单击“确定”即可。

二、排序

在查阅数据的时候，用户经常会希望表中的数据可以按一定的顺序排列，以方便查看。排序是按关键字进行的，关键字可以有多个。先排的叫主关键字，后排的叫次关键字、第三关键字等。确定了关键字后还需要注意排序的方向。排序的方向有两种，一种是从小到大(升序)；另一种是从大到小(降序)。

例如，在“按照年龄由大到小进行排序，若年龄相同，则按照编号由小到大排列”中，“年龄”是主关键字，“编号”是次关键字。

1. 简单排序

对于只按照一个关键字的排序，它的操作很简单。例如，对“职工信息表”按表格第一列“编号”由小到大排序(升序)，其操作步骤如下。

(1) 选中“职工信息表”的各列(不能只选某一列，这样只会对一列排序而不是整个表)。

(2) 切换到“数据”选项卡，在“排序和筛选”组中单击升序按钮(若按由大到小(降序)排序，则单击降序按钮)。

(3) 单击升序按钮之后，各行将按“编号”升序重新排列，如图 4-6-2 所示。

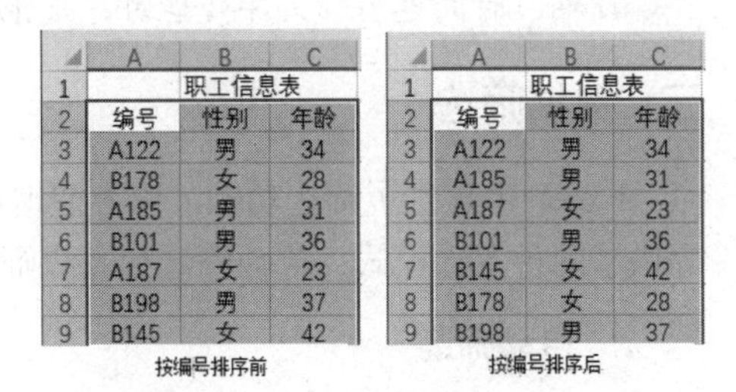

	A	B	C
1	职工信息表		
2	编号	性别	年龄
3	A122	男	34
4	B178	女	28
5	A185	男	31
6	B101	男	36
7	A187	女	23
8	B198	男	37
9	B145	女	42

按编号排序前

	A	B	C
1	职工信息表		
2	编号	性别	年龄
3	A122	男	34
4	A185	男	31
5	A187	女	23
6	B101	男	36
7	B145	女	42
8	B178	女	28
9	B198	男	37

按编号排序后

图 4-6-2　按“编号”由小到大排序

2. 多关键字复杂排序

多关键字复杂排序是指对选定的数据区域按照两个或两个以上的关键字进行排序。

下面以“职工信息表”的“年龄”降序排列，“年龄”相同的按“编号”升序排列为例，对多关键字复杂排序进行讲解，其具体操作如下。

(1) 单击数据区域中的任一单元格，然后切换到“数据”选项卡。在“排序和筛选”组中单击“排序”按钮，打开“排序”对话框。

(2) 在“主要关键字”下拉列表框中选择排序关键字和排序方向。本例中，在“主要关键字”下拉列表框中选择“(列 C)”(即年龄所在列)，同时将排序次序设置为“降序”。

(3) 单击“添加条件”按钮，添加次要条件。在“次要关键字”下拉列表框中选择“(列 A)”(即编号所在列)，同时将排序次序设置为“升序”，然后单击“确定”按钮，如图 4-6-3 所示。

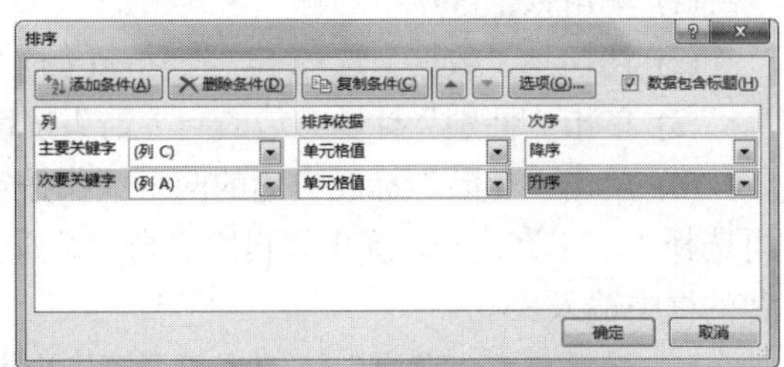

图 4-6-3　“排序”对话框

在图4-6-3所示的对话框中，单击“选项”按钮，可弹出“排序选项”对话框。在其中可以选择排序方向和排序方法。默认排序方向是“按列排序”，排序方法是“字母排序”。根据需要和表格的情况，也可改成“按行排序”。

3. 排序规则

以升序方式排序的数据类型及其数据的顺序如下。

- 数字：根据其值的大小从小到大排序。
- 文本和包含数字的文本：按字母顺序排序，从左到右逐个字符进行比较，如果对应位置的字符相同，则进行下一位置字符的比较。
- 逻辑值：False排在True之前。
- 错误值：所有的错误值都是相等的。
- 空白(不是空格)：空白单元格总是排在最后。
- 汉字：有两种方式，一种是按汉语拼音的字典顺序排序，如“一班”与“二班”按升序排序时，“二班”排在“一班”的前面；另一种是按笔画排序，以笔画的多少作为排序的依据，如以笔画升序排序，“一班”应排在“二班”的前面。

注意：

日期、时间也当作文字处理时，是根据它们内部表示的基础值排序的。

三、数据筛选

Excel 中提供了筛选功能，以方便地在海量的表格数据中筛选出符合条件的数据行。Excel提供了两种筛选模式：自动筛选和高级筛选。

1. 自动筛选

操作方法为：首先单击数据区域中的任一单元格(必须有数据)，然后切换到“数据”选项卡，在功能区的“排序和筛选”组中单击“筛选”按钮。这时可以看到，在表格中的每个标题右侧都显示了一个向下箭头按钮(单击它即可显示相关下拉列表)，如图4-6-4所示。

注意：

若事先选定的是一个区域而非单元格，则仅有所选区域对应的列变为下拉列表。

筛选是通过对“下拉列表”进行操作来实现的，下面举例来说明。例如，要想在“职工信息表”中筛选出全部年龄大于35的男职工的记录，操作步骤如下。

(1) 单击数据区域中的任一单元格。

(2) 切换到“数据”选项卡，在功能区的“排序和筛选”组中单击“筛选”按钮。

(3) 单击“性别”标题右边的向下箭头按钮，弹出下拉列表，选中其中的“男”。

(4) 单击“年龄”标题右边的向下箭头按钮，弹出下拉列表，选中其中的“数字筛选”。再选择“小于”选项，弹出“自定义自动筛选方式”对话框，如图4-6-5所示，在“大于”右边的框中输入35。

(5) 最后单击“确定”按钮，便可筛选出所有满足条件的记录。

	A	B	C
1		职工信息表	
2			
3	编号	性别	年龄
4	A122	男	34
5	B178	女	28
6	A185	男	31
7	B101	男	36
8	A187	女	23
9	B198	男	37
10	B145	女	42

图 4-6-4 使用“自动筛选”功能

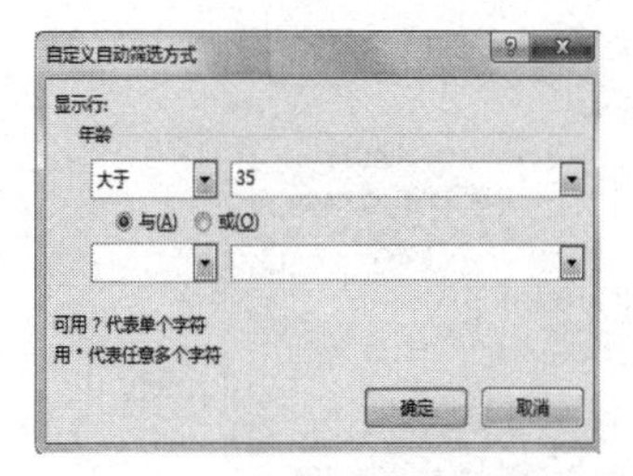

图 4-6-5 “自定义自动筛选方式”对话框

如果要取消某一列进行的筛选，只需选中“下拉列表”中的“全选”复选框即可。如果要退出自动筛选，可以再次单击“数据”选项卡的“排序和筛选”组中的“筛选”按钮。

2. 高级筛选

如果数据区域中的标题比较多，筛选的条件也比较多，自动筛选就显得非常麻烦。对此，可以使用高级筛选功能进行处理。

高级筛选是根据“条件区域”设置筛选条件而进行的筛选。使用时需要先在编辑区输入筛选条件再进行筛选。条件区域的第一行是所有作为筛选条件对应的字段名(一般为标题)，这些字段名必须与数据区域中的字段名完全一样，但条件区域内不一定包含数据区域中所有的字段名。条件区域的字段名下面至少有一行用来定义筛选条件。如果用户需要筛选含有相似文本的记录，可使用通配符“*”和“？”。

下面举例说明“高级筛选”的操作方法。要处理的数据如图 4-6-6 所示，现在要筛选出生产“零件 A<=20”或“零件 B<=20”或“零件 C<=20”的职工，操作步骤如下。

(1) 建立条件区域。将与条件有关的字段名“零件 A”“零件 B”和“零件 C”复制到表格空白处。并在字段名下面输入条件“<=20”(注：一定要阶梯形)。此例中的区域 H1:J4 为条件区域，如图 4-6-6 所示。

(2) 选定数据区域中的任意一个单元格，然后切换到 “数据”选项卡，在功能区的“排序和筛选”组中，先单击“筛选”按钮(单击后，数据区域每列标题右边会出现向下箭头按钮)，再单击“高级”按钮，弹出“高级筛选”对话框，此时“高级筛选”对话框中的“列表区域”右侧的框中会显示数据区域“$A$2: $F$14”，如图 4-6-7 所示。

(3) 将光标放在“高级筛选”对话框中的“条件区域”右侧的编辑框中，拖动选中条件区域 H1:J4，然后松开鼠标，条件区域的名字“$H$1: $J$4”就出现在编辑框中了。

(4) 单击“确定”按钮。筛选结果如图 4-6-8 所示。

(5) 删除条件区域，即 H1:J4。

	A	B	C	D	E	F	G	H	I	J
1		职工生产零件数量统计表						零件A	零件B	零件C
2	姓名	性别	零件A	零件B	零件C	零件总和		<=20		
3	贝怀远	男	30	19	30	79			<=20	
4	蔡昌达	男	35	30	40	105				<=20
5	蔡莹宇	女	30	19	19	68				
6	陈坤锦	女	30	40	30	100				
7	陈梅雅	女	36	30	40	106				
8	陈清满	男	40	20	30	90				
9	高海阳	男	30	40	30	100				
10	郭云晓	女	37	30	40	107				
11	李婉琼	女	19	38	40	97				
12	林乃伟	男	40	30	40	110				
13	欧洪锋	男	30	35	30	95				
14	王炜佳	女	30	40	37	107				

图 4-6-6 建立条件区域

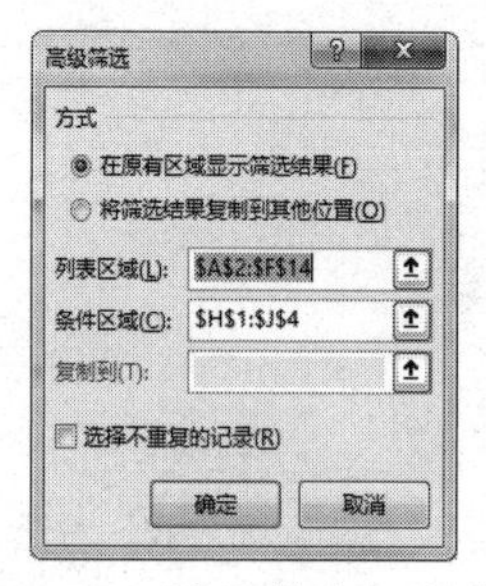

图 4-6-7 “高级筛选”对话框

	A	B	C	D	E	F
1	职工生产零件数量统计表					
2	姓名	性别	零件A	零件B	零件C	零件总和
3	贝怀远	男	30	19	30	79
5	蔡莹宇	女	30	19	19	68
8	陈清满	男	40	20	30	90
11	李婉琼	女	19	38	40	97

图 4-6-8 生产某一零件数<=20 的职工

四、分类汇总

分类汇总是 Excel 提供的方便用户对数据分门别类地进行汇总分析的功能。分类汇总时要注意：一是数据必须首先排好序(按分类字段)；二是要知道按什么分类(称分类字段)、对什么汇总(称汇总项)、怎样汇总(称汇总方式)。当插入分类汇总后，Excel 将分级显示数据，以便为每个分类汇总显示和隐藏明细数据行。

下面举例说明如何使用分类汇总。例如，对图 4-6-6 所示的职工生产零件数据按“性别”分类，然后再对每类记录统计生产每种零件的平均值以及零件总和的平均值，其操作方法如下。

1. 创建分类汇总

(1) 对需要进行分类汇总的分类字段排序，本例是按“性别”排序。

(2) 选择数据区域中的任一单元格，然后切换到功能区中的“数据”选项卡，在“分级显示”组中单击“分类汇总”按钮，弹出“分类汇总”对话框，如图 4-6-9 所示。

(3) 在“分类汇总”对话框中，设置“分类字段”为“性别”，“汇总方式”为平均值，“选定汇总项”为“零件 A”“零件 B”“零件 C”和“零件总和”。

(4) 单击“确定”按钮，结果如图 4-6-10 所示。

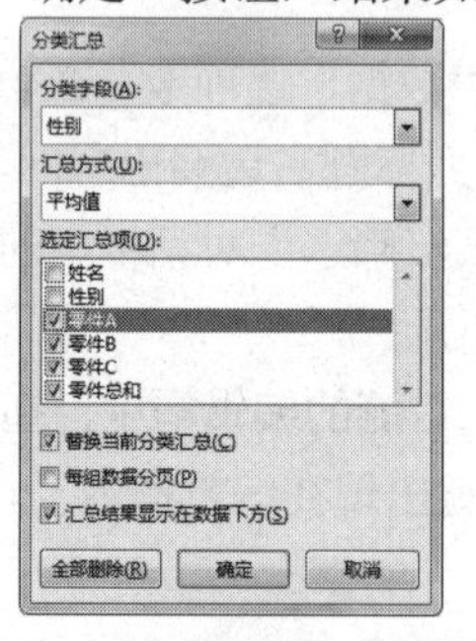

图 4-6-9 “分类汇总”对话框

	A	B	C	D	E	F
1	职工生产零件数量统计表					
2	姓名	性别	零件A	零件B	零件C	零件总和
3	贝怀远	男	30	19	30	79
4	蔡昌达	男	35	30	40	105
5	陈清满	男	40	20	30	90
6	高海阳	男	30	40	30	100
7	林乃伟	男	40	30	40	110
8	欧洪锋	男	30	35	30	95
9		男 平均值	34.1667	29	33.3333	96.5
10	蔡莹宇	女	30	19	19	68
11	陈坤锦	女	30	40	30	100
12	陈梅雅	女	36	30	40	106
13	郭云晓	女	37	30	40	107
14	李婉琼	女	19	38	40	97
15	王炜佳	女	30	40	37	107
16		女 平均值	30.3333	32.8333	34.3333	97.5
17		总计平均值	32.25	30.9167	33.8333	97

图 4-6-10 “分类汇总”结果

2. 撤销分类汇总

在进行分类汇总后，可以将分类汇总立即撤销。

方法是：切换到功能区中的“数据”选项卡，在“分级显示”组中单击“分类汇总”按钮。在弹出的如图 4-6-9 所示的对话框中单击“全部删除”按钮，即可撤销分类汇总的结果，恢复成原来的表格。

3. 数据的分级显示

从图 4-6-10 中可以看出，分类汇总后的工作表，其行号左边有几个标有“-”号和 1、2、3

的小按钮，利用这几个按钮可以实现数据的分级显示。单击左上侧的小按钮 1，则数据列表只显示一行“总计平均值”，此为 1 级显示。这时其下方的“-”号按钮变成一个“+”号按钮，单击此“+”号按钮又可将表格展开为多行(这里的“+”和“-”号分别为展开和折叠按钮)。如果单击左上侧的小按钮 2，则显示各类别的汇总信息，但各类别的明细不显示，此为 2 级显示。如果单击左上侧的小按钮 3，则显示 3 级信息，本例中将显示全部汇总和明细。

五、使用图表分析数据

图表是 Excel 的重要功能，它能将工作表的数据生动、直观和形象地呈现出来。通过图表可以清楚地了解各个数据的大小以及数据的变化情况，方便对数据进行对比和分析。

Excel 提供了多种图表，如柱形图、折线图、饼图、条形图、面积图和散点图等。各种图表各有优点，适用于不同的场合。

- 柱形图：可直观地对数据进行对比分析以得出结果。
- 折线图：可直观地显示数据的走势情况。
- 饼图：能直观地显示数据占有比例，而且比较美观。
- 条形图：就是横向的柱形图，其作用与柱形图相同。
- 面积图：能直观地显示数据的大小与走势范围。
- 散点图：可直观地显示图表数据点的精确值，帮助用户进行统计计算。

图表既可以放在工作表中，又可以放在工作簿的图表工作表中。直接出现在工作表中的图表称为嵌入式图表，图表工作表是工作簿中仅包含图表的特殊工作表。两类图表都与工作表的数据相链接，并随工作表数据的更改而自动更新。

1. 创建图表

使用 Excel 可以快速地创建图表。下面举例介绍创建图表的方法。如图 4-6-11 所示，在“公司产品销售表”中，生成一个反映编号为 A122 和 B178 的产品销售对比的柱形图表，操作步骤如下。

公司产品销售表

产品编号	第一季度	第二季度	第三季度	第四季度	全年销售合计
A122	30	37	40	46	153
B178	43	48	52	57	200
A185	33	35	37	38	143
B101	32	35	37	39	143
A187	41	43	43	45	172
B198	33	35	36	37	141
B145	32	35	39	40	146

图 4-6-11 产品销售表

(1) 选中用于创建图表的数据区域 A3:E5。

(2) 单击“插入”选项卡，在“图表样式”组中选择要创建的图表类型，这里单击“柱形图”按钮，从弹出的菜单中选择需要的图表类型，即可在工作表中创建图表，如图 4-6-12 所示。

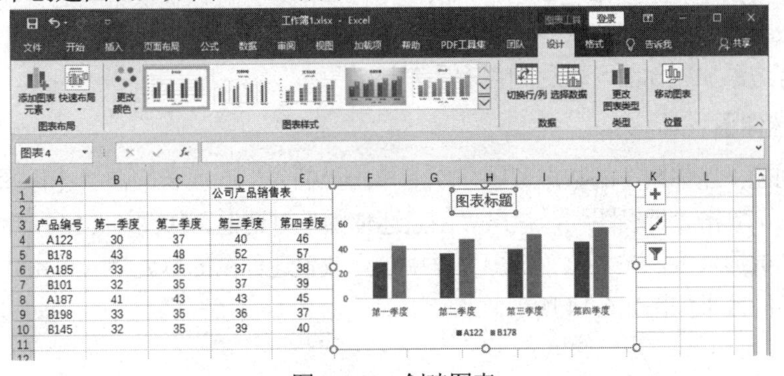

图 4-6-12 创建图表

2. 编辑图表

生成图表之后，若不符合用户要求，用户可根据自己的需要对图表进行编辑和修改。

1) 调整图表的位置和大小

单击图表以选定它，把光标移到图表边框上，当其变为四箭头形状时，拖动图表，将其移到合适位置后释放即可。

选定图表，将光标移到边框的右上角，当其变为双箭头形状时，拖到合适位置，松开鼠标即可调整图表大小至虚线图形大小。

选中图表中的图例，在其边框上会出现 8 个控制柄，将光标移至控制柄上，当其变为双箭头形状时进行拖动，可以调整图例的大小。

2) 更改图表类型

选中要修改图表类型的图表，这时会出现“图表工具”的“设计”和“格式”两个选项卡。单击“设计”选项卡，在“类型”组中单击“更改图表类型”按钮，打开“更改图表类型”对话框。在左侧的类型列表框中选择新的图表类型和样式，最后单击“确定”按钮。

3) 修改图表的内容

一个图表中包含多个组成部分，默认创建的图表只包含其中的几项，如果希望图表显示更多信息，就有必要添加一些图表布局元素。另外，为了使图表美观，也可以为图表设置样式。

- 快速修改图表的布局：单击图表将其选中，单击图表工具下面的 “设计”选项卡，在“图表布局”组中单击“快速布局”按钮，弹出下拉列表后，可以从中选择一种图表布局方式。
- 添加图表元素：单击图表将其选中，单击图表工具下面的“设计”选项卡，在“图表布局”组中单击“添加图表元素”按钮，弹出下拉菜单后，可以从中选择添加“坐标轴”“图表标题”“图例”“数据标签”“网格线”等图表元素。
- 更改颜色：单击图表将其选中，单击图表工具下面的“设计”选项卡，在“图表样式”组中单击“更改颜色”按钮，弹出下拉列表后，可以从中选择一种颜色。

4) 删除图表

选中要删除的图表，按 Delete 键；或打开“开始”选项卡，选择“编辑”组的“清除”中的“全部清除”命令。

六、迷你图的使用

“迷你图”是 Excel 工作表单元格中的一个微型图表，可以提供数据的直观表示。使用迷你图可以显示数值系列中的趋势，或者可以突出显示最大值和最小值。

在数据旁边添加迷你图可以达到直观的对比效果。

1. 插入迷你图

选择要创建“迷你图”的数据范围，然后单击“插入”选项卡，在“迷你图”组中单击一种类型。例如，单击“折线图”，弹出“创建迷你图”对话框，如图 4-6-13 所示，在“数据范围”框中指定数据范围，在“位置范围”框中指定放置迷你图的单元格，单击“确定”按钮。插入迷你图后的效果如图 4-6-14 所示。

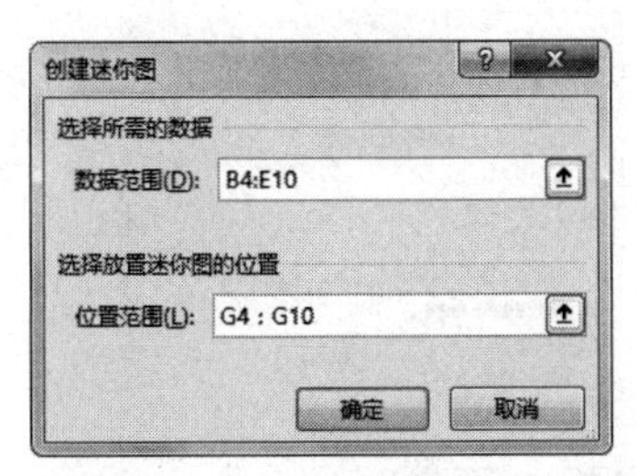

图 4-6-13　“创建迷你图”对话框

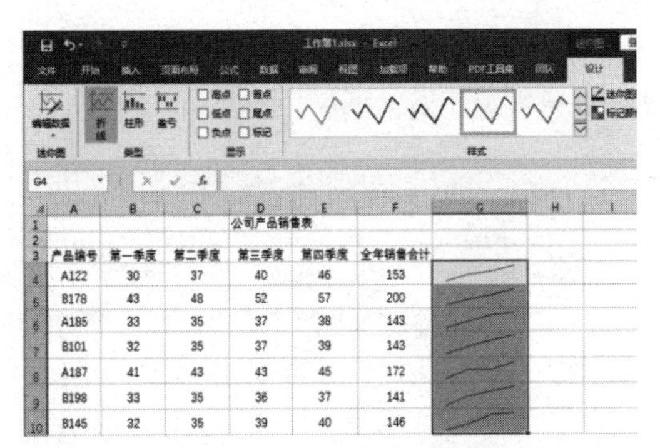

图 4-6-14　插入折线型迷你图

2. 更改迷你图类型

如同更改图表类型一样，用户可以根据自己的需要更改迷你图的图表类型。

操作方法为：选择要更改类型的迷你图所在的单元格，在“设计”选项卡中，单击“类型”组中的“柱形图”按钮，此时，单元格中的迷你图就变成了柱形图。

3. 清除迷你图

迷你图不能用 Delete 键删除，如果要删除迷你图，可以选中迷你图所在的单元格。然后，在“设计”选项卡中，单击“清除”按钮右侧的向下箭头，从弹出的下拉列表中选择“清除所选的迷你图”选项。

七、数据透视表和数据透视图

数据透视表是一种对大量数据快速汇总和建立交叉列表的交互式表格，不仅能改变行和列以查看数据的不同汇总，还能显示不同页面以筛选数据。数据透视表可以根据需要显示区域中的明细数据，让用户非常简单而且有效地重新组织和统计数据。数据透视图则是一个动态的图表，可以将创建的数据透视表以图表的形式形象生动地呈现出来。

数据透视表是针对以下用途特别设计的。

- 以多种用户友好的方式查询大量的数据。
- 对数值数据进行分类汇总和聚合，按分类和子分类对数据进行汇总，创建自定义计算和公式。
- 展开或折叠关注结果的数据级别，查看感兴趣区域摘要数据的明细。
- 将行移到列，或将列移到行，以查看源数据的不同汇总。
- 对最有用与最关注的数据子集进行筛选、排序、分组和有条件地设置格式。

1. 创建数据透视表

创建数据透视表之前，要去掉所有的筛选和分类汇总结果。例如，在图 4-6-15 所示的工作表中，存放了职工各季度销售额、全年销售合计、全年销售额是否大于均值等信息。

现在想按“全年销售额是否大于均值”这一条件进行分类求和，虽然用分类汇总和排序功能可以实现该目的，但比较麻烦。这里使用数据透视表来实现，操作步骤如下。

(1) 选择数据区域中的任意一个单元格，切换到 “插入”选项卡，在功能区的“表”组中单击“数据透视表”按钮，在弹出的菜单中选择“数据透视表”命令，弹出如图 4-6-16 所示的“创建数据透视表”对话框。

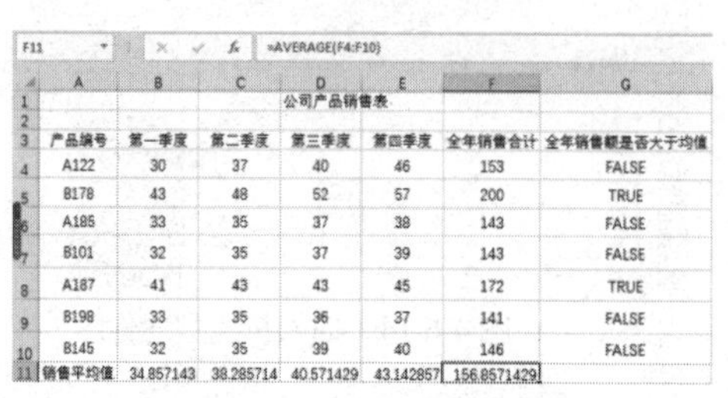

F11　=AVERAGE(F4:F10)

	A	B	C	D	E	F	G
1				公司产品销售表			
2							
3	产品编号	第一季度	第二季度	第三季度	第四季度	全年销售合计	全年销售额是否大于均值
4	A122	30	37	40	46	153	FALSE
5	B178	43	48	52	57	200	TRUE
6	A185	33	35	37	38	143	FALSE
7	B101	32	35	37	39	143	FALSE
8	A187	41	43	43	45	172	TRUE
9	B198	33	35	36	37	141	FALSE
10	B145	32	35	39	40	146	FALSE
11	销售平均值	34.857143	38.285714	40.571429	43.142857	156.8571429	

图 4-6-15　公司产品销售表

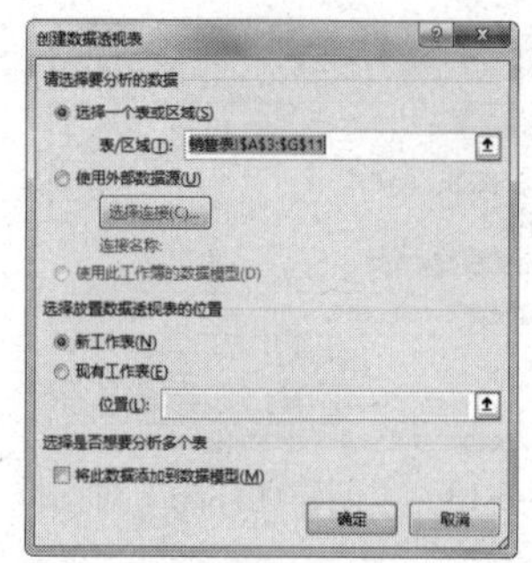

图 4-6-16　“创建数据透视表”对话框

(2) 在图 4-6-16 所示的对话框中，选中“选择一个表或区域”单选按钮，并在“表/区域”文本框中自动输入光标所在单元格所属的数据区域。在“选择放置数据透视表的位置”选项组内选中“新工作表”单选按钮(否则可选“现有工作表”，这样就可以在现有工作表中选择适当位置放置数据透视表)，单击“确定”按钮，出现图 4-6-17 所示的数据透视表。

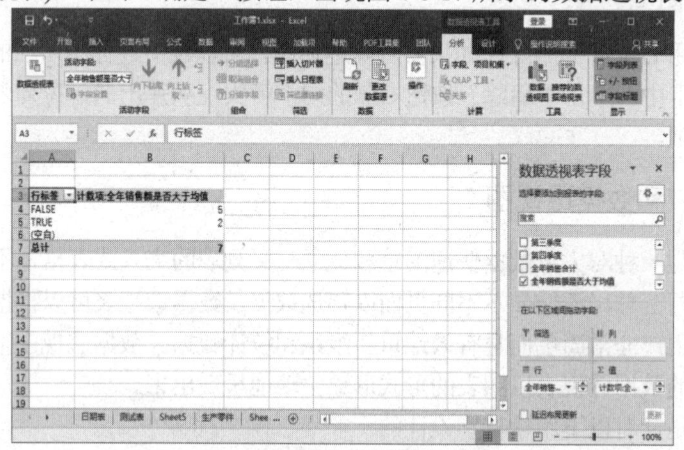

图 4-6-17　创建数据透视表

(3) 在图 4-6-17 所示的数据透视表设计环境中，从右侧的“选择要添加到报表的字段”列表框中，将“全年销售额是否大于均值”拖到下面的“行”空白框中，再将“全年销售额是否大于均值”拖到“∑值”框中。完成后的数据透视表效果如图 4-6-17 所示，显示“全年销售额是否大于均值”这一条件为 FALSE 的产品有 5 个，为 TRUE 的有 2 个，总计为 7 个。

2. 修改数据透视表

在数据透视表中直接将字段拖到新的位置，就可以改变数据统计的方式。如果要删除某个数据透视字段，只需在图 4-6-17 右侧的“数据透视表字段”窗格中，将选中的相应复选框取消选中即可。

其他数据透视表的编辑修改，如增加字段、单元格数据的格式化、更改统计函数等，用户可以根据需要自己选择。

3. 删除数据透视表

如果数据透视表建立在单独的工作表上，可以通过删除该工作表来删除透视表。

4. 使用切片器筛选报表

使用切片器可以方便地筛选出数据。单击切片器提供的按钮，可以直接筛选数据透视表中的数据。

方法是：打开已经创建的数据透视表，在“数据透视表工具”下面的“分析”选项卡中，单击“插入切片器”按钮，弹出“插入切片器”对话框。选中要进行筛选的字段，单击“确定”按钮，即可在数据透视表中自动插入切片器。

5. 创建数据透视图

数据透视图是利用数据透视表的结果制作的图表。数据透视图总是与数据透视表相关联的。如果数据透视表中的某个字段的位置改变了，则透视图中与之相对应字段的位置也会改变。数据透视图可以看作是数据透视表和图表的结合，它以图形的形式表示数据透视表中的数据。

创建数据透视图的方法是：打开“数据透视表工具”下面的“分析”选项卡，在“工具”组中单击“数据透视图”按钮，打开“插入图表”对话框，后续的操作和图表的创建类似。

数据透视图与数据透视表的工作原理大致相同，区别仅在于数据透视图使用图形来显示。一旦工作簿中有了数据透视图，就可设计它的布局，并像对待数据透视表一样控制它所显示的数据。用户还可以对数据透视图进行修改。

第七节　打印

对于排版好的表格，在打印前需要进行页面设置，包括选择纸张大小、页边距、纸张方向、打印区域、页眉和页脚等。

页面设置完成后，在打印前还要进行打印预览。

一、页面设置

切换到“页面布局”选项卡，在该选项卡功能区中的“页面设置”组中可以设置页边距、纸张方向、纸张大小、打印区域与分隔符等。

1. 设置页边距

页边距是指正文与页面边缘之间的距离。通过设置页边距，用户可以灵活设置表格数据打印到纸张上的位置，有如下两种设置方法。

(1) 在“页面布局”选项卡中，单击“页面设置”组中的“页边距”按钮，在弹出的下拉列表中选择一种 Excel 提供的页边距方案。

(2) 打开“页面设置”对话框中的“页边距”选项卡，在“上”“下”“左”“右”“页眉”和“页脚”框中调整距离，如图 4-7-1 所示。

2. 设置纸张方向、纸张大小

纸张方向是指页面是横向打印还是纵向打印。切换到“页面布局”选项卡，在该选项卡功能区中的“页面设置”组中可单击“纸张方向”按钮，选择一种纸张方向。

纸张大小是指使用多大的纸打印，如 A4 或 B5 纸等。可以切换到“页面布局”选项卡，在该选项卡功能区的“页面设置”组中单击“纸张大小”按钮，选择一种纸张。也可以在图 4-7-1 所示的对话框中选择“页面”选项卡，然后在“纸张大小”列表框中选择相应的纸张。

3. 设置打印区域

默认情况下打印工作表时，会将整个工作表都打印输出。如果仅打印部分区域，可以选定要打印的单元格区域。然后，切换到“页面布局”选项卡，在该选项卡功能区的“页面设置”组中单击“打印区域”按钮，从下拉列表中选择“设置打印区域”命令。

4. 设置打印标题

设置打印标题的操作方法如下：切换到“页面布局”选项卡，在“页面设置”组中单击“打印标题”按钮，出现如图 4-7-1 所示的“页面设置”对话框后，单击“工作表”选项卡，然后在“打印标题”框中输入标题所在的单元格区域。

5. 设置页眉与页脚

页眉位于页面的最顶端，通常用来标明工作表的标题；页脚位于页面的最底端，通常用来标明工作表的页码。用户可以根据需要指定页眉或页脚上的内容，操作步骤如下。

(1) 在图 4-7-1 所示的“页面设置”对话框中切换到“页眉/页脚”选项卡，如图 4-7-2 所示。

(2) 在图 4-7-2 中，可以在“页眉”下面的下拉列表中选择页眉内容，在“页脚”下面的下拉列表中选择页脚内容。也可以单击“自定义页眉”或“自定义页脚”按钮，然后自定义页眉或页脚的内容。设置好之后单击“确定”按钮。

可以在页眉或页脚中插入页码、页数、当前日期、当前时间、文件路径、文件名、工作簿名等。如图 4-7-2 所示，还可以设置“奇偶页不同”“首页不同”等。

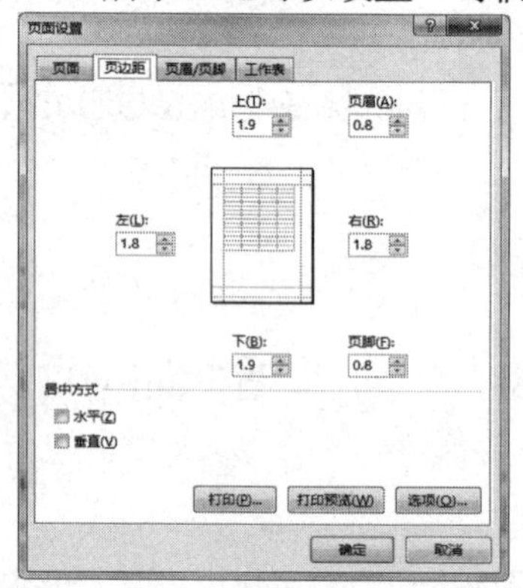

图 4-7-1　“页边距”选项卡

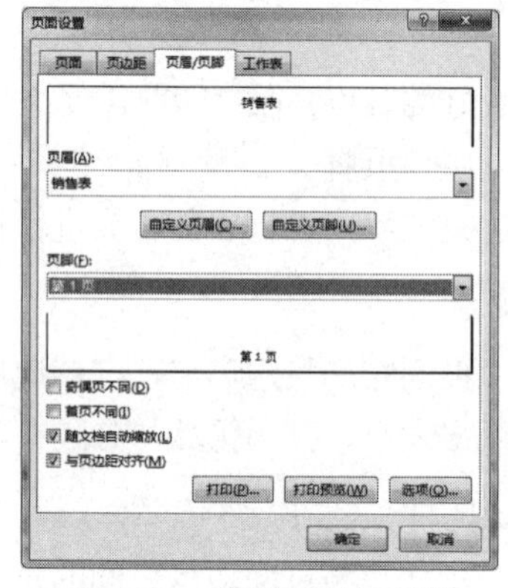

图 4-7-2　设置页眉与页脚

二、打印预览和打印输出

在打印工作表之前，可以先模拟显示一下实际打印效果，这种模拟显示称为打印预览。使用打印预览功能，能够在真正打印文档之前发现文档布局中的错误，从而避免浪费纸张。

打印预览和打印输出的具体操作方法如下。

单击“文件”按钮，选择其中的“打印”命令，在“打印”窗口的右侧可预览打印的效果。如果对预览效果满意，则可以正式打印。

单击“文件”按钮并选择其中的“打印”命令之后，在“打印”窗口左上侧的“份数”框中输入要打印的份数，再单击“打印”按钮，即可开始打印。

也可以在如图 4-7-1 所示的“页面设置”对话框中选择“打印预览”或“打印”命令，效果与上面选择单击“文件”按钮后选择“打印”命令相同。

第五章

PowerPoint 2016 演示文稿软件

PowerPoint 是办公自动化软件 Office 中的重要组成部分，具有制作演示文稿的功能。用户运用 PowerPoint 提供的功能，借助文字、图形、图像、声音和视频等多种媒体材料，可以制作出供教师在授课时使用或供演讲者在各种会议和展览时使用的演示文稿。演示文稿中除包含文字等材料外，还可以加上声音、动画、特技等多媒体效果，这样能使演讲内容更加丰富多彩。

第一节 PowerPoint 2016 的基本操作

一、PowerPoint 2016 的启动

可以使用以下几种方法启动 PowerPoint 2016。

(1) 在“开始”菜单中选择 Microsoft Office 中的 Microsoft PowerPoint 2016 命令。

(2) 双击桌面上的 PowerPoint 2016 图标。

(3) 打开包含“演示文稿”文件(扩展名为.ppt 或者.pptx)的文件夹，双击打开某个“演示文稿”文件。

二、PowerPoint 2016 的用户界面

启动 PowerPoint 2016 之后，会出现如图 5-1-1 所示的 PowerPoint 2016 界面。微软为它设计的界面与 Word 2016、Excel 2016 等软件的界面风格都是一致的。

从图 5-1-1 中可以看到，PowerPoint 2016 的用户界面主要包括以下几个部分。

- 快速访问工具栏：位于界面窗口的左上角，提供默认的命令按钮(用户可以添加新的命令按钮)，使用这些命令按钮可以方便命令的执行。默认情况下只显示 3 个命令按钮，即保存、撤销和恢复。
- 标题栏：位于界面窗口的最上面的中间，与其他 Office 2016 组件程序的标题栏一样，列出了演示文稿的标题。刚刚启动 PowerPoint 2016 时，默认的演示文稿的标题是“演示文稿 1.pptx”。
- 窗口控制按钮：位于界面窗口的右上角，包括三个按钮：最小化、最大化(向下还原)、关闭。

● 功能选项卡：位于标题栏的下一行，包括：文件、开始、插入、设计、切换、动画、幻灯片放映、审阅、视图等选项卡。
● “文件”按钮：位于功能选项卡的第一项，单击“文件”按钮，会出现文件操作窗口。
● 功能区：位于功能选项卡的下面。菜单、工具条从Office 2007已开始成为历史，取而代之的是功能区，原菜单操作命令、工具栏工具和新增的功能以大量图标和命令的形式被组织到多个选项卡中，形成带状区域。
● 选项组：选项组(也称组)是功能区的组成部分，功能区的图标和命令被划分成若干个组，每个组有一个名称，该名称位于功能区的最下端。例如，在“开始”功能选项卡中，功能区被划分成“剪贴板”“幻灯片”“字体”“段落”“绘图”几个组。
● 工作区(即幻灯片编辑区)：在PowerPoint 2016的界面窗口中占据了主要位置，幻灯片的编辑工作就在该工作区中进行。
● 状态栏：位于PowerPoint 2016界面窗口的最下面。状态栏中显示的是正在编辑的演示文稿包含的幻灯片总张数、当前幻灯片是第几张、各种视图的按钮、显示比例的滑块及数字。

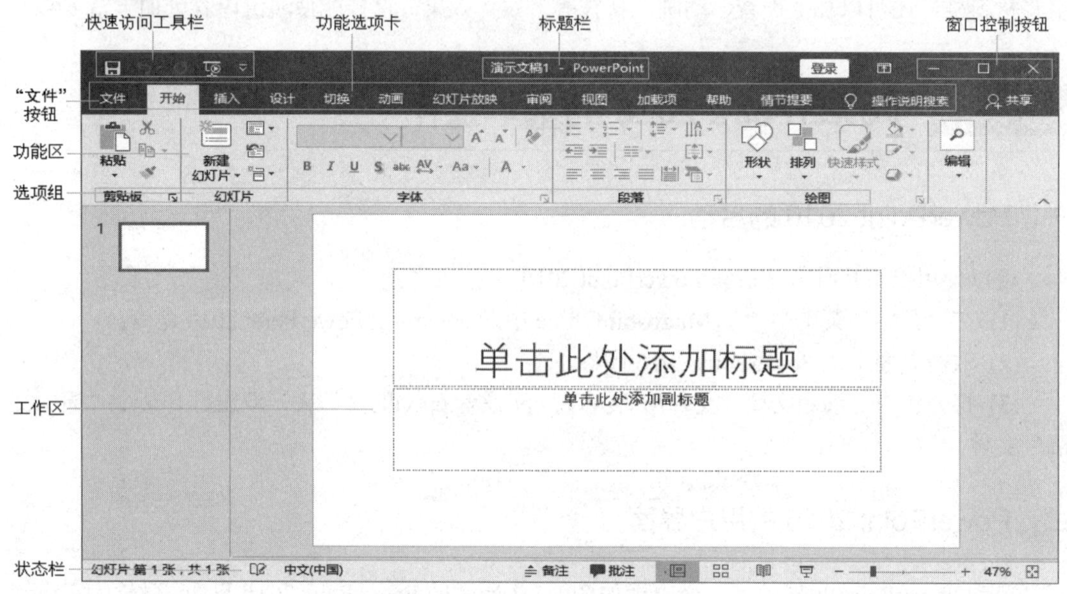

图5-1-1 PowerPoint 2016的界面

三、新建演示文稿

单击“文件”按钮，在出现的菜单中选择“新建”命令，这时将出现如图5-1-2所示的新建演示文稿的窗口。可选择以下方法之一来新建一个演示文稿。

1. 根据“空白演示文稿”创建演示文稿

空白演示文稿是利用空白幻灯片(空白幻灯片既无建议内容，又无某种设计风格)来制作演示文稿。空白演示文稿提供的幻灯片没有预先设计背景图案色彩，但可以选取自动版式，这给了用户最大的想象空间，可以创建富有个性的演示文稿。

单击“文件”按钮，选择“新建”命令，出现如图5-1-2所示的窗口后，在窗口中单击“空白演示文稿”，这时，将出现如图 5-1-1 所示的窗口。此时，可以从第一张空白幻灯片开始，创建演示文稿。

图 5-1-2　新建演示文稿窗口

2. 根据“可用模板和主题”和“Office.com 模板”创建演示文稿

在图 5-1-2 所示的窗口中创建演示文稿时，可以在系统给出的模板和主题中选择相应的模板或主题，这些模板决定了幻灯片的主要版式、配色和背景。若要更为详细地定制配色方案和动画方案，则可以选择其中相应的内容。

3. 根据现有内容创建演示文稿

在图 5-1-2 所示的窗口中单击左侧菜单中的“打开”选项，然后单击“浏览”选项，这时将打开如图 5-1-3 所示的对话框。用户可以在该对话框中浏览存放演示文稿的目录，然后选择演示文稿文件名。单击“打开”按钮后，即可从一个打开的现有演示文稿开始创建新的演示文稿，这其实是在此演示文稿的基础上，通过修改和编辑操作来创建新的演示文稿。

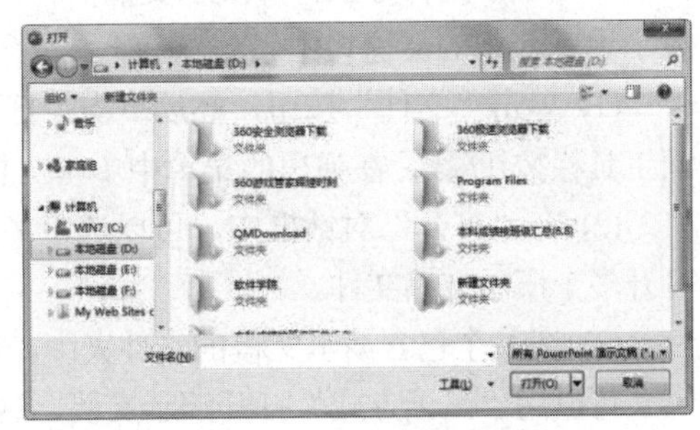

图 5-1-3　“打开”对话框

四、保存和关闭演示文稿

1. 保存演示文稿

创建演示文稿后，若要将演示文稿保存起来，可单击“文件”按钮，然后单击“保存”命令，弹出如图 5-1-4 所示的“另存为”对话框。确定保存演示文稿的位置，选择保存类型为“PowerPoint 演示文稿”，输入文件名(扩展名.pptx 可省略)，单击“保存”按钮即可。

按 Ctrl+S 快捷键或单击 PowerPoint 窗口左上角的按钮，也可保存演示文稿。

图 5-1-4 “另存为”对话框

单击“文件”按钮，然后单击“另存为”命令，可以用其他文件名保存演示文稿，或保存到其他位置。

2. 关闭演示文稿

单击 PowerPoint 窗口右上角最右侧的“关闭”按钮，即可关闭当前正在编辑的演示文稿，同时退出 PowerPoint。

单击“文件”按钮，选择“文件”菜单下的“关闭”命令，也可关闭当前正在编辑的演示文稿，但不能退出 PowerPoint。

五、打开演示文稿

可用以下几种方法打开演示文稿，将保存在磁盘上的演示文稿文件调入内存，并将其内容显示于 PowerPoint 窗口中。

(1) 单击“文件”按钮，然后单击“打开”命令；或单击 PowerPoint 窗口的自定义快速访问工具栏按钮，在弹出的菜单中单击“打开”选项，然后选定演示文稿并将其打开。

(2) 在“打开”对话框中，可以选定多个演示文稿文件，单击“打开”按钮，这样可一次打开多个演示文稿文件。

(3) 在某个包含演示文稿的文件夹中，双击演示文稿文件的图标，可打开该演示文稿文件。

可以用“只读方式”打开演示文稿，这样可以避免不小心改动了演示文稿，方法如下。

(1) 在“打开”对话框中，选定演示文稿文件。

(2) 单击“打开”按钮右侧的向下箭头，在出现的下拉列表中选择 “以只读方式打开”命令，如图 5-1-5 所示。

也可以用副本方式打开演示文稿，操作与“以只读方式打开”基本相同，对副本的改动不会影响源演示文稿。

图 5-1-5　选择“以只读方式打开”命令

六、放映演示文稿

1. 放映方法

如图 5-1-6 所示，单击“幻灯片放映”选项卡，在出现的“幻灯片放映”功能区中选择“开始放映幻灯片”组中的选项，即可放映幻灯片。可以选择“从头开始”，则从第一张幻灯片开始放映；也可以选择“从当前幻灯片开始”，则从当前幻灯片开始放映幻灯片。

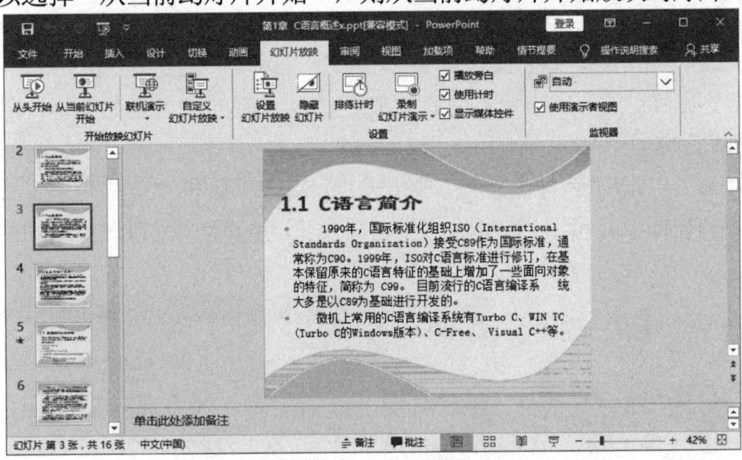

图 5-1-6　幻灯片放映

单击状态栏中的 按钮，也可从当前幻灯片开始放映。

若按 F5 键，则可从头放映幻灯片。

若按 Shift+F5 快捷键，则可从当前幻灯片开始放映幻灯片。

2. 设置放映方式

默认的放映方式是“演讲者放映”，换片方式是“人工”。在默认放映方式下，用户可控制每张幻灯片的放映时间，通过按键或单击来放映后续内容。在放映的中途，用户可随时单击右键，使用弹出的快捷菜单中的命令切换到某张幻灯片、结束放映或进行其他操作。

若不采用默认的放映方式，可以设置放映方式。单击“幻灯片放映”选项卡下的“设置幻灯片放映”命令，打开如图 5-1-7 所示的“设置放映方式”对话框。

在“设置放映方式”对话框中可以选择放映类型、换片方式，选择放映部分或全部幻灯片。放映类型有以下 3 种。

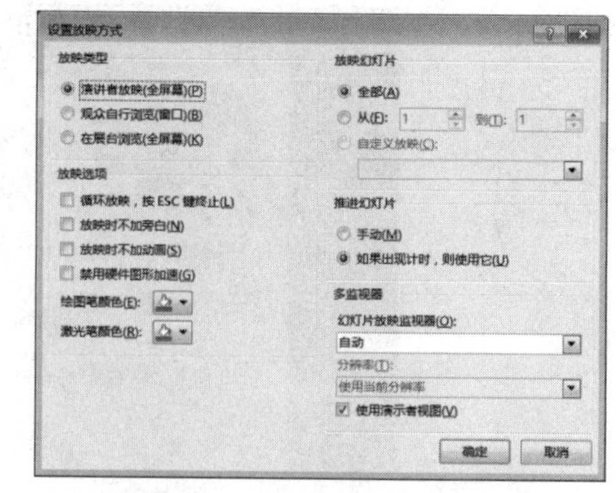

图 5-1-7　“设置放映方式”对话框

(1) 演讲者放映。这种放映方式可全屏幕显示演示文稿中的每张幻灯片，演讲者具有完全的控制权，可以采用人工换片方式。若对“排练计时”进行了设置，也可以不使用人工换片方式。

(2) 观众自行浏览。这种放映方式在放映时会显示一些工具按钮，用户可利用有关工具按钮来控制放映，既可以较小面积地显示幻灯片，又可以全屏幕显示幻灯片。

(3) 在展台浏览。选择这种放映方式后，PowerPoint 会自动选中“循环放映，按 ESC 键终止”复选框。此时，换片方式可选择“如果出现计时，则使用它”，这样放映时会自动循环放映。

3. 自定义放映

同一个演示文稿，对于不同的观众，可以放映演示文稿中的不同内容。为此，PowerPoint 提供了“自定义放映”功能。如下操作可实现“自定义放映”功能。

(1) 打开某个演示文稿，单击“幻灯片放映”选项卡下的“自定义幻灯片放映”，弹出如图 5-1-8 所示的对话框。

(2) 在图 5-1-8 中单击“新建”按钮，弹出如图 5-1-9 所示的“定义自定义放映”对话框。该对话框的左侧列表框中显示了当前演示文稿中的幻灯片，用户可以选择其中的某几张添加到右侧列表框中。

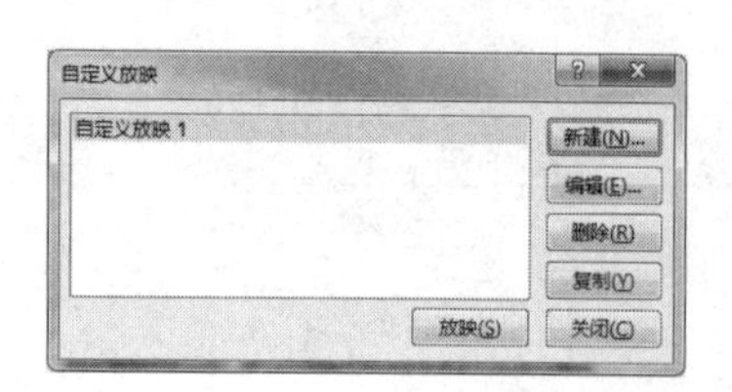

图 5-1-8　“自定义放映”对话框

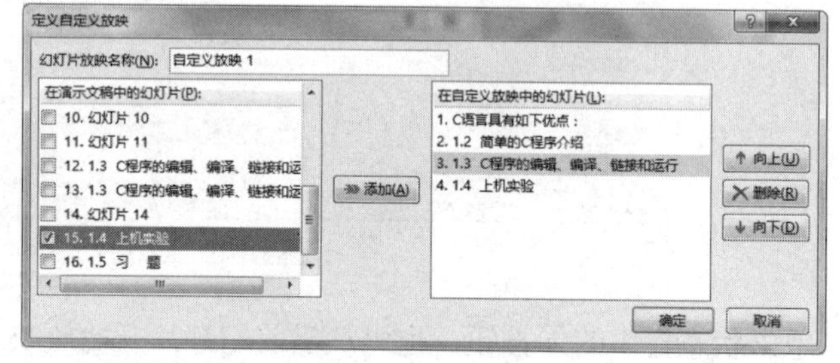

图 5-1-9　“定义自定义放映”对话框

(3) “定义自定义放映”对话框右侧列表框中的所有幻灯片，构成了一种自定义放映的幻灯片序列，可通过单击其右边的“向上”或“向下”按钮，调整放映顺序。

(4) 在“幻灯片放映名称”文本框中可以输入名称，也可以使用默认名称“自定义放映 1”，单击“确定”按钮，返回“自定义放映”对话框，在“自定义放映”对话框中会出现名称为“自定义放映 1”的“自定义放映”(刚刚打开“自定义放映”对话框时，里面没有出现“自定义放映 1”)，如图 5-1-8 所示。

若在图 5-1-8 中再单击“新建”按钮，那么又弹出“定义自定义放映”对话框。可以再设置一个“自定义放映 2”，单击“确定”按钮，再返回图 5-1-8 所示的“自定义放映”对话框。如此反复，可设置多个“自定义放映”。

(5) 可在图 5-1-8 中选择某个“自定义放映”，然后单击该图中的“放映”按钮，执行放映操作，或单击其他按钮执行其他操作。

定义若干“自定义放映”之后，在图 5-1-7 所示的“设置放映方式”对话框中，可以单击选中“放映幻灯片”下的“自定义放映”单选按钮，在其下拉列表中选择某个“自定义放映”进行放映。

七、打印演示文稿

演示文稿的各张幻灯片制作完毕后，可以将所有的幻灯片以一页一张的方式进行打印；或者以多张为一页的方式打印；或者只打印备注页；或者以大纲视图的方式打印。

1. 页面设置

单击“设计”选项卡下的“幻灯片大小”选项，在弹出的选项列表中选择“自定义幻灯片大小”命令，弹出如图 5-1-10 所示的“幻灯片大小”对话框。

在该对话框中，可以设置幻灯片大小，如“宽屏”“信纸”“A4 纸张”“自定义”等。若选择了“自定义”，可自行设置“高度”和“宽度”。

若不想将 1 作为幻灯片编号的起始值，可以在图 5-1-10 所示的对话框中，给定一个“幻灯片编号起始值”。

在图 5-1-10 的“方向”选项组中，选择“幻灯片”或“备注、讲义和大纲”的方向为“纵向”或“横向”。

设置完毕后，单击“确定”按钮即可。

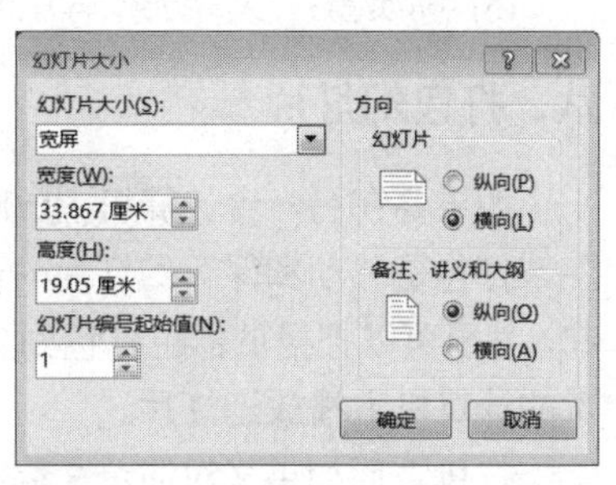

图 5-1-10 “幻灯片大小”对话框

2. 打印

单击“文件”按钮，选择“打印”命令，出现如图 5-1-11 所示的“打印”窗口。

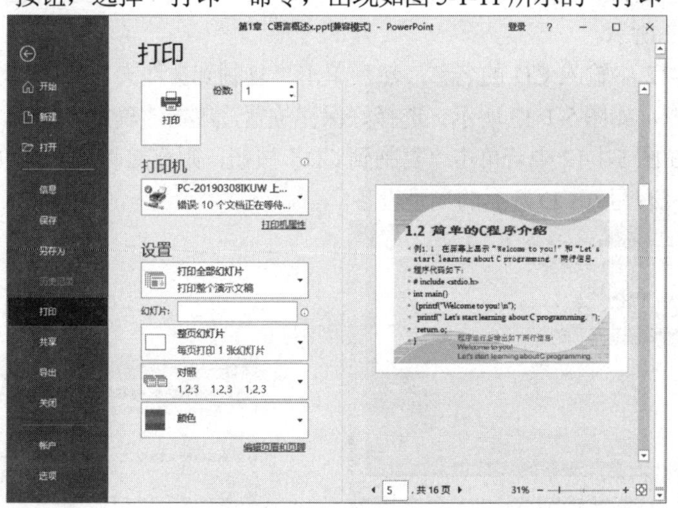

图 5-1-11 幻灯片的“打印”窗口

在该“打印”窗口中，可在“打印机”下面的下拉列表中选择所连接的打印机。

在该“打印”窗口中，可以在“设置”下面的选项区域的第一项的下拉菜单中选择打印范围。若选择“打印全部幻灯片”，则打印演示文稿的所有幻灯片。若选择“当前幻灯片”，则打印插入点所在的幻灯片。若选择“自定义范围”，则可以在下面的“幻灯片”右侧文本框中给定幻灯片范围。若选择“打印所选幻灯片”，则仅打印所选幻灯片。对于“打印隐藏幻灯片”选项，只有在演示文稿中含有隐藏幻灯片时，才使用该功能。

如图 5-1-11 所示，可以在“设置”下面的选项区域的第三项的弹出菜单中选择“打印版式”“讲义”“幻灯片加框”“根据纸张调整大小”和“高质量”等内容。其详细介绍如下。

(1) 打印版式：可以选择幻灯片整页打印、只打印备注页和大纲等，其中打印备注页表示打印指定范围内的幻灯片备注。大纲视图表示打印大纲，打印出来的与屏幕上显示的大纲视图相同。

(2) 讲义：可以每页 2 张、3 张、4 张、6 张或 9 张幻灯片的形式，打印成听众讲义。

(3) 幻灯片加框：打印时给每张幻灯片都加一个细边框。

(4) 根据纸张调整大小：打印时幻灯片的内容会以自适应方式适应所选的纸张。可以使打印出的幻灯片缩小或放大，使它们适应打印页，但这不会改变演示文稿中幻灯片的大小。

(5) 高质量：以高分辨率方式进行打印，该方式比较耗费墨粉。

八、打包幻灯片

如果要在另一台计算机上放映演示文稿，可以将演示文稿打包。

打包是移动和保存幻灯片的最佳办法，可以将演示文稿和所需的外部文件、字体打包到一起，甚至可以把播放器也打包到演示文稿里，从而可以在没有安装 PowerPoint 2016 或其早期版本的计算机上播放幻灯片。

打包之后如果又对演示文稿做了修改，则需要重新打包。

打包的步骤如下。

(1) 单击“文件”按钮，选择“文件”菜单中的“导出”命令，在“导出”窗口中，单击“将演示文稿打包成 CD”，再单击右侧的“打包成 CD”命令，这时会弹出“打包成 CD”对话框，如图 5-1-12 所示。

(2) 在图 5-1-12 中输入 CD 的名称，然后单击“复制到文件夹”按钮。这时将弹出“复制到文件夹”对话框，如图 5-1-13 所示。选择好保存位置，单击“确定”按钮，即可将文件开始复制到文件夹。在图 5-1-12 中若单击“复制到 CD”按钮，则直接将文件打包到 CD 中。当然，前提是要求计算机有写入 CD 数据的刻录设备。

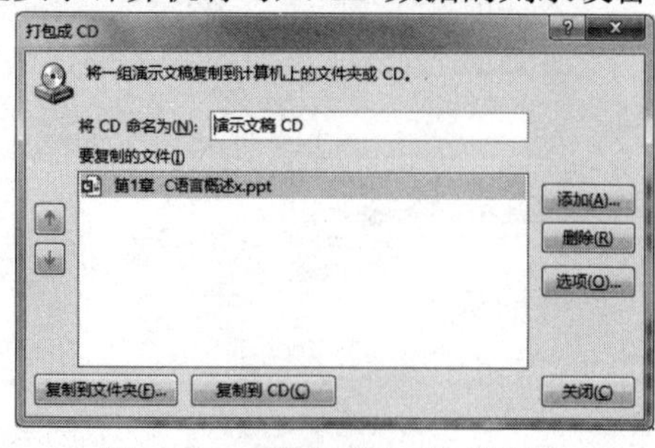

图 5-1-12 “打包成 CD”对话框

图 5-1-13 “复制到文件夹”对话框

单击“打包成 CD”对话框中的“选项”按钮，则弹出“选项”对话框。用户可在此对话框中为打包后的演示文稿设置密码和包中包含的文件。单击“确定”按钮，设置即可生效。

若在“选项”对话框中选中“链接的文件”和“嵌入的 TrueType 字体”复选框，可以选择将外部文件和字体打包。如果在制作时插入了声音、影片或设置了超链接，则应选中“包含链接文件”复选框；如果解包的计算机上没有安装 TrueType 字体，则应选中“嵌入 TrueType 字体”复选框。

打包之后，在目标文件夹里会出现如图 5-1-14 所示的文件夹。

图 5-1-14　“打包”后的文件夹

如果没有 CD 盘，那么可以选择将其存为视频格式，一般的视频格式是 wmv 或者 mp4。操作方法为：单击“文件”按钮，选择“文件”菜单中的“导出”命令，在“导出”窗口中，单击“创建视频”，在弹出的“另存为”对话框中选择保存位置，单击“保存”按钮，即可创建视频。然后选择合适的视频播放器，就可以播放刚刚创建的幻灯片视频。

第二节　编辑演示文稿

一、视图方式

PowerPoint 2016 提供了普通视图、幻灯片浏览视图、备注页视图、幻灯片放映视图和阅读视图等视图方式。用户可根据需要，以不同的方式显示演示文稿的内容。

在不同视图方式之间切换的方法是：单击“视图”选项卡，在“视图”选项卡功能区左端的“演示文稿视图”组中选择“普通”“幻灯片浏览”“备注页”“幻灯片放映”中的某一项，或者单击位于状态栏中的某个视图按钮，即可打开相应的视图。

1. 普通视图

普通视图是默认的视图方式，也是使用最多的视图方式。它又分为两种模式，即大纲模式和幻灯片模式。用户可以在窗口左侧的面板中进行大纲模式和幻灯片模式的切换。

在对具有图形、表格或其他非文本对象的幻灯片进行编辑时，使用普通视图的幻灯片模式更加方便，如图 5-2-1 所示。在幻灯片模式中，视图编辑窗口内列出了选中的幻灯片，左边“幻灯片”栏目里列出了每张幻灯片的缩略图。可以在编辑窗口里编辑图片和文本，也可以随时预览编辑好的各张幻灯片的效果。查找幻灯片时只需在“幻灯片”栏的各个缩略图中进行选择即可，非常方便。

另外一种普通视图模式是大纲模式。大纲模式适用于编辑幻灯片中的具体内容，如图 5-2-2 所示。在大纲视图中编辑幻灯片文本时，如果“大纲”栏宽度过小，可以拖动“大纲”栏和幻灯片编辑窗口之间的分界线使“大纲”部分的面积扩大，从而使得在“大纲”栏中进行文本编辑更加方便。

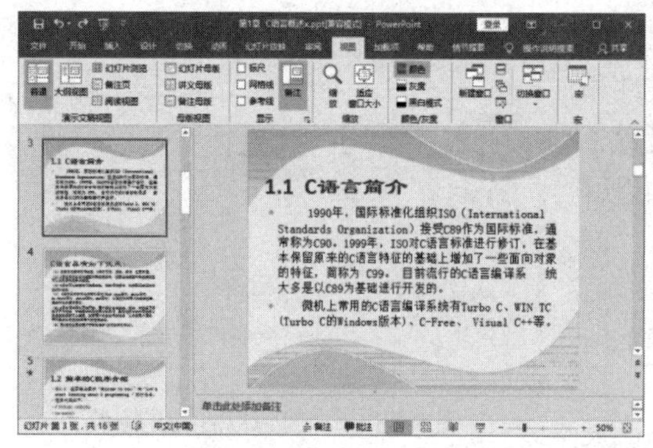

图 5-2-1　普通视图的幻灯片模式

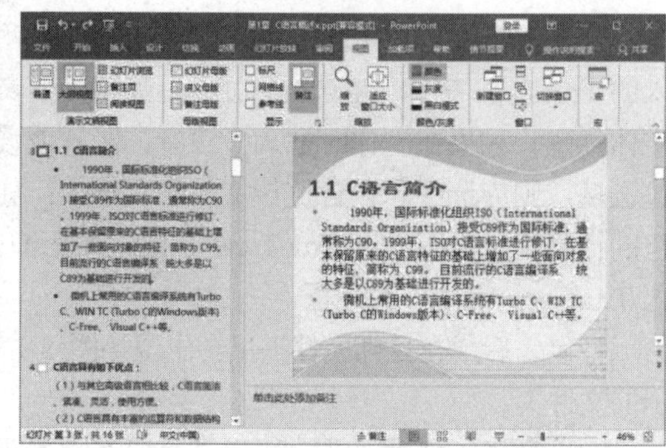

图 5-2-2　普通视图的大纲模式

2. 幻灯片浏览视图

在幻灯片浏览视图中，演示文稿的所有幻灯片被缩小后按顺序排列，如图 5-2-3 所示。

用户可以拖动编辑窗口右下角的缩放比例滑块，改变“显示比例”的值，使图 5-2-3 中出现其他尺寸的多张幻灯片。

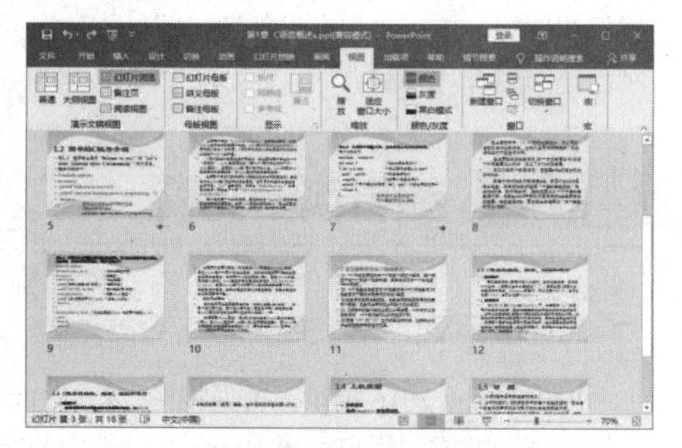

图 5-2-3　幻灯片浏览视图

在幻灯片浏览视图方式下，可以快速进行移动、复制幻灯片的操作：可以在选择某一张幻灯片后，单击“剪切”按钮(或按 Delete 键)，删除该幻灯片。还可以在选择某一张幻灯片后，单击“复制”按钮，将其复制到剪贴板上，再单击“粘贴”按钮，将其粘贴到当前幻灯片的后面。也可以使用“编辑”菜单下的“剪切”“复制”和“粘贴”命令，进行相应的操作。

在幻灯片浏览视图方式下，可以重新排列幻灯片，只需拖动某一张幻灯片到新位置即可。

在幻灯片浏览视图方式下，可以使用“幻灯片浏览”工具栏中的按钮来设置幻灯片的切换方式、效果、动画预览等。

3. 备注页视图

在备注页视图中，将在幻灯片下方显示幻灯片的注释页，可以在该处为幻灯片创建用户的注释。用户可以为任何一张幻灯片添加注释，如图 5-2-4 所示。

4. 幻灯片放映视图

在幻灯片放映视图方式下，整个屏幕显示一张幻灯片。用户可以看到动画效果，听到声音。用户可以在此视图方式下对演示文稿进行预演，然后修改不满意的地方。

设计修改完毕的演示文稿，就是以这种视图方式放映给观众的。如果使用投影仪，则整张幻灯片将投影到幕布上，与使用幻灯的效果一样。这也是用 PowerPoint 制作的电子演示文稿被称作幻灯片的原因。

用户可以在放映过程中单击右键，从弹出的快捷菜单中选择相应的选项，切换到指定的幻灯片或结束放映，如图 5-2-5 所示。

用户也可按 Shift+F5 快捷键进入此视图状态放映幻灯片，或按 Esc 键退出放映。

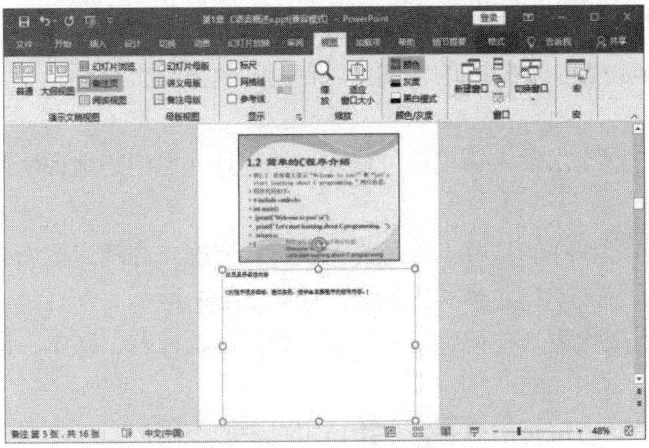

图 5-2-4 备注页视图

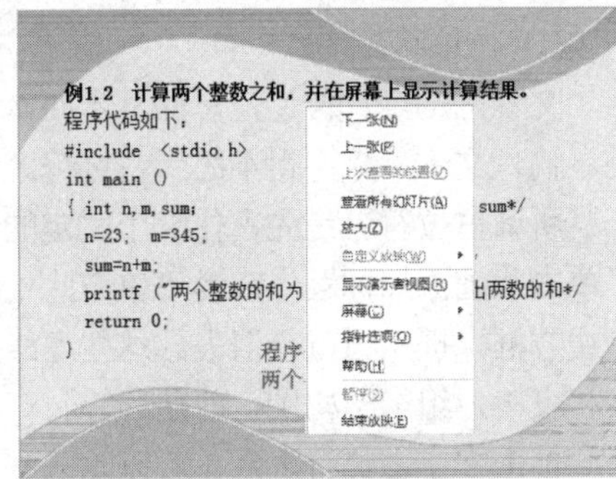

图 5-2-5 幻灯片放映视图

二、输入和编辑文本

新建演示文稿之后，无论是新建的空白演示文稿，还是根据内容提示向导新建的演示文稿，还是应用模板新建的演示文稿，都只是搭好了舞台，还需要在上面添加表演的节目内容。

1. 在普通视图的幻灯片模式下输入和编辑文本

按上面介绍的方法进入普通视图的幻灯片模式，然后就可以输入和编辑文本。

1) 确定版式

所谓版式，就是文本、图形、表格等对象在幻灯片中的布局形式。

新建好一张待编辑的幻灯片之后，需要为幻灯片设计一个版式。具体而言，就是要设置好文字和内容的大概位置，以及在页面中的相关关系。

对于已经输入了内容的幻灯片，也可以通过更改版式来改变外观。

选择需要确定版式的幻灯片，然后单击“开始”选项卡，选择功能区中的“新建幻灯片”按钮，或者单击“版式”按钮；也可以在幻灯片上右击并选择版式，在弹出的下拉列表中列出了各种版式，可以选择合适的幻灯片版式，如图 5-2-6 所示。

在相应的缩略图中可以看见文字和其他内容在各种版式中的排放位置。

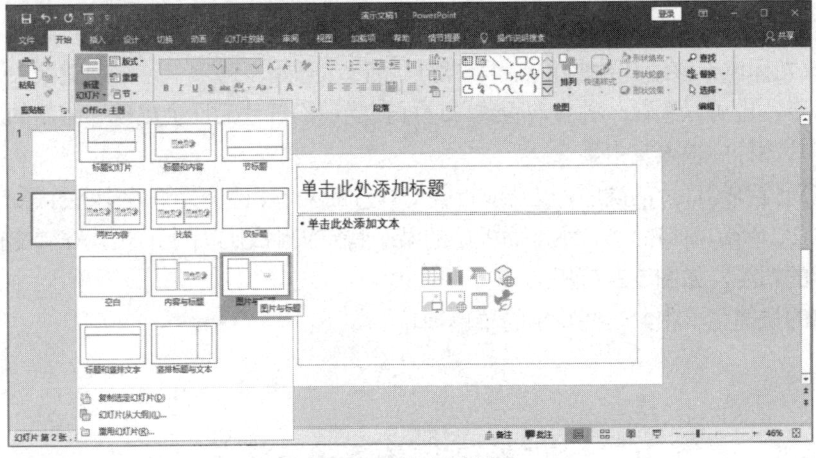

图 5-2-6 幻灯片版式

2) 处理文本对象

文本对象是幻灯片的基本要素，也是演示文稿中最重要的组成部分。合理地组织文本对象可以使幻灯片更清楚地说明问题，恰当地设置文本对象的格式可以使幻灯片更吸引人。

(1) 占位符。

文本是幻灯片传递信息的基本要素，把文本输入适当的位置可以使幻灯片更清楚地说明问题。输入文本，就不得不用到占位符。

所谓占位符就是先占住一个固定的区域，在幻灯片上表现为一个虚线方框，虚线方框内有“单击此处添加标题”或者“单击此处添加文本”之类的提示语，如图 5-2-6 所示。一旦单击虚线方框，提示语就会消失。这些虚线方框代表一些待确定的对象，如幻灯片标题、文本、图表、表格、组织结构图、剪贴画等。

单击文字占位符之后，可以输入文字到占位符的位置。单击占位符中的不同按钮，则可以插入表格、图表、剪贴画、图片、组织结构图和媒体剪辑等。

占位符是幻灯片设计模板的主要组成元素，在占位符中添加文本和其他对象可以方便地创建规整美观的演示文稿。用户也可以将占位符理解成是自动设置的文本框。

(2) 输入和选择文本。

如图 5-2-6 所示，在文本框内显示了“单击此处添加标题”或“单击此处添加文本”等字样。可按提示在占位符内单击，出现闪烁的插入点后，即可输入文本。

若要在“占位符”之外添加文本，或在图 5-2-6 中选取了“空白版式”，可使用“文本框”来输入和编辑文本。操作方法是：单击“插入”选项卡，在功能区中选择“文本”组中的“文本框”按钮，在幻灯片上添加文本的位置拖动出一个矩形框，然后在其中输入文本。

在 PowerPoint 中，文本框内文字的编辑方法与 Word 基本相同，可选择其中的某一部分文字，改变它们的字体、大小、颜色等格式，或者复制、删除它们。

完成当前幻灯片的输入和编辑后，可选择“开始”选项卡，在功能区中选择“新建幻灯片”命令，进行下一张幻灯片的输入和编辑工作。

2. 在普通视图的大纲模式中输入和编辑文本

在如图 5-2-2 所示的普通视图的大纲模式中，可以将光标移到任意位置，进行插入、删除或复制文本的操作。

若要在某一幻灯片的后面插入一张新的幻灯片，并为其输入文本，操作过程是：首先选择该幻灯片(或光标位于该幻灯片的文本中)，然后单击“开始”选项卡，在功能区中选择“新建幻灯片”命令；也可以选取一种自动版式，这样在当前幻灯片后面会出现一张新的幻灯片，然后在新幻灯片图标中输入文本。

若要重新排列幻灯片的次序、展开或折叠幻灯片的文本、改变幻灯片中各标题的缩进级别，可在如图 5-2-2 所示窗口的“大纲”面板中的某个特定大纲幻灯片上右击，在弹出的快捷菜单中选择相应的功能，如图 5-2-7 所示。

在弹出的快捷菜单中，一些特定的菜单项功能如下。

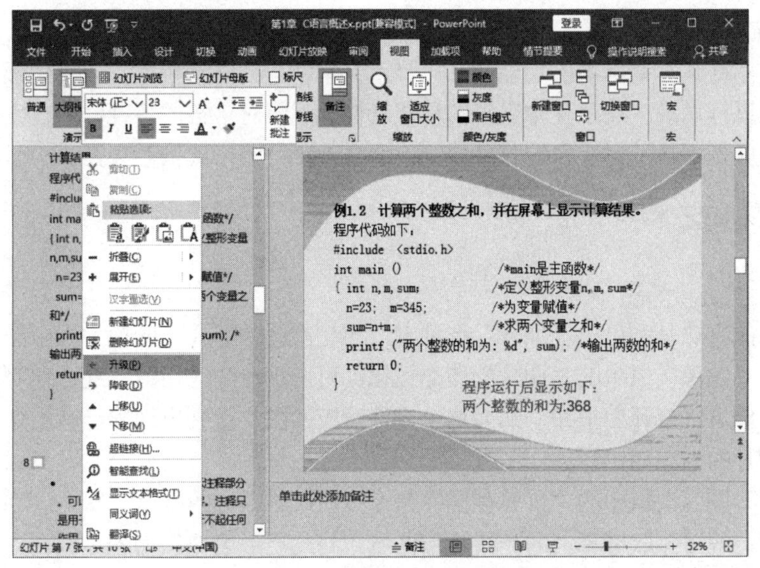

图 5-2-7　在快捷菜单中选择相应的功能

1) 升级

在大纲模式中，每行文本都可以是标题或带标记(或不带标记)的正文。最左端的数字是幻灯片的顺序编号。标题按级别由上到下、由左到右逐行缩进。同级别的标题缩进量相同。不同级别的行，使用不同的标记加以区分。

“升级”菜单项的功能是提高当前标题的级别。每单击一次，提高一级。

若将大标题提高一级，则原属于它的所有小标题均提高一级。

若提高了二级标题(即幻灯片的第二行)，则它和它包含的较低级别的标题，以及其后各行的标题就会脱离原来的幻灯片而生成一张新的幻灯片。

2) 降级

“降级”菜单项的功能是降低当前标题的级别。每单击一次，降低一级。

若将大标题降低一级，则原属于它的所有小标题均降低一级。

若单击幻灯片编号，再选择“降级”菜单项，则该幻灯片的全部内容均降低一级，并合并到上一张幻灯片中，原幻灯片被撤销。

3) 上移(或“下移”)

“上移”(或“下移”)菜单项的功能是将当前标题向上(或向下)移动一个标题行。若当前标题带有小标题，也同时上移(或下移)。可用此方法将当前幻灯片的内容移到上一张(或下一张)幻灯片中。

4) 折叠(或“全部折叠”)

“折叠”菜单项的功能是将当前幻灯片的内容折叠起来，只显示幻灯片的标题。“全部折叠”菜单项的功能是将所有幻灯片的内容折叠起来，只显示每张幻灯片的标题。

5) 展开(或“全部展开”)

“展开”菜单项的功能是将当前幻灯片的内容展开，显示幻灯片的所有内容。“全部展开”菜单项的功能是将所有幻灯片的内容展开，显示每张幻灯片的所有内容。

6) 显示文本格式

“显示文本格式”菜单项的功能是在“显示文本字符的格式特性”与“隐藏文本字符的格式特性”之间进行切换。显示文本字符的格式特性就是将对字符的各种修饰在大纲模式中显示出来，而隐藏就是不显示对字符的各种修饰，但文本字符的格式依然存在。

三、插入图像和艺术字

1. 插入图像

插入图像的方法是：单击“插入”选项卡，在功能区中选择“图像”组中的命令按钮。

若选择了“图像”组中的“图片”命令按钮，可出现一个对话框，通过该对话框选择一个图片文件名，单击“打开”按钮，然后这个文件对应的图片就会出现于当前幻灯片上。可以通过拖动改变图片的大小和位置。

若选择了“图像”组中的“屏幕截图”命令按钮，则鼠标的形状会变为十字形，此时在屏幕上拖动鼠标，即可截取屏幕上的一块矩形区域，将此矩形区域作为图片放在当前幻灯片上。

还可以选择“图像”组中的“联机图片”或者“相册”命令按钮，来获取图片。

2. 插入艺术字

插入艺术字的方法是：单击“插入”选项卡，在功能区中选择“文本”组中的“艺术字”命令按钮，出现“艺术字”列表后，从列表中选择一种“艺术字”样式。然后在幻灯片编辑窗口中通过键盘输入想要的艺术字内容。这样，所输入的文字就按所选择的“艺术字”样式出现于当前幻灯片上。也可以通过拖动改变“艺术字”的大小和位置。

四、插入自选图形

自选图形包括“线条”“矩形”“基本形状”“箭头总汇”“流程图”“星与旗帜”“标注”“动作按钮”等类别的图形。

插入自选图形的方法是：单击“插入”选项卡，在功能区中选择“插图”组中的“形状”命令按钮。此时，在出现的下拉列表中选择一种形状，然后在幻灯片上拖动，即可画出该图形，也可以通过拖动改变其大小和位置。如图 5-2-8 所示，幻灯片上插入了几个自选图形。利用这些自选图形中的某些图形，经过排列组合，可以绘制出更复杂的图形。

五、插入 SmartArt 图形、图表和表格

1. 插入 SmartArt 图形

使用插图有助于用户记忆或理解相关的内容，但对于非专业人员来说，在 PowerPoint 内创建具有设计师水准的插图是很困难的。PowerPoint 2016 提供的 SmartArt 功能，使得用户只需单击几次即可创建具有设计师水准的插图。SmartArt 提供了一些模板，如列表、流程图、组织结构图和关系图等，以简化创建复杂形状的过程。

插入 SmartArt 图形的方法是：单击“插入”选项卡，选择“插图”组中的 SmartArt 命令，弹出“选择 SmartArt 图形”对话框，如图 5-2-9 所示。从窗口左侧选择相应的类别，在图形列

表中可选择一个特定的 SmartArt 图形，然后可在幻灯片中进入编辑模式，并可进行任何调整，从而设计出用户需要的布局插图。

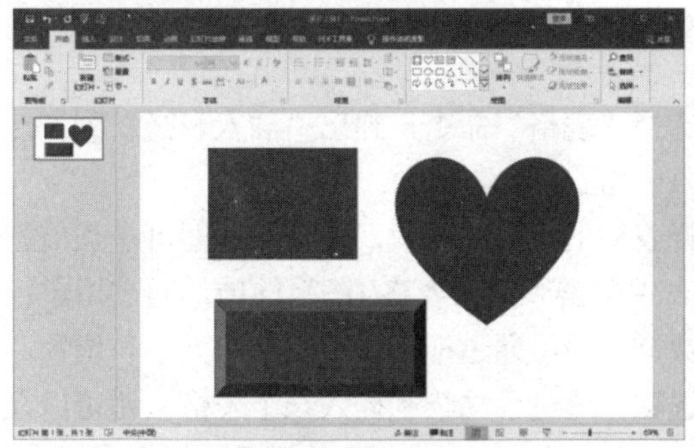

图 5-2-8　插入自选图形

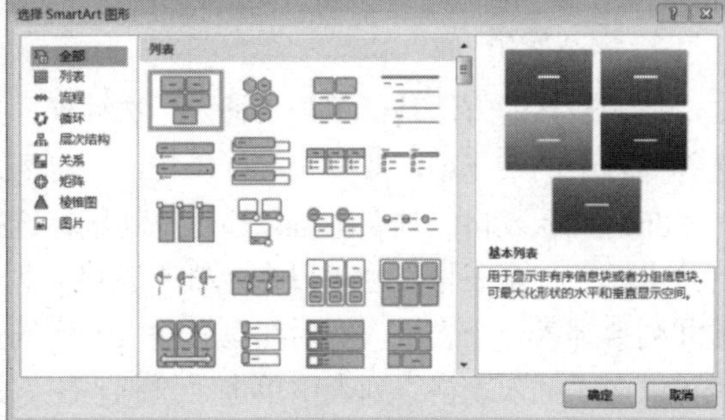

图 5-2-9　“选择 SmartArt 图形”对话框

2. 插入图表

插入图表的方法是：单击“插入”选项卡，选择“插图”组中的“图表”命令，弹出如图 5-2-10 所示的对话框。选择一个合适的图表，并单击“确定”按钮，会弹出一个带有数据(里面的数据是示例)的 Excel 工作簿窗口，并在当前幻灯片上插入了一个图表，如图 5-2-11 和图 5-2-12 所示。

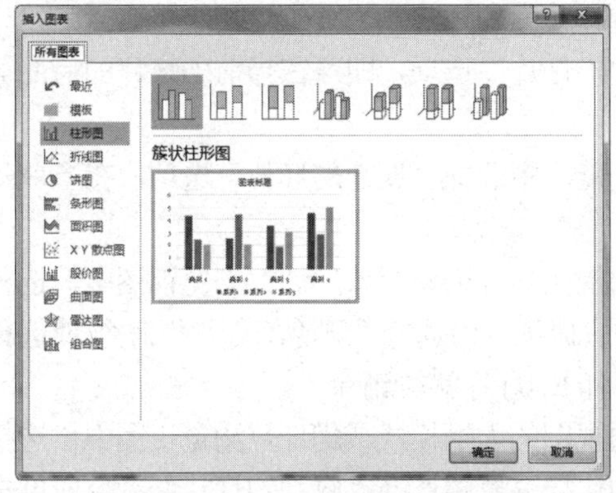

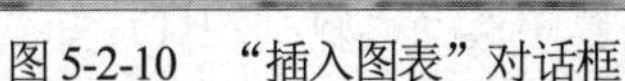

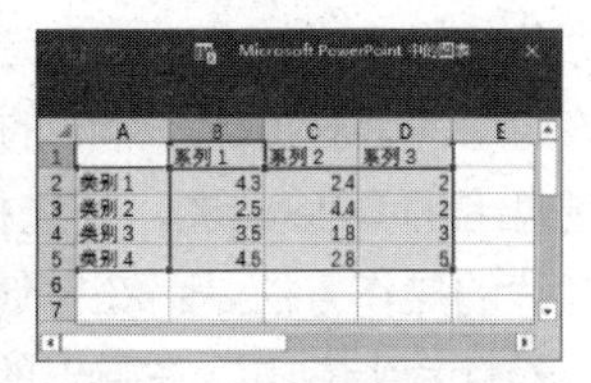

	A	B	C	D	E
1		系列 1	系列 2	系列 3	
2	类别 1	4.3	2.4	2	
3	类别 2	2.5	4.4	2	
4	类别 3	3.5	1.8	3	
5	类别 4	4.5	2.8	5	
6					
7					

图 5-2-10　“插入图表”对话框　　　　图 5-2-11　带有样例的工作簿窗口

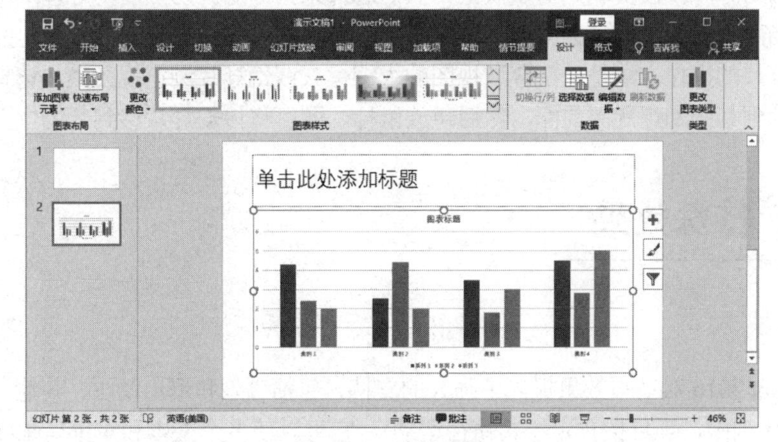

图 5-2-12　插入图表

图 5-2-11 中所示的“数据表”，并不是真正要插入“图表”里的数据，用户可将“数据表”里的数据修改成自己真正需要插入“图表”的数据。

3. 插入表格

插入表格的方法是：单击“插入”选项卡，选择“表格”命令，弹出“插入表格”列表，选择列表中的某一项，按要求进行操作，即可插入表格。

在“插入表格”列表中可以通过拖动鼠标选择表格的行数和列数，松开鼠标即可在当前幻灯片中插入一个表格。也可以在“插入表格”列表中单击“插入表格(I)...”选项，通过指定行数和列数插入一个表格，然后在里面输入表格的数据，最后通过拖动调整表格的大小和位置。也可以在“插入表格”列表中单击“绘制表格”选项，通过手动绘制插入一个表格。还可以在“插入表格”列表中选择“Excel 电子表格”选项，插入一个 Excel 电子表格对象，就像在 Excel 电子表格中一样进行操作。

六、插入、删除、复制和移动幻灯片

当创建新的演示文稿或者修改旧的演示文稿时，都可以在当前幻灯片的后面插入一张新的幻灯片，然后在新的幻灯片上输入编辑信息。

插入新的幻灯片的操作方法是：选择某张幻灯片为当前幻灯片，单击“开始”选项卡，在功能区中选择“幻灯片”组中的“新建幻灯片”选项，即可在当前幻灯片的后面插入一张新的幻灯片。

也可以单击“插入”选项卡，在功能区中选择“新建幻灯片”选项，在当前幻灯片的后面插入一张新的幻灯片。

删除幻灯片的操作方法是：在普通视图的大纲模式或幻灯片浏览视图中，选择想要删除的幻灯片，在该幻灯片上右击，在弹出的快捷菜单中选择“删除幻灯片”命令(或选择想要删除的幻灯片，按键盘上的 Delete 键)，被选择的幻灯片就被删除了。

复制幻灯片的操作方法是：在普通视图的大纲模式或幻灯片浏览视图中，选择想被复制的幻灯片，在该幻灯片上右击，在弹出的快捷菜单中选择“复制幻灯片”命令或单击“复制”按钮，被选择的幻灯片就被复制到剪贴板上。然后选择某张幻灯片为当前幻灯片，单击“粘贴”按钮，则在当前幻灯片的后面会出现一张新幻灯片，它的内容与被复制的幻灯片完全相同。

移动幻灯片的操作方法是：在普通视图的大纲模式或幻灯片浏览视图中，选择要被移动的幻灯片，拖动到某张幻灯片的前面，然后释放鼠标，即可将该幻灯片移到新的位置。

第三节 特殊效果

一、动画效果

PowerPoint 2016 对动画效果提供了强大的支持，包括进入和退出动画、其他计时控制和动作路径(动画序列中，项目按预定绘制路径运动)。它可以使多个文本和对象动画同步，可以给文本、图片、形状、表格、SmartArt 图形和其他对象添加特殊视觉或声音效果，赋予各对象进入、退出、大小或颜色变化甚至移动等视觉效果。

利用 PowerPoint 2016 可以进行的操作主要包括：为对象添加动画；对单个对象应用多个动画效果；查看幻灯片上当前的动画列表；为动画设置效果选项、计时或顺序；测试动画效果等。

若要将注意力集中在要点上、控制信息流以及提高观众对演示文稿的兴趣，使用动画是一种好方法。可以将动画效果应用于个别幻灯片上的文本或对象、幻灯片母版上的文本或对象，或者自定义幻灯片版式上的占位符。

PowerPoint 2016 具有以下 4 种不同类型的动画效果。

- “进入”效果。例如，可以使对象逐渐淡入焦点、从边缘飞入幻灯片或者跳入视图中。
- “退出”效果。这些效果包括使对象飞出幻灯片、从视图中消失或者从幻灯片旋出。
- “强调”效果。这些效果包括使对象缩小或放大、更改颜色或沿着其中心旋转。
- “动作路径”(指定对象或文本运行的路径，它是幻灯片动画序列的一部分)。使用这些效果可以使对象上下移动、左右移动或者沿着星形或圆形图案移动。

1. 为对象添加动画

若要为对象添加动画效果，可执行以下操作方法。

(1) 选择要设置动画的对象，例如，一段文字、一个图形或一张图片。

(2) 在“动画”选项卡的“动画”组中，选择所需要的某一种动画，如图 5-3-1 所示。

如果没有看到所需的进入、退出、强调或动作路径动画效果，可在如图 5-3-1 所示的画面中单击“动画”组中的下拉按钮，在出现的下拉列表的下部单击“更多进入效果”“更多强调效果”“更多退出效果”或“其他动作路径”，即可选择所需的进入、退出、强调或动作路径动画效果。

图 5-3-1 设置动画

在将动画应用于对象或文本后，幻灯片上已制作成动画的各项，会标上不可打印的编号标记，该标记显示在文本或对象旁边。仅当选择“动画”选项卡或“动画”任务窗格可见时，才会在普通视图中显示该标记。

2. 对单个对象应用多个动画效果

若要对同一对象应用多个动画效果，可执行以下操作：选择要添加多个动画效果的文本或对象，在“动画”选项卡的“高级动画”组中单击“添加动画”按钮，如图 5-3-2 所示。对于要添加多个动画效果的文本或对象，可多次执行“添加动画”操作，每次选择不同的动画效果，这样，在放映时，这些文本或对象就会产生多个动画效果。

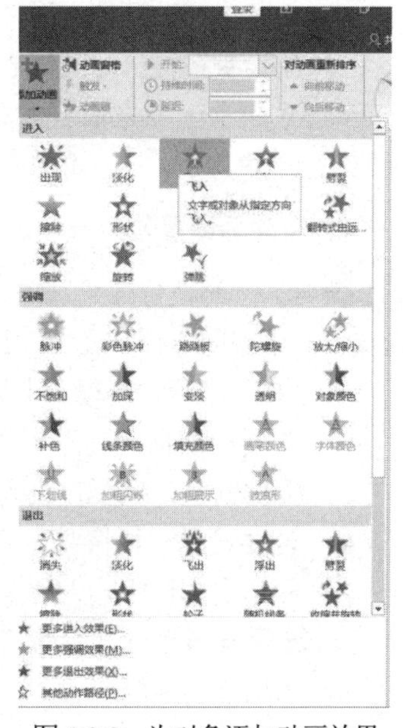

图 5-3-2 为对象添加动画效果

3. 查看幻灯片上当前的动画列表

用户可以在“动画窗格”任务窗格(任务窗格是 Office 程序中提供常用命令的窗口，它的位置适宜，尺寸又小，用户可以一边使用这些命令，一边继续处理文件)中查看幻灯片上所有动画的列表。“动画窗格”任务窗格显示有关动画效果的重要信息，如效果的类型、多个动画效果之间的相对顺序、受影响对象的名称以及效果的持续时间。

若要打开“动画窗格”任务窗格，可在“动画”选项卡的“高级动画”组中单击“动画窗格”，所出现的“动画窗格”任务窗格如图 5-3-3 所示。

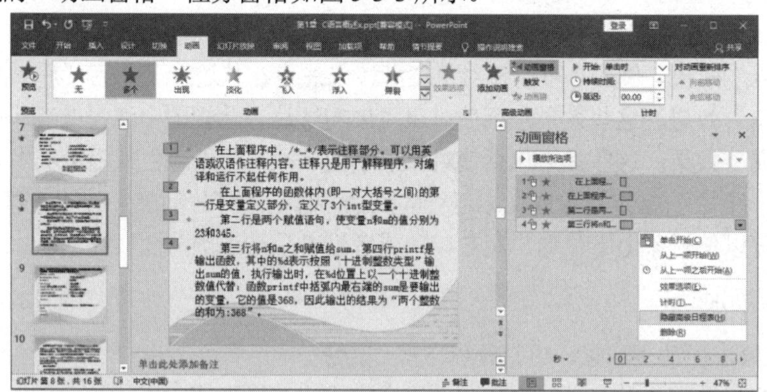

图 5-3-3 “动画窗格”任务窗格

动画窗格中的编号表示动画效果的播放顺序，该编号与幻灯片上显示的不可打印的编号标记相对应。时间线代表效果的持续时间。图标代表动画效果的类型。选择列表中的某项后会看到相应菜单的图标(向下箭头)，单击该图标即可显示相应的菜单。

各个效果将按照其添加顺序显示在“动画窗格”任务窗格中。

也可以查看指示动画效果相对于幻灯片上其他时间的开始计时的图标。若要查看所有动画的开始计时图标，单击相应动画效果旁的菜单图标，然后选择“隐藏高级日程表”即可。

指示动画效果开始计时的图标有多种类型，包括下列各项。

- “单击开始”(鼠标图标)：动画效果在单击时开始。
- “从上一项开始”(无图标)：动画效果开始播放的时间与列表中上一个效果的时间相同。此设置在同一时间组合多个效果。
- “从上一项之后开始”(时钟图标)：动画效果在列表中上一个效果完成播放后立即开始。

4. 为动画设置效果选项、计时或顺序

若要为动画设置效果选项，则在“动画”选项卡的“动画”组中单击“效果选项”右侧的箭头，在出现的下拉列表中，选择所需的选项。

可以在“动画”选项卡上为动画指定开始时间、持续时间或者延迟计时。

- 若要为动画设置开始计时，则在“动画”选项卡的“计时”组中单击“开始”菜单右侧的箭头，然后在出现的下拉列表中选择所需的计时。
- 若要设置动画将要运行的持续时间，则在“动画”选项卡的“计时”组中的“持续时间”文本框中输入所需的秒数。
- 若要设置动画开始前的延时，则在“动画”选项卡的“计时”组的“延迟”文本框中输入所需的秒数。

- 若要对列表中的动画重新排序，则在“动画”任务窗格中选择要重新排序的动画。然后在“动画”选项卡的“计时”组中选择“对动画重新排序”下的“向前移动”，使动画在列表中的另一动画之前发生；或者选择“向后移动”，使动画在列表中的另一动画之后发生。

5. 测试动画效果

若要在添加一个或多个动画效果后验证它们是否起作用，可执行以下操作：单击“动画”选项卡，在功能区左侧的“预览”组中，单击“预览”按钮。

二、将 SmartArt 图形制作成动画

可以创建动态 SmartArt 图形，来进一步强调或分阶段显示信息。可以将整个 SmartArt 图形制作成动画，或者只将 SmartArt 图形中的个别形状制作成动画。例如，可以让维恩图的每个圆圈一次一个地飞入，或者创建一个按级别淡入的组织结构图。

为了确定哪种动画与 SmartArt 图形布局的搭配效果最好，可以在 SmartArt 图形文本窗格中查看信息，因为大多数动画都是从文本窗格上显示的顶层项目符号开始向下移动的。也可以倒序播放动画。

如果看不到文本窗格，可以设置显示它。如何显示文本窗格？选择幻灯片上的 SmartArt 图形，在“SmartArt 工具”下的“设计”选项卡上，单击“创建图形”组中的“文本窗格”即可。

可用的动画取决于用户为 SmartArt 图形选择的布局，但用户可以同时将全部形状制作成动画，或一次一个形状地制作动画。幻灯片上的动画条目以不可打印的编号标记注释，这些标记与“动画窗格”列表中的动画相对应，显示于 SmartArt 图形的旁边，且仅在“自定义动画”任务窗格显示时，才在普通视图中显示。

需要注意的是，请谨慎应用动画，以免淡化消息或使观众不知所措。

应用到 SmartArt 图形的动画与可应用到形状、文本或艺术字的动画，存在以下几方面的区别。

(1) 形状之间的连接线通常与第二个形状相关联，且不将其单独地制作成动画。

(2) 如果将一段动画应用于 SmartArt 图形中的形状，动画将按形状出现的顺序进行播放。若要调整顺序，只能将顺序整个颠倒，不能重新排列单个 SmartArt 图形的动画顺序。

例如，如果有 6 个形状，且每个形状包含一个从 A~F 的字母，则可以按从 A~F 或从 F~A 的顺序播放动画，但不能以混乱的顺序播放动画。例如，先从 A 到 C 播放，再从 F 到 D 播放。但是，可以创建多张幻灯片来模仿该顺序。可以创建一张幻灯片从形状 A 到形状 C 播放动画，再创建另一张幻灯片从形状 F 到形状 D 播放动画。

(3) 在将一个使用 PowerPoint 2007 之前版本创建的图表转换为 SmartArt 图形时，可能会丢失一些动画设置，或者动画可能会显得有所不同。

(4) 当切换 SmartArt 图形布局时，添加的任何动画都将传送到新布局中。

三、幻灯片切换

幻灯片切换也称为换页，就是从一张幻灯片变换到另一张幻灯片的中间过程。用户可以设置换页的方式、效果和声音。还可以为当前选择的某一张幻灯片或者当前选择的某一组幻灯片设置换页的方式、效果和声音，也可以为演示文稿的所有幻灯片设置换页的方式、效果和声音。

1. 为幻灯片添加切换效果

为幻灯片添加切换效果的方法如下。

(1) 选择需要设置切换效果的幻灯片(某一张幻灯片或者某一组幻灯片)。

(2) 单击“切换”选项卡。在“切换”选项卡的“切换到此幻灯片”组中，选择某种切换效果并单击，如图5-3-4所示(选择的是随机线条)。若要查看更多切换效果，可以单击“其他”按钮。当出现其他更多的切换效果时，可以选择其中的某个切换效果。

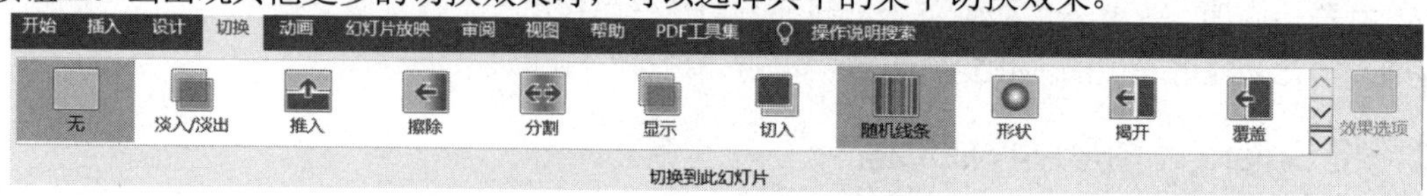

图5-3-4　为幻灯片添加切换效果

2. 设置切换效果的持续时间以及向幻灯片添加切换声音

若要设置上一张幻灯片与当前幻灯片之间的切换效果的持续时间，首先要选中幻灯片，单击“切换”选项卡，在“计时”组中的“持续时间”右侧的文本框中，输入或选择所需的时间，如图5-3-5所示。

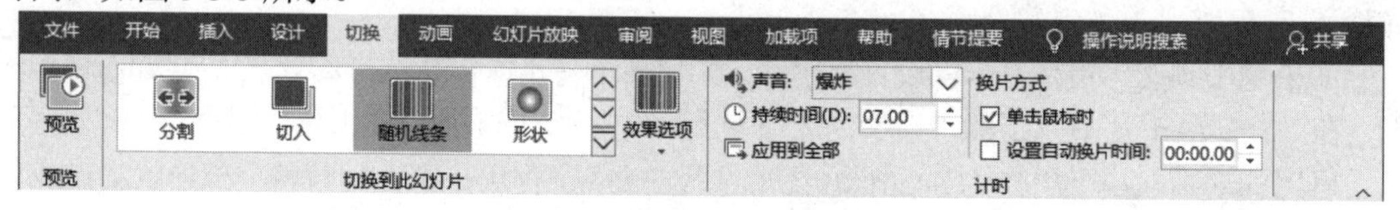

图5-3-5　设置切换效果的持续时间

若要设置切换幻灯片时的声音，选中幻灯片后，可在“切换”选项卡的“计时”组中单击“声音”选项方框右侧的向下箭头，打开声音下拉列表，选择下拉列表中的某一种声音(例如爆炸)，如图5-3-5所示。

若要采用单击方式切换幻灯片，可在“切换”选项卡的“计时”组中，选中“单击鼠标时”复选框，如图5-3-5所示。

用户也可以更改幻灯片的切换效果，为切换效果设置不同的属性或计时，以及删除幻灯片的切换效果。

四、幻灯片背景设置

可以在整个幻灯片后面插入图片作为背景，或在幻灯片后面插入图片作为水印，还可以在幻灯片后面插入颜色作为背景。

通过向一个或所有幻灯片添加图片作为背景或水印，可以使PowerPoint演示文稿独具特色或者明确标识演示文稿的主办方。

1. 使用图片作为幻灯片背景

首先单击要添加背景图片的幻灯片。若要选择多个幻灯片，可以先单击某个幻灯片，然后按住Ctrl键并单击其他幻灯片。

单击“设计”选项卡，再单击功能区右侧的“设置背景格式”图标按钮，或者在所选的幻灯片上右击，出现快捷菜单后选择“设置背景格式”菜单命令，出现图5-3-6右侧所示的“设置背景格式”任务窗格。

在图 5-3-6 中，单击“设置背景格式”任务窗格中的“填充”按钮，选中“图片或纹理填充”单选按钮。然后执行设置图片作为背景格式的相关操作。

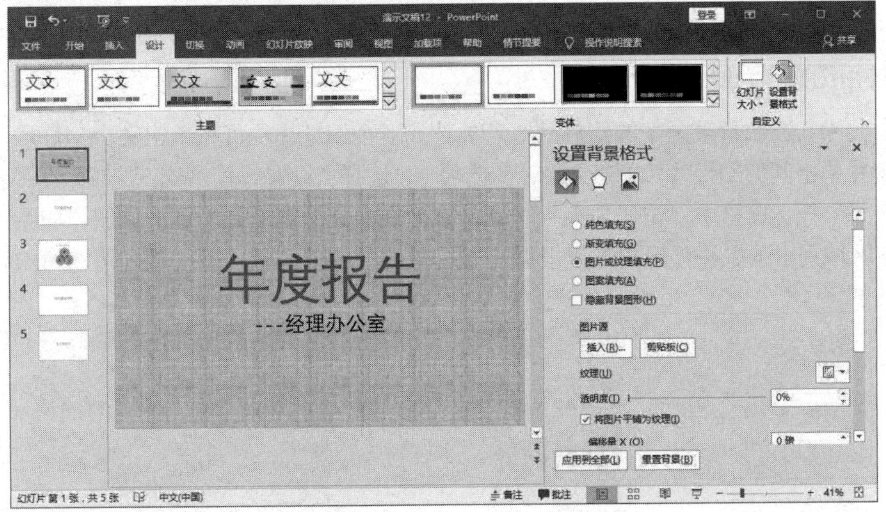

图 5-3-6 “设置背景格式”任务窗格

- 若要插入来自文件的图片，请单击“插入(R)…”按钮，然后按照提示，找到要插入的图片。
- 若要粘贴所复制的图片，请单击“剪贴板(C)”按钮。
- 若要调整图片的透明度，或者调整其最暗区域与最亮区域之间的差异(对比度)，可在“设置背景格式”界面的底部，滑动“透明度”滑块，或在文本框中输入数值。从左向右滑动会提高透明度，使幻灯片上的文字更加清晰。

设置完成后，执行下列操作之一。

- 若要使所选的图片作为所选幻灯片的背景，单击“关闭”按钮。
- 若要使所选的图片作为演示文稿中所有幻灯片的背景，单击“应用到全部”按钮。

2. 使用颜色作为幻灯片背景

单击要为其添加背景色的幻灯片；若要选择多个幻灯片，可先单击某个幻灯片，然后按住 Ctrl 键并单击其他幻灯片。单击“设计”选项卡，选择“设置背景格式”选项。在弹出的“设置背景格式”任务窗格中单击“填充”按钮，然后选中“纯色填充”单选按钮，单击“颜色”按钮图标，最后单击所需的颜色，如图 5-3-7 所示。

主题颜色是指文件中使用的颜色的集合。主题颜色、主题字体和主题效果这三者构成一个主题。主题可以作为一套独立的选择方案应用于文件中。若想更改为不属于主题颜色的颜色，可单击“颜色”按钮，在下拉列表中选择“其他颜色”命令，如图 5-3-7 所示，然后在弹出的对话框的“标准”选项卡上单击所需的颜色。如果用户更改了文档主题，自定义颜色和“标准”选项卡上的颜色也都不会更新。

透明度定义了能够穿过对象像素的光线数量的特征。如果对象是100%透明的，光线将能够完全穿过它，这会导致无法看见对象。换言之，就是可以穿过对象看到后面的东西。

若想更改背景透明度，可移动“设置背景格式”界面下部的“透明度”滑块。透明度的百分比可以从 0%(完全不透明，默认设置)变化到 100%(完全透明)。

设置完成后，执行下列操作之一。

- 若要使所选的颜色作为所选幻灯片的背景，单击“关闭”按钮。
- 若要使所选的颜色作为演示文稿中所有幻灯片的背景，单击“应用到全部”按钮。

3. 使用图案作为幻灯片背景

单击要为其添加背景图案的幻灯片；若要选择多个幻灯片，可先单击某个幻灯片，然后按住 Ctrl 键并单击其他幻灯片。单击“设计”选项卡，选择“设置背景格式”选项。在弹出的“设置背景格式”任务窗格中单击“填充”按钮，然后选中“图案填充”单选按钮，如图 5-3-8 所示，图案区域列出了多种背景图案，根据需要选择某一种图案后，可以看到所选的幻灯片的背景变为该图案了。

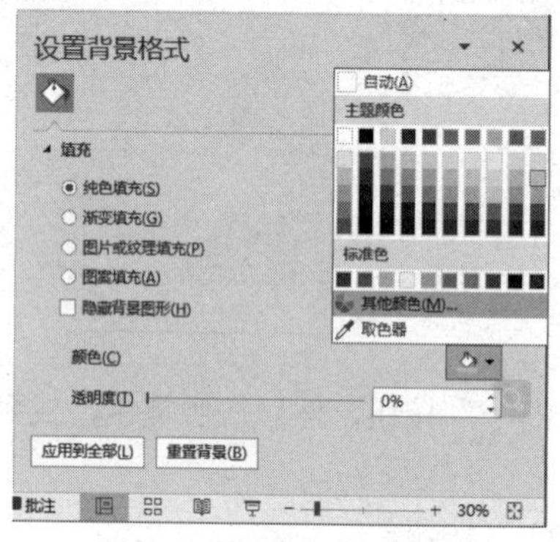

图 5-3-7　选择“纯色填充”

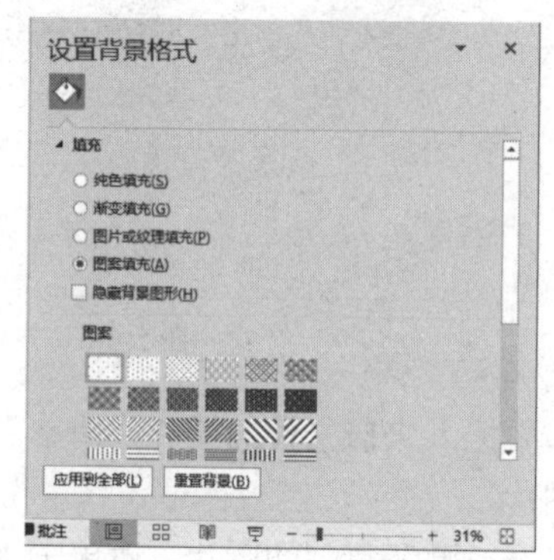

图 5-3-8　选择“图案填充”

在图 5-3-8 中，选择某一种图案之后，若感觉不妥，可以单击“重置背景”按钮，则所选的幻灯片的背景图案就消失了，然后可以重新再为幻灯片选择某一种图案。

设置完成后，执行下列操作之一。

- 若要使所选的图案作为所选幻灯片的背景，单击“关闭”按钮。
- 若要使所选的图案作为演示文稿中所有幻灯片的背景，单击“应用到全部”按钮。

五、插入视频和音频

1. 插入视频

可以将外部视频文件插入 PowerPoint 演示文稿中。若要在 PowerPoint 演示文稿中添加指向视频的链接，可执行下列操作。

- 在普通视图中，单击要为其添加视频的幻灯片。
- 在“插入”选项卡的“媒体”组中，单击“视频”选项下方的箭头，出现的菜单中包含的选项有“PC 上的视频”和“联机视频”。
- 单击“PC 上的视频”，在弹出的“插入视频文件”对话框中找到并单击要链接的视频文件，如图 5-3-9 所示。
- 单击“插入”按钮的向下箭头，然后单击其中的“链接到文件”选项。

为了防止可能出现与断开链接有关的问题，最好先将视频文件复制到演示文稿所在的文件夹中，然后再将视频文件链接到幻灯片上。

在“插入”选项卡的“媒体”组中，若单击“视频”选项下方的箭头，在出现“PC 上的视频”和“联机视频”两种选择之后，选择“联机视频”选项，则会出现如图 5-3-10 所示的对话框，只需按要求操作即可插入来自网络的视频文件。

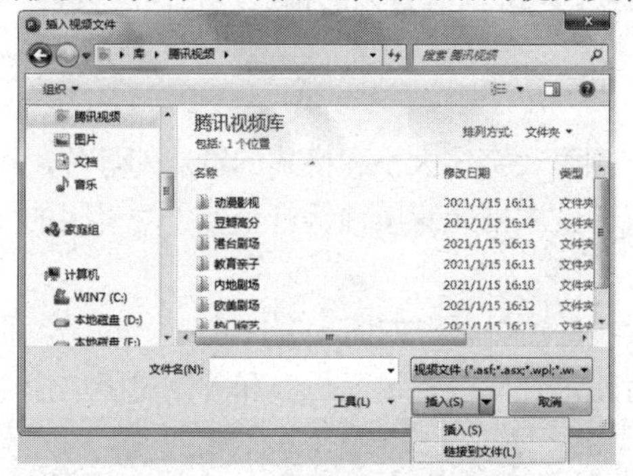

图 5-3-9　“插入视频文件”对话框

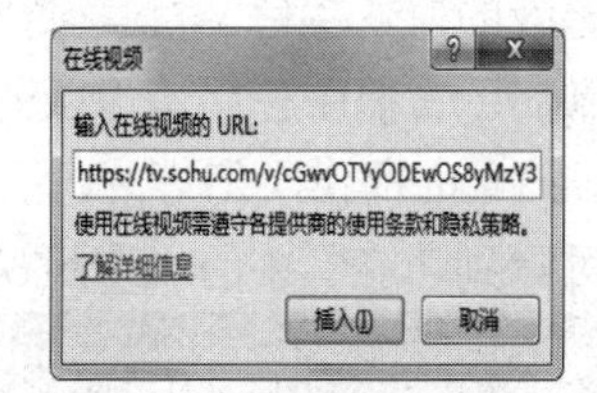

图 5-3-10　“在线视频”对话框

完成插入操作之后，在幻灯片上会出现插入的视频文件所对应的图标。选定该图标后，可以看到：在界面窗口选项卡上出现了“视频工具”|“播放”和“视频工具”|“格式”两个选项卡。

在“视频工具”下的“播放”选项卡上，在“视频选项”组中的“开始”列表中，执行下列操作之一。

- 如果想在幻灯片(包含视频)切换至“幻灯片放映”视图时播放视频，可单击“开始”列表中的“自动”选项。
- 如果想要通过单击来控制启动视频的时间，应单击“开始”列表中的“单击时”选项。随后，当准备好播放视频时，只需在“幻灯片放映”视图下单击该视频对应的图标即可。

在视频播放期间，单击视频可暂停播放。若要继续播放该视频，应再次单击它。

2. 插入音频

为了突出重点，可以在演示文稿中添加音频，如音乐、旁白、原声摘要等。在幻灯片上插入音频时，将显示一个表示音频文件的图标。

在进行演讲时，可以将音频设置为在显示幻灯片时自动开始播放、在单击时开始播放或播放演示文稿中的所有幻灯片，甚至可以循环连续播放直至停止播放。

可以选择计算机上的音频文件来实现添加音频。也可以自己录制音频，将其添加到演示文稿中。可以预览音频，也可以在幻灯片放映时隐藏音频图标。

为了防止在播放时出现问题，可以将音频嵌入演示文稿中，操作方法如下。

- 单击要添加音频的幻灯片。在“插入”选项卡的“媒体”组中，单击“音频”按钮。出现的下拉列表中包含的选项有“PC 上的音频”和“录制音频”。
- 单击“PC 上的音频”选项，通过对话框找到本计算机上的音频文件，然后插入当前选定的幻灯片上。
- 或者单击“录制音频”选项，出现“录制声音”对话框，完成录制后，单击“确定”按钮，则幻灯片上就会出现音频图标。

可以在幻灯片上预览音频效果：在幻灯片上选定音频图标，单击图标下的“播放”按钮，即可预览音频效果。

选定音频图标后，可以看到，在界面窗口选项卡上出现了“音频工具”|“播放”和“音频工具”|“格式”两个选项卡。

在“音频工具”|“播放”选项卡的功能区中，可以对音频的播放进行一些设置。

六、母版

母版是一张可以预先定义背景颜色、文本颜色、字体大小和格式的特殊幻灯片，可以根据需要对母版的前景颜色、背景颜色、图形格式和文本格式等属性进行重置。对母版的修改会直接作用到演示文稿中使用该母版的幻灯片上。

PowerPoint 提供了幻灯片母版、讲义母版和备注母版。如图 5-3-11 所示，单击“视图”选项卡，可看到功能区中的“母版视图”组中有幻灯片母版、讲义母版和备注母版的命令按钮。

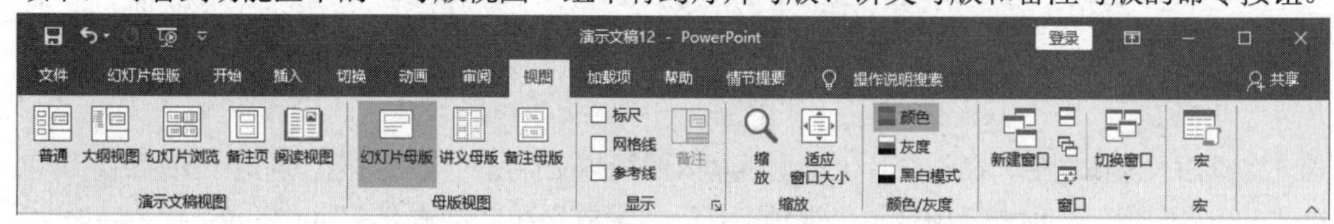

图 5-3-11　“视图”选项卡的“母版视图”组

1. 幻灯片母版

如果想对多张幻灯片设置统一的外观格式，或者修改多张幻灯片使其具有统一的外观格式，不必一张一张地去修改，只需在幻灯片母版上修改即可。修改母版后，PowerPoint 会自动更新这些幻灯片，并对以后新添加的幻灯片也应用这些更改。

在图 5-3-11 中，单击“视图”选项卡的“母版视图”组中的“幻灯片母版”命令按钮，这时会出现当前演示文稿所使用的幻灯片母版，如图 5-3-12 所示。

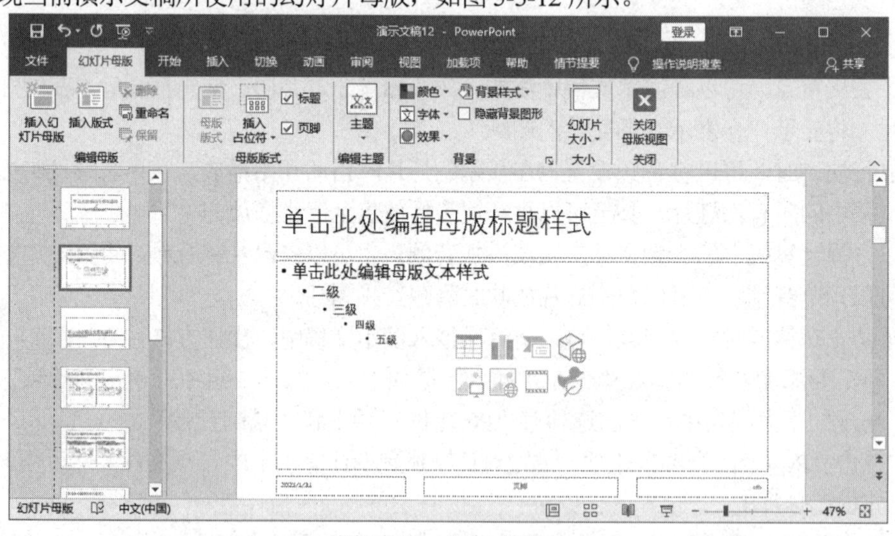

图 5-3-12　幻灯片母版

在幻灯片母版中，包括以下内容：“自动版式的标题区”(编辑标题文本的样式)，显示“单击此处编辑母版标题样式”；“自动版式的对象区”(编辑幻灯片段落文本的样式)，显示“单击此处编辑母版文本样式”；“日期区”“页脚区”和“数字区”(标注幻灯片的序号)。

在幻灯片母版中，可以按照提示单击某处，对该部分进行设置。例如，可以单击“单击此处编辑母版文本样式”下的“二级”，将其设置为四号蓝色粗体字，那么演示文稿的所有幻灯片和以后新添加的幻灯片的段落文本的第二级标题都以四号蓝色粗体字显示。

在幻灯片母版中，可以为幻灯片母版设置一个新的背景，那么这个背景就能应用于演示文稿的所有幻灯片和以后新添加的幻灯片。可以在幻灯片母版上添加一些其他对象，从而为所有幻灯片设计出一个统一的风格，产生一种特殊的效果。

例如，添加一个图片、图标或图形，那么演示文稿的所有幻灯片和以后新添加的幻灯片上都有这个图片、图标或图形。例如，添加一段文本，那么演示文稿的所有幻灯片和以后新添加的幻灯片上都有这段文本。

2. 讲义母版

PowerPoint 可以将演示文稿的所有幻灯片打印成讲义，然后发给听众使用。使用“讲义母版”可以控制讲义的打印格式。

可以将幻灯片的内容以一张幻灯片为一页的方式来打印，也可以将幻灯片的内容以多张幻灯片为一页的方式来打印，还可以添加图片、文字说明等对象。

单击“视图”选项卡的“母版视图”组中的“讲义母版”命令按钮，会出现“讲义母版”界面，如图 5-3-13 所示。

在图 5-3-13 中，可以对“讲义母版”进行设置。例如：设置“讲义方向”，可以为“纵向”或“横向”；设置“幻灯片大小”；设置“每页幻灯片数量”，每页可以有 1 张、2 张、3 张、4 张或 6 张等；设置占位符(页眉、页脚、日期、页码)；设置背景等内容。

3. 备注母版

备注是对幻灯片内容的说明。备注加在备注页的下半部的注释区中，是演示文稿的报告人加给自己看的，观众看不到。

单击“视图”选项卡的“母版视图”组中的“备注母版”命令按钮，会出现“备注母版”界面，如图 5-3-14 所示。

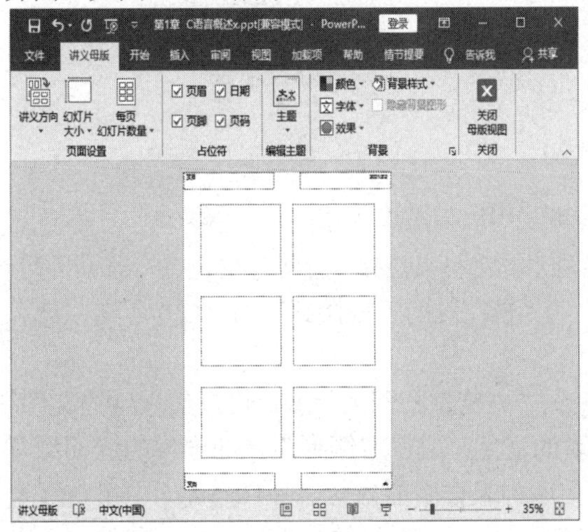

图 5-3-13　讲义母版

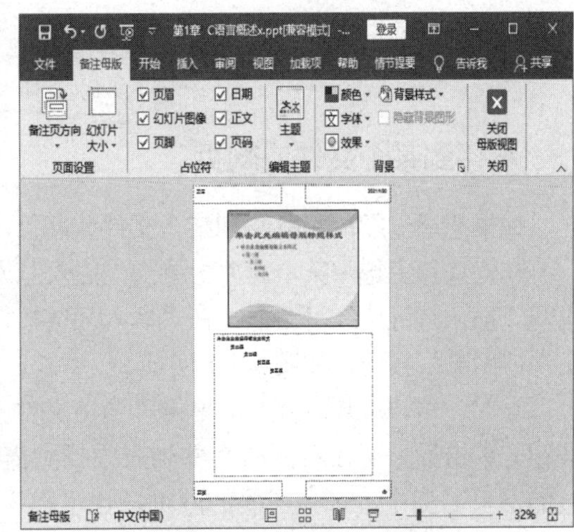

图 5-3-14　备注母版

备注母版用来设置备注的预设格式，根据需要可以重新设置“备注母版”。对“备注母版”的修改将直接作用于当前演示文稿的备注页。在“备注母版”界面中，可以设置备注页的方向为纵向或横向，可以设置幻灯片的大小、占位符、背景等内容。

第四节 链接

用户可以在演示文稿中插入链接。在放映幻灯片时，可以通过链接从当前幻灯片跳转到其他不同的位置。例如，可以跳转到某个文件或Web页，跳转到本文档中的其他位置，跳转到新建文档，跳转到电子邮件地址等。

用户可以使用幻灯片上的某个对象，如一段文本、一个图形、一张图表去创建链接，方法是：在幻灯片上选中该对象，然后单击“插入”选项卡，选择“链接”组中的“链接”命令按钮 (也可以在选中的对象上右击，从弹出的快捷菜单中选择“超链接”命令)，出现如图 5-4-1 所示的“插入超链接”对话框。在“插入超链接”对话框中进行设置，设置完毕后单击“确定”按钮即可。当放映幻灯片时，通过单击该对象，就能跳转到在“插入超链接”对话框中设置好的位置。

图 5-4-1 “插入超链接”对话框

一、链接到某个文件或网页

如果想通过超链接跳转到某个文件或网页，可采用以下操作方法。

在幻灯片上选中某个对象，单击“插入”选项卡，选择“链接”组中的“链接”命令按钮，出现“插入超链接”对话框。在“插入超链接”对话框左侧的“链接到”列表框中单击“现有文件或网页”按钮，如图 5-4-1 所示。

这时，可以在图 5-4-1 中单击“当前文件夹”“浏览过的网页”或“最近使用过的文件”按钮。单击后，可在右侧的文件列表中找到需要的文件；或在右侧列表框中出现的近期浏览过的网页名称中，选择需要的网页。也可以不使用列表框中的内容，在图 5-4-1 中单击“查找范围”右侧方框边的下拉箭头，出现下拉列表后，找到要链接的文件或网页所在的文件夹名称。

确定好要链接的文件或网页后，在图 5-4-1 中单击“确定”按钮即可。还可以直接在图 5-4-1 所示的对话框下面的“地址”栏中输入要链接的文件的绝对路径或网页所在的地址。

在图 5-4-1 中，确定好要链接的文件或网页后，还可以单击“屏幕提示”按钮。然后输入一段屏幕提示文字，当运行演示文稿时，鼠标指针停留在对应此链接的对象上面时，会自动出现这段屏幕提示文字。若没有指定屏幕提示，将使用文件的路径或 URL 作为屏幕提示。

二、链接到文档中的某个位置

若想通过超链接跳转到文档中的某个位置，操作方法如下。

在幻灯片上选中某个对象。在如图 5-4-1 所示的“插入超链接”对话框中，单击对话框左侧的“链接到”列表框中的“本文档中的位置”按钮，如图 5-4-2 所示。

在图 5-4-2 中，可在“请选择文档中的位置”列表框中选择所需的位置，如“上一张幻灯片”，然后单击“确定”按钮。这样，放映幻灯片时，通过单击该对象，就能跳转到上一张幻灯片。

在图 5-4-2 中，可在“请选择文档中的位置”列表框中单击“幻灯片标题”左侧的“+”号，选择其他幻灯片，或选择某个自定义放映。

也可以像上面那样设置“屏幕提示”。若不设置，则无显示信息。

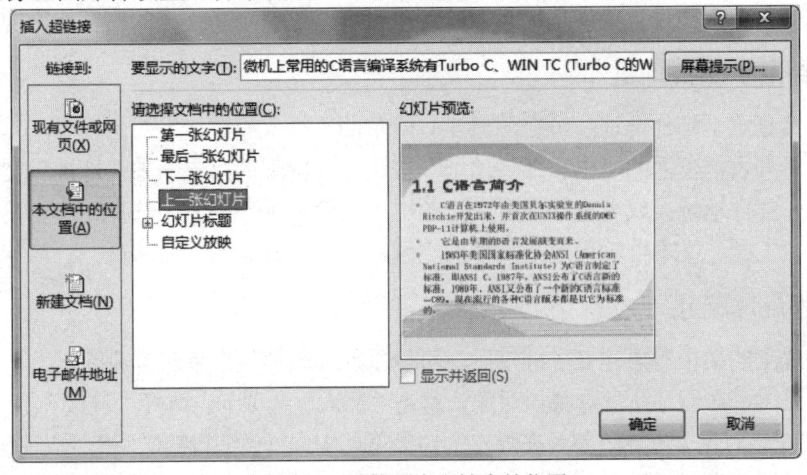

图 5-4-2　链接到本文档中的位置

三、链接到新建文档

如果想链接到新建文档(也是演示文稿)，可采用以下操作方法。

在图 5-4-1“插入超链接”对话框中，单击对话框左侧的“新建文档”按钮，如图 5-4-3 所示。

在图 5-4-3 的“新建文档名称”下的文本框中输入路径文件名，也可以单击“更改”按钮，给出其他的路径文件名。在“何时编辑”选项组中选中“以后再编辑新文档”或“开始编辑新文档”单选按钮，单击“确定”按钮即可。

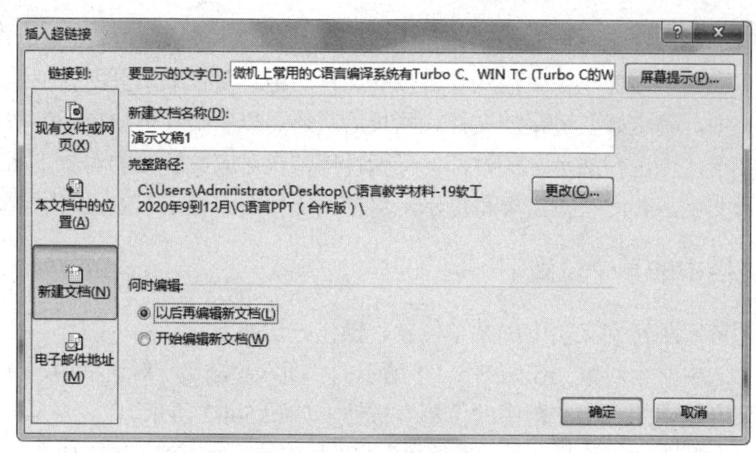

图 5-4-3　链接到新建文档

若选中“开始编辑新文档”单选按钮，单击“确定”按钮后就可以开始编辑新文档，编辑后，将新文档保存起来。放映幻灯片时，通过单击在幻灯片上选中的对象，就可以跳转到新建文档，放映新建文档的内容。

也可以像上面那样设置“屏幕提示”。若不设置，则使用新文档的路径作为屏幕提示。

四、链接到电子邮件地址

若要链接到电子邮件地址，可在图 5-4-1 所示的“插入超链接”对话框中，单击对话框左侧“链接到”列表框下面的“电子邮件地址”按钮。在出现的“电子邮件地址”文本框中输入要链接的电子邮件地址；或者在“最近用过的电子邮件地址”列表中选择一个要链接的电子邮件地址，在“主题”文本框输入电子邮件的主题，单击“确定”按钮即可。

五、编辑和删除链接

为幻灯片上的某个对象建立了链接后，可以重新编辑链接或者将其删除。

操作方法为：在幻灯片上选择该对象，单击“插入”选项卡，选择“链接”组中的“链接”命令按钮(或在该对象上右击，然后在弹出的快捷菜单中选择“编辑链接”或“取消链接”命令)，弹出“编辑超链接”对话框。在该对话框中，将显示目前的超链接内容。若要编辑此超链接，可重新选择内容；若要删除此超链接，可单击“删除链接”按钮，如图 5-4-4 所示。

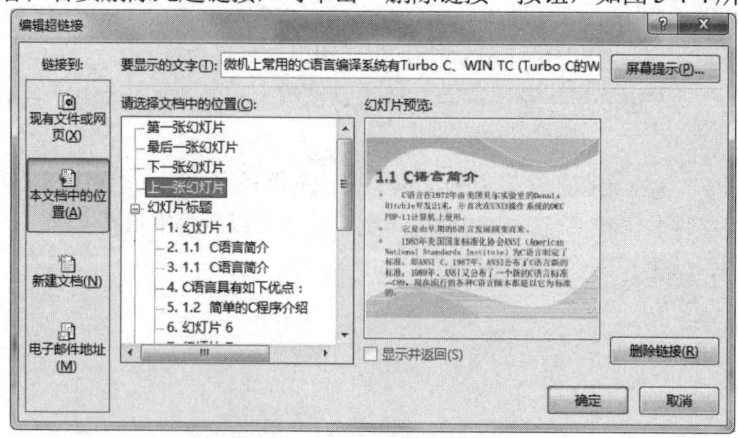

图 5-4-4　“编辑超链接”对话框

六、创建链接所使用的对象

1. 使用动作按钮

可以使用“动作按钮”设置在本文档中的跳转，或者跳转到其他文件或网页。在某一页幻灯片上设置一个或多个动作按钮，完成链接设置后，放映幻灯片时，可以单击某个动作按钮，跳转到本文档中的其他幻灯片上，或者跳转到其他文件或网页上去。

在“插入”选项卡的“插图”组“形状”的下拉列表中，包含许多“动作按钮”。插入动作按钮的操作方法为：单击“插入”选项卡，选择“插图”组中的“形状”命令，在弹出的下拉列表中，选择“动作按钮”栏中的某一个。这时，鼠标指针变成“十”字形状，在幻灯片上拖动鼠标画出该动作按钮，随后弹出“操作设置”对话框，如图 5-4-5 所示。

单击图 5-4-5 对话框中的“单击鼠标”选项卡，选择“单击鼠标时的动作”下面的“超链接到”单选按钮，单击右侧的向下箭头，出现下拉列表后选择其中一项即可，例如选择“第一张幻灯片”。这样，放映时，若单击该动作按钮，就可以跳转到第一张幻灯片上。

在图 5-4-5 所示的“操作设置”对话框中，也可以选中“单击鼠标”选项卡中“单击鼠标时的动作”下的“运行程序”单选按钮。输入程序名称，或者单击“浏览”按钮选择一个程序文件。这样，放映幻灯片时，单击该动作按钮，就可以运行该程序文件。

在图 5-4-5 所示的“操作设置”对话框中，还可以选中“单击鼠标”选项卡中的“播放声音”复选框，为其选择一种声音。这样，放映幻灯片时，单击该动作按钮，在跳转的同时可以听到声音。

出现“操作设置”对话框之后，也可单击该对话框中的“鼠标悬停”选项卡，如图 5-4-6 所示。在“鼠标悬停”选项卡中，选择“鼠标移过时的动作”下面的“超链接到”单选按钮，单击右侧的向下箭头，出现下拉列表后选择其中的一项，例如选择“上一张幻灯片”。这样，放映时，若鼠标在该动作按钮上移过，就可以跳转到上一张幻灯片上。

在图 5-4-6 所示的“操作设置”对话框的“鼠标悬停”选项卡上，也可以选中“运行程序”单选按钮，选择一个程序文件；也可以选中“播放声音”复选框，选择一种声音。

图 5-4-5 “操作设置”对话框中的“单击鼠标”选项卡

图 5-4-6 “操作设置”对话框中的“鼠标悬停”选项卡

2. 使用文本

文本是创建链接时使用比较多的对象。首先选中幻灯片上的一段文本，然后单击“插入”选项卡，选择功能区中的“链接”命令按钮，弹出“插入超链接”对话框。按照本节前面的叙述，就可以为这段文本设置一个链接。

3. 使用图形、图片或图表

首先选中幻灯片上的一个图形(或一幅图片，或一张图表)，然后单击“插入”选项卡，选择功能区中的“链接”命令按钮，弹出“插入超链接”对话框。按照本节前面的叙述，就可以为此图形(或图片，或图表)设置一个链接。

第六章

计算机网络基础知识

计算机网络是现代通信技术与计算机技术相结合的产物。在当今信息社会中，计算机网络的应用已经深入社会的各个角落，影响着人们的工作、学习和生活方式。通过计算机网络，人们获取信息、相互沟通变得更加方便。本章介绍计算机网络的基础知识。

第一节 计算机网络概述

一、计算机网络的概念

所谓计算机网络，就是在计算机之间交换信息的通信网络。

在计算机网络中，网络设备(服务器、客户机、智能手机、打印机等)通过线缆或者无线媒介相互连接起来，连接后可以相互传输信息数据。当今最著名的计算机网络是互联网(Internet)。

网络中发送、转发或接收数据的设备称为网络节点，网络节点包括服务器、客户机、智能手机以及其他设备。如果两个网络设备能相互交换数据，则称这两个设备互连了。使用计算机网络，人们可以访问互联网、共享软件和打印机、发送及接收电子邮件、即时通信等。

计算机网络具有以下特点。

(1) 方便人与人之间通信。人们可以方便地使用电子邮件、即时通信软件、聊天软件、网络电话或视频电话进行通信。

(2) 允许共享文件、数据和其他类型的信息。经授权，用户可以访问网络中其他计算机中的信息。

(3) 允许共享网络和计算资源。用户可以使用网络中由设备提供的资源，如使用网络中的共享打印机来打印文件；或实现分布式计算，使用网络中的计算资源完成计算任务。

(4) 可能不安全。黑客可能利用计算机网络将计算机病毒或木马传播到网络的设备中，或攻击网络中的某些设备，使之不能正常工作。

二、计算机网络的分类

计算机网络按照其规模大小和覆盖范围，可以分为个人网、局域网、城域网和广域网等。

1. 个人网(Personal Area Network，PAN)

个人网用于连接个人计算机和其他信息设备，如智能手机、打印机、扫描仪和传真机等。个人网的范围一般不超过十米，设备通常通过 USB 连接，或者通过蓝牙、红外线等无线方式连接。

2. 局域网(Local Area Network，LAN)

局域网可以应用于一座楼、一个集中区域的公司内部。网络中的计算机或设备称为一个节点。有线的局域网通常基于以太网技术。更新的技术标准(如 ITU-I)可以利用双绞线、电话线和电线建立局域网。

3. 城域网(Metropolitan Area Network，MAN)

城域网是位于一座城市的一组局域网。例如，一所学校有多个校区分布在城市的多个地区，每个校区都有自己的校园网，这些网络连接起来就形成一个城域网。城域网的传输速度比局域网慢，由于把不同的局域网连接起来需要专门的网络互连设备，因此连接费用较高。

4. 广域网(Wide Area Network，WAN)

广域网是将地域分布广泛的局域网、城域网连接起来的网络系统。它的分布范围广，可以横跨几个国家以至全世界。它的特点是速度慢，错误率高，建设费用很高。Internet 是一种广域网。

计算机网络也可以按照网络的拓扑结构来划分，可以分为环状网、星状网、总线型网和树状网等。按照通信传输的介质来划分，可以分为双绞线网、同轴电缆网、光纤网和卫星网等。按照数据传输和转接系统的拥有者来划分，可分为公共网和专用网两种。

三、计算机网络的拓扑结构

网络中各个站点相互连接的方法和形式称为网络拓扑结构。网络拓扑结构是网络的一个重要特性，它影响着整个网络的设计、性能、可靠性、建设和通信费用等方面。

计算机网络常见的拓扑结构有以下 4 种，如图 6-1-1 至图 6-1-4 所示。

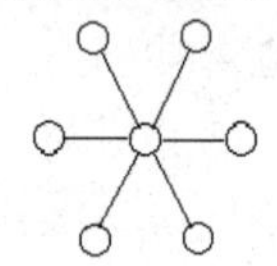

图 6-1-1　星状结构

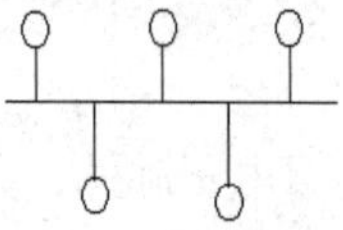

图 6-1-2　总线型结构

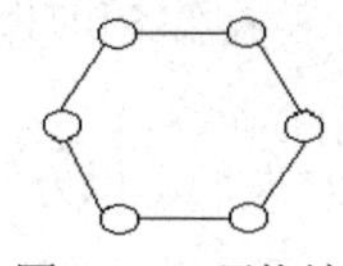

图 6-1-3　环状结构

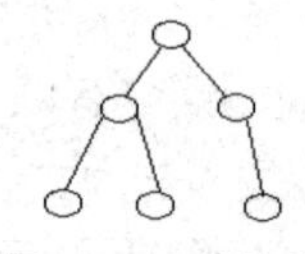

图 6-1-4　树状结构

1. 星状结构

星状拓扑结构是将各站点通过链路单独与中心节点连接形成的网络结构，各站点之间的通信都要通过中心节点进行交换，如图 6-1-1 所示。中心节点执行集中式通信控制策略，目前流行的 PBX(专用交换机)就是星状拓扑结构的典型实例。

星状拓扑结构的优点是联网容易，并且容易检测和隔离故障。

星状拓扑结构的缺点是整个网络依赖中心节点，如果中心节点发生故障，则整个网络将瘫痪。因此，星状拓扑结构对中心节点的可靠性要求很高。实施时所需要的电缆长度较长。

2. 总线型结构

总线型拓扑结构是用一条单根传输线作为传输介质，网络上的所有站点直接连到这条主干传输线上，如图 6-1-2 所示。工作时只有一个站点可通过总线发送信息，其他所有站点这时都不能发送，且都将接收到该信号。然后判断发送地址是否与接收地址一致，若不匹配，发送到该站点的数据将被丢弃。

总线型拓扑结构的优点是结构简单，便于扩充节点，任一节点上的故障不会影响整个网络的使用；缺点是总线故障诊断和隔离困难，网络对总线故障较为敏感。

3. 环状结构

环状拓扑结构是将各相邻站点互相连接，最终形成闭合环，如图 6-1-3 所示。在环状拓扑结构的网络上，数据的传输方向固定，在站点之间单向传输，不存在路径选择问题。当信号被传递给相邻站点时，相邻站点对该信号进行了重新传输，以此类推。这种方法提供了能够穿越大型网络的可靠信号。

令牌传递经常被用于环状拓扑。在这样的系统中，令牌沿着网络传递，得到令牌控制权的站点可以传输数据。数据沿着环传输到目的站点，目的站点向发送站点发回已接收到的确认信息。然后，令牌被传递给另一个站点，赋予该站点传输数据的权利。

环状网的优点是网络结构简单，组网比较容易，可以构成实时性较强的网络；缺点是某个节点或线路出现故障就会造成全网故障。

4. 树状结构

树状结构是一种分级的、集中控制的网络结构，如图 6-1-4 所示。与星状结构相比，它的通信线路总长度比较短，成本较低，节点易于扩充，寻找路径比较方便。但除了叶节点及其相连的线路外，任一节点或与它相连的线路故障都会使系统受到影响。

四、计算机网络的体系结构

1. 体系结构的概念

计算机网络的目的是实现资源共享、信息交换，在实现这个总体目标前需要对相关的各个环节分别进行讨论。即需要讨论在传输介质上数据的物理表示形式，以及数据在传输时如何避免冲突，怎样防止数据丢失，高速的发送方与低速的接收方的同步处理；在连接设备中怎样指定连接对象和如何建立相互联系；目的数据传送中路径的选择，对连接中传输请求的处理；怎样确保数据正确接收；网络中的计算机怎样互相了解不同的语言。

可以通过分层次的分析方法，构建多层次的标准化解决方案。因此，计算机网络的建立需要制定严格的统一标准，以解决以上提出的网络中要实现的功能。网络体系结构就是对构成计算机网络的各组成部分层次之间的关系，以及所要实现各层次功能的一组精确定义。所谓“体系结构”是指对整体系统功能进行分解，然后定义各个组成部分的功能，从而达到最终目标。因此，体系结构与层次结构是不可分离的概念，层次结构是描述体系结构的基本方法，而体系结构也总是具有分层特征。

2. 协议(Protocol)

网络协议是计算机通过网络通信所使用的语言，为网络通信中的数据交换制定的共同遵守的规则、标准和约定。协议是一组形式化的描述，是计算机网络软硬件开发的依据。只有使用相同的协议(不同协议要经过转换)，计算机才能彼此通信。

网络通信的数据在传送中是一串位(bit)流。在网络体系结构的每一层的任务中，需要专门给位流制定一些特定的规则。在计算机网络分层结构中，通常把每一层在通信中用到的规则与约定称为协议。因此，网络体系结构可以描述为计算机网络各层和层间协议的集合。

协议一般由网络标准化组织和厂商制定。一个网络协议通常由语义、语法和变换规则这 3 部分组成。语义规定了通信双方彼此之间准备“讲什么”，即规定了协议元素的类型；语法规定了通信双方彼此之间“如何讲”，即确定协议元素的格式；变换规则用来规定通信双方彼此之间的“应答关系”，即确定通信过程中的状态变化，通常可以使用状态变化图来描述。

3. OSI/RM(开放式系统互连参考模型)

体系结构的每一层都建立在上一层的基础之上，下层为上层提供服务。例如，网络体系结构中的最底层(物理层)定义传输介质中数据 0 和 1 的实现电压标准，以及电压持续时间，传输的方向，怎样连接和终止连接；而上一层(数据链路层)则加强物理层传输原始位(0，1)的信号，并将数据放在数据帧里(每帧为几百字节)。如此一层一层地定义每层的功能，最终实现最高层用户的应用功能定义，这是系统最终目标的体现。

计算机网络体系结构的核心是如何合理地划分各层，并确定每层的特定功能和相邻层之间的接口。由于各种局域网的不断出现，迫切需要异种网络及不同机种互连，以满足信息交换、资源共享及分布式处理等需求，因此这就要求计算机网络体系结构的标准化。

1984 年，国际标准组织(ISO)公布了一个作为未来网络体系结构的模型，该模型被称为开放式系统互连参考模型(OSI/RM)。OSI 提供了一个概念上和功能上的框架，可以作为学习网络知识的依据，以及网络实现的参考。这一系统标准将所有互连的开放系统划分为功能上相对独立的 7 层，从最基本的物理层连接到最高层的应用层。

OSI 模型描述了信息流自上而下通过源设备的 7 个结构层次，然后自下而上穿过目标设备的 7 层模型。这 7 个层次从低到高依次为：物理层、数据链路层、网络层、传输层、会话层、表示层和应用层，如图 6-1-5 所示。

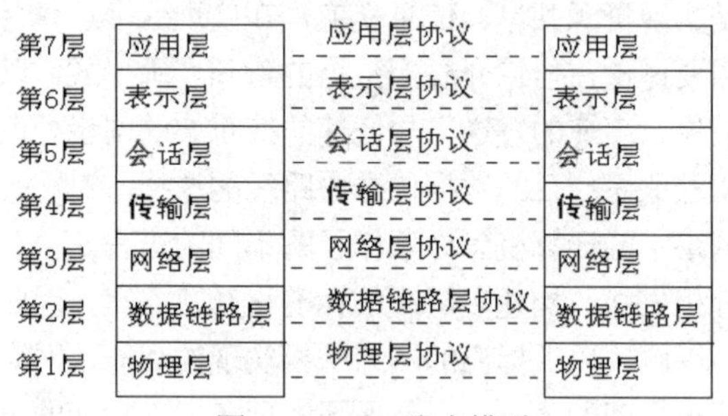

图 6-1-5　OSI 参考模型

采用层次思想的计算机网络体系结构的标准化，为网络的构成提出了最终的标准，也是各种网络软件的设计基础。

4. TCP/IP 协议

Internet 使用的网络协议是传输控制协议/网际协议(Transmission Control Protocol/Internet Protocol，TCP/IP)的协议组，它是一组行业标准协议，包括许多协议。

TCP/IP 协议最初为 ARPANet 网络设计，现已成为全球性 Internet 所采用的主要协议。TCP/IP 协议的主要特点：一是标准化，几乎任何网络软件或设备都能在该协议上运行；二是可路由性，这使得用户可以将多个局域网连接成一个大型互连网络。

TCP 协议负责对发送的整体信息进行数据分解，保证可靠传送并按序组合。IP 协议负责数据包的传输寻址。

在 Internet 运行机制内部，信息的传输不是以恒定的方式进行的，而是把数据分解成较小的数据包。

例如，将一个很长的信息传送给网络另一端的接收者时，TCP 负责把这个信息分解成许多个数据包，每一个数据包用一个序号和接收地址来设定，其中还加入一些纠错信息；IP 则负责将数据包传到网络上，将数据从网络的一端传到另一端。在另一端，TCP 接收到一个数据包时即核查错误，若检测到有错误，TCP 会要求重发这个特定的数据包，在所有的属于这个信息的数据包都被正确地接收后，TCP 用序号来重构原始信息，完成整个传输过程。

TCP/IP 模型由网络接口层、网络层、传输层和应用层组成，如图 6-1-6 所示。

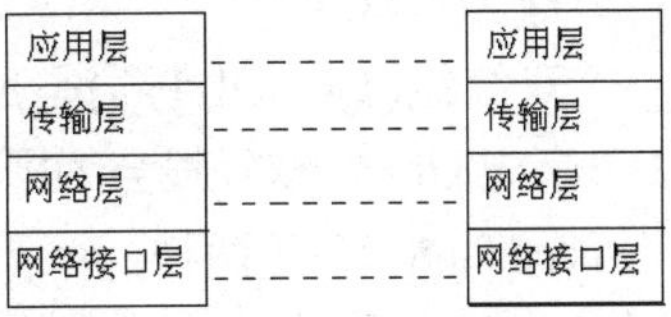

应用层	应用层
传输层	传输层
网络层	网络层
网络接口层	网络接口层

图 6-1-6　TCP/IP 模型

(1) 网络接口层。位于 TCP/IP 协议的最底层，负责从网络上接收发送物理帧以及硬件设备的驱动。

(2) 网络层。遵守 IP 协议，负责计算机之间的通信，处理来自传输层的分组发送请求，首次检查合法性，将数据报文发送给合适的网络接口，解决寻址转发、流量控制、拥挤阻塞等问题。

(3) 传输层。遵守 TCP 协议，提供应用程序间(即端到端)的通信，其功能是利用网络层传输格式化的信息流，提供连接服务。它对发送的信息进行数据包分解，保证传送的可靠性并按顺序组合。

(4) 应用层。它提供一些常用的应用程序，如电子邮件(SMTP)服务、文件传输(FTP)服务和远程登录(Telnet)服务等。

第二节　计算机网络的组成

计算机网络是一个非常复杂的系统，计算机硬件和通信设备是它的组成基础，而要有效地使用和运行这些设备，还需要配以计算机网络软件。

一、局域网的硬件

局域网的硬件主要包括服务器、客户机、网卡、集线器、交换机等几种。

1. 服务器

服务器(Server)为网络上的其他计算机提供信息资源。

根据服务器在网络中所起的作用，可进一步划分为文件服务器、打印服务器和通信服务器等。例如，文件服务器可提供大容量磁盘存储空间供网上各微机用户共享；打印服务器负责接收来自客户机的打印任务，管理安排打印队列和控制打印机的打印输出；通信服务器负责网络中各客户机对主计算机的联系，以及网与网之间的通信等。

在基于 PC 的局域网中，网络的核心是服务器。服务器可由高档微机、工作站或专用的计算机充当。服务器的职能主要是提供各种服务，并实施网络的各种管理。

2. 客户机

客户机(Client)是网络用户可以使用的计算机，客户机可以使用服务器所提供的各类服务，从而提高单机的功能。

3. 传输介质

网络中使用的传输介质包括两类：有线传输介质和无线传输介质。

有线传输介质包括双绞线、同轴电缆和光纤等。

1) 双绞线

双绞线(Twisted Pair)是所有通信网络中使用广泛的传输介质。双绞线的传输速率为2Mb/s~10Gb/s。双绞线分为屏蔽双绞线(Shielded Twisted Pair，STP)和非屏蔽双绞线(Unshielded Twisted Pair，UTP)两种。所谓屏蔽是指网络信号线的外面先包裹着一层能阻挡电磁干扰的金属网，再在屏蔽层外面包上绝缘外皮，它能够有效地隔离外界电磁信号的干扰。

(1) STP。

使用金属屏蔽层来降低外界的电磁干扰(EMI)，当屏蔽层被正确地接地后，可将接收到的电磁干扰信号变成电流信号，与在双绞线形成的干扰信号电流反向。只要两个电流是对称的，它们就可互相抵消，而不给接收端带来噪声。

STP 线缆只有端对端链路在完全屏蔽及正确接地后，才能防止电磁辐射和干扰，能使噪声减小到最小，提高信噪比。STP 一般用在易于受电磁干扰和无线频率干扰的环境中。价格比 UTP 贵。

(2) UTP。

这是目前局域网中使用较广且传送频率较高的一种网线。这种网线在塑料绝缘外皮里包裹着 8 根信号线。其中，每两根构成一对且相互缠绕，共形成 4 对，双绞线也因此得名。双绞线互相缠绕的目的就是利用铜线中电流产生的电磁场互相作用抵消邻近线路的干扰，并减少来自外界的干扰。

国际电工委员会和国际电信委员会(Electronic Industry Association/Telecommunication Industry Association，EIA/TIA)已经建立了 UTP 网线的国际标准，分为 5 个不同的类别(Categories 或者简称 CaT)。

每种类别的网线生产厂家都会在其绝缘外皮上标注其种类，如 CaT-5 或者 Categories-5 指的是 5 类线，用户在选购时需要注意。

CaT-5 是计算机网络中使用最多的类型，在不增加其他网络连接设备(如集线器)的情况下，CaT-5 的最大允许使用长度是 100 米。

UTP 网线使用 RJ-45 水晶头进行连接，RJ-45 接头是一种只能在固定方向插入并自动防止脱落的塑料接头。网线内部的每一根信号线都需要使用专用压线钳，保证它与 RJ-45 的接触点紧紧连接，根据网络速度和网络结构标准的不同，接触点与网线的接线方式也不同。

UTP 网线适用于 10base-T、100base-T 和 100base-TX 标准的星状拓扑结构网络。

2) 同轴电缆

同轴电缆(Coastal Cable)是指有两个同心导体，而导体和屏蔽层又共用同一轴心的电缆。它是计算机网络中使用较广泛的另外一种线材，同轴电缆的传输速率从 200Mb/s 到 500Mb/s。由于它在主线外包裹着绝缘材料，在绝缘材料外面又有一层网状编织的金属屏蔽网线，因此能很好地阻隔外界的电磁干扰，提高通信质量。

同轴电缆分为细缆(RG-58)和粗缆(RG-11)这两种。

同轴电缆的优点是可在相对长的无中继器线路上支持高带宽通信，而其缺点也是显而易见的：一是体积大，细缆的直径就有 3/8 英寸，要占用电缆管道的大量空间；二是不能承受缠结压力和严重的弯曲，否则会损坏电缆结构，阻碍信号传输；三是成本高。

同轴电缆的这些缺点正是双绞线能克服的，因此现在的局域网环境中，同轴电缆基本已被基于双绞线的以太网物理层规范所取代。

3) 光纤

光纤(Fiber Optic Cable)以光脉冲的形式来传输信号，其材料以玻璃或有机玻璃为主，由纤维芯、包层和保护套组成。光纤的结构和同轴电缆很类似，其中心也是由玻璃或透明塑料制成的光导纤维，周围包裹着保护材料，根据需要还可以将多根光纤合并在同一光缆里。根据光信号发生方式的不同，光纤可分为单模光纤和多模光纤。

光纤最大的特点就是可以传导光信号，由于不受外界电磁信号的干扰，信号的衰减速度很慢，因此信号的传输距离比以上传送电信号的各种网线要远得多，并且特别适用于电磁环境恶劣的地方。由于光纤所具有的光学反射特性，在一根光纤内，可以同时传送多路信号，因此光纤的传输速度可以非常高。目前 10Gb/s 或 40Gb/s 的光纤网络已经成为主流高速网络。2013 年 6 月，研究人员演示了在光纤的一个信道上实现 400Gb/s 的传输速率。理论上光纤网络的传输速度最高可达到 50000Gb/s(50Tb/s)。

由于需要把光信号转变为计算机的电信号，因此光纤网络在接头上更加复杂。除了具有连接光导纤维的多种类型的接头以外，还需要专用的光纤转发器等设备，负责把光信号转换为电信号，并且把光信号继续向其他网络设备发送。

4. 网卡(Network Interface Card，NIC)

网卡又称网络适配器，通信线路通过它与计算机相连接。网卡负责将用户要传递的数据转换为网络上其他设备能够识别的公共格式，通过网络介质进行传输。

网卡的基本功能为：将并行的计算机数据转换成串行的传输数据；将串行的传输数据进行打包和解包；进行网络存取控制、数据缓存和网络信号检测。

在以太网中，每个网卡拥有一个唯一的 MAC(Media Access Controller)地址。MAC 地址的唯一性由电气与电子工程师协会(IEEE)统一维护，以避免网络内设备地址发生冲突。

MAC 地址由 6 个 8 位的数字组成，前 3 个 8 位数字代表网卡生产商，后 3 个 8 位数字代表该生产商生产的网卡序号。

5. 中继器/集线器/交换机

1) 中继器(Repeater)

中继器是一个电子设备，用于接收网络信号，清除信号中的噪声并再生放大，使信号能传输到更远的距离。在以太网中，如果双绞线的传输距离超过 100 米，就需要配置中继器。

2) 集线器(Hub)

集线器是一个多端口的中继器，工作在OSI模型中的物理层，用于局域网内部多个工作站与服务器之间的连接，可以提供多个微机连接端口。在工作站集中的地方使用集线器，便于网络布线，也便于故障的定位与排除。集线器将接收到的信息直接发送到各个端口。

集线器只是一个信号放大和中转的设备，虽然它不具备交换功能，但是由于集线器价格便宜、组网灵活，因此还是经常使用它。集线器使用的是星状布线结构，如果一个工作站出现问题，不会影响整个网络的正常运行。下面简单介绍集线器的分类。

(1) 按尺寸分为机架式和桌面式。

机架式集线器，是指几何尺寸符合工业规范、可安装在机柜中的集线器。集线器统一置放于机柜中，既方便了集线器间的连接或堆叠，又方便了对集线器的管理。

桌面式集线器，是指不能够安装在机柜中、只能直接置放于桌面的集线器。

(2) 按带宽分为10Mb/s集线器、100Mb/s集线器和10/100Mb/s双速集线器。

10Mb/s集线器，是指该集线器中的所有端口只能提供10Mb/s的带宽；100Mb/s集线器，是指该集线器中的所有端口只能提供100Mb/s的带宽；双速集线器也称为“10/100Mb/s自适应集线器”，是指该集线器可以在10Mb/s和100Mb/s之间进行切换。

目前几乎所有的双速集线器均可以自动适应，每个端口都能自动判断与之相连接的设备所能提供的连接速率，并自动调整至与之相适应的最高速率。

(3) 按扩展方式分为可堆叠集线器和不可堆叠集线器。

当集线器的端口不够用时，可通过两种扩展方式来增加端口数：堆叠和级联。堆叠是指能够使用专门的连接线，通过专用的端口将若干集线器堆叠在一起，从而将堆叠中的几个集线器视为一个集线器来使用和管理。目前，几乎所有的机架式集线器均可进行堆叠和级联，而桌面式集线器则大多只能级联，不能够堆叠。

(4) 按管理方式分为哑集线器(Damp Hub)和智能集线器(Intelligent Hub)。

哑集线器是指不可管理的集线器，属于低端产品；智能集线器是指能通过SNMP (Simple Network Management Protocol，简单网络管理协议)对集线器进行简单管理的集线器。这种管理大多是通过增加网管模块来实现的。

3) 交换机(Switch)

交换机与集线器功能相似，但它能根据报文中的MAC地址选择合适的端口来发送信息。

与集线器将信息发送至各个端口相比，交换机可减少网络传输的信息流量，降低系统的负担。多层交换机能够在第三层或者额外的逻辑层上路由报文。术语交换机常用于泛指包括路由器、网桥和网络负载均衡之类的设备。

交换机在数据链路层实现网络互连。连接在交换机上的多个端口设备，可并行完成数据传输，因此数据传输效率可大大提高。

4) 交换机与集线器的区别

(1) 从OSI体系结构来看，集线器属于OSI的第一层物理层设备，而交换机属于OSI的第二层数据链路层设备。这也就意味着集线器只是对数据的传输起到同步、放大和整形的作用，对数据传输中的短帧、碎片等无法进行有效的处理，不能保证数据传输的完整性和正确性；而交换机不但可以对数据的传输做到同步、放大和整形，而且可以进行过滤短帧、碎片等纠错操作。

(2) 从工作方式来看，集线器是一种广播模式。也就是说集线器的某个端口工作时，其他所有端口都能够收听到信息，容易产生广播风暴。当网络较大时，网络性能会受到很大的影响。交换机工作时，只有发出请求的端口和目的端口之间相互响应，而不会影响其他端口，因此交换机能够隔离冲突域和有效地抑制广播风暴的产生。

(3) 从带宽来看，集线器不管有多少个端口，所有端口都是共享一条带宽，在同一时刻只能有两个端口传送数据，其他端口只能等待，同时集线器只能工作在半双工模式下；而对于交换机而言，每个端口都有一条独占的带宽，当两个端口工作时并不影响其他端口的工作，同时交换机不但可以工作在半双工模式下，而且可以工作在全双工模式下。

(4) 从价格角度上看，集线器具有价格便宜的优势，但随着网络应用的不断丰富，局域网不但需要支持越来越多的用户，而且要支持网络日渐复杂的拓扑结构。在这种形势下，网络规划和系统集成就变得越来越复杂，在网络组建中使用交换机的机会也越来越多。

二、网络互连设备

网络间的互连分为同种局域网间、异种子网间，以及局域网与广域网的连接。网络互连的接口设备称为网络互连设备。常用的互连设备如下。

1. 网桥

网桥工作在OSI模型中的网络数据链路层，用于连接几个相互独立的网段，使之成为一个单一的网络。网桥会检查各端口进来的帧的源MAC地址和目的MAC地址，将源MAC与进入的端口建立联系后保存在表中，并通过查找该表找到目的MAC相应的端口以转发报文。如果没有找到目的MAC对应的端口，则向除源端口外的所有端口转发该帧。

网桥从应用上可分为本地网桥(用于连接两个或两个以上的局域网)、远程网桥(用于连接远程局域网)和无线网桥(连接局域网或远程设备)。

2. 路由器

路由器是在网络层上实现多个网络互连的设备。路由器的功能可以由硬件实现，也可以由软件实现；或者一部分功能由软件实现，另一部分功能由硬件实现。

路由器具有判断网络地址和选择路径、数据转发和数据过滤的功能，它的作用是在复杂的网络互连环境中建立非常灵活的连接。路由器可以用于不同协议的网络，可以确定位于不同LAN(或WAN)的两台计算机间的最短路径。

路由器工作在“网络层”，在接收到“数据链路层”的数据包时要进行“拆包”，查看“网络层”的IP地址，确定数据包的路由。然后再对“数据链路层”的信息进行“打包”，最后将该数据包转发。

使用路由器互连的网络，常见于多个局域网、局域网与广域网，以及不同类型网络的互连。例如，在校园网同CERNET(中国教育和科研计算机网)的连接中，一般都要采用路由器。目前，存在不同标准的路由器协议，如 IGRP、RID和OSPF等。

3. 网关

网关是指一种使两个不同类型的网络系统或软件进行通信的软件或硬件接口。它可以运行在任意网络通信层上。最传统的网关是一种用于将一类协议转换为另一类截然不同的协议的网络设备，这种网关在 OSI 模型的网络层上运作。还有一种 E-mail 网关，将一种格式的 E-mail 转换为另一种格式的邮件，如 Microsoft Mail Services Mercury Mail 等，这类网关在 OSI 模型的应用层上运行。网关最常用的功能是将一种协议转换为另一种协议，通过硬件和软件完成由于不同操作系统的差异而引起的不同协议之间的转换。

4. 调制解调器

调制解调器(Modem)用于将计算机输出的数据信号转换成模拟信号，以便能在电话线路上进行传输。电话采用模拟通信，每个话路的频带宽度是 0.3 kHz~3.4 kHz；而数据通信是数字通信，数字通信的信号是由 1 和 0 组合而成的二进制数字，其信号的频带宽度远远大于一个话路的频带宽度。为了使这种由 1 和 0 组成的数字信号能在适应电话通信的模拟信道上传送，需要把 1 和 0 组成的数字信号转换为模拟信号，这种转换就叫作“调制”。

调制解调器还可用于将电话线路上接收到的模拟信号转换成数字信号，以便于计算机的接收和处理。在接收信号的一端必须要将模拟信号还原成由 1 和 0 组成的数字信号，这种转换叫作“解调”。

“调制解调器”是使这两种信号进行转换的设备。调制解调器分为外置式和内置式两种。外置式是放在计算机主机外面的设备。它将电路板封装在单独的盒子里，需要有自身的供电电源。外壳配有与计算机、电话线等连接的插座，通过连线与计算机的串行口相连，也有用 USB 接口相连。内置式是一块安装于计算机主板扩展槽上的板卡，分为 ISA 接口和 PCI 接口两种，使用时将 Modem 卡插入对应的插槽上即可，不需要其他的连线和外接电源。

5. ADSL Modem

ADSL(Asymmetrical Digital Subscriber Loop)是指非对称数字用户环路技术。ADSL Modem 的接口方式主要有以太网、USB 和 PCI 这 3 种。有的以太网接口的 ADSL Modem 同时具有桥接和路由的功能。

ADSL Modem 技术可使电话线路产生 3 个信息通道：一个是速率为 1.5Mb/s~8Mb/s 的高速下行通道，供用户下载使用；另一个是速率为 16 kb/s~1Mb/s 的中速双工通道，供用户上传信息；第 3 个为普通的电话服务通道。这 3 个通道可以同时工作。ADSL 采用了数字信号处理技术和算法压缩数据技术。为了在电话线上分隔出有效带宽，产生多路信道，ADSL Modem 采用以下两种方法实现这一功能。

(1) 频分多路复用技术。频分多路复用技术在现有带宽中分配一段频带作为数据下行通道，同时分配另一段频带作为数据上行通道。下行通道通过时，频分多路复用技术再分为多个高速信道和低速信道。同样，上行通道也由多路低速信道组成。

(2) 回波消除技术。回波消除技术是将上行频带与下行频带叠加，通过本地回波抵消来区分高速信道上行频带和低速信道下行频带。

6. 防火墙

防火墙是一种通过设置网络访问规则来保障网络安全的设备。防火墙一般被配置为拒绝未经确认的访问请求，而允许已确认的访问请求。随着互联网的攻击越来越多，防火墙设备在保障网络安全方面也扮演着越来越重要的角色。

三、网络操作系统

网络操作系统(Network Operating System，NOS)的主要目标是管理网络中的共享资源，提供网络操作系统安全运行的保护手段，如容错、磁盘镜像备份等。网络操作系统一般由以下两部分组成。

(1) 在服务器上运行的管理网络中的共享资源、为各客户机提供多种服务和安全防护控制的部分。

(2) 在客户机上运行的为用户和应用程序提供操作环境的部分。客户机网络软件还要与客户端上本身运行的操作系统，如 Windows、OS X、BSD 等进行通信和交互。

应用较为广泛的网络操作系统有 Windows NT、Windows Server、UNIX 和 Linux 等。

1. Windows NT

Windows NT 是微软公司 1993 年 7 月推出的第一个网络操作系统。Windows NT 面向分布式图形应用程序，支持即插即用、多任务等一系列功能。Windows NT 推出后被广泛使用。2005 年 6 月微软停止对 Windows NT 4.0 的技术支持，Windows NT 系列正式退出市场。

2. Windows Server

微软公司在 2003 年 4 月推出 Windows Server 2003，后来陆续推出了 Windows Server 2008 至 Windows Server 2019 等版本，目前的最新版本是 Windows Server 2022。Windows Server 2022 功能比 Windows NT 强大。它让本地服务器可以像云原生资源一样在 Azure 云平台进行统一的管理；它将高级多层安全性硬件、软件、数据、传输一层层地加固，不给病毒和恶意攻击可乘之机；它自动提供用户需要的服务包括监控、备份、补丁、安全等，还有“体检报告”，主动检测自动修正；它让用户可以利用 File Server 增强功能；它提高了 Windows 容器的应用兼容性。

3. UNIX 操作系统

UNIX 操作系统是在麻省理工学院开发的一种时分操作系统的基础上发展起来的网络操作系统。UNIX 操作系统是一种典型的多用户、多任务的网络操作系统。该操作系统是用于各种类型主机系统的主流操作系统，多家公司都有自己的 UNIX 操作系统版本。它具有丰富的应用软件支持，具有良好的网络管理功能。一般采用 UNIX 作为网络操作系统的局域网，主要是由运行于 UNIX 的应用软件来决定的，例如，许多客户机/服务器模式的数据库系统(如 Oracle)。银行系统采用这类局域网较多。常用的 UNIX 网络操作系统的版本有：IBM 的 AIX，SUN 公司的 Solaris 和 HP 公司的 HP-UX。

4. Linux 操作系统

Linux 是芬兰赫尔辛基大学的学生林纳斯· 托瓦兹(Linus Torvalds)开发的具有 UNIX 操作系统特征的网络操作系统。Linux 操作系统的最大特征在于其源代码是向用户完全公开，任何一个用户可根据自己的需要修改 Linux 操作系统的内核，所以 Linux 操作系统的发展速度非常迅猛。Linux 操作系统可完全免费获得，可在任何基于 X86 的平台和 RISC 体系结构的计算机系统上运行，可实现 UNIX 操作系统的所有功能，具有强大的网络功能。

第三节 Internet 简介

一、Internet 的概念

Internet 诞生于 1969 年，它是世界上最大的计算机互联网络。国内把 Internet 译为因特网、全球网或网际网等。20 世纪 80 年代后期，美国国家科学基金会(NSF)建立了全美 5 大超级计算机中心，建立了基于 IP 协议的计算机网络，并建立了连接超级计算中心的地区网，其中的超级计算中心彼此互联。连接各地区网上主要节点的高速通信专线便构成了 NFSnet(国家科学基础网)的主干网。NSFnet 的成功使得它成为美国乃至世界 Internet 的基础。

随着计算机网络的普遍发展，美国各大学和政府部门形成了相互协作的区域性计算机网络，并分别连接到 Internet 上，这些协作的网络成为本地小型研究机构与 Internet 连接的纽带。在美国发展区域性和全国性计算机网络的同时，其他国家也在发展自己的网络。自 20 世纪 80 年代出现了各国计算机网的互联以来，每年都有越来越多的国家加入 Internet 来共享它的资源。

在 Internet 上具有上万个技术资料数据库，信息媒体包括文字、数据、图像和声音等。内容涉及政治、经济、科学、教育、法律、军事和文化等各个方面，可提供全球性的信息沟通和资源共享。用户一旦连入这个网络，即可访问本地和远程的电子资源，查找和检索信息及文件，也可以与他人通信，并可以查找和使用免费软件，联机访问公用编目和数据库等。

二、Internet 的发展

Internet 的前身是 ARPA 网，即美国国防部高级研究计划署(ARPA)为军事目的而建立的网络。这是一种无中心的网络，能将使用不同计算机和操作系统的网络连接在一起。

1972 年，美国 50 所大学和研究机构的主机连入这个网络，1977 年扩充到 100 多台主机。为了能在异构机之间实现正常的通信，ARPA 制定了一个称为 TCP/IP(Transmission Control Protocol/Internet Protocol)的通信协议，供联网用户共同遵守。

1980 年，ARPA 投资把 TCP/IP 装入 UNIX 内核，使之成为 UNIX 的标准通信模块。这一举措把 TCP/IP 推广到所有使用 UNIX 服务器的局域网，使这些网络很容易与 ARPA 网相连。

在 ARPA 网发展的同时，美国国家科学基金会(NSF)、能源部和美国宇航局(NASA)等政府部门，在 TCP/IP 协议的基础上相继建立或扩充了自己的网络，特别是 NSF 的 NSFnet 网。它们不仅面向全美的大学和研究机构，而且允许非学术和研究领域的用户连接入网，因而吸引了一批又一批的商业用户。以 NSFnet 为基础，美国国内外的许多 TCP/IP 网络都陆续与 NSFnet 网相连。经过十几年的发展，到 1986 年，终于发展形成 Internet 网。

20 世纪 90 年代是 Internet 的快速发展时期。1991 年，美国解除了对 Internet 的商业限制，成立了 Commercial Internet Exchange Association(商业互联网交流协会)，推动了 Internet 的商业应用。1993 年 9 月，美国政府率先提出建设国家信息基础设施(National Information Infrastructure，NII)的计划。NII 即“信息高速公路”，对于 Internet 在美国的发展有极大的推动作用，也推动了 Internet 在世界的快速发展。

三、我国 Internet 的发展

我国 Internet 的发展以电子邮件的联通为起点走向世界。1987 年 9 月，北京计算机应用技

术研究所通过拨号 X.25(分组交换网)线路，联通了 Internet 的电子邮件系统。一封内容为“越过长城，通向世界”的电子邮件发往了全世界，标志着我国开始连入 Internet。1990 年 10 月，我国正式向 Internet 网管中心(InterNIC)登记注册了我国的最高域名 cn。

1989 年，我国开始实施中关村地区教育与科研示范网络(NCFC)工程，该工程由中国科学院主持，联合北京大学、清华大学共同实施，主要目标是在北京大学、清华大学和中科院 3 个单位间建设高速互联网络。NCFC 网络分为两层：低层为中科院院网(CASnet)、清华大学校园网(TUnet)、北京大学校园网(PUnet)；高层为连接国内其他教育科研单位的院校网。1994 年 4 月，NCFC 工程连入 Internet 的 64kb/s(每秒 64kb 的传输速度)国际专线开通，实现了与 Internet 的全功能连接，并于 1994 年 5 月完成了我国最高域名 cn 的主服务器设置。NCFC 的连接成员可通过 NCFC 得到 Internet 提供的所有服务。NCFC 的建成标志着我国正式加入了 Internet。

从 1996 年开始，我国的网络建设得到了大规模的发展，形成了 4 个主流网络体系：中国公用计算机互联网 CHINANet、中国科技网 CSTNet、中国教育和科研计算机网 CERNet 和中国金桥信息网 CHINAGBN。经过二十多年的发展，中国互联网已经形成规模，互联网应用已走向多元化。互联网越来越深刻地改变着人们的学习、工作和生活方式，甚至影响着整个社会的进程。

中国网民数量 2010 年达到 4.57 亿，2013 年达到 6.1 亿，2016 年达到 7.3 亿。中国互联网络信息中心 2019 年 2 月 28 日发布《中国互联网络发展状况统计报告》显示，截至 2018 年 12 月底，中国网民数量 8.29 亿，互联网普及率 59.6%。2020 年 9 月 29 日，中国互联网络信息中心发布《中国互联网络发展状况统计报告》显示，截至 2020 年 6 月，中国网民数量 9.4 亿，互联网普及率 67%。2023 年 3 月 2 日，中国互联网络信息中心发布《中国互联网络发展状况统计报告》显示，截至 2022 年 12 月，中国网民数量 10.67 亿，互联网普及率 75.6%。

四、Internet 地址

Internet 地址是分配给入网计算机的一种标志。Internet 为每个入网用户分配一个识别标志，这种标志可表示为 IP 地址和域名地址。

1. IP 地址

IP 地址是一个 32 位的二进制数。为了便于阅读，把 IP 地址分成 4 组，每 8 位为一组，组与组之间用圆点进行分隔。每组用一个 0~255 范围内的十进制数表示，这种格式称为点分十进制表示法(dotted decimal notation)。

例如，若 IP 地址的二进制表示为 11001100 00100110 10000000 00000010，用点分十进制表示就为 202.38.128.2，如图 6-3-1 所示。

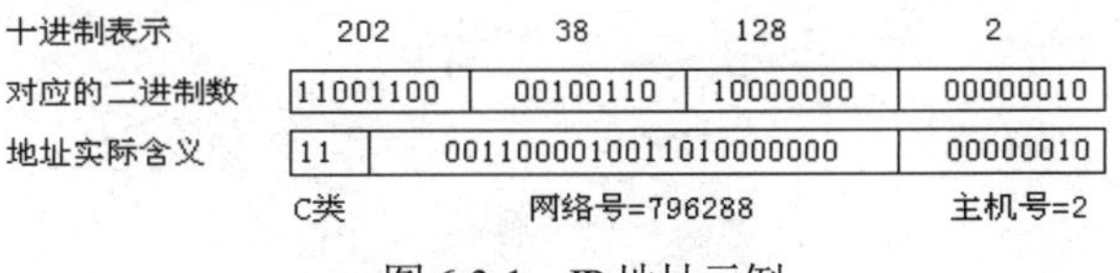

图 6-3-1　IP 地址示例

IP 地址由网络号(netid)和主机号(hostid)两部分组成。netid 标识一个网络，hostid 标识在这个网络中的一台主机。网络号长度将决定整个 Internet 中能包含多少个网络，主机号长度则决定每个网络能容纳多少台主机。常用的 IP 地址包括 A、B、C 这 3 类，如图 6-3-2 所示。

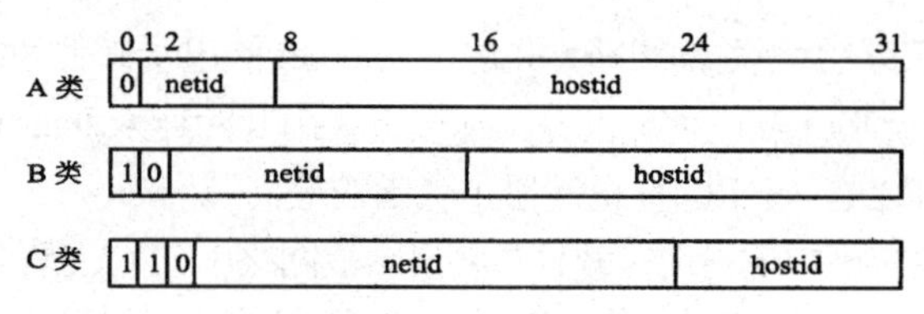

图 6-3-2　IP 主类地址

A 类地址的特征是最高位为 0，网络号 netid 为 7 位，主机号 hostid 为 24 位，A 类地址主要用于大型网；B 类地址的特征是最高两位为 10，网络号 netid 为 14 位，主机号 hostid 为 16 位，B 类地址主要用于中型网；C 类地址的特征是最高 3 位为 110，网络号 netid 为 21 位，主机号 hostid 为 8 位，C 类地址主要用于小型网。我国教育科研网中，主机所用的 IP 地址大多数以 202 作为第一个十进制数，这些 IP 地址都属于 C 类地址。

以上地址定义方式既适应了不同网络其规模不同的特点，又方便了网络号和地址号的提取。Internet 是根据网络号进行寻址的，也就是说，Internet 在寻址的时候只关心找到相应的网络，主机的寻址则由相应网络的内部完成。

除了以上 A、B、C 这 3 类主类地址外，Internet 还有另外两类次类地址，如图 6-3-3 所示。

D 类　1 1 1 0　多目地址

E 类　1 1 1 1 0　留待后用

图 6-3-3　次类地址

D 类地址的特征是最高 4 位为 1110，其中多目地址(Multicast Address)是比广播地址稍弱的多点传送地址，用于支持多目传输技术。

E 类地址用于将来的扩展之用，其地址特征是最高 5 位为 11110。

2. 域名系统

域名系统(DNS)的设立，使得人们能够采用具有直观意义的字符串来表示既不形象又难记忆的数字地址。例如，使用 www.microsoft.com 表示微软公司的具体 IP 地址 207.46.230.219。这种英文字母书写的字符串称作域名地址。

域名系统采用层次结构，按地理域或机构域进行分层。字符串的书写采用圆点将各个层次域隔开，分成层次字段。从右到左依次为最高层域名、次高层域名等，最左的一个字段为主机名。如图 6-3-4 所示，mail.zsptt.zj.cn 表示浙江省舟山电信局里的一台电子邮件服务器，其中 mail 为服务器名，zsptt 为三级域名，zj 为二级域名，cn 为顶级域名。

mail	zsptt	zj	cn
服务器名	三级域名	二级域名	顶级域名

图 6-3-4　域名

顶级域名分为两大类：机构性域名和地理性域名。目前，共有 14 种机构性域名：com(营利性的商业实体)、edu(教育机构或设施)、gov(非军事性政府或组织)、int(国际性机构)、mil(军事机构或设施)、net(网络资源或组织)、org(非营利性组织机构)、firm(商业或公司)、store(商场)、web(和 WWW 有关的实体)、arts(文化娱乐)、arc(消遣性娱乐)、infu(信息服务)和 nom(个人)。

地理性域名指明了该域名的国家或地区，用国家或地区的字母代码表示，如中国用 cn、英国用 uk、加拿大用 ca、日本用 jp、德国用 de、美国用 us 等。

网络中的域名对应着相应的 IP 地址。在 Internet 中，每个域都有各自的域名服务器，它们管辖着注册到该域的所有主机，这是一种树状结构的管理模式，在域名服务器中建立了本域中的主机名与 IP 地址的对照表。当该服务器收到域名请求时，将域名解析为对应的 IP 地址，对于本域内不存在的域名则回复没有找到相应域名项信息；而对于不属于本域的域名则转发给上级域名服务器去查找对应的 IP 地址。从中可看出，在 Internet 中，域名和 IP 地址的关系并非一一对应。注册了域名的主机一定有 IP 地址，但不一定每个 IP 地址都在域名服务器中注册域名。

五、Internet 提供的服务

1. WWW

万维网 WWW(World Wide Web)是由欧洲粒子物理研究所(CERN)发明的。它使 Internet 上信息的浏览变得更加容易。使用 WWW 服务不仅可以提供文本信息，还可以提供声音、图像等多媒体信息。在 WWW 中还有超链接的功能，能够指向其他网址，帮助用户方便地定位链接网上的服务器。利用浏览器可以浏览各个网页。

网页是由超文本标记语言 HTML(Hypertext Markup Language)编写的界面。界面中图、文、声信息并存，且网页之间都有链接，通过链接，WWW 就可以转换到另一网页。

下面介绍一些相关概念。

1) HTML

HTML 即超文本标记语言，是国际标准化组织设定的 ISO-8879 标准的通用型标记语言 SGML 的一个应用，用来描述如何将文本界面格式化。可以通过任何纯文本编辑器将标记命令语言写在 HTML 文件中，任何 WWW 浏览器都能够阅读 HTML 文件并构成 Web 页面。

2) HTTP

HTTP(Hypertext Transmission Protocol)即超文本传输协议，是标准的万维网传输协议，是用于定义万维网的合法请求与应答的协议。

3) URL

URL(Uniform Resource Locator)即统一资源定位器。URL 由 3 部分组成。例如"http://www.pku.edu.cn/index.html"，它分别由协议(http)、服务器的主机(如 www.pku.edu.cn)和路径与文件名(如 index.html)这 3 部分组成。

当用户通过 URL 发出连接请求时，浏览器在域名服务器的帮助下，获取了该连接方的 IP 地址，远程服务器由连接的地址按照指定的协议发送网页文件。URL 不仅识别 HTTP 协议的传输，而且对其他各种不同的常见协议 URL 都能开放识别。

2. FTP

FTP 是文件传输协议(File Transfer Protocol)的缩写，FTP 是最早的 Internet 服务功能，也是 Internet 中最重要的功能之一。FTP 的作用是将 Internet 网上的用户文件传送到服务器上(上传)或者将服务器上的文件传送到本地计算机中(下载)。它是广大用户获得丰富的 Internet 资源的重要方法，远程提供 FTP 服务的计算机称为 FTP 服务器站点。

FTP 服务由 TCP/IP 的文件传输协议支持。FTP 服务采用典型的客户机-服务器工作模式，要访问 FTP 服务器，用户需先登录。

登录分匿名用户和注册用户两种，匿名登录一般不需要输入用户名和密码。如果需要输入，可以用 Anonymous 作为用户名，用 Guest 作为密码登录。FTP 在 URL 的命令行模式是“ftp://”后跟以 ftp 开头的 IP 地址或 ftp 域名地址。例如“ftp://ftp.pku.edu.cn”。

常用的 FTP 专用工具软件有 CuteFTP、Flashfxp、LeapFTP、GetRight、Netants 等。

3. E-mail

电子邮件(E-mail)是 Internet 中使用最频繁最广泛的服务之一，电子邮件不仅可以传送文本，还可以传送声音、图像等信息。它对网络连接及协议结构要求较低，这使它在网络的各种服务功能中往往是可以首先开通的业务。用户也可以用比较简单的终端方式来实现这一功能。

邮件服务器有两种服务类型：发送邮件服务器(SMTP 服务器)和接收邮件服务器(POP3 服务器)。发送邮件服务器采用 SMTP 协议(Simple Mail Transfer Protocol)，将用户的电子邮件转交到收件人邮件服务器中。接收邮件服务器采用 POP3 协议(Post Office Protocol-Version 3)，将发送者的电子邮件暂时寄存在接收邮件服务器里，等待接收者从服务器上将邮件取走。E-mail 地址中@后的字符串一般是一个 POP3 服务器名称。

很多电子邮件服务器既有发送邮件的功能，又有接收邮件的功能，这时 SMTP 服务器和 POP3 服务器的名称是相同的。

4. Telnet

Telnet(远程登录)也是 Internet 的基本服务方式之一，它在网络通信协议 Telnet 的支持下，使用户的计算机通过 Internet 暂时成为远程计算机的终端。一旦登录成功，用户就可以实时使用远程计算机对外开放的全部资源。

六、接入 Internet 的常用方法

1. 以终端方式上网

终端方式上网首先通过电话线拨号登录到 ISP(Internet 服务商)服务器上，由于该服务器是 Internet 上的主机，因此应使用 UNIX 进入 Internet。以终端方式上网只提供文本方式的服务，不能进行 WWW 浏览。

2. 以 PPP 方式上网

使用 PPP(Point-to-Point Protocol)方式上网，适用于业务量小的上网用户，用户可享用 Internet 的所有服务，但通信速度受到一定限制。

3. 以 LAN 方式上网

局域网(local Area Network，LAN)接入 Internet 可分为共享或独享 IP 地址两种情况。

共享 IP 地址是局域网上的所有微机通过服务器申请的 IP 地址，由服务器授权共享 IP 地址访问互联网。局域网中的每一工作站都没有各自注册的 IP 地址，局域网的代理服务器使用调制解调器和电话线，与提供接入 Internet 服务的主机相连，这种连接方式通常只适用于小型局域网的对外连接。

独享 IP 地址是通过路由器把局域网接入 Internet。路由器与 Internet 主机间的连接可以用 X.25 分组交换网或 DDN 实现。每台工作站都拥有自己的正式 IP 地址，可以直接访问 Internet。

4. DDN

数字数据网(Digital Data Network)是利用数字传输通道(光纤、数字微波、卫星)和数字交叉复用节点组成的数字数据传输网，可以为客户提供各种速率的高质量数字专用电路和其他新业务，以满足客户多媒体通信和组建中速或高速计算机通信网的需要。

DDN 区别于传统的模拟电话专线，其显著特点是采用数字电路，传输质量高，时延小，通信速率可根据需要在 2.4 kb/s ~19.2kb/s、N×64kb/s(N=1~32)范围内选择；电路可以自动迂回，可靠性高；一线可以多用，可以通话、传真、传送数据，还可以组建会议电视系统，进行多媒体服务或组建自己的虚拟专网，设立网管中心，客户管理自己的网络。

5. ISDN

ISDN(Integrated Services Digital Network，综合业务数字网)能提供用户端到用户端的数字连接，并能同时承担电话和多种非电话业务的电信网(一线通)。综合业务数字网(ISDN)是在电话综合数字网(IDN)的基础上发展起来的。

6. ADSL

ADSL (Asymmetrical Digital Subscriber Loop)技术即非对称数字用户环路技术。如果用户需要经常长时间地接入 Internet，可申请 ADSL 接入方式，它利用现有的电话线，为用户提供上、下行非对称的传输速率。上行(从用户到网络)为低速传输，速率可达 1Mb/s；下行(从网络到用户)为高速传输，速率可达 8Mb/s。该技术也是一种比较方便的宽带接入技术。但上、下行非对称传输的缺陷将对用户的使用带来一定的影响。

1) ADSL 设备的安装

ADSL 设备的安装包括局端线路调整和用户端设备安装。在局端方面，由服务商将用户原有的电话线串接到 ADSL 局端设备；用户端的 ADSL 安装只需将电话线连上滤波器，滤波器与 ADSL Modem 之间用一条两芯电话线连接，ADSL Modem 与计算机的网卡之间用一条交叉网线连通即可完成硬件安装。

2) ADSL 的接入

ADSL 的接入模型由中央交换局端模块和远端模块组成。

中央交换局端位于电信局，是一个由 ADSL Modem 和交换机、局端滤波器、外端跳线架、交换机跳线架等组成的多路复合系统，其中处于中心位置的 ADSL Modem 被称为 ATU-C(ADSL Transmission Unit-Central)，它负责连接到 Internet 上。

远端模块由用户 ADSL Modem 和滤波器组成，用户端 ADSL Modem 通常被称为 ATU-R (ADSL Transmission Unit-Remote)。

局域网用户的 ADSL 安装与单机用户没有太大区别，只需多加一个集线器，用直连网线将集线器与 ADSL Modem 连起来即可。

7. VDSL

VDSL(Very-high-bit-rate Digital Subscriber Loop)即高速数字用户环路，VDSL 比 ADSL 的接入更为快速。使用 VDSL，短距离内的最大下载速率可达 55Mb/s，上传速率可达 19.2Mb/s，甚至更高，它要求接入的用户距离服务商较近。

8. FTTX+LAN 接入

这是一种利用光纤加 5 类网络线方式实现宽带接入的方案。该方案可实现以兆光纤连接到小区中心交换机，中心交换机和楼道交换机以百兆光纤或 5 类网络线相连。楼道内采用综合布线，用户上网速率可达 10Mb/s。该网络的可扩展性强，投资规模小。FTTX+LAN 方式采用星状网络拓扑，用户共享带宽，是城市用户的较理想的上网连接方案。专线入网方式需要一条专用线路，主要适用于传递大量信息的企业和团体。

七、代理服务器上网

1. 代理服务器的概念

对于拥有多台计算机的个人或单位，如果希望每一台计算机都能直接连到 Internet 上，就会增加上网的费用，而且对 Internet 来说 IP 地址的量也是有限的。

代理服务器(Proxy Server)就是个人网络和 Internet 服务商之间的中间代理机构，它负责转发合法的网络信息并对转发进行控制和登记。代理服务器还能帮助解决其他一些问题。例如，大多数代理服务器支持缓存，这样不但可以减少 Internet 的访问次数，而且可以加快访问速度。还有很多代理服务器具有防火墙功能。

防火墙技术是一项网络安全技术，它是在两个网络之间实施访问控制策略的一个系统，它既能过滤网间的非法信息流，又能允许网间的合法信息流通过。代理服务器的防火墙技术与以往的包过滤(Packet Filter)型防火墙有所不同。它处在网络 ISO/OSI 模型中的最顶层，工作在 TCP/IP 协议的应用层，因而属于应用层防火墙(Application Level Firewall)。

代理服务器处在客户机和服务器之间，对于远程服务器而言代理服务器是客户机。

代理服务器向服务器提出各种服务申请；对于客户机而言，代理服务器则是服务器，它接收客户机提出的申请并提供相应的服务。客户机访问 Internet 时所发出的请求不再直接发送到远程服务器上，而是被送到了代理服务器上，代理服务器再向远程服务器提出相应的申请，接收远程服务器提供的数据并保存在自己的硬盘上，然后用这些数据为客户机提供相应的服务。

2. 代理服务器软件

代理服务器软件的种类很多，有的适合一些小型应用，例如简单的 Windows 下的代理服务器软件 Sygate，其局域网的设置相当简单。较复杂的代理服务器软件有 WinGate，它支持完整的代理服务器功能。比起 WinGate，WinRoute 是更加强大的代理服务器软件，WinRoute 是一个集路由器、DHCP(自动地址分配功能)服务器、DNS 服务、NAT(网络地址翻译)、防火墙于一身的代理服务器软件；它具有设置简单、支持网页缓存、代理收发邮件和 QQ 联络的特点，能方便监视上网记录，适合政府部门和公司及学校使用。还有代理服务器软件 CCProxy，它是国内很流行的一款代理服务器软件，适用于常见的各种操作系统平台。

下面以 CCProxy 软件为例，介绍代理服务器软件的用法。

(1) 首先确认局域网连接通畅。服务器的 IP 设置应注意检查服务器的网络属性，确保里面没有多余无用的协议。如果服务器安装了两块网卡，在网卡 IP 设置上需要注意，不要将两个 IP 设置在一个网段内，否则会造成路由混乱。例如，一块网卡是 192.168.0.1，另一块网卡就不要设置成 192.168.0.2，可以设置为 192.168.1.1。建议按照下面的方法配置局域网：局域网机器的

IP 一般是 192.168.0.1、192.168.0.2、192.168.0.3、…、192.168.0.254。其中，服务器是 192.168.0.1，其他 IP 地址为客户端的 IP 地址。子网掩码为 255.255.255.0，DNS 为 192.168.0.1。

客户端的网络设置方法是：打开客户端的本地连接属性，将 IP 设置为 192.168.0.2，子网掩码设置为 255.255.255.0，DNS 设置为 192.168.0.1。其他客户端的网络设置只是 IP 地址不同而已。

(2) 安装好 CCProxy 代理服务器软件。

(3) 设置代理服务。可在 CCProxy 代理服务器软件的“设置”中选择服务种类，设置各协议的端口，一般取默认值。

代理服务器中另一个重要的管理工作是分配客户端的 IP 地址，并设置对被服务的客户端用户的服务限制。对被服务的客户端用户的允许范围有以下 3 种选择。

① “允许所有”是默认状态，表示允许所有客户端上网，此方法适用于不需要对客户端进行上网管理的应用。

② “允许部分”表示只有加入用户列表的用户可以上网，可实现对用户的各种管理。

③ “不允许部分”表示只有加入用户列表的用户不允许上网，其他都允许。

(4) 设置客户端。在设置客户端时，还应设置 TCP/IP 属性。方法是：在“控制面板”|“网络和拨号连接”中，右击“本地连接”，从弹出的快捷菜单中选择“属性”命令，打开“本地连接属性”对话框。在“常规”选项卡中，选择“Internet 协议(TCP/IP)”，然后单击“属性”按钮。在“Internet 协议(TCP/IP)属性”对话框中，输入 IP 地址、子网掩码和默认网关的地址。其中，具体的 IP 地址值、子网掩码、网关地址和 DNS 配置，应向局域网系统管理员索要。

要使客户端的浏览器能通过代理服务器上网，还应在浏览器中设置代理服务器的地址。例如在 360 安全浏览器中，选择“工具”菜单下的“Internet 选项”命令，打开“Internet 属性”对话框后，选择“连接”选项卡，单击“局域网设置”按钮，打开“局域网设置”对话框。选中“代理服务器”复选框，在地址栏里输入代理服务器的 IP 地址，在端口栏里输入代理服务器中设置的端口号，单击“确定”按钮完成设置。

八、家庭网络的安装

为了共享计算机设备，需要把家庭中的多台计算机相互连接，构成家庭网络。

将家庭中的多台计算机连成一个局域网，可以共享外设，避免频繁搬动外设的麻烦，还可以让两台机器使用同一个 ISP 账户、同一个 Modem，使用同一条电话线连接 Internet。

双绞线方案价格低廉、性能良好、连接可靠、维护简单，插上网线就连入网络，拔下网线就脱离网络，哪个设备没有连接好，集线器上的相应指示灯都有提示，联网计算机之间相互没有影响，完全可以满足多媒体等大量数据传输的需要，是家庭局域网络布线时最好的选择。

由于现在的计算机基本都集成了网卡，因此只要准备几条网线就能完成硬件准备工作。如果采用宽带上网，或多台计算机连接时还需购置一个集线器。家庭组网有下面两种连接方式。

一种连接方式是双机连接。如果家庭中仅有两台计算机，可以使用最为简单的双机直接连接的方式，将一根交叉网线的两个 RJ-45 头分别插入两个计算机的网卡接口，中间不使用任何集线设备。如果使用 ADSL 或 LAN 宽带上网，那么在一台计算机中需安装两块网卡，其中一块用于连接 ADSL 或 LAN。不过在此还是建议购置集线器，可使连接更灵活。

另一种连接方式是三机以上的互联。如果家庭中拥有 3 台以上的计算机，那么就应使用集线设备。计算机与集线设备在拓扑结构上属星状结构，即所有双绞线一端均与集线设备相连，而另一端则与不同的计算机上的网卡相连，计算机与计算机间的连接通过集线设备来实现。

家庭网络是一种局域网，局域网有许多种类，按照组网方式的不同，局域网分为两种，分别是对等网和基于服务器(Server-based)的网络。

对等网(Peer-to-Peer Network)是指网络中没有专用的服务器，每一台计算机的地位平等，每一台计算机既可充当服务器又可充当客户机的网络。对等网是计算机与计算机之间地位平等的网络，也称工作组。在对等网络中，计算机的数量通常不会超过10台。每台计算机都可以向其他计算机提供服务，即给别人提供资源，如共享文件夹、共享打印机等，同时每台计算机也可以享受其他人提供的服务。

基于服务器的网络是指服务器在网络中起核心作用的组网模式。基于服务器的网络中必须至少有一台采用网络操作系统的服务器。服务器作为一台特殊的计算机，除了向其他计算机提供文件共享、打印共享等服务之外，还具有账号管理、安全管理的功能，能赋予账号不同的权限，它与其他非服务器计算机之间的关系不是对等的。

目前许多家庭网络采用无线路由器来实现，家庭中的每台电脑和智能手机都可以采用无线方式上网。安装和设置无线路由器很简单。准备一个无线路由器，为无线路由器连接上电源，可以使用自己家的电脑对无线路由器进行设置。

设置的过程为：连接电脑和无线路由器(电脑通过网线连接到无线路由器的“WAN”口)，如图6-3-5所示。连接后，在电脑打开网页浏览器，在地址栏输入IP地址192.168.0.1或192.168.1.1(若不清楚，可从网络服务商获取IP地址)，登录无线路由器来进行设置。登录后出现账号和密码输入界面时，输入从网络服务商申请到的账号和密码。当出现设置页面后，在设置页面找到“WAN口设置”，将“上网方式”设置为默认的“自动获得IP地址”，选择“宽带拨号上网”，其他设置取默认值。在设置页面找到“无线设置”，手动修改“无线名称”和“无线密码”，选择“开启无线广播”，其他设置取默认值。然后保存设置。设置完毕后，将刚才设置无线路由器用的电脑的网线从“WAN”口拔下，而将网络服务商提供的外网网线接入无线路由器的“WAN”口(刚才设置无线路由器用的电脑的网线可以接入无线路由器的“LAN”口)，重启路由器。这样安装和设置之后，家庭里的电脑和智能手机就都可以通过无线路由器上网了。

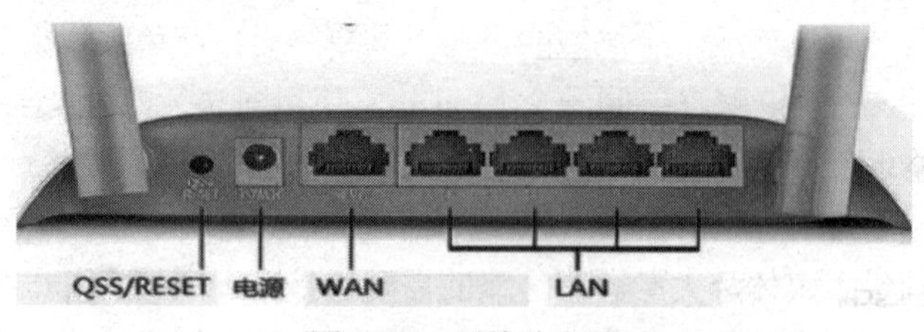

图6-3-5　无线路由器

第四节　网页浏览器

网页浏览器是网络用户用来浏览网上站点信息的工具软件。借助网页浏览器，用户可以搜索信息、下载/上传文件、收发电子邮件和浏览新闻和其他信息等。

常用的网页浏览器有360公司的360安全浏览器、腾讯公司的QQ浏览器、北京蚂蚁浏览器公司的蚂蚁浏览器、阿里巴巴旗下的优视科技公司的UC浏览器、凤凰工作室的世界之窗浏览器、微软公司的Microsoft Edge浏览器、谷歌公司的Google Chrome、Mozilla基金会与志愿者共同开发的Firefox (火狐浏览器)、苹果公司的Safari，此外还有很多其他的网页浏览器。

一、360安全浏览器

360安全浏览器是360安全中心推出的一款基于Internet Explorer和Chromium双核的浏览器，是世界之窗开发者凤凰工作室和360安全中心合作的产品。该浏览器功能强大、特色鲜明，它可在一个网页打开多个窗口，在各窗口间随意切换；它可智能拦截钓鱼网站和恶意网站，智能过滤广告，实现安全上网；它可智能检测网页中的恶意代码，防止木马自动下载，即时扫描下载文件，放心下载；它支持静音功能，可以静止页面上的声音，安静地浏览网页；它可以图片形式保存完整网页，截图后可立即编辑；它可以保护个人隐私，不记录上网历史访问记录。

1. 360安全浏览器的工作界面

从网上成功下载并安装360安全浏览器后，电脑的桌面上会有一个360安全浏览器图标，双击该图标，即可启动该浏览器，出现如图6-4-1所示的工作界面。

在如图6-4-1所示的工作界面上，用户可以在“360导航”下的方框中输入想搜索的内容，然后单击方框右侧的绿色长方形“搜索”按钮，即可出现搜索结果。也可在方框上面列出的“网页”“资讯”“图片”“良医”“微博”“地图”“问答”“软件”“问诊”“公益”中选择一项，单击绿色长方形“搜索”按钮后出现搜索结果。

例如，选择“资讯”后在方框中输入“北京旅游”，单击绿色长方形“搜索”按钮后，则出现与“北京旅游”有关的大量的资讯链接。例如选择“网页”后在方框中输入“南京大学”，单击绿色长方形“搜索”按钮后，则出现与“南京大学”有关的大量的网页链接。

图6-4-1　360安全浏览器的工作界面

通过360安全浏览器可以访问各个网站的主页。每个主页都有一个地址，以搜狐主页为例，其网址是http://www.sohu.com，输入搜狐主页网址后回车，就会出现搜狐主页，如图6-4-2所示。要注意网址中的每一个符号，包括“.”都不能省略。

图 6-4-2　搜狐主页

在 360 安全浏览器工作界面第二行的工具栏中有一些工具按钮，例如，刷新按钮、主页按钮、截图按钮、翻译按钮、网银按钮、管理按钮、菜单按钮等。用户单击某一个按钮后，可进行相应的操作。

在图 6-4-1 中，可以看到 360 安全浏览器的主页上有许多网站的名称，单击某个网站名称后，就可打开该网站，显示该网站的主页。例如，用户单击主页上的“淘宝”，则可打开“淘宝”网站；用户单击“携程旅行”，则可打开“携程”网。

360 安全浏览器的主页上还有一些其他信息和链接。例如，查看天气预报，若单击主页上天气预报的“切换”按钮，可查看任何一个省市县的天气预报。例如，查看当前年月日和星期的信息，若要查看其他年月日和星期的信息，可以单击当前年月日和星期的信息，出现万年历的网页后，即可查询年月日和星期的其他信息。

在浏览主页时，鼠标指针的形状会由箭头变成手指状，在能变成手指的地方单击，会打开新的页面，这就是链接。用户可以随时在感兴趣的内容上单击，依靠链接跳到新的网页。

2. 网页的收藏和显示

1) 把页面收藏到收藏夹

用户可以把“收藏夹”理解为一个专门存放用户需要的页面文件的文件夹。在浏览器中，可以利用个人收藏夹保留一份频繁使用的网站清单，供以后再次登录这些网站使用。

例如，想把浙江海洋大学的主页保留在收藏夹中，当浏览到浙江海洋大学的主页后，单击主页左上侧的“收藏”按钮(或单击“菜单”按钮，然后选择菜单中的“收藏夹”选项)，会出现“收藏夹”子菜单，选择“添加到收藏夹”命令，将出现“添加收藏”对话框，单击“添加”按钮即可，如图 6-4-3 所示。

图 6-4-3　将浙江海洋大学的主页添加到收藏夹

2) 显示收藏夹中的页面

单击工具栏最右侧的“菜单”按钮，然后选择菜单中的“收藏夹”选项，在弹出的“收藏夹”子菜单中单击想要浏览的收藏项(即网站)的名称，即可显示该网站的页面。

3. “工具”菜单

单击工具栏最右侧的“菜单”按钮☰，出现的下拉菜单中有许多选项，如：打开新的窗口、收藏夹、历史记录、下载、更多工具、设置，等等。选择下拉菜单中的某一项，就可以执行相应的操作。若下拉菜单中某一项的右侧有三角形的按钮，单击三角形后会出现该项的下一级菜单，用户可在下一级菜单中选择。例如，用户单击选项“更多工具”右侧的三角形，出现“更多工具”的下级菜单，供用户选择操作，如图 6-4-4 所示。

图 6-4-4　单击工具栏最右侧的“菜单”按钮☰后出现下拉菜单

例如，用户在“更多工具”的下级菜单中选择了“Internet 选项”，则可出现“Internet 属性”对话框。在“Internet 属性”对话框中，有常规、安全、隐私、内容、连接、程序、高级等多个选项卡，用户可对相关的内容进行设置。

例如在“Internet 属性”对话框的“常规”选项卡中，用户可以在“主页”区域的“地址”栏中设置起始页地址；用户可以输入自己喜欢的网站地址，单击“确定”按钮，则以后每次就会自动链接到这个地址。在“主页”区域的“地址”栏下，还有 3 个按钮：“使用当前页”按钮的作用是将当前链接显示的网站设置为起始页，“使用默认值”按钮的作用是将浏览器的默认初始页作为起始页，“使用新选项卡”按钮的作用是以空白页作为起始页。

例如，在“Internet 属性”对话框的“连接”选项卡中，用户可以进行连接设置，可以进行拨号和虚拟专用网络设置，可以进行局域网设置。

例如，在“Internet 属性”对话框的“高级”选项卡中，用户可以按不同的需要对浏览器进行设置。“高级”选项卡的列表框中，列出了有关安全、多媒体、浏览、辅助功能等选项，用户可以选中那些有帮助的选项。

若在图 6-4-4 所示的“工具”菜单中选择“设置”，则出现图 6-4-5 所示的“设置”页面，用户可在多个选项中进行设置。图 6-4-5 所示页面的左侧有许多“选项”，右侧是某个选项对应的设置内容。例如，若在左侧选择了基本设置，则在右侧出现搜索引擎、默认浏览器、下载设置、地址栏等可以进行设置的内容。用户可选择左侧的不同选项，根据情况在右侧进行设置。

图 6-4-5 “设置”页面

二、Microsoft Edge 浏览器

Microsoft Edge 是由微软公司开发的网页浏览器。Microsoft Edge 之前的浏览器是微软公司 1995 年 8 月推出的 Internet Explorer(简称 IE)浏览器，IE 推出后，由于功能强大且使用简便成为网络用户的首选浏览器，被广泛应用，版本不断升级，到 2013 年 10 月微软公司推出 IE11。微软宣布 2023 年 2 月 14 日关闭 IE 浏览器，取而代之的是 Microsoft Edge 浏览器。

Microsoft Edge 浏览器比 IE 浏览器使用起来更加方便，功能更加强大。从网上下载并安装 Microsoft Edge 之后，双击桌面上的 Microsoft Edge 图标，即可打开该浏览器。

使用该浏览器之前，根据个人的使用要求，可以对该浏览器进行一些设置。该浏览器的第二行有一些工具图标，例如刷新、主页、扩展、收藏夹、集锦、用户配置、设置及其他。单击主页图标，出现该浏览器的主页，如图 6-4-6 所示。

图 6-4-6　Microsoft Edge 浏览器的主页

在主页上，若在 Microsoft Edge 浏览器第二行“搜索或输入 Web 地址”处输入某个网站地址，则可打开对应的网站，例如输入 www.sina.com.cn ，则可以打开新浪网站首页。

若在主页上的“搜索网页”处输入某个网站地址，则可打开该网站，例如在“搜索网页”处输入 www.163.com ，则可打开网易网站首页。

Microsoft Edge 浏览器上有一些网站的图标，例如搜狐的图标、京东的图标。单击某个图标，就可打开对应的网站。若想再添加一些网站的图标，则可单击放在这些图标右侧的加号“+”，出现对话框后，输入网站的名称和地址即可。

单击图 6-4-6 的右上侧的“设置及其他”图标，出现菜单后，可以选择菜单中的选项，为 Microsoft Edge 进行多种设置。例如，可以给 Edge 换一个喜欢的外观，单击“设置及其他”图标，在弹出的菜单栏中找到“设置”选项，再从“设置”页面中找到“外观”，就可以设置浏览器的外观和主题了。此外，网页翻译是非常好用的功能，在“设置”页面的“语言”选项中，可开启翻译功能，当浏览一些外文网页的时候，会提供非常大的帮助。

Microsoft Edge 注重个性化，可以单击主页上的“个性化设置”，出现页面后进行设置。

Microsoft Edge 的收藏夹不但具有 IE 浏览器的所有功能，还支持文件夹梯级管理以及关键词搜索，还可以从其他以前使用的浏览器中导入数据。单击图 6-4-6 的右上侧的收藏夹图标，即可进行各项与收藏有关的操作。

Microsoft Edge 新增了“集锦”功能，它类似于一个临时的收藏夹，用来存放最近需要的同类型资料。单击图 6-4-6 的右上侧的“集锦”图标，按提示的步骤操作即可实现“集锦”。

Microsoft Edge 具有网页截图功能，选中图片后单击右键，在弹出的快捷菜单中选择“网页捕获”命令，即可获取整个网页的截图或截取页面中的任意部分。

Microsoft Edge 对插件的支持度不比谷歌公司的 Google Chrome 差，且 Microsoft Edge 寻找和安装插件更加便捷。单击图 6-4-6 的右上侧的“扩展”图标，即可打开“扩展”程序管理页，在这里可以轻松地找到各种各样的插件灵活安装。比如：一键展开页面、免安装软件直接下载网盘大文件、多购物平台比价、网页固定内容筛选、AdGuard 广告拦截器(中英文网站的广告都能去除），等等。安装好的插件会显示在“扩展”程序管理页面，用户可以随时打开或关闭某一插件，或者一键从微软官网上获得对插件进行“更新”。

三、谷歌浏览器

从网络下载谷歌浏览器，下载并安装成功后，在Windows桌面上会有一个Google Chrome图标，双击该图标，即可启动谷歌浏览器，它的工作界面如图6-4-7所示。

图 6-4-7　谷歌浏览器的工作界面

在如图6-4-7所示的工作界面上，用户可以在“在Google中搜索，或者输入一个网址”处输入想要搜索的题目或关键词，例如输入网址“www.xmu.edu.cn”，回车后，则可打开厦门大学网站。若单击工具栏最右侧的图标按钮 ⋮ ，可打开自定义及控制菜单，出现下拉式菜单后，其中的“打开新的标签”“打开新的窗口”“打开新的无痕窗口”“历史记录”“下载内容”“设置”等选项可以供用户选择。

四、QQ浏览器

从网络下载QQ浏览器，下载并安装成功后，在Windows桌面上会有一个QQ浏览器图标，双击该图标，即可启动该浏览器，它的工作界面如图6-4-8所示。

在如图6-4-8所示的QQ浏览器工作界面上，用户可以在“上网导航”右下侧的方框中输入想要搜索的内容，然后单击方框右侧的蓝色长方形“搜索”按钮，即可出现搜索结果。用户可以在方框中输入词、词组或句子，也可以输入网站名称或网址，单击蓝色长方形“搜索”按钮后，则出现与输入内容有关的大量网页链接。

QQ浏览器的主页上有许多网站的名称，用户单击某个网站的名称后，就可打开该网站，看到该网站的主页。例如，用户可单击“新华网”，登录“新华网”网站；用户可单击“凤凰”，登录“凤凰”网站。用户若想通过“网易·邮箱”收发电子邮件，则可单击主页上的“网易”后面的“邮箱”，显示“网易·邮箱”的网页界面。用户若通过“京东”购物，可单击主页上的“京东”，显示“京东”网页界面后可进行购物。

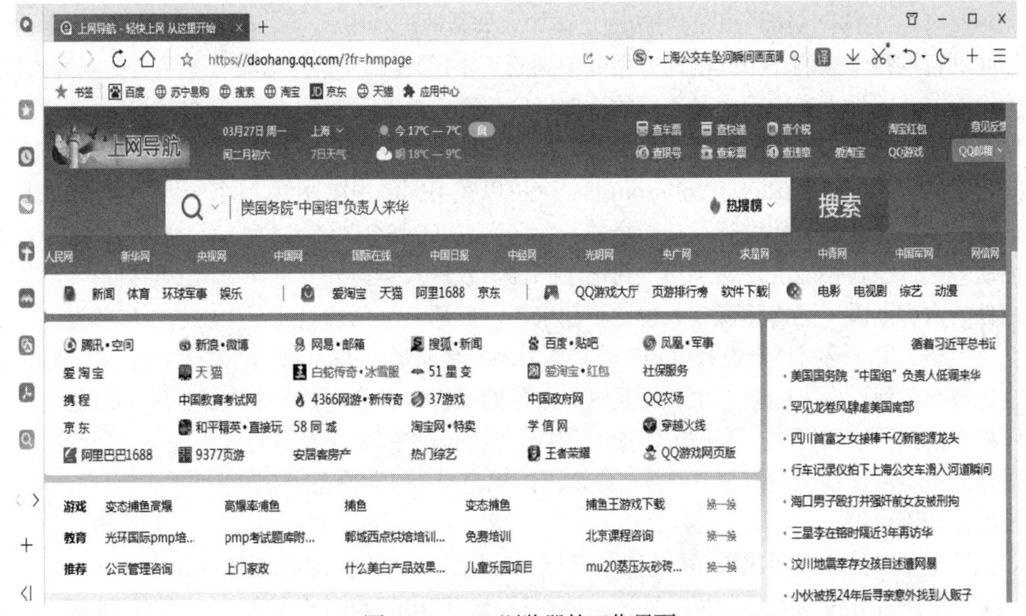

图 6-4-8　QQ 浏览器的工作界面

在图 6-4-8 的左侧，有一列工具条，其中包含一些工具的图标，如：收藏、历史、文档、会议、PDF 工具箱、搜索、小说书城、翻译，等等。用户可根据需要，将鼠标箭头放在某个图标上并单击，在出现相应的对话框后，用户可根据提示进行操作。

QQ 浏览器的主页上还有一些其他图标，用户可根据需要进行选择。

第五节　电子邮件

一、电子邮件的起源和发展

电子邮件(Electronic mail，E-mail)是 Internet 提供的一种服务。电子邮件系统的核心是“存储转发”异步通信，利用存储转发进行非实时的通信。

对于世界上的第一封电子邮件，根据资料，有两种说法。

第一种说法如下。

据《互联网周刊》报道，世界上的第一封电子邮件是由计算机科学家伦纳德 · 克兰罗克(Leonard Kleinrock)教授发给他的同事的一条简短消息(时间应该是 1969 年 10 月)，这条消息只有两个字母：“LO”。伦纳德 · 克兰罗克教授因此被称为电子邮件之父。

伦纳德 · 克兰罗克教授是这样解释的：当年我试图通过一台位于加利福尼亚大学的计算机和另一台位于旧金山附近斯坦福研究中心的计算机联系。我所做的事情就是从一台计算机登录到另一台计算机。当时登录的办法就是键入 L-O-G。于是我方键入 L，然后问对方收到 L 没有？对方回答说收到了。然后依次键入 O 和 G。还未收到对方收到 G 的确认回答，系统就瘫痪了。所以第一条网上信息就是“LO”，意思是“你好”。

第二种说法如下。

1971年，美国国防部资助的阿帕网正在如火如荼地进行中，一个非常尖锐的问题出现了：参加此项目的科学家们在不同的地方做着不同的工作，但是却不能很好地分享各自的研究成果。原因很简单，因为大家使用的是不同的计算机，每个人的工作对他人来说都是没有用的。他们迫切需要一种能够借助于网络在不同的计算机之间传送数据的方法。为阿帕网工作的麻省理工学院博士雷·汤姆林森(Ray Tomlinson)把一个可以在不同的电脑网络之间进行复制的软件和一个仅用于单机的通信软件进行了功能合并，命名为SNDMSG(即Send Message)。为了测试，他使用这个软件在阿帕网上发送了第一封电子邮件，收件人是另外一台计算机上的自己。尽管这封邮件的内容连雷·汤姆林森本人也记不起来了，但那一刻仍然具备了十足的历史意义：电子邮件诞生了。雷·汤姆林森选择"@"符号作为用户名与地址的间隔，因为这个符号比较生僻，不会出现在任何一个人的名字中，而且这个符号的读音也有着"在"的含义。阿帕网的科学家们以极大的热情迎接了这个石破天惊般的创新。他们天才的想法及研究成果，可以用最快的、快得难以觉察的速度来与同事共享了。许多人回想起来，都觉得在阿帕网所获得的巨大成功中，电子邮件功不可没。

虽然电子邮件的发明比较早，但只是到了20世纪80年代才逐渐发展起来。

早期电子邮件没有发展起来的原因主要在于当时使用阿帕网的人太少，网络的速度也仅为56kb/s标准速度的二十分之一。受网络速度的限制，那时的用户只能发送一些简短的信息，根本别想大量发送照片。到了20世纪80年代中期，由于个人计算机的兴起，电子邮件开始在计算机爱好者以及大学生中广泛传播。到了90年代中期，由于互联网浏览器的诞生，导致全球网民人数剧增，电子邮件才被广为使用。

Internet用户有了电子邮箱之后，只要按照E-mail软件的规定将信件的内容及对方的电子邮件地址送入计算机，电子邮件系统就会自动地将信息送到目的地。也可以将一封信发给多个人。邮件存放在对方的电子邮箱中，对方联机后，就可打开电子邮箱，浏览他人发来的邮件。因为收发邮件是采用存储转发的方式，打开电子邮件是采用计算机联机的方式，所以可以使用户不受时间、地点的限制，快速地收发电子邮件。

使用电子邮件应该有一个负责收发电子邮件的程序和电子邮件地址，每一个用户都有自己的电子邮件地址。电子邮件地址由三部分组成，具体格式为：用户名@全称域名，如zhangsan@gmail.com。第一部分"用户名"代表用户信箱的账号，对于同一个邮件接收服务器来说，这个账号必须是唯一的；第二部分"@"是分隔符；第三部分是用户信箱的邮件接收服务器域名，用以标志其所在的位置。

使用电子邮件的前提是要拥有一个电子邮件信箱，国内外提供免费或者付费的电子邮件信箱的网站很多。用户可选择某个网站，登录后注册一个免费或者付费的电子邮件信箱。

例如，国内提供电子邮件信箱的网站有：网易邮箱(www.126.com、mail.163.com和mail.188.com)，QQ邮箱(mail.qq.com)，搜狐邮箱(mail.sohu.com)，新浪邮箱(mail.sina.com)。国外提供的电子邮件信箱的网站有：MSN Hotmail(www.hotmail.com)，Gmail(www.google.com)，Inbox.com(www.inbox.com)，mail.com(www.mail.com)，Yahoo Mail(mail.cn.yahoo.com)。

二、Outlook Express (OE)简介

微软公司的Outlook Express软件，简称为OE，是一款集收、发、写、管理电子邮件于一体的工具。Outlook Express是Windows操作系统的一个自带软件，但它不是电子邮箱的提供者。

通常，我们在某个网站注册了自己的电子邮箱后，要收发电子邮件，必须登录该网站，进入电子邮箱网页，输入账号名和密码，然后才能进行电子邮件的收、发、写操作。使用 Outlook Express 后，这些顺序便一步跳过。只要你启动 Outlook Express 程序，进入界面之后，该程序便自动与你注册的网站电子邮箱服务器联机工作，这样就可以收发你的电子邮件。

发送电子邮件时，可使用 Outlook Express 创建新邮件，通过网站服务器联机发送。Outlook Express 在接收电子邮件时，会自动把发信人的电邮地址存入“通讯簿”，供以后调用。当单击网页中的电子邮件超链接时，会自动弹出写邮件的界面，这个新邮件已自动设置好了对方(收信人)的电子邮件地址和你的电子邮件地址，你只要写上内容，单击“发送”按钮即可。

以上介绍的是用户最常用的 Outlook Express 功能，它还有一些附加功能。

用户在使用 Outlook Express 前，先要对它进行设置，即进行 Outlook Express 账号设置。设置的内容是用户注册的网站电子邮箱服务器及账号名和密码等信息。

设置过程如下。

(1) 双击 Windows 桌面上的 Outlook Express 图标，启动 Outlook Express 程序。

(2) 当出现 Outlook Express 窗口后，从主菜单中选择“工具”菜单，出现下拉菜单后，选择其中的“账号”菜单项，这时会出现“Internet 账号”窗口。

(3) 在“Internet 账号”窗口中单击“邮件”标签(默认)，然后单击“添加”按钮，出现子菜单后，单击其中的“邮件”选项，出现“Internet 连接向导”窗口。

(4) 在“Internet 连接向导”窗口中的提示信息“显示姓名：”的后面输入姓名，此姓名将出现在用户所发送邮件的“寄件人”一栏，然后单击“下一步”按钮。

(5) 在“Internet 连接向导”窗口中输入用户的邮箱地址，然后单击“下一步”按钮。

(6) 在“Internet 连接向导”窗口中的邮件接收服务器和邮件发送服务器方框中输入服务器信息，然后单击“下一步”按钮。

(7) 输入账号名和密码，然后单击“下一步”按钮，出现“祝贺您”三个字后，单击“完成”按钮。

三、浏览器中的电子邮箱管理

免费邮箱是网上免费资源的一种。目前，国内外有许多网络服务商提供免费或者付费的中外文电子邮箱服务，这些电子邮箱都能够支持 POP 3 和 SMTP 方式收发邮件。付费电子邮箱的存储空间比免费电子邮箱的存储空间要大，付费电子邮箱没有商业广告，而免费电子邮箱会有商业广告。各家网络服务商提供的电子邮箱的使用方法基本相同，下面以 QQ 邮箱和网易邮箱为例，介绍电子邮箱的使用方法。

1. QQ 邮箱

首先登录到腾讯公司网站(www.qq.com)，找到上面的“邮箱”链接，然后单击该链接，即可进入 QQ 邮箱的首页。或者，在某一浏览器中输入 QQ 邮箱首页的网址(mail.qq.com)，也可以进入 QQ 邮箱的首页，如图 6-5-1 所示。

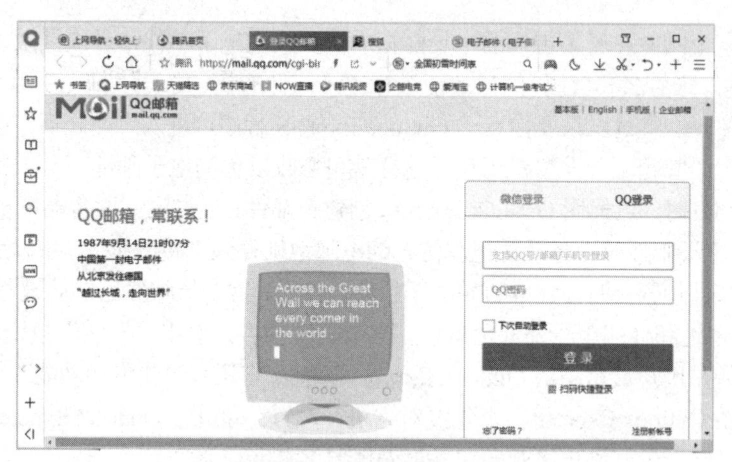

图 6-5-1　QQ 邮箱登录界面

如果用户已经申请过 QQ 邮箱，在出现图 6-5-1 所示的登录界面后，只要输入 QQ 邮箱账号和密码，单击“登录”按钮就可以进入 QQ 邮箱，如图 6-5-2 所示。

如果用户没有申请过 QQ 邮箱，在出现图 6-5-1 所示的登录界面后，单击右下角的“注册新账号”按钮就可以进入申请 QQ 邮箱的界面，用户按照提示输入名称、密码和手机号就可申请 QQ 邮箱。

在图 6-5-2 所示的邮箱管理界面中，可以看到，邮箱管理界面中最主要的功能是写信、收信和通讯录管理。其他功能还包括收件箱、星标邮件(重要的邮件可以标为星标邮件)、群邮件(QQ 群发来的邮件)、草稿箱、已发送和已删除等。

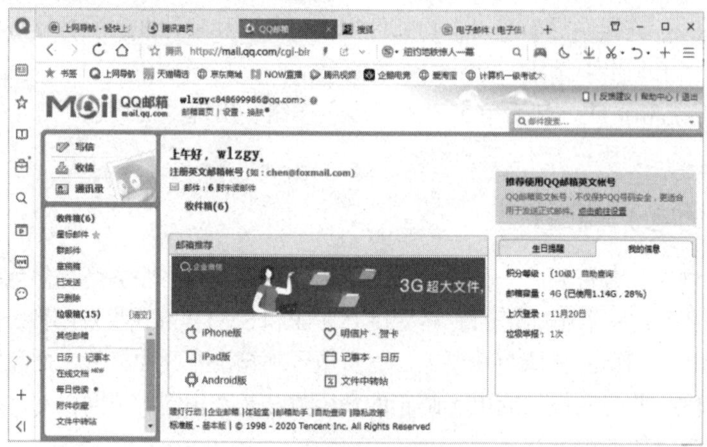

图 6-5-2　QQ 邮箱管理主页

在图 6-5-2 中单击“收件箱”文字链接，网页右边会显示当前邮箱里的所有邮件。由于图中的这个邮箱是刚刚申请的，因此里面还没有邮件，如图 6-5-3 所示。

在图 6-5-2 中单击“写信”文字链接，即可编写新邮件。网页右边会显示写邮件界面。默认的邮件是普通邮件。在写邮件界面中，用户需要在“收件人”右侧的框中写入收件人的电子邮箱，例如“abcd7654321@163.com”；在“主题”右侧的框中写入电子邮件的主题，例如“病毒防控研讨会议通知”；在“正文”右侧的框中写入电子邮件的内容，如图 6-5-4 所示。

填写完邮件的信息后，单击“发送”按钮，就可以将邮件发送出去。

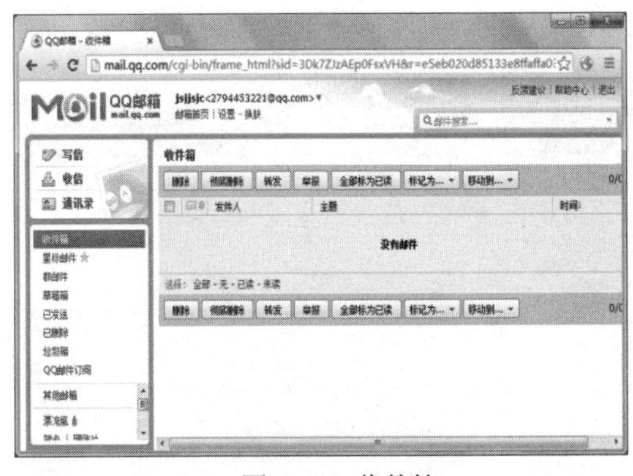

图 6-5-3　收件箱

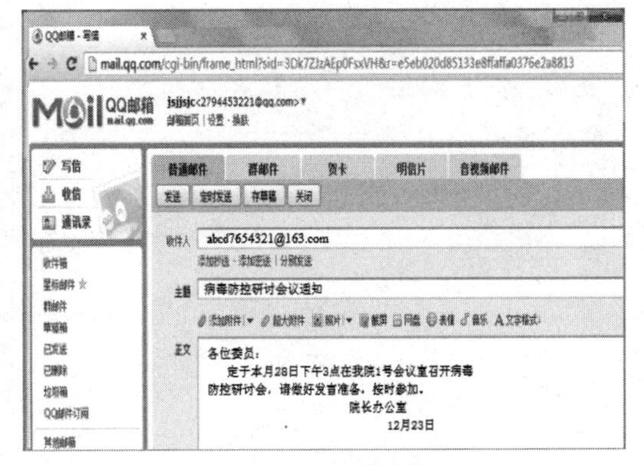

图 6-5-4　写邮件

可以在发送前添加抄送人、密送人等，还可以选择“分别发送”，分别发送会为每个收件人单独发送一份邮件，收件人相互不知道是否还有其他人收到此邮件。

下面介绍邮箱的通讯录功能，单击界面中的“通讯录”文字链接，就进入如图 6-5-5 所示的界面，该界面会显示所有与本邮箱有来往的邮件地址。单击某一用户，还可以查看与该用户往来的所有邮件。

单击“通讯录”中的“添加联系人”按钮“+”，可以添加一个新的联系人，填写新联系人的相应信息后单击“保存”按钮，可将该新联系人存储到通讯录中，如图 6-5-6 所示。

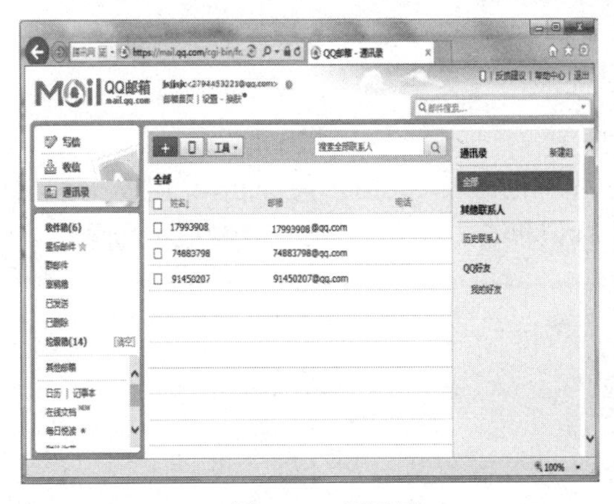

图 6-5-5　通讯录

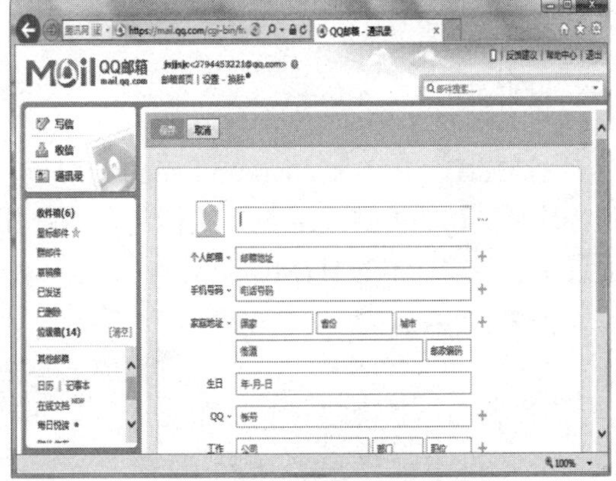

图 6-5-6　添加联系人

2. 网易邮箱

首先登录到网易网站(www.163.com)，找到网站页面上的“注册免费邮箱”链接，然后单击该链接，即可进入网易邮箱的首页，如图 6-5-7 所示。

在网易邮箱的注册页面上，可以选择免费邮箱，也可以选择付费邮箱(VIP 邮箱)，然后输入邮箱地址、密码、手机号，之后单击“立即注册”按钮。在输入邮箱地址时，可以选择邮件服务器域名，可供选择的有“163.com”“126.com”和“yeah.net”。

如果用户已经申请过网易邮箱，登录到网易网站后，找到网站页面上的“登录”链接并单击，在出现的对话框中输入网易邮箱账号和密码，然后单击“登录”按钮，就可进入网易邮箱，如图 6-5-8 所示。

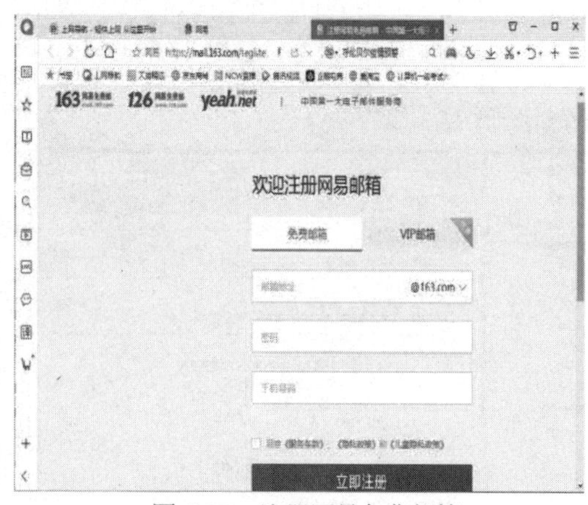

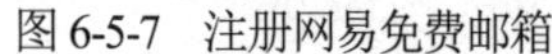
图 6-5-7　注册网易免费邮箱

图 6-5-8　网易邮箱管理主页

在图 6-5-8 所示的网易邮箱管理主页中，用户可以单击“收件箱”按钮，浏览收到的电子邮件；可以单击“写信”按钮，给联系人发电子邮件；可以单击“通讯录”按钮，查看保存在通讯录中的联系人的信息，以及添加新的联系人的信息；可以单击“已发送”按钮，查看已经发送的电子邮件。用户还可以实现一些其他功能，这些功能与 QQ 邮箱基本相同。

第六节　HTML 简介

一、HTML

HTML(Hyper Text Markup Language)是超文本标记语言，它由一系列的标记组成，这些标记描述了文档的内容。HTML 文档包含 HTML 标记和纯文本，HTML 文档也被称为网页。下面展示了一段基本的 HTML 文档。

```
<!DOCTYPE html>
<html>
<body>
<h1>My First Heading</h1>
<p>My first paragraph.</p>
</body>
</html>
```

其中，DOCTYPE 声明了文档的类型是 HTML，<html>和</html>描述了 HTML 文档的开始和结束，<body>和</body>之间的内容是文档的可视部分。其中，<h1>和</h1>之间的内容显示为标题，<p>和</p>之间的内容显示为一个段落。

浏览器(如 IE、Chrome、Firefox 和 Safari 等)读取 HTML 文档，并将其显示为一个页面。浏览器不会显示 HTML 标记，而是根据标记来决定 HTML 页面的内容如何展示给用户。例如，上面的 HTML 文档在浏览器 IE 中的显示效果如图 6-6-1 所示。

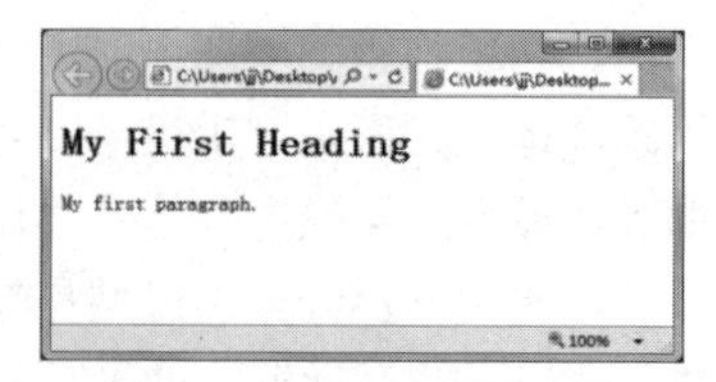

图 6-6-1　一个简单的主页

二、HTML 的标记

从以上例子中可以看到，由 HTML 编写的页面中包含了一大堆的符号，其文本格式大致由两部分构成：一部分是标记，又称控制码；另一部分才是内容本身。

一个标记表示为“<……>”，中间可以包含标记名、标记的属性等，就像编程语言中的参数一样。许多标记都是成对出现的，有一个开始标记，就有一个结束标记，结束标记就是在开始标记之前加一个“/”。例如，下面两行就是一对标记。

```
<html>
</html>
```

这对标记告诉浏览器，这是网页的开始(<html>)和结束(</html>)。

常用的 HTML 标记有以下几个。

1. <html>…</html>

作用：表示超文本文档的开头及结束。

2. <head>…</head>

作用：一些有关文档的定义、说明和描述等标记包含在其中。

3. <title>…</title>

作用：其中包含的内容出现在浏览器窗口的标题栏上，作为该主页的标题。

4. <body>…</body>

作用：要表达的正文信息包含在其中。

5. <hn>…</hn>

作用：其中 n 的取值为 1~6，表示由大到小的 6 种标题文字。

6.

作用：强行换行。

在 HTML 文本中，包含的所有回车符和空格都会被忽略，当一行的内容还不满屏幕的宽度时，下一行的内容会自动接上。因此，在需要换行时必须使用该标记。

7. 格式：<img>

作用：将图像文件嵌入主页中。其中包含 3 个属性，即Src(图像来源)、Width(图像宽度)和Height(图像高度)。

要学习网页制作，必须首先了解 HTML 标记的基本结构及作用。

三、HTML 编辑

可以用专业的 HTML 编辑软件来编辑网页，如 Adobe Dreamweaver、Microsoft Expression Web 等，但是从学习的角度来说，使用纯文本编辑器如记事本(Notepad)或者具有语法加亮功能的增强版 Notepad++来学习 HTML 是比较好的途径。

下面使用记事本软件创建第一个页面，该操作通过以下 4 个步骤完成。

(1) 打开记事本软件。

记事本软件是 Windows 系统自带的软件，可以通过选择“开始”|“所有程序”|“附件”|“记事本”命令，打开记事本软件。也可以同时按下 Windows 键和 R 键，在弹出的“运行”对话框中输入 notepad，打开该软件，如图 6-6-2 所示。

(2) 使用记事本软件编辑 HTML 代码。

在记事本中输入 HTML 代码，如图 6-6-3 所示。

图 6-6-2　运行记事本软件

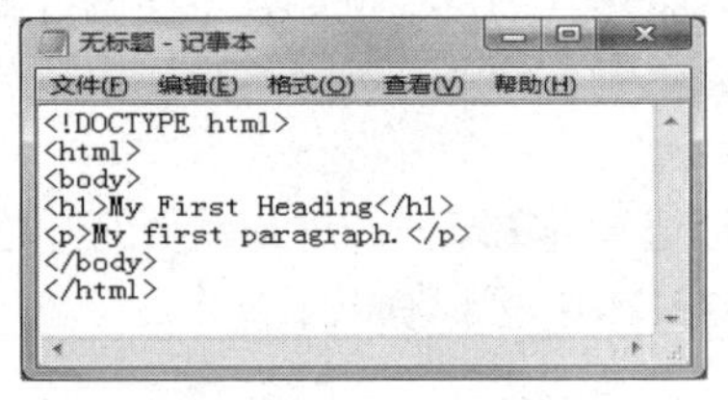

图 6-6-3　在记事本中编辑 HTML 代码

(3) 保存 HTML 代码。

选择记事本“文件”菜单中的“另存为”命令，弹出“另存为”对话框，在保存类型中选择所有文件(*.*)，文件名可以按需求命名(这里命名为 demo)，文件的扩展名必须为.html 或者.htm，如图 6-6-4 所示。

图 6-6-4　在记事本中将 HTML 代码另存为 demo.html

(4) 在浏览器中运行 HTML。

双击上一步保存的文件 demo.html，操作系统会以默认的浏览器打开该文件，显示结果如图 6-6-1 所示。

第七节　网页制作软件简介

目前，所见即所得类型的工具越来越多，使用起来也越来越方便，这使得制作网页成为一份比较轻松的工作。其中，Photoshop 和 Dreamweaver 的配合，使网页的制作更加方便灵活。Photoshop 用来处理网页中的图像，Dreamweaver 用来制作精美的网页。本节主要介绍这两个工具。

一、网页图像设计工具 Photoshop

Photoshop 是美国 Adobe 公司推出的目前世界上使用最广泛的平面图像处理软件之一，它与网页图像处理有着密不可分的关系。虽然现在也有很多的图片处理软件，如美图秀秀等，但是 Photoshop 是最专业、最强大的图像处理软件之一。它对图像有着非凡的装饰、编辑和加工制作能力，可以制作、处理各种图片格式，如 JPG、PNG、TIFF 等。

Photoshop 软件窗口由标题栏、菜单栏、选项栏、工具箱、调板、状态栏、收缩型控制面板等组成，界面如图 6-7-1 所示。

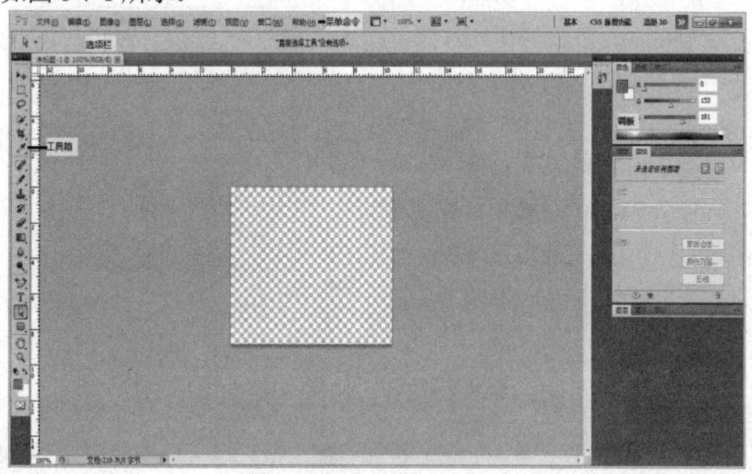

图 6-7-1　Photoshop 界面

1. 菜单命令

Photoshop 包括文件、编辑、图像、图层、选择、滤镜、帮助等菜单。下面简要介绍其中几个菜单的主要功能。

- 文件：用于对需要修改的图片进行打开、关闭、存储、输出、打印等操作。
- 编辑：编辑图像过程中所用到的各种操作，如复制、粘贴等基本操作。
- 图像：修改图像的各种属性。
- 选择：用来选择图像对象。
- 滤镜：对对象或文本添加各种特殊效果。

2. 工具箱

工具箱将常用的工具显示出来。其中，右下角带有黑色箭头标志的工具表示按住该工具还能选择其他隐藏的工具。将指针放在某一工具上，便可以查看有关该工具的信息。可以单击工具箱顶部的双箭头实现工具箱的单列显示与双列显示之间的切换。

3. 选项栏

选项栏位于工作区的顶部，它是上下文相关的，会随所选工具的不同而改变。选项栏中的某些设置(如绘画模式和不透明度)是几种工具所共有的，而某些设置则是某一种工具所特有的。当把指针悬停在某一工具上时，会出现该工具的提示信息。

4. 调板

调板位于文档的右侧，其主要功能是查看和修改图像。可使用多种不同的方式来组织工作区中的调板。调板分为三组，分别是“颜色/色板/样式”“调整/蒙版”和“图层/通道/路径”。

在学习软件的过程中，可以采用二八定律指导学习，即百分之八十的需求，只用到了软件中的百分之二十的功能。所以完全没有必要掌握一个软件的所有功能，只需要掌握一些基本常用的功能即可边学边用。

二、使用 Photoshop 设计网页标志

网页标志设计主要是指造型与设计配色，要注意运用色彩对比来强调重点，同时也要注意网页标志与网页名称的搭配，从而形成统一的视觉效果。下面以使用 Photoshop 设计一个网页标志来说明如何使用 Photoshop。

启动 Photoshop，选择“文件”|“新建”命令。在弹出的“新建”对话框中，设置“宽度”为 300 像素，“高度”为 250 像素，“分辨率”为 72 像素/英寸，“颜色模式”为 RGB 颜色，“背景内容”为白色，文件名为 logo，如图 6-7-2 所示。单击“确定”按钮，新建的文件如图 6-7-3 所示。

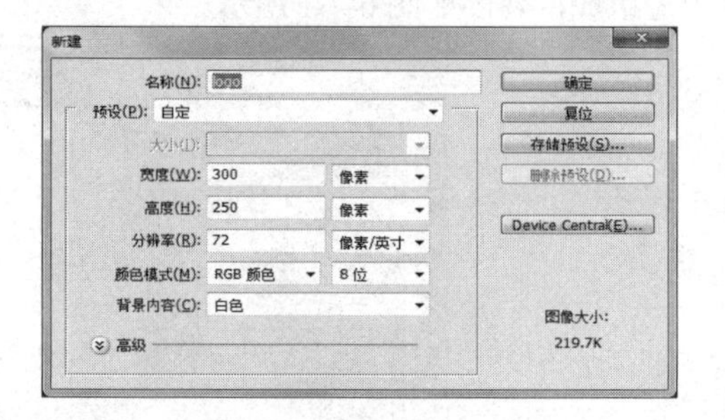

图 6-7-2　“新建”对话框

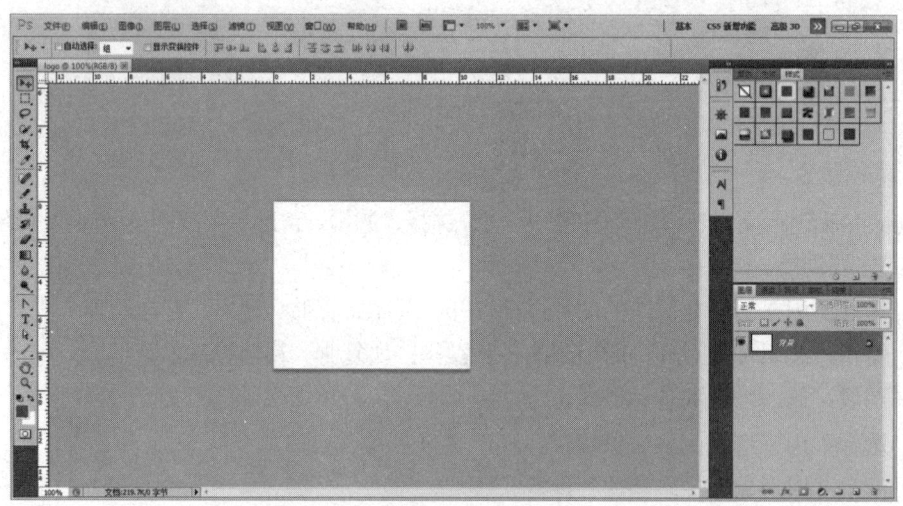

图 6-7-3　新建的文件

单击“图层”面板右下角的“创建新图层”按钮，创建“图层 1”，双击“图层 1”文字，修改为“标志图形”，结果如图 6-7-4 所示。

选择工具箱中的“圆角矩形工具”，在选项栏中将半径设置为 28px，将填充颜色设置为“#5f6a72”。在工作区中拖动绘制圆角矩形，如图 6-7-5 所示。

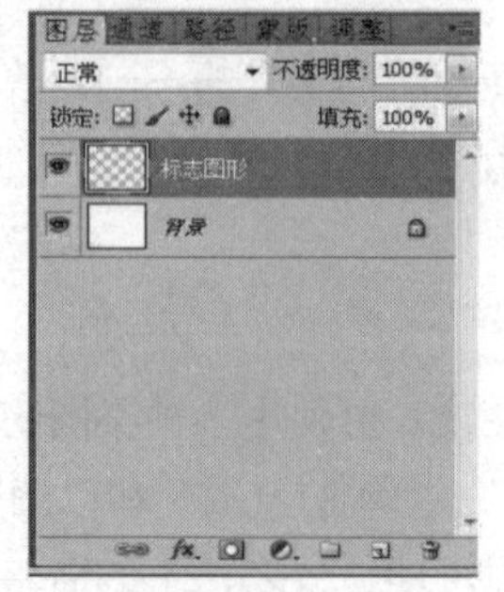

图 6-7-4　新建图层并重命名

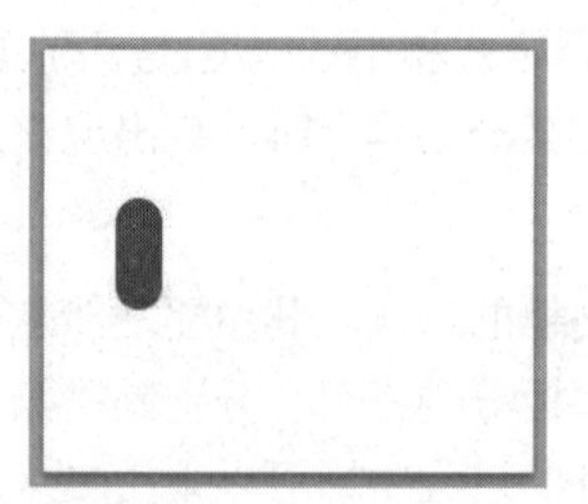

图 6-7-5　绘制圆角矩形

复制一个刚绘制的圆角矩形，使用 Ctrl+T 快捷键，更改所复制的圆角矩形的大小，如图 6-7-6

所示。

重复上面的步骤，复制出另外3个圆角矩形，并调整它们的大小和角度，结果如图 6-7-7 所示。

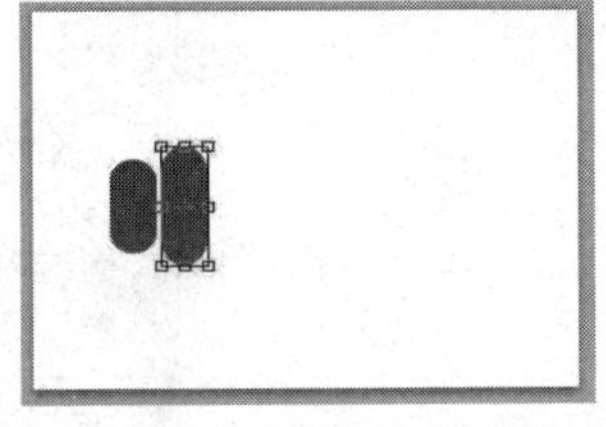

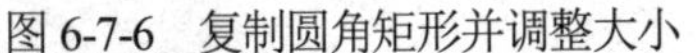

图 6-7-6　复制圆角矩形并调整大小

图 6-7-7　复制出其余 3 个圆角矩形并调整其大小和角度

选择竖直圆角矩形的 4 个图层并按 Ctrl+T 快捷键，旋转图形，结果如图 6-7-8 所示。

选择横排圆角矩形的图层，右击并选择“混合图层”选项。在弹出的“图层样式”对话框中，选中“描边”复选框，并在右边的像素框中输入 2。单击颜色框，选择白色，如图 6-7-9 所示。单击“确定”按钮，效果如图 6-7-10 所示。

在图形下面再绘制一个稍大的圆角矩形，并利用文字工具在圆角矩形中输入文字，最终结果如图 6-7-11 所示。

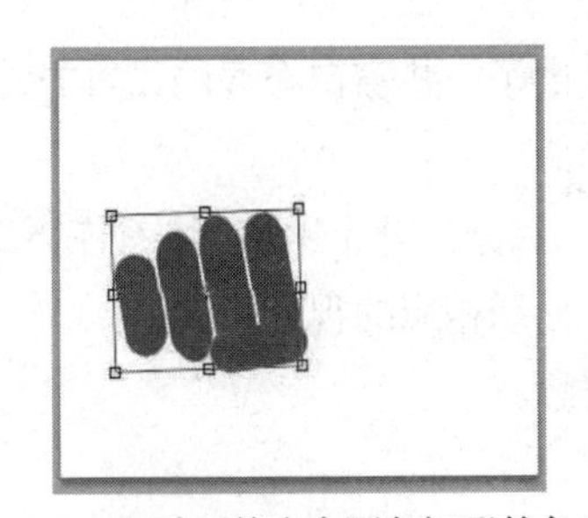

图 6-7-8　同时调整多个圆角矩形的角度

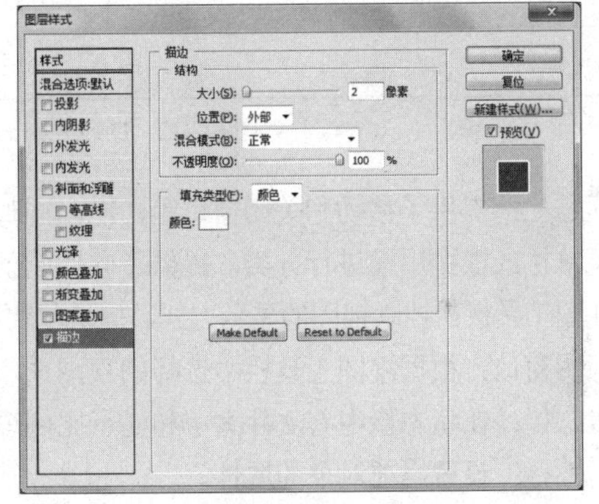

图 6-7-9　设置图形的描边

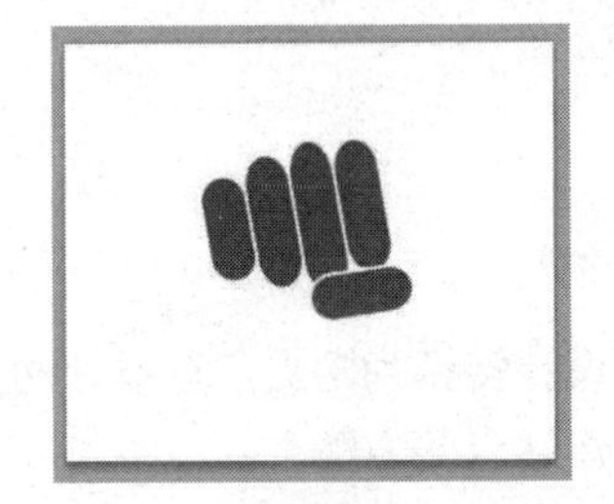

图 6-7-10　设置描边后的效果

图 6-7-11　添加文字后的最终效果

三、网页制作工具 Dreamweaver

Dreamweaver 是目前网页设计的主流软件，是世界上最优秀的可视化网页设计制作工具和网站管理工具之一。该软件提供了完美的网页设计方案，借助该软件，可以快速、轻松地完成设计、开发和维护 Web 应用程序的过程。

Dreamweaver 软件窗口由标题栏、菜单栏、视图工具栏、视图窗口、状态栏、属性栏、插入面板、CSS 样式面板、站点面板等组成，界面如图 6-7-12 所示。

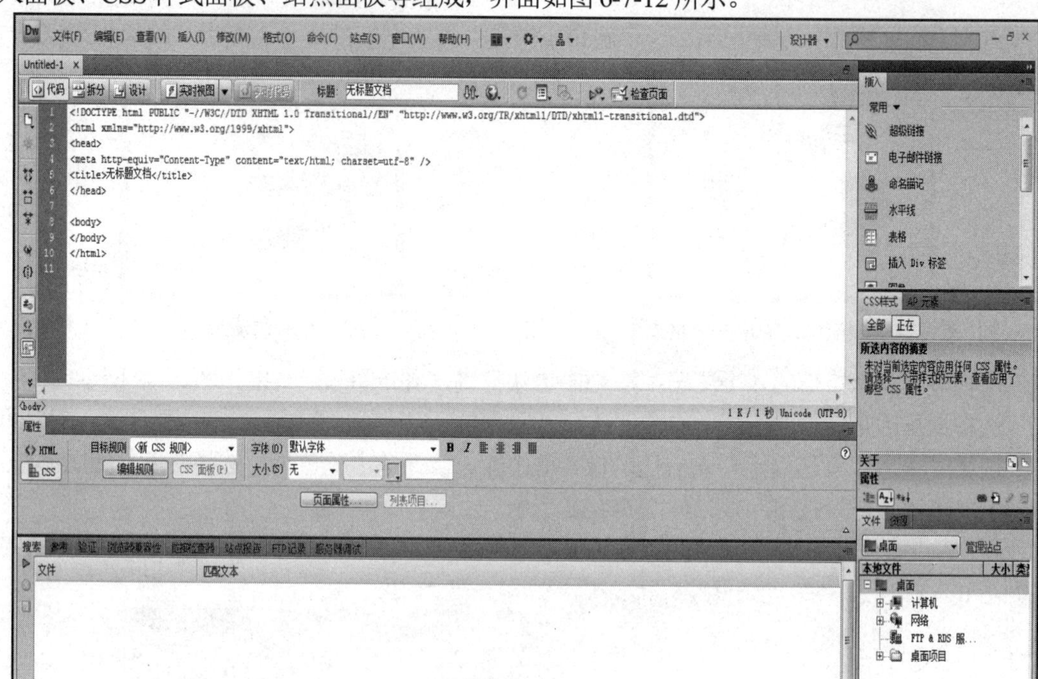

图 6-7-12　Dreamweaver 界面

- 标题栏：提供了移动和关闭窗口等功能，同时提供了一些窗口布局的设置方法。
- 菜单栏：根据用途进行分类，提供了软件的菜单命令。
- 视图工具栏：控制视图的显示方式，提供了代码、拆分、设计 3 种主要视图方式。
- 视图窗口：根据视图工具栏中选择的视图选项，显示相应的视图方式。
- 状态栏：在状态栏中有文件大小和显示比例等信息。
- 属性栏：设置当前对象的属性。
- 插入面板：提供插入网页对象的功能。
- CSS 样式面板：提供对 CSS 样式的管理功能。
- 站点面板：提供对网站文件的管理功能。

四、使用 Dreamweaver 创建网站

在 Photoshop 中绘制出想要的页面效果之后，需要将设计转换为网页。在设计网页时，首先要规划站点，站点可对网页文件进行管理。下面介绍创建站点的方法。

1. 创建站点

打开 Dreamweaver，选择“站点”|“新建站点”命令。在弹出的对话框中，输入站点名称，如图 6-7-13 所示。

选择“高级”选项卡，在本地根文件夹中输入存放站点的目录，也可以单击右侧的文件夹按钮进行选择，如图 6-7-14 所示。文件夹的命名尽量采用英文，中间不要有空格，单击“确定”按钮完成站点的创建。

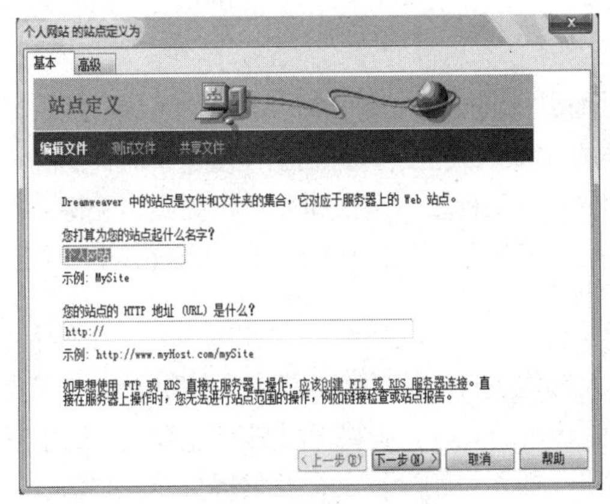

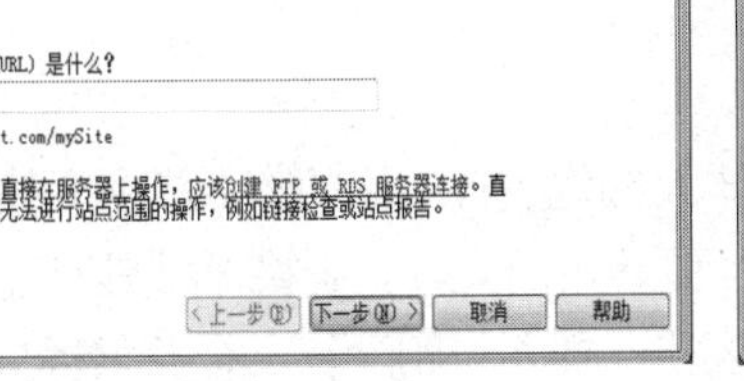

图 6-7-13　新建站点

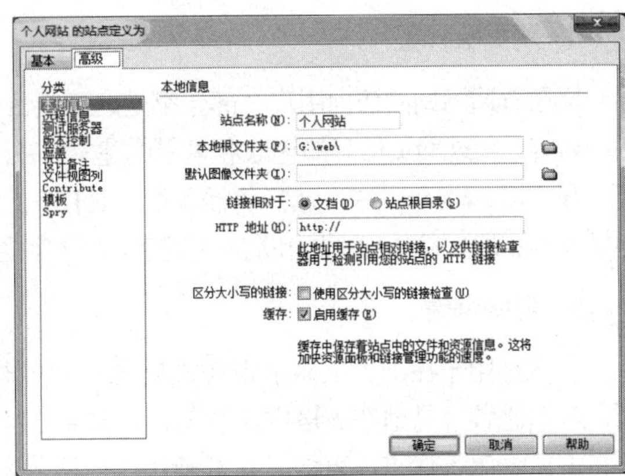

图 6-7-14　输入存放站点的目录

2. 创建文件夹

在网站的创建中，文件的组织非常重要，良好的文件组织方式可以让网站所涉及的文件一目了然，便于管理。一般情况下，会创建如下目录。

- html：存放网页。
- images：存放网页中的图片。
- css：存放 css 样式表文件。
- js：存放 JavaScript 文件。
- media：存放媒体文件。

在 Dreamweaver 界面右下角的站点面板中，右击刚刚创建的站点，在弹出的快捷菜单中选择“新建文件夹”命令，依次创建上述目录，并创建名为 index.html 的站点主页，如图 6-7-15 所示。

3. 网页页面设置

双击打开 index.html 文件，可以看到 Dreamweaver 设计网页的 3 种视图：代码视图、拆分视图和设计视图。

其中，代码视图显示网页的 html 代码；拆分视图分别显示代码视图和网页在浏览器中的效果图；设计视图显示的是网页在浏览器中的效果图。

单击设计视图，在 Dreamweaver 底部的属性栏中单击页面属性，可以设置网页字体、背景颜色、背景图片、链接 CSS、网页标题和网页编码等信息，如图 6-7-16 所示。

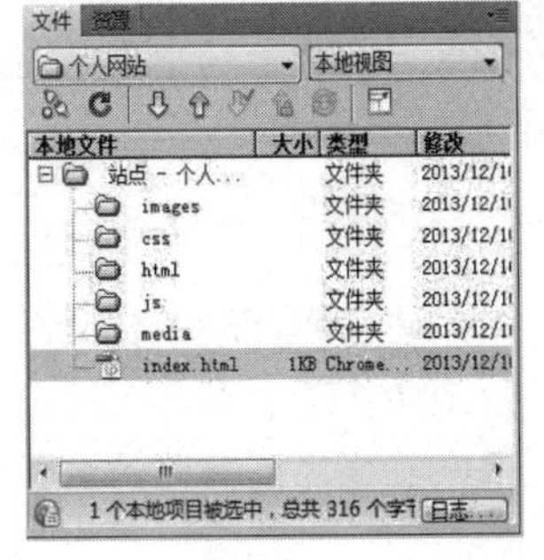

图 6-7-15　创建站点文件夹与站点主页

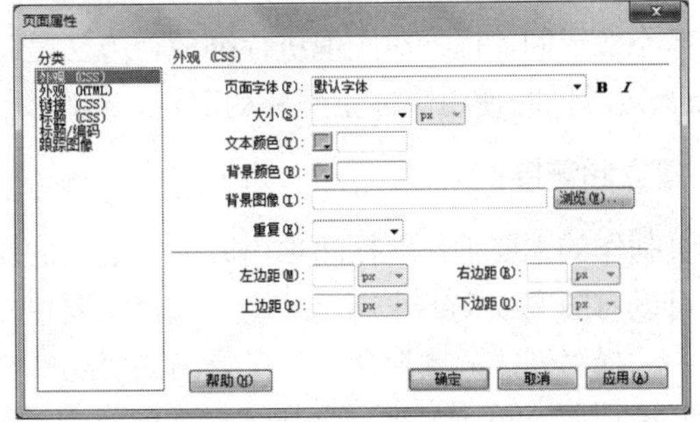

图 6-7-16　设置页面属性

4. 网页头标签

现在普通网站的访问用户大部分都是通过搜索引擎进来的，而搜索引擎一般是通过读取网页标签的内容，实现网页信息的提取和索引的建立。在网页中放入关键字，有利于搜索引擎对页面的索引。在 Dreamweaver 中，选择“插入”|“HTML”|“文件头标签”|“关键字”，弹出“关键字”对话框。在其中可输入网页相关的关键字，关键字之间要用英文半角的逗号隔开，如图 6-7-17 所示。

5. 表格编辑

表格是用于在网页上显示表格式数据和对文本及图像进行布局的有效工具。使用表格布局页面，可以比较容易地在表格中添加图片、文本、动画等页面元素。表格排版具有速度快、简单易行、方便上手等优点。表格的基本操作包括插入表格、插入与删除行、合并与拆分单元格等。

单击“插入”菜单，选择“表格”命令，弹出“表格”对话框。在“表格”对话框中可设置行、列、表格宽度等信息，如图 6-7-18 所示。单击“确定”按钮后，表格就被插入网页中。

图 6-7-17　添加页面关键字

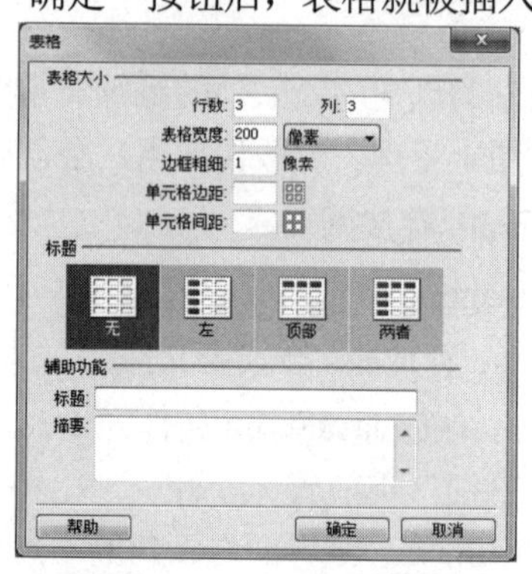

图 6-7-18　“表格”对话框

选择相应的行或列后，再选择“修改”|“表格”命令，或者右击鼠标，在弹出的快捷菜单中选择“表格”命令，就可以选择相应的菜单命令来修改表格，如增加行(列)、删除行(列)。在表格的使用过程中，经常需要合并表格中的相邻单元格，选择需要合并的单元格后，在“属性”面板中单击按钮即可合并单元格。要拆分单元格，需要单击该单元格，然后在“属性”面板中单击按钮，即可拆分单元格。

6. 插入图像

选择“插入”|“图像”命令，在弹出的对话框中选择需要插入的图像，例如，选择在 Photoshop 中制作的图像，单击“确定”按钮，图像就被插入网页中，如图 6-7-19 所示。插入图像后，可以在图像不变形的前提下对图像进行缩放，方法是：先选中该图像，图像上会出现节点，然后按住 Shift 键，同时使用鼠标左键拖动节点，拖动到适当大小后放开鼠标即可。

7. 建立超链接

网页制作的主要工作包括两项内容：一是页面排版设计；二是建立超链接，建立网页间的链接。可以对图像或文字建立超链接，选择需要建立链接的图片或者文字后右击，在弹出的快捷菜单中选择“创建链接”命令。在弹出的“选择文件”对话框中选择需要链接的页面文件，如图 6-7-20 所示，单击“确定”按钮后，就建立了超链接。

图 6-7-19　插入图片

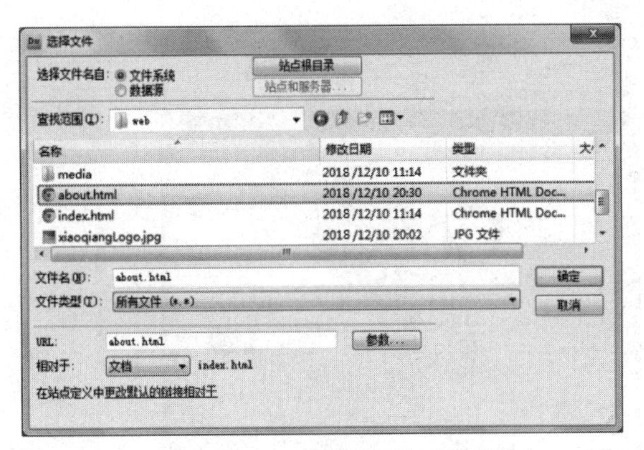

图 6-7-20　“选择文件”对话框

第八节　Internet 其他应用

本节介绍 Internet 其他几种常见的应用。

一、搜索引擎

1. 搜索引擎简介

有一种专门用来查找网址的工具，给上网者带来了很大的方便，这种工具称为搜索引擎(Search Engine)。知名的网站都有搜索引擎，如谷歌(Google)、百度(Baidu)和必应(Bing)等。

“搜索引擎”是 Internet 上的站点，它们有自己的数据库，保存了 Internet 上数以亿计网页的检索信息，而且还通过网络爬虫不断更新。用户可以访问它们的主页，通过输入和提交一些与要查找的信息相关的关键字，让它们在自己的数据库中检索，并返回结果与关键字相关的网页。结果网页是罗列了指向一些相关网页地址的超链接的网页，这些网页可能包含用户要查找的内容。

在检索的关键字中，可以使用以下一些描述符号对检索进行限制。

- “”(双引号)用来搜寻完全匹配关键字串的网站，如“病毒防控方法”。
- +(加号)用来限定该关键字必须出现在检索结果中。
- -(减号)用来限定该关键字不能出现在检索结果中。

在搜索框中输入所要查找内容的关键字描述，如“免费+软件+下载”，然后单击“搜索”按钮，可以检索免费下载软件的有关站点。

2. 学术搜索

如果需要获取学科方面的专业信息，如期刊和会议的论文，研究领域学者的论文和引用率等，可以使用学术搜索。使用比较广泛的学术搜索有谷歌学术搜索(scholar.google.com)和微软学术搜索(academic.research.microsoft.com)，分别如图 6-8-1 和图 6-8-2 所示。

在我国使用比较广泛的学术搜索有中国知网(www.cnki.net)，如图 6-8-3 所示。通过图 6-8-3 所示的中国知网主页，用户可以查找学术期刊中的文章、学术会议消息、图书信息、专利信息、法律法规、政府文件等。

图 6-8-1　谷歌学术搜索

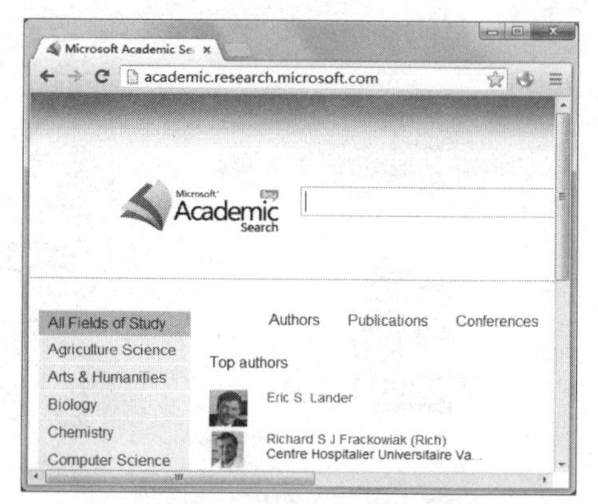

图 6-8-2　微软学术搜索

图 6-8-3　中国知网的主页

例如，用户若想查找某个学术期刊中的文章，可以单击中国知网主页上的“学术期刊”链接，则会出现如图 6-8-4 所示的网页。

在图 6-8-4 上，用户可以选择不同的查找方式，例如可以按照“作者”名称来查找、按照文章“主题”来查找、按照“期刊名称”来查找，等等。

图 6-8-4　查找学术期刊的选项

二、电子商务

电子商务源于英文 Electronic Commerce，简写为 EC，它的基本含义包含两个方面：一是电子方式，二是商务活动。电子商务使用简单、快捷、低成本的电子通信方式，买卖双方可以不见面，就能进行各种商贸活动。电子商务可以通过多种电子通信方式来完成，例如，通过打电话或发传真的方式与客户进行商贸活动。电子商务的产生有着深刻的技术背景和商业背景，它顺应全球经济一体化的趋势，依赖计算机技术和网络通信技术得以迅速发展和广泛应用。

现在人们所说的电子商务主要通过电子数据交换(EDI)和 Internet 来完成。尤其是随着 Internet 技术的日益成熟，电子商务真正的发展将建立在 Internet 技术上，所以也有人把电子商务称为 IC。

可以将电子商务理解为交易各方以电子方式进行的任何形式的商业交易。也可以将电子商务理解为一种多技术的集合体，包括交换数据(如电子数据交换、电子邮件)、获得数据(如共享数据库、电子公告牌)、自动获取数据(如条形码)等。

电子商务的含义应包含如下几项内容。

- 采用多种电子形式，特别是通过互联网，实现商品交易和服务交易，包括人力资源服务、资金和信息服务。
- 包含企业间和企业内部的商务活动，如生产、经营、管理、财务等活动。
- 涵盖交易的各个环节，如询价、报价、订货、售后服务等。
- 采用电子形式的目的是跨越时空限制、提高效率。

电子商务的基本目标是：扩大消费者群体，加强企业与用户间的联系，拓展市场，增加企业收入；减少流通交易的费用，降低企业的成本；减少商品的流通环节和流通时间；加快对消费者需求的响应速度；建立企业网站，树立企业形象，增强企业竞争力。

电子商务一般可分为如下 5 种类型。

(1) B2B(Business-to-Business，企业对企业的电子商务)。各类企业可以通过网站发布和查询供求信息，与潜在客户/供应商进行在线交流和商务洽谈等。当前国内比较知名的 B2B 网站有阿里巴巴网等。

(2) B2C(Business-to-Consumer，企业对消费者的电子商务)。企业通过互联网为消费者提供一个新型的购物环境——网上商店，消费者通过网络在网上购物、在网上支付。当前国内比较知名的 B2C 网站有天猫、京东和易迅等。

(3) C2C(Consumer-to-Consumer，消费者对消费者的电子商务)。例如，一位消费者有一台旧钢琴，通过网络把它出售给另外一位消费者，这种交易类型就称为 C2C 电子商务。当前国内比较知名的 C2C 交易平台有闲鱼等。

(4) C2A(Consumer-to-Administrations，消费者对政府的电子商务)。C2A 指的是个人对政府的电子商务活动，这类电子商务活动目前正逐渐形成。在个别发达国家，如澳大利亚，政府的税务机构已经通过指定私营税务，或财务会计事务所用的电子方式来为个人报税。这类活动虽然还没有达到真正的报税电子化，但已经具备了 C2A 的雏形。

(5) B2A(Business-to-Administrations，企业对政府的电子商务)。例如，政府将采购的细节在国际互联网上公布，通过网上竞价方式进行招标，企业也要通过电子的方式进行投标。这种方式可能会发展很快，因为政府可以通过这种方式树立政府形象，通过示范作用促进电子商务的发展。政府还可以通过这类电子商务实施对企业的行政事务管理，如政府用电子商务方式发放进出口许可证、开展统计工作，企业可以在网上办理交税和退税等。

三、网络聊天

近几年来，各类具有网络聊天功能的社交软件不断涌现和发展，用户数量和用户活跃度比较高的网络聊天软件有 WhatsApp、Facebook Messenger、微信(WeChat)、QQ、Skype、Viber、陌陌、钉钉、探探等。其中，微信和 QQ 是我国网民使用最频繁的两款软件。

1. 微信

微信是一款面向智能终端的即时通信软件，它由深圳腾讯控股有限公司(Tencent Holdings Limited)于 2011 年 1 月 21 日推出。微信为用户提供聊天、朋友圈、微信支付、公众平台、微信小程序等功能。2012 年 4 月，腾讯公司将微信推向国际市场，更新为“WeChat”。2020 年 11 月 20 日，腾讯微信团队宣布微信现已支持向朋友发送高清视频和图片，且不会被压缩。2022 年 6 月 30 日，腾讯公司统计微信及 WeChat 月活跃用户超过 12 亿。

微信的基本功能如下。

(1) 聊天：支持用户发送语音短信、视频、图片(包括表情)和文字，实现聊天功能，并且支持多人群聊。

(2) 添加好友：支持用户查找微信号、添加好友、查看手机通讯录和分享微信号添加好友、摇一摇添加好友、二维码查找添加好友和漂流瓶接受好友等多种方式。

(3) 微信支付：微信支付功能于 2013 年 8 月正式上线，它是集成在微信客户端的支付功能，用户可以通过手机完成快速的支付流程。

微信支付向用户提供安全、快捷、高效的支付服务，以绑定银行卡的快捷支付为基础，将装有微信 App 的智能手机变成一个全能钱包，可购买合作商户的商品及服务。

(4) 朋友圈：用户可以通过朋友圈发表文字和图片，同时可以通过其他软件将文章或者音乐分享到朋友圈。用户可以对好友新发的照片进行“评论”或点“赞”，用户只能看相同好友的评论或点赞。

(5) 高速 e 行：2018 年 3 月，微信推出“高速 e 行”，只要你把你的车与微信账户绑定，再开通免密支付即可。如果不放心，还可以单独预存通行费。下高速时，自动识别车牌，自动从你的微信账户中扣款，并发送扣费短信。实现先通行后扣费。

(6) 实时对讲功能：用户可以通过语音聊天室和一群人语音对讲，这与在群里发语音不同，这个聊天室的消息几乎是实时的，并且不会留下任何记录，在手机屏幕关闭的情况下也仍可进行实时聊天。

(7) 微信视频号：视频号是微信的短内容平台，是一个人人都可以记录和创作的平台，也是一个了解他人、了解世界的窗口。

微信还有一些其他功能。

- 语音提醒功能：用户可以通过语音让微信提醒自己打电话或是查看邮件。
- 通讯录安全助手功能：打开微信后可上传手机通讯录至服务器，也可将之前上传的通讯录下载至手机。
- QQ 邮箱提醒功能：打开后可接收来自 QQ 邮箱的邮件，收到邮件后可直接回复或转发。
- 私信助手功能：打开后可接收来自 QQ 微博的私信，收到私信后可直接回复。
- 语音记事本功能：可以进行语音速记，还支持视频、图片、文字记事。
- 群发助手：通过群发助手把消息发给多个人。
- 微博阅读：可以通过微信来浏览腾讯微博内容。
- 流量查询功能：微信自身带有流量统计的功能，可以在设置里随时查看微信的流量动态。
- 微信公众平台：通过这一平台，个人和企业都可以打造一个微信的公众号，可以群发文字、图片、语音三个类别的内容。

微信的用法很简单。首先下载并安装微信软件，注册后开通微信；然后登录微信账号；登录成功后，添加好友；添加成功后，就可以与好友聊天、向好友传递图片或文件。

2. QQ

腾讯公司 1999 年 2 月推出 QQ，QQ 是借鉴 ICQ 开发的一款基于 Internet 的即时通信软件。QQ 作为中国最早的网络即时通信软件之一，加上腾讯公司出色的运营与推广能力，使得它一直是中国的国民软件，也是腾讯公司的重要支柱。

尽管在移动互联网兴起之时 QQ 的用户数量有所下滑，被腾讯公司的“同门兄弟”微信超越，但是腾讯公司采取了一系列年轻化的措施，使 QQ 受到了大多数“90 后”“00 后”的青睐。据统计，QQ 目前的活跃用户在 8 亿左右。

腾讯 QQ 支持在线聊天、视频聊天、语音聊天、点对点断点续传文件、共享文件、网络硬盘、自定义面板、远程控制、QQ 邮箱、传送离线文件、网络收藏夹、发送贺卡、存储文件等多种功能，并可与多种通信方式相连。

此外，QQ 还具有与手机聊天、视频通话、语音通话、传送文件、共享文件等功能。同时，还可以与移动通信终端、IP 电话网、无线寻呼等多种通信方式相连，是一种方便的、实用的、超高效的、在中国被使用次数最多的通信工具之一。

QQ 分为不在线、离线、忙碌、请勿打扰、离开、隐身、在线、Q 我吧等状态，用户还可以自己编辑 QQ 状态。

用户可以建立腾讯“QQ 群”，可以许多人在一个“QQ 群”里聊天、传递图片或文件等信息。原来进入一个“QQ 群”的人数上限为 500，2012 年 12 月 20 日，腾讯公司已将“QQ 群”的人数上限升级为 2000 人。

QQ 的用法很简单，与微信大致相同。首先下载并安装 QQ 软件，注册 QQ 账号。QQ 账号全由数字组成，在用户注册时由系统随机选择。注册成功后，用户就可以登录 QQ 账号，然后添加好友，与好友聊天、向好友传递图片或文件。

四、网络教学

网络教学是一种新型教学方式，是由学校利用计算机设备和互联网技术，在虚拟空间通过一定的方法在网络上实施教学。在信息化时代，通过 Internet 提供的 Web 技术、视频传输技术、实时交流等功能，人们可以开展远程学历教育和非学历教育，举办各种培训和辅导。在 2020 年至 2023 年的新冠病毒流行期间，为了防止病毒传染，各个学校经常采用网络教学方式。

网络教学系统是搭建在互联网上、联通教师和学生、进行授课教学的一个网络工具。常见的网络教学系统有钉钉、学习通、腾讯课堂、云课堂、腾讯会议、新东方云教室等。

1. 钉钉

“钉钉”是阿里巴巴集团 2015 年推出的企业级智能办公系统，它的功能多样、操作简单、服务全部免费，后来“钉钉”被学校用于网络教学。使用“钉钉”上网课，可以实现课堂内容直播、回放，可以进行班级群管理，可以发送相应的课件、文件等教学材料，可以帮助学生打卡，让学生课后交流。

“钉钉”下载后安装注册即可使用。打开钉钉软件后，申请加入班级群，即可参加网络教学。教师通过将自己的屏幕共享，采用直播教学方式，可以让学生看到授课内容。上课过程中，教师和学生可以互动。教师每次的教学过程都能被记录下来，需要的话可以回放重播。

2. 学习通

“学习通”是由北京世纪超星信息技术公司 2016 年开发的一款集移动教学、移动学习、移动阅读、移动社交为一体的软件。“学习通”有移动图书馆、移动博物馆、名师讲坛、课程广场、微读书等学习资源，还有超过百万册电子图书、海量报纸文章以及中外文献资料。“学习通”的超星课表可以与学校的教务系统无缝对接，学生和教师自动从学校的教务系统获取课程信息。教师可以使用存放于云端的课件和互动工具组织教学，可以添加学生、发通知、布置并批改作业、进行课堂讨论、组织考试并批阅试卷。

下载“学习通”并安装后启动该软件，可在登录界面输入单位名称和密码等信息，登录后从“书房”中的“我的课程”里选择课程，即可参加网上学习。

3. 腾讯课堂

“腾讯课堂”是腾讯公司2014年推出的综合性在线终身学习平台，聚合大量优质教育机构和名师，下设职业培训、公务员考试、托福雅思、考证考级、英语口语等众多在线学习精品课程，打造老师在网上教学、师生互动的课堂，让师生仿佛置身于真正的教室一般。

“腾讯课堂”2020年1月推出“老师极速版”，可帮助老师快速搭建自己的专属课堂。老师使用手机号即可一键注册登录，开课后老师将课程链接或二维码分享给学生，学生就能快速进入课堂听课。“老师极速版”拥有丰富的教学功能，有摄像头、PPT播放、音视频播放、屏幕分享等授课模式供老师选择，包含画板、签到、答题卡、举手连麦、画中画等10余种互动教学工具，有效地解决了老师对在线教学不熟悉、开课流程复杂等难题。

下载“腾讯课堂”并安装后即可进行网上直播教学。

4. 云课堂

“云课堂”是网易公司2012年12月底上线的在线学习平台，该平台主要为学习者提供各种课程，用户可以根据自身的学习程度，自主安排学习进度。云课堂精选各类课程，课程涵盖实用软件、IT与互联网、外语学习、生活家居、兴趣爱好、职场技能、金融管理、考试认证、中小学、亲子教育等十余大门类。教师可以使用“云课堂”开展网络教学。“云课堂”具有直播教学、师生互动、讨论、布置作业、考试等多种功能。

用户可以使用网易邮箱账号登录“云课堂”。若没有网易邮箱，可先注册再登录至“云课堂”。

5. 腾讯会议

“腾讯会议”是2019年推出的一款音视频会议软件，它支持处于不同地理位置的人通过手机、电脑灵活地参加网络会议，它提供实时共享屏幕、共享文档、协作白板、聊天等功能。

“腾讯会议”不仅仅是一款用于网络会议的软件，还是一款十分实用的上网课软件。它可以开启多个上网课的课堂，用户只需要输入正确的房间号(即课堂号)与进入课堂的密码(“腾讯会议”软件提供)，以及设置自己的昵称，就可以参加网上教学活动。使用“腾讯会议”上网课时操作简单，教师可以直播教学内容，师生可以随时互动交流。

6. 新东方云教室

“新东方云教室”由新东方教育科技公司开发，可支持在线会议、教学辅导、企业培训等多种实时交流场景。它是一个既可以直播教学内容，又具有互动功能、支持课程视频回放的网上课程平台。2019年12月16日，新东方云教室被教育部列入第一批教育App备案名单。

除了以上介绍的Internet的几种应用外，Internet常见的应用还有网络办公、网络视频会议、网络医疗、网上银行等。

第七章

数据库基础与 Access 2016

当今社会的数字化程度随着计算机与网络的普及不断提高，这给人们的生活和工作方式带来了巨大变化，而数据库系统是支撑实现数字化的关键技术之一。

当学生在图书馆借阅图书、在食堂用餐、在机房上网等各种活动时，都可以通过校园卡来实现身份识别、收费等管理功能，这些提供便利服务的功能都离不开数据库系统。当人们使用网络聊天、在微博上留言、在网上购物、在 ATM 机上存取款、在超市购物、乘坐飞机高铁时，都在享受着数据库系统的服务。

第一节 数据库技术概述

数据库技术是 20 世纪 60 年代兴起的一门关于信息管理自动化的新兴软件技术，是计算机科学中的一个重要分支。近年来，数据库技术和网络技术相互渗透、相互促进，成为当今信息领域发展迅速和应用广泛的两大技术领域。数据库技术不仅应用于事务处理，还应用在信息检索、人工智能、专家系统、计算机辅助设计等领域。

一、数据库基本概念

数据(Data)是描述事物的符号记录。描述事物的符号可以是数字，也可以是文字、图形、图像、声音或语言等。因此，资料有多种表现形式，它们都可以经过数字化后存入计算机。

在这里，需要注意区分狭义的数据与广义的数据。狭义的数据是指数字或数值；广义的数据是指多种形式的描述事物的符号，即广义的数据是信息的表示形式。

数据库(Database，DB)是可以长期存储在计算机外存中的、有组织的、可共享的数据集合。数据库中的数据按一定的数据模型组织、描述和存储，具有较小的冗余度、较高的数据独立性和易扩展性，并可被各种用户共享。数据是数据库中存储的基本对象。

数据库管理系统(Database Management System， DBMS)是位于用户与操作系统之间的一种数据管理软件，它的基本功能包括以下 5 个方面。

(1) 数据定义功能。用户通过数据定义语言(Data Definition Language，DDL)可以方便地对数据库中的数据对象进行定义。

(2) 数据操纵功能。用户可以使用数据操纵语言(Data Manipulation Language，DML)操纵数据，实现对数据的基本操作，如查询、插入、删除和修改等。

(3) 数据库的运行管理功能。数据库在建立、运行和维护时，由数据库管理系统统一管理和控制，以保证数据的安全性、完整性，对并发操作进行控制，在发生故障后对系统进行恢复。

(4) 数据的组织、存储和管理功能。数据库中需要存放多种数据，如数据字典、用户数据、存取路径等，DBMS 负责分门别类地组织、存储和管理这些数据，确定以何种文件形式、存取方式组织这些数据，如何实现数据之间的关系，以便提高存储空间的利用率，以及提高随机查找、顺序查找、增加、删除、修改等操作的效率。

(5) 数据库的维护功能。DBMS 可以对已经建立好的数据库进行维护，如数据库的性能监视、数据库的备份、介质故障恢复、数据库的重组织等。

二、数据库技术的产生与发展

数据库技术是随着数据管理技术的需要和发展应运而生的，是指对数据的分类、组织、编码、存储、检索和维护的技术，而数据管理技术的发展又与计算机技术及其应用的发展密不可分。简言之，数据库技术就是运用计算机进行数据管理的技术。

数据管理技术的发展经历着由低级到高级的发展过程，随着计算机硬件和软件技术的发展而不断提高。它的发展大体经历了 3 个阶段：人工管理阶段、文件系统阶段和数据库系统阶段。

1. 人工管理阶段

20 世纪 50 年代中期以前，计算机主要用于科学计算，没有磁盘等直接存取数据的存储设备，没有操作系统和高级语言。当时的条件决定了数据管理只能依赖于人工来进行，并且数据间缺乏逻辑组织，数据依赖于特定的应用程序，数据缺乏独立性。

在该阶段中程序与数据之间的关系如图 7-1-1 所示。

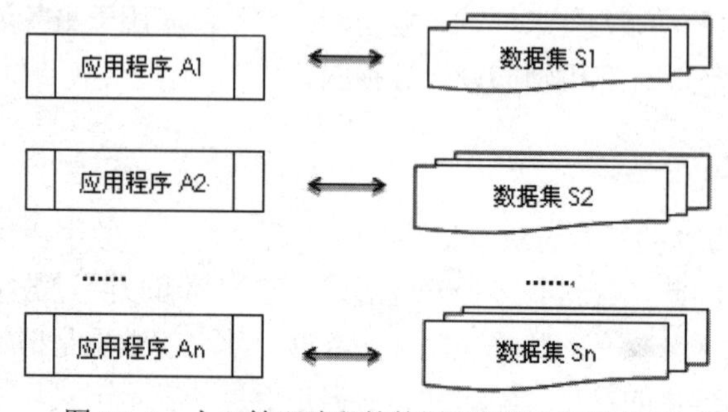

图 7-1-1　人工管理阶段的数据和程序之间的关系

2. 文件系统阶段

20 世纪 50 年代后期至 60 年代中期，在这一阶段中，得到充分发展的数据结构和算法丰富了计算机科学，为数据管理技术的进一步发展打下了基础。现在，它们仍是计算机软件科学的重要基础。文件系统阶段是数据管理技术发展中的一个重要阶段，这一阶段中数据和程序之间的关系如图 7-1-2 所示。

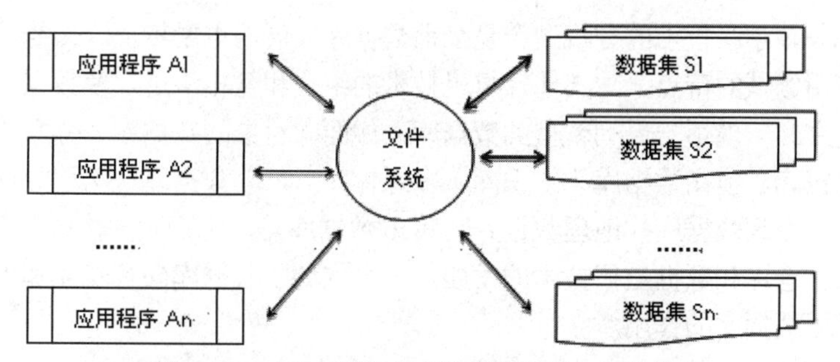

图 7-1-2　文件系统阶段的数据和程序之间的关系

文件阶段的数据管理的特点是：数据可以长期保存，由文件系统管理数据；程序与数据有一定的独立性；数据共享性差；数据独立性差；记录内部有结构。

3. 数据库系统阶段

从 20 世纪 60 年代后期以来，计算机硬件和软件技术得到了飞速发展。为了解决多用户、多应用程序共享数据，使数据为尽可能多的应用程序服务，文件系统已不能满足应用程序的需求。在这种情况下，一种新的数据管理技术——数据库技术便应运而生。这一阶段数据库管理软件作为用户与数据的接口，数据和程序之间的关系如图 7-1-3 所示。

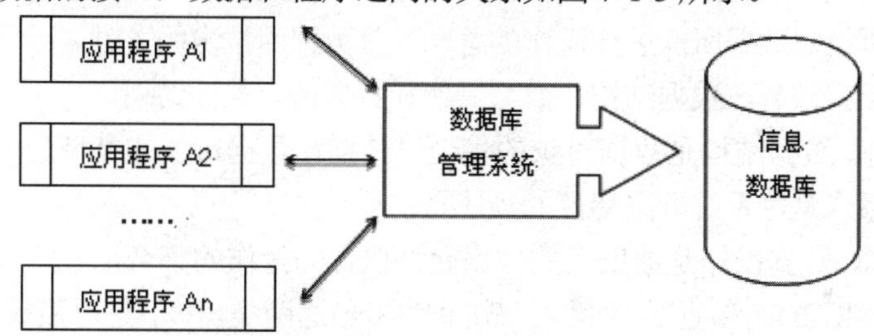

图 7-1-3　数据库系统阶段的数据和程序之间的关系

概括起来，数据库系统阶段的特点如下。

(1) 采用复杂的结构化的数据模型。数据库系统不仅要描述数据本身，还要描述数据之间的关系，这种关系是通过存取路径来实现的。

(2) 较高的数据独立性。数据和程序彼此独立，数据存储结构的变化尽量不影响用户程序的使用。

(3) 最低的冗余度。数据库系统中的重复数据被减少到最低限度。这样，在有限的存储空间内可以存放更多的资料，还可以减少存取时间。

(4) 数据控制功能。数据库系统具有数据的安全性，以防止数据丢失和被非法使用；数据库系统具有数据的完整性，以保护数据的正确、有效和兼容；数据库系统具有数据的并发控制功能，以避免并发程序之间的相互干扰；数据库系统具有数据的恢复功能，在数据库被破坏或数据不可靠时，系统有能力把数据库恢复到最近某个时刻的正确状态。

三、高级数据库阶段

随着计算机技术的发展和网络技术的日渐成熟，数据库技术也呈现出多元化、多层面和多形态的并存现状。现在数据管理技术已进入高级数据库阶段。

数据库技术与多学科技术的有机结合是当前数据库发展的重要特征。传统的数据库技术结合了各个专业应用领域的特点，与其他计算机技术的结合和互相渗透，使数据库中新的技术内容层出不穷，建立和实现了一系列新型的数据库，如面向对象的数据库、分布式数据库、并行数据库、演绎数据库、模糊数据库、知识库、多媒体库、移动数据库、工程数据库、统计数据库、科学数据库、空间数据库、地理数据库、Web 数据库等，它们共同构成了数据库大家族。特别是现在的数据仓库和数据挖掘技术的发展，大大推动了数据库向智能化和大容量化方向的发展，充分发挥了数据库的作用。

第二节　数据模型

数据库中存储的数据是结构化的数据，这种结构化的数据必须按一定的数据模型进行组织、描述和存储。因此数据库是根据数据模型建立的，数据模型是理解数据库的基础。

一、数据模型的组成

数据模型是对现实世界数据特征的抽象，是用来描述数据的一组概念定义。它是构造数据时所遵循的规则以及对数据所能进行操作的总和，是数据库技术的关键。

数据模型包括三部分：数据结构、数据操作和数据的完整性约束。

(1) 数据结构。数据结构是数据对象的集合。它描述数据对象的类型、内容、属性以及数据对象之间的联系，是对系统静态特性的描述。

(2) 数据操作。数据操作是数据库的数据允许执行的操作的集合，包括操作及有关的操作规则。主要有检索(即查询)和更新(含插入、删除和修改)这两类操作，是对系统动态特性的描述。

(3) 数据的完整性约束。数据的完整性约束是数据完整性规则的集合。它是对数据以及数据之间关系的制约，用以保证数据的完整性和一致性。

二、概念模型

在组织数据模型时，人们首先将现实世界中存在的客观世界用某种信息结构表示出来，然后再转换为用计算机能表示的数据形式。概念模型是从现实世界到计算机世界的一个中间层次，是现实世界到信息世界的一种抽象，不依赖于具体的计算机系统。

概念模型的表示方法较多，其中常用的是陈品山(P.P.S.Chen)于 1976 年提出的实体-联系方法。该方法用 E-R 图来描述现实世界的概念模型，E-R 方法也称为 E-R 模型。

1) E-R 模型的元素

E-R 模型主要有以下元素。

(1) 实体(Entity)。客观存在并可相互区别的事物称为实体。实体可以是具体的人、事、物，如一位学生、一本书等；也可以是抽象的概念或联系，如一次考试。

(2) 属性(Attribute)。实体所具有的某一特性称为属性。一个实体可以由若干个属性来刻画。例如，学生具有学号、姓名、性别、年龄、所属学校和班级等属性。

在 E-R 图中用椭圆来表示属性，并用无向边将其与相应的实体相连。

(3) 主键(Primary Key)。唯一标识实体的属性集称为主键。例如，学生的学号是学生实体的主键。

(4) 域(Domain)。属性的取值范围称为该属性的域。例如，学生性别的域为(男，女)，姓名的域为字母字符串集合，年龄的域为大于 0 的整数。

(5) 实体型(Entity Type)。具有相同属性的实体，必然具有共同的特征和性质。用实体名及其属性名集合来抽象和刻画同类实体，称为实体型。例如，学生(学号、姓名、性别、出生年月、所属学校和班级、入学时间)就是一个实体型。

在 E-R 图中用矩形来表示实体型，并在矩形框内标明实体名。

(6) 实体集(Entity Set)。同型实体的集合称为实体集。例如，全体学生就是一个实体集，图书馆的图书也是一个实体集。

(7) 联系(Relationship)。在现实世界中，事物内部以及事物之间是有联系的，这些联系在信息世界中反映为实体内部的联系和实体之间的联系。实体内部的联系通常是组成实体的各属性之间的联系。

2) 实体之间的联系

两个实体型之间的联系可以分为 3 类：一对一联系、一对多联系和多对多联系。

在 E-R 图中用菱形表示联系，菱形框内标出联系名，并用无向边与相关实体相连，同时在无向边旁标上联系的类型，即 1∶1 或 1∶N 或 M∶N。

(1) 一对一联系(1∶1)。

如果对于实体集 A 中的每一个实体，实体集 B 中只有一个实体与之联系，反之亦然，则称实体集 A 与实体集 B 具有一对一联系，记为 1∶1。

例如，学校的一个教学班中只有一个班长，则班长与教学班之间具有一对一联系。

(2) 一对多联系(1∶N)。

如果对于实体集 A 中的每一个实体，实体集 B 中有 N 个实体与之联系(N≥1)；反之，对于实体集 B 中的每一个实体，实体集 A 中有唯一的一个实体与之联系，则称实体集 A 与实体集 B 具有一对多联系，记为 1∶N。

例如，一个教学班中有若干学生，则教学班与学生之间具有一对多联系。

(3) 多对多联系(M∶N)。

如果对于实体集 A 中的每一个实体，实体集 B 中有 N 个实体与之联系(N≥1)；反之，对于实体集 B 中的每一个实体，实体集 A 中也有 M 个实体与之联系(M≥1)，则称实体集 A 与实体集 B 具有多对多联系，记为 M∶N。

【例 7-2-1】在选课系统中，一门课程同时有若干个学生选修，而一个学生可以同时选修多门课程，则课程与学生之间具有多对多联系，学生与课程的 E-R 图如图 7-2-1 所示。

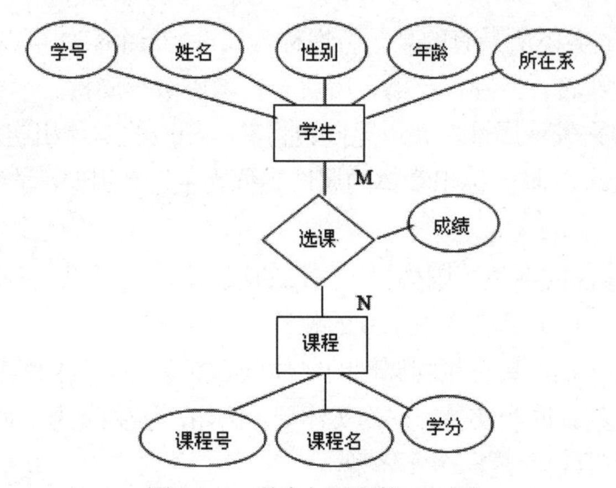

图 7-2-1　学生与课程的 E-R 图

显然，一对一联系是一对多联系的特例，而一对多联系是多对多联系的特例。实体型之间的这种联系不仅存在于两个实体型之间，也存在于两个以上的实体型之间。同一个实体集内的各实体之间也可以存在一对一联系、一对多联系、多对多联系。

三、数据模型的种类

目前，数据库领域中，按照组织数据库中数据的结构类型的不同，分为层次模型、网状模型、关系模型和面向对象数据模型。

1. 层次模型

层次模型是数据库中最早出现的数据模型，它将现实世界的实体之间的关系抽象成一种自上而下的层次关系。用树状结构表示实体类型以及实体间的联系是层次模型的主要特征。

层次模型的结构特点如下。

(1) 只有一个最高节点，即根节点。

(2) 其余节点有且仅有一个父节点。

(3) 上下层节点之间表示一对多的联系。

层次模型的优点是数据结构比较简单，操作也比较简单。对于实体间的联系是固定且预先定义好的应用系统，层次模型比较适用。层次模型提供了良好的完整性支持。由于层次模型受文件系统的影响较大，模型受限较多，物理成分较复杂，因此不适合用层次模型表示非层次性的联系。

2. 网状模型

在现实世界中事物之间的联系更多的是非层次联系，用网状结构表示实体类型及实体之间的联系是一种更具有普遍性的结构。它表示多个从属关系的层次结构，呈现出一种交叉关系的网络结构。

在网状模型中，一个子节点可以有多个父节点，在两个节点之间可以有一种或多种联系。

网状模型结构的特点如下。

(1) 允许节点有多于一个的父节点。

(2) 可以有一个以上的节点没有父节点。

(3) 表示节点之间多对多的联系。

网状模型优于层次模型，具有良好的性能，存取的效率较高。但它的数据结构比较复杂，不利于用户掌握，其数据模式与系统的实现均不理想。

3. 关系模型

关系模型用二维表格来描述实体以及实体之间的联系，关系模型结构简单、直观，容易实现，是目前最常用的一种数据模型。

4. 面向对象数据模型

面向对象数据模型用面向对象的观点来描述现实世界的实体，可以将它看作对概念模型的扩展，其特点在于具有丰富的语义和对信息世界的抽象能力。

第三节　数据库系统

数据库系统(Database System, DBS)是指带有数据库并利用数据库技术进行数据管理的计算机系统。它可以有组织地、动态地存储大量相关数据，提供数据处理和信息资源共享的服务。

数据库系统由计算机硬件(包括计算机网络与通信设备)及相关软件(包括操作系统)、数据库、数据库管理系统、数据库应用开发系统和用户组成，如图 7-3-1 所示。

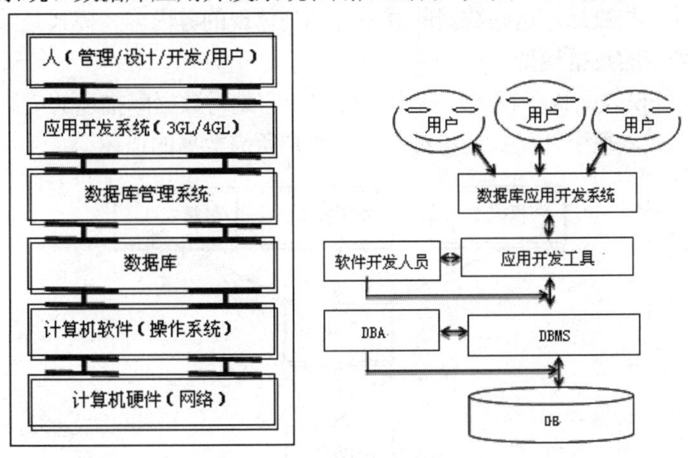

图 7-3-1　数据库系统的组成

一、数据库系统的组成

数据库系统的组成部分介绍如下。

(1) 计算机硬件。数据库系统是建立在计算机系统上的，它需要基本的计算机硬件(主机和外设)支撑，硬件可以是一台个人计算机，也可以是中大型计算机，甚至是网络环境下的多台计算机。

(2) 计算机软件。计算机软件包括操作系统、数据库引擎和编译系统等。

(3) 数据库(DB)。数据库是结构化的相关数据的集合，存储在外存中的数据独立于使用它的程序，对数据库进行数据的插入、修改和检索均能按照一种通用的和可控制的方式进行。

(4) 数据库管理系统(DBMS)。数据库管理系统是数据库系统的核心，是一种系统软件，负责数据库中数据的组织、操纵、维护、控制和保护等。

(5) 数据库应用系统。数据库应用开发系统是指在数据库管理系统的基础上，由软件开发人员根据实际需要采用开发工具自行开发的应用程序。

(6) 相关人员。中小规模的数据库系统通常涉及 3 种人员：对数据库系统进行日常维护的数据库管理员(DBA)；用数据操纵语言和高级语言编写应用程序的软件开发人员；使用数据库中数据的终端用户。

二、数据库系统的三级模式和二级映像

数据库系统的结构是数据库系统的一个总框架，数据库系统是一个多级结构，它既方便用户存储数据，又能高效地组织数据。现有的数据库系统结构是三级模式和二级映像结构。

1. 三级模式

数据库系统的三级模式由内模式、模式和外模式组成，其结构如图 7-3-2 所示。

(1) 内模式。内模式又称为物理模式，是对数据库中数据底层复杂的存储结构的描述，它描述数据在存储介质上的组织与存储方式。例如，数据是否按顺序存放，是否需要创建索引，对哪些属性创建索引等。

(2) 模式。模式也称概念模式，是在内模式的基础上对数据描述的进一步抽象。它主要描述数据库需要管理哪些数据，这些数据的联系是如何体现的等内容。模式是数据库的整个逻辑描述，是数据所采用的数据模型。

(3) 外模式。外模式又称子模式，或用户模式，它是对数据库描述的最高抽象。一个数据库可以有多个外模式，每个外模式是对某一特定用户所需数据的描述。

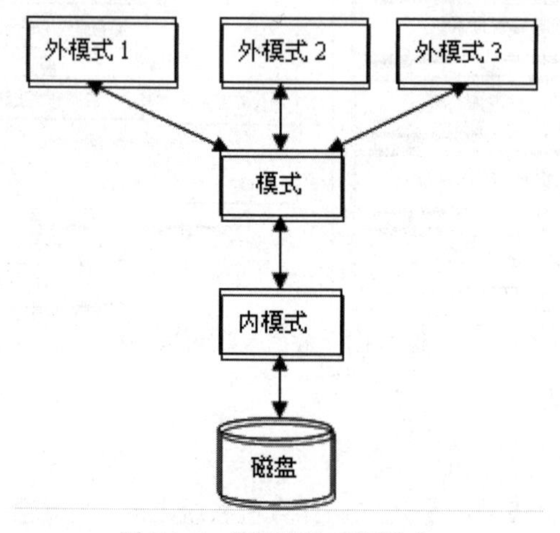

图 7-3-2　数据库的三级模式

2. 二级映像

数据库系统的二级映像由外模式/模式映像、内模式/模式映像组成。

(1) 外模式/模式映像：描述全局逻辑结构。模式改变时，外模式不变，保证了程序与数据的逻辑独立性。

(2) 内模式/模式映像：定义了全局逻辑结构与存储结构之间的对应关系。存储结构改变时，模式不变，保证了数据与程序的物理独立性。

三、数据库系统的外部体系结构

从数据库内部(或从数据库管理系统)角度来看，数据库系统是一个三级模式结构。从用户(或从外部)角度来看，数据库系统又可分为以下 5 种。

1. 集中式系统

DBMS、应用程序以及与用户终端进行通信的软件等都运行在一台宿主计算机上，所有的数据处理都是在宿主计算机中进行的。

宿主计算机一般是指大型机、中型机或小型机。应用程序和 DBMS 之间通过操作系统管理的共享内存或应用任务区来进行通信，DBMS 利用操作系统提供的服务来访问数据库。终端通常是非智能的，本身没有处理能力。

集中式系统的主要优点是：具有集中的安全控制，以及处理大量数据和支持大量并发用户的能力。缺点是：购买和维护生产这样的系统一次性投资太大，并且不适合分布式处理。

2. 个人计算机系统

与大型系统不同，通常个人计算机(微机)上的 DBMS 功能和数据库应用功能是结合在一个应用程序中的。这类 DBMS(如 Access)的功能灵活，系统结构简洁，运行速度快，但其数据共享性、安全性、完整性等控制功能比较薄弱。

3. 客户机/服务器系统

在客户机/服务器(Client/Server，C/S)结构的数据库系统中，数据处理任务被划分为两部分：一部分运行在客户端；另一部分运行在服务器端。客户端负责应用程序的处理，数据库服务器完成 DBMS 的核心功能。

在这种模型中，客户机上必须安装应用程序和工具，这会使客户端过于庞大、负担太重，而且系统的安装、维护、升级和发布比较困难，从而影响效率。

4. 分布式系统

一个分布式数据系统由一个逻辑数据库组成，整个逻辑数据库的数据存储在分布于网络中的多个节点上的物理数据库中。在当今的客户机/服务器结构的数据库系统中，服务器的数目可以是一个或多个。当系统中存在多个数据库服务器时，就形成了分布式系统。

5. 浏览器/服务器系统

随着 Internet 的迅速普及，出现了三层客户机/服务器模型：客户机→应用程序服务器→数据库服务器。这种系统称为浏览器/服务器(Browser/Server，B/S)系统。在这种结构下，用户工作接口是通过浏览器来实现的。B/S 模式最大的好处在于它的运行和维护比较简便，能实现不同的人员、从不同的地点、以不同的接入方式(如 LAN/WAN，Internet/Intranet 等)访问和操作共同的数据。

第四节 关系数据库的基本概念

利用关系模型来组织数据的数据库称为关系数据库，而管理关系数据库的软件称为关系数据库管理系统。在关系数据库中，对数据的操作几乎全部建立在一个或多个关系表上，通过对这些关系表进行分类、合并、连接或选取等运算来实现数据的管理。

一、关系模型

关系模型是一种以关系数学理论为基础构造的数据模型。在关系模型中，用由行、列组成的二维表来描述现实世界中的事物以及事物之间的联系。

下面介绍与关系模型相关的名词。

(1) 关系：一个关系对应一张二维表，表名即为关系名。

(2) 元组：表中的每一行称为一个元组。

(3) 属性：表中的每一列称为一个属性，每个属性都有属性名。

如表 7-4-1 所示是一个关系模型的例子，这个关系模型表示员工的基本信息。

表 7-4-1　员工的基本信息

编号	姓名	性别	出生日期	专业	电话
06008	黄忠杰	男	1993.02.18	财会	13612345678
02012	吴小薇	女	1994.08.30	自动化	13712345678
02078	吕红婷	女	1993.09.15	计算机	13012345678
08098	苗卫华	男	1992.11.18	外贸	13912345678
08011	钟平安	男	1993.05.07	英语	13512345678
06005	葛斯淼	男	1994.11.11	汉语言文学	13312345678
06007	马淑雅	女	1992.07.27	工商管理	13812345678
01001	李丽芬	女	1992.07.24	机械工程	15223456789

关系模型的特点如下。

(1) 关系中的每一个属性都是不可再分的基本数据元素。

(2) 关系中的每一个元组都具有相同的形式。

(3) 关系模型中的属性个数是固定的，每一个属性都需要命名。在同一个关系模型中，属性名不能重复。

(4) 任何两个元组都不相同。

(5) 属性的先后次序和元组的先后次序是无关紧要的。

关系有许多运算，其中 3 种基本运算是：选择、投影和连接。这些运算用来描述数据库中数据的查询和更新(包括插入、删除和修改)操作。

二、关系数据库的相关术语

关系数据库中最常用的术语包括字段、记录、表和联系等，还包括对数据库关系表中信息的基本操作，即选择、投影和连接。

(1) 数据库(Database)。一个数据库由若干个有关联的数据表组成。数据库作为信息管理的软件集成环境，为数据库中的表以及表之间的数据管理提供了一整套的操作规则与便捷工具。

(2) 表(Table)。存放了一组相似记录的集合(记录集)称为一个表(关系)。数据表由若干组结构相同的记录(行)组成。

(3) 记录(Record)。表中的一行(元组)称为一个记录。一个记录由若干个字段(列)值组成。

(4) 字段(Field)。在数据库表中，每一项称为一个字段，即表中的一列(属性)。字段由字段名和字段值组成。

(5) 关键字(Keyword)。每个表都应该包含一个或一组字段，这些字段是表中所保存的每一条记录的唯一标识。此信息称为表的主关键字或称为主键。主键一般用于建立表对象中数据的索引，以及建立表对象之间的关系。

(6) 联系(Relationship)。数据库中不仅要存放数据信息，而且必须保存能反映数据之间联系的信息。联系体现数据库中表与表之间的关联。

通常表与表之间的联系有一对一联系(1∶1)、一对多联系(1∶N)和多对多联系(M∶N)。

例如，在“学籍管理”数据库中的“学生”与“学生成绩”表之间是一对多联系(1∶N)，一个学生可以选多门课，可以有多门课程的成绩；但某一个特定课程的特定成绩只能属于某一个学生。

“课程”与“学生成绩”表之间也是一对多联系(1∶N)，一门课可以被多个学生选，一门课程可以有多个学生的成绩；但某一个特定学生的特定成绩只能对应某一门课程。

而“学生”与“课程”表之间则是多对多联系(M∶N)，一个学生可以选多门课，一门课程可以被多个学生选。

图 7-4-1 显示了“学籍管理”数据库中的 3 个表对象(“学生”“课程”和“学生成绩”)以及它们之间的关联方式；“学生”表和“学生成绩”表的联系通过“学号”字段来匹配，“课程”表与“学生成绩”表之间的联系由“开课序号”决定。

学生

学号	姓名	性别	出生日期	籍贯	党员否	入学成绩	附加分	班级编号
050202104	李逵源	男	1986/3/3	宁波	☐	431	30	0502021
050202105	倪越利	男	1986/2/15	杭州	☐	423	40	0502021
050202106	郑峰	男	1985/6/18	舟山	☐	457	25	0502021
050604132	王海	男	1985/11/30	宁海	☑	360	35	0506041
060102114	蒋微	女	1987/6/28	象山	☐	508	25	0601021
050202101	徐海波	男	1987/2/14	余杭	☐	555	10	0602021
060601109	雷湘筱	女	1988/10/27	宁波	☐	500	12	0606011
060604102	宁兵兵	男	1987/4/25	上海	☐	448	18	0606041
060604208	李明慧	女	1988/3/1	杭州	☑	452	16	0606042
060604219	张天福	男	1987/11/28	宁波	☐	439	22	0606042
060604222	应俊立	男	1988/1/29	绍兴	☑	420	20	0606042
060604225	吴哲	男	1986/12/12	杭州	☐	469	30	0606042
070301101	张守华	男	1988/11/11	宁波	☑	499	16	0703011
070301102	林稚龄	女	1989/11/28	萧山	☐	509	20	0703011
070601105	杨笑月	女	1989/1/31	宁波	☐	511	15	0706011
070601111	苗易	女	1988/5/4	杭州	☐	469	15	0706011
070601124	唐晓庆	男	1988/10/2	宁波	☑	423	10	0706011
070604126	林琴琴	女	1988/5/4	绍兴	☑	392	40	0706041
070604222	朱锦华	男	1988/5/6	杭州	☐	385	30	0706042

学生成绩

编号	学号	开课序号	教师编号	成绩
1	070604222	0690252	060055	87
2	060604102	0606050	060073	73
3	060604208	0606050	060073	68
4	060604219	0606050	060073	92
5	060604225	0606050	060073	93
6	070604222	0670009	060009	76
7	050604132	0626050	060024	65
8	070604126	0690051	060024	70
9	060604222	0626050	060073	80
10	070604126	0690252	060055	92
11	050202104	1075201	020050	60
12	050604132	0690051	060073	81
13	050202104	0670009	060072	85
14	050202105	1075201	020050	68
15	050202106	1075201	020050	87

课程

开课序号	课程名称	学时数	学分数	考试否
0626050	数据库原理及应用	64	4	Yes
0670009	高等数学1	64	4	Yes
0690051	计算机科学导论	48	3	No
0690252	大学物理1	48	3	No
1075201	Matlab程序设计	48	3	No

图 7-4-1　“学籍管理”数据库中的 3 个表对象以及它们之间的关联方式

(7) 完整性。数据库的完整性是指数据库中各个表及表之间的数据的有效性、一致性和兼容性。数据库的完整性包括实体完整性、参照完整性和用户自定义完整性这三部分。

① 实体完整性：指一个表中主关键字的取值必须是确定的、唯一的，不允许为空值。

例如，对“学生”表中的记录，主键“学号”字段的取值必须是唯一的，且不能为空值。这就要求在“学生”表中存储的记录必须满足这一条件，而且在输入新记录、修改已有记录时也要遵守这一条件。

② 参照完整性：指在表与表之间的数据一致性和兼容性。

例如，在“学生”表(父表)与“学生成绩”表(子表)之间的参照完整性要求：在“学生成绩”表中，字段“学号”的取值必须是“学生”表中“学号”字段取值中已经存在的一个值。

类似地，在“课程”表(父表)与“学生成绩”表(子表)之间也必须遵守类似的参照完整性规则。

③ 用户自定义完整性：是由实际应用环境中的用户需求决定的。通常为某个字段的取值限制、多个字段之间取值的条件约束等。

例如，在“学生成绩”表中，当采用百分制时，“成绩”字段的取值必须是0~100。

(8) 关系操作。关系操作主要有以下三种。

① 选择：按照一定条件在给定关系中选取若干记录(即选取若干行)。

② 投影：在给定关系中选取确定的若干字段(即选取若干列)。

③ 连接：按照一定条件将多个关系的记录相连接(即连接多个表)。

如图7-4-2和图7-4-3所示，通过选择操作，在“查询1”表的所有记录中选择某个学生的记录，筛选若干行，得到“查询2”表的两条记录。

查询1

学号	姓名	开课序号	课程名称	成绩
070604222	朱锦华	0690252	大学物理1	86
060604102	宁兵兵	0626050	数据库原理及应用	73
060604208	李明慧	0626050	数据库原理及应用	68
060604219	张天福	0626050	数据库原理及应用	92
060604225	吴哲	0626050	数据库原理及应用	93
070604222	朱锦华	0670009	高等数学1	76
050604132	王海	0626050	数据库原理及应用	65
070604126	林琴琴	0690051	计算机科学导论	70
060604222	应俊立	0626050	数据库原理及应用	80
070604126	林琴琴	0690252	大学物理1	92
050202104	李逵源	1075201	Matlab程序设计	60
050604132	王海	0690051	计算机科学导论	81
050202104	李逵源	0670009	高等数学1	85
050202105	倪越利	1075201	Matlab程序设计	68
050202106	郑峰	1075201	Matlab程序设计	87
050202105	倪越利	0670009	高等数学1	91
050202106	郑峰	0670009	高等数学1	66

图7-4-2 在“查询1”表的所有记录中执行选择操作(筛选若干行)

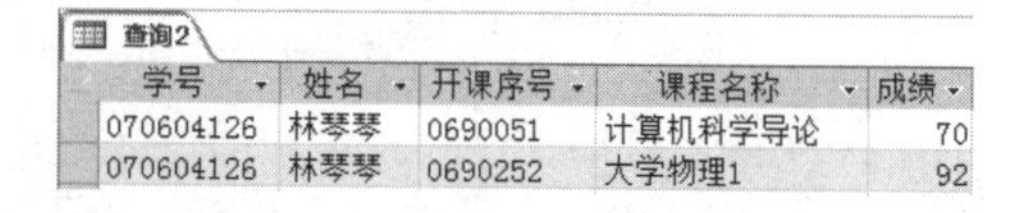

查询2

学号	姓名	开课序号	课程名称	成绩
070604126	林琴琴	0690051	计算机科学导论	70
070604126	林琴琴	0690252	大学物理1	92

图7-4-3 选择结果

如图7-4-4和图7-4-5所示是关系表“学生”的投影操作(在“学生”表中选择部分字段列)。经过投影操作后，由“学生”表得到“查询3”表。

学生

学号	姓名	性别	出生日期	籍贯	党员否	入学成绩	附加分	班级编号
050202104	李逵源	男	1986/3/3	宁波	☐	431	30	0502021
050202105	倪越利	男	1986/2/15	杭州	☐	423	40	0502021
050202106	郑峰	男	1985/6/18	舟山	☐	457	25	0502021
050604132	王海	男	1985/11/30	宁海	☑	360	35	0506041
060102114	蒋薇	女	1987/6/28	象山	☐	508	25	0601021
050202101	徐海波	男	1987/2/14	余杭	☐	555	10	0602021
060601109	雷湘筱	女	1988/10/27	宁波	☐	500	12	0606011
060604102	宁兵兵	男	1987/4/25	上海	☐	448	18	0606041
060604208	李明慧	女	1988/3/1	杭州	☑	452	16	0606042
060604219	张天福	男	1987/11/28	宁波	☐	439	22	0606042
060604222	应俊立	男	1988/1/29	绍兴	☑	420	20	0606042
060604225	吴哲	男	1986/12/12	杭州	☐	469	30	0606042
070301101	张守华	男	1988/11/11	宁波	☑	499	16	0703011
070301102	林柞龄	女	1989/11/28	萧山	☐	509	20	0703011
070601105	杨笑月	女	1989/1/31	宁波	☐	511	15	0706011
070601111	苗易	女	1988/5/4	杭州	☐	469	15	0706011
070601124	唐晓庆	男	1988/10/2	宁波	☑	423	10	0706011
070604126	林琴琴	女	1988/5/4	绍兴	☑	392	40	0706041
070604222	朱锦华	男	1988/5/6	杭州	☐	385	30	0706042

图 7-4-4　由关系表“学生”执行投影操作(筛选若干列)

查询3

学号	姓名	性别	入学成绩
050202104	李逵源	男	431
050202105	倪越利	男	423
050202106	郑峰	男	457
050604132	王海	男	360
060102114	蒋薇	女	508
050202101	徐海波	男	555
060601109	雷湘筱	女	500
060604102	宁兵兵	男	448
060604208	李明慧	女	452
060604219	张天福	男	439
060604222	应俊立	男	420
060604225	吴哲	男	469
070301101	张守华	男	499
070301102	林柞龄	女	509
070601105	杨笑月	女	511
070601111	苗易	女	469
070601124	唐晓庆	男	423
070604126	林琴琴	女	392
070604222	朱锦华	男	385

图 7-4-5　执行投影操作(筛选若干列)后，得到“查询 3”表

图 7-4-6 显示了“学籍管理”数据库中 3 个表对象(“学生”“课程”和“学生成绩”)之间的连接操作(在 3 个表对象中选择部分字段及相匹配的记录，组成一个新的符合应用需要的关系)。

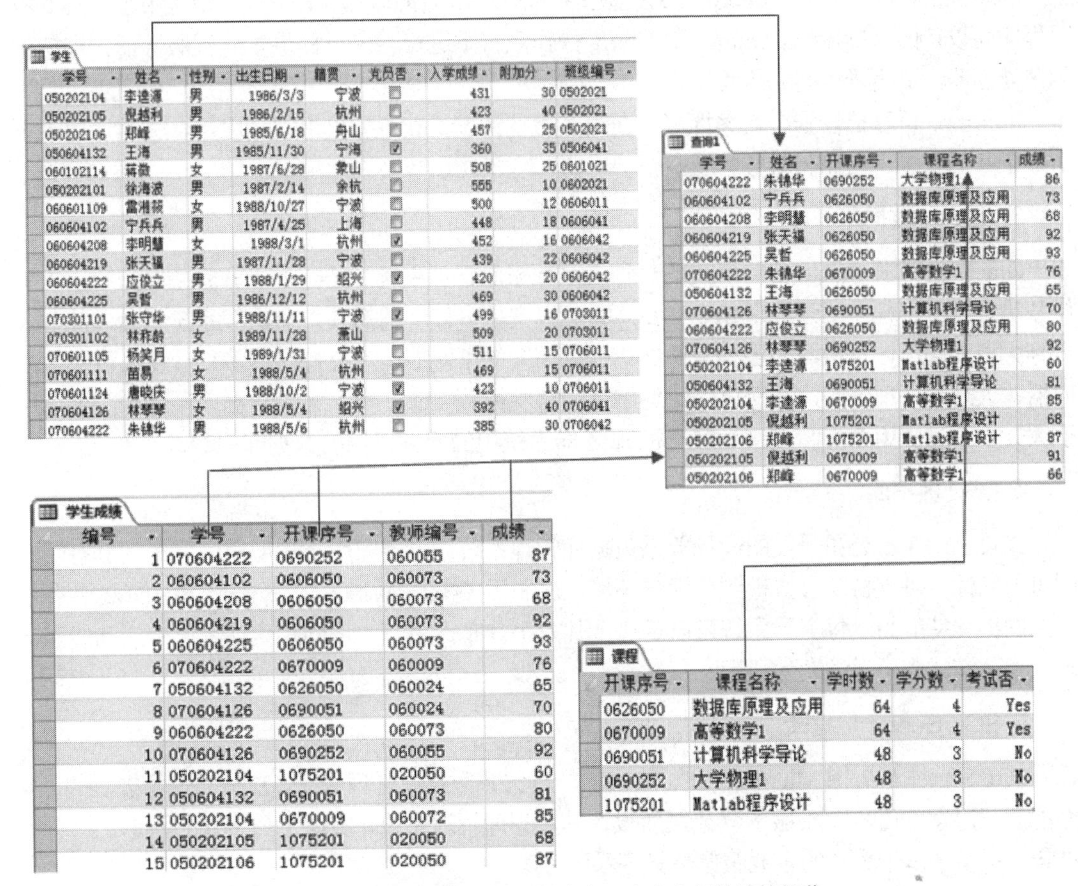

学生

学号	姓名	性别	出生日期	籍贯	党员否	入学成绩	附加分	班级编号
050202104	李逵源	男	1986/3/3	宁波	☐	431	30	0502021
050202105	倪越利	男	1986/2/15	杭州	☐	423	40	0502021
050202106	郑峰	男	1985/6/18	舟山	☐	457	25	0502021
050604132	王海	男	1985/11/30	宁海	☑	360	35	0506041
060102114	蒋薇	女	1987/6/28	象山	☐	508	25	0601021
050202101	徐海波	男	1987/2/14	余杭	☐	555	10	0602021
060601109	雷湘筱	女	1988/10/27	宁波	☐	500	12	0606011
060604102	宁兵兵	男	1987/4/25	上海	☐	448	18	0606041
060604208	李明慧	女	1988/3/1	杭州	☑	452	16	0606042
060604219	张天福	男	1987/11/28	宁波	☐	439	22	0606042
060604222	应俊立	男	1988/1/29	绍兴	☑	420	20	0606042
060604225	吴哲	男	1986/12/12	杭州	☐	469	30	0606042
070301101	张守华	男	1988/11/11	宁波	☑	499	16	0703011
070301102	林柞龄	女	1989/11/28	萧山	☐	509	20	0703011
070601105	杨笑月	女	1989/1/31	宁波	☐	511	15	0706011
070601111	苗易	女	1988/5/4	杭州	☐	469	15	0706011
070601124	唐晓庆	男	1988/10/2	宁波	☑	423	10	0706011
070604126	林琴琴	女	1988/5/4	绍兴	☑	392	40	0706041
070604222	朱锦华	男	1988/5/6	杭州	☐	385	30	0706042

查询1

学号	姓名	开课序号	课程名称	成绩
070604222	朱锦华	0690252	大学物理1	86
060604102	宁兵兵	0626050	数据库原理及应用	73
060604208	李明慧	0626050	数据库原理及应用	68
060604219	张天福	0626050	数据库原理及应用	92
060604225	吴哲	0626050	数据库原理及应用	93
070604222	朱锦华	0670009	高等数学1	76
050604132	王海	0626050	数据库原理及应用	65
070604126	林琴琴	0690051	计算机科学导论	70
060604222	应俊立	0626050	数据库原理及应用	80
070604126	林琴琴	0690252	大学物理1	92
050202104	李逵源	1075201	Matlab程序设计	60
050604132	王海	0690051	计算机科学导论	81
050202104	李逵源	0670009	高等数学1	85
050202105	倪越利	1075201	Matlab程序设计	68
050202106	郑峰	1075201	Matlab程序设计	87
050202105	倪越利	0670009	高等数学1	91
050202106	郑峰	0670009	高等数学1	66

学生成绩

编号	学号	开课序号	教师编号	成绩
1	070604222	0690252	060055	87
2	060604102	0606050	060073	73
3	060604208	0606050	060073	68
4	060604219	0606050	060073	92
5	060604225	0606050	060073	93
6	070604222	0670009	060009	76
7	050604132	0626050	060024	65
8	070604126	0690051	060024	70
9	060604222	0626050	060073	80
10	070604126	0690252	060055	92
11	050202104	1075201	020050	60
12	050604132	0690051	060073	81
13	050202104	0670009	060072	85
14	050202105	1075201	020050	68
15	050202106	1075201	020050	87

课程

开课序号	课程名称	学时数	学分数	考试否
0626050	数据库原理及应用	64	4	Yes
0670009	高等数学1	64	4	Yes
0690051	计算机科学导论	48	3	No
0690252	大学物理1	48	3	No
1075201	Matlab程序设计	48	3	No

图 7-4-6　“学籍管理”数据库中 3 个表之间的连接操作

(将不同表中的字段组织到同一个记录集中)

第五节 常见的关系数据库产品简介

管理关系数据库的软件称为关系数据库管理系统。关系数据库管理系统被公认为是最有前途的一种数据库管理系统，已成为占据主导地位的数据库管理系统，如大型数据库管理系统软件 Oracle、SQL Server、DB2、Sybase 等，中小型数据库管理系统软件 Informix、MySQL 和 MS Access 等。

1. Access 数据库

Access 是 Microsoft Office 办公自动化软件包中的一个重要组成部分，是一种基于 Windows 平台的关系数据库管理系统。Access 界面友好、操作简单、功能全面、使用方便，是典型的新一代桌面数据库管理系统。

Access 主要适用于中小型应用系统，或作为客户机/服务器系统中的客户端数据库。

2. Informix 数据库

Informix 是美国 Informix Software 公司研发的关系数据库管理系统。它包括 Informix-SE 和 Informix-Online 两种版本。Informix-SE 适用于 UNIX 和 Windows NT 平台，是为中小规模的应用程序而设计的。Informix-Online 在 UNIX 操作系统下运行，可以提供多线程服务器，支持对称多处理器，适用于大型应用程序。

Informix 可移植性强、兼容性好，在很多微型计算机和小型机上得到应用，尤其适用于中小型企业的人事、仓储和财务管理。

3. Oracle 数据库

Oracle 是美国 Oracle 公司研发的一种关系数据库管理系统，是一个协调服务器和用于支持任务决定型应用程序的开放型 RDBMS。它可以支持多种不同的硬件和操作系统平台，从台式机到大型和超级计算机，为各种硬件结构提供高度的可伸缩性，支持对称多处理器、群集多处理器、大规模处理器等，并提供广泛的国际语言支持。Oracle 属于大型数据库系统，主要适用于大、中小型应用系统，或作为客户机/服务器系统中的服务器端的数据库系统。

4. DB2 数据库

DB2 是 IBM 公司研发的一种关系数据库管理系统，主要应用于大型应用系统，具有较好的可伸缩性，可支持从大型机到单用户环境，应用于 OS/2、Windows 等平台下。DB2 具有很好的网络支持能力，每个子系统可以连接十几万个分布式用户，可同时启动上千个活动线程，对大型分布式应用系统尤为适用。

5. SQL Server 数据库

SQL Server 是美国 Microsoft 公司推出的一种关系数据库管理系统。它是一个可扩展的、高性能的、为分布式客户机/服务器计算所设计的数据库管理系统，实现了与 Windows NT 的有机结合，提供了基于事务的企业级信息管理系统方案。

SQL Server 以其内置的数据复制功能、强大的管理工具、与 Internet 的紧密集成和开放的系统结构，为广大用户、开发人员和系统集成商提供了一个出众的数据库平台。

6. Sybase 数据库

Sybase 是美国 Sybase 公司研发的一种关系数据库管理系统，是典型的 UNIX 或 Windows NT 平台上客户机/服务器环境下的大型数据库系统。Sybase 通常与 Sybase SQL Anywhere 一起用于客户机/服务器环境，前者作为服务器数据库，后者为客户机数据库。Sybase 数据库采用该公司研发的 PowerBuilder 作为开发工具，在我国大中型系统中具有广泛的应用。

7. MySQL

MySQL 是一个小型关系数据库管理系统，开发者为瑞典的 MySQL AB 公司，该公司在 2008 年被 Sun 公司收购。目前，MySQL 被广泛地应用于 Internet 上的中小型网站中。由于其体积小、速度快、总体成本低，尤其是开放源码这一特点，使得许多中小型网站为了降低网站总体成本而选择 MySQL 作为网站数据库。

第六节　初识 Access 2016

一、Access 2016 的操作环境

Access 2016 与之前版本相比发生了巨大的变化，不仅继承和发扬了以前版本的优点——功能强大、界面友好、易学易用，还新增了许多新功能。

1. Access 2016 的启动界面

在启动 Access 2016 之后，屏幕上会出现 Access 2016 的启动界面，如图 7-6-1 所示。

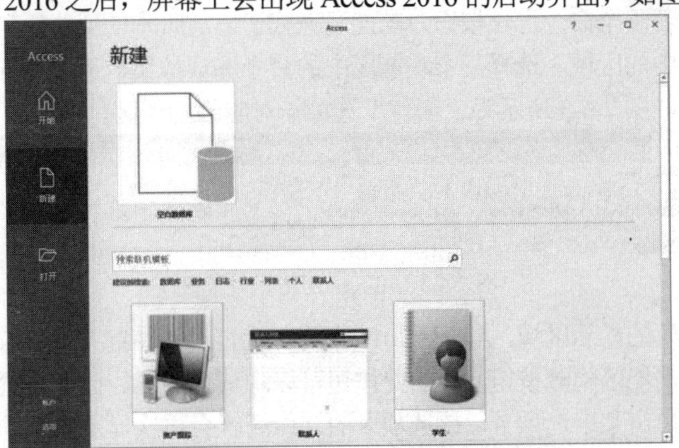

图 7-6-1　Access 2016 的启动界面

Access 2016 的启动界面提供了创建数据库的导航。当选择新建空白数据库、新建 Web 数据库，或者在选择某种模板之后，就正式进入了工作界面。

2. Access 2016 的工作界面

用户会发现，Access 2016 工作界面的格式与 Word、Excel 等软件窗口一样，第一行包括快速访问工具栏、标题栏(当前打开的数据库文件名)、窗口控制按钮三部分；第二行包括若干个选项卡的标题；第三行是功能区，显示当前选中的选项卡的各种选项按钮；最下面一行是状

态栏；在功能区与状态栏之间的部分包括导航窗格、数据库对象工作区和显示帮助信息区域等三部分，如图 7-6-2 所示。

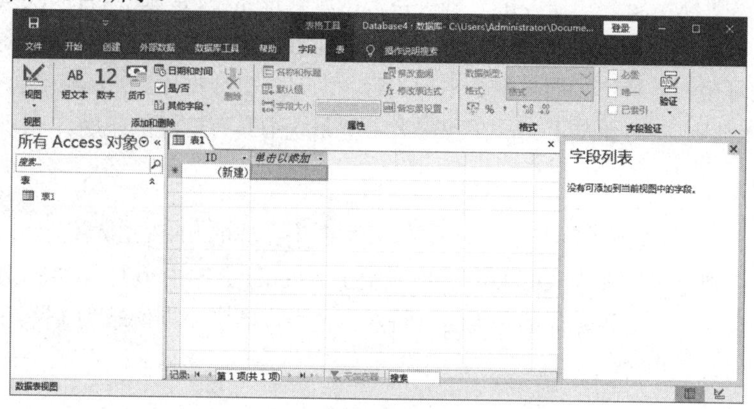

图 7-6-2　Access 2016 的工作界面

3. 快速访问工具栏

工作界面第一行的左侧部分，包含一组命令按钮，称为快速访问工具栏，默认情况下只显示 3 个命令按钮，即保存、撤销和恢复。用户可以往快速访问工具栏中添加新的命令按钮，操作方法是：单击快速访问工具栏右侧的下拉按钮▾，出现下拉菜单后，单击菜单中的某一项，该项的左端会出现符号√，这时该项命令对应的图标就会出现在快速访问工具栏中。

4. 功能区

单击每个选项卡，会出现该选项卡对应的功能区。功能区是一个带状区域，其中包含若干个组，每个组包含若干个命令选项按钮。功能区替代了以前版本的菜单栏和工具栏。功能区为命令提供了一个集中的区域。选择某个功能区中的命令选项按钮，可以执行该命令选项按钮对应的特定的功能，如图 7-6-3 所示为“创建”选项卡对应的功能区。

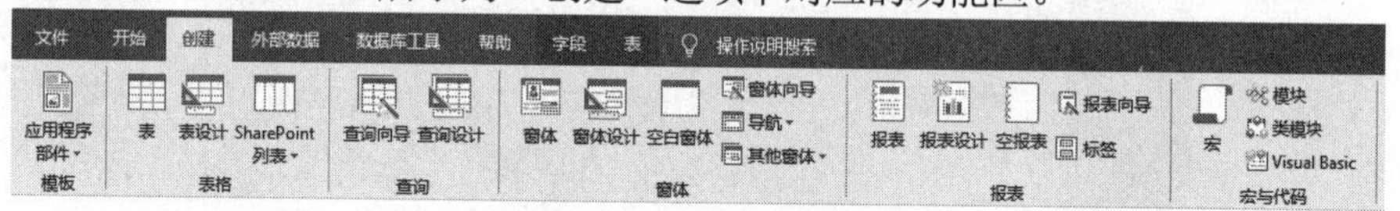

图 7-6-3　Access 2016 的功能区

为了扩大数据库的显示区域，Access 2016 允许把功能区隐藏起来。在窗口右上侧的关闭按钮的下方，有一个功能区隐藏按钮，单击此按钮可以隐藏功能区。已经隐藏的功能区也可以再次显示出来，只要单击某个选项卡，该选项卡的功能区就会再次显示出来。

5. 选项卡

在 Access 2016 中，包括的选项卡有：开始、创建、外部数据、数据库工具、帮助等。

“开始”选项卡的功能区分成“视图”“剪贴板”“排序和筛选”“记录”“查找”“文本格式”等几个组，如图 7-6-4 所示。

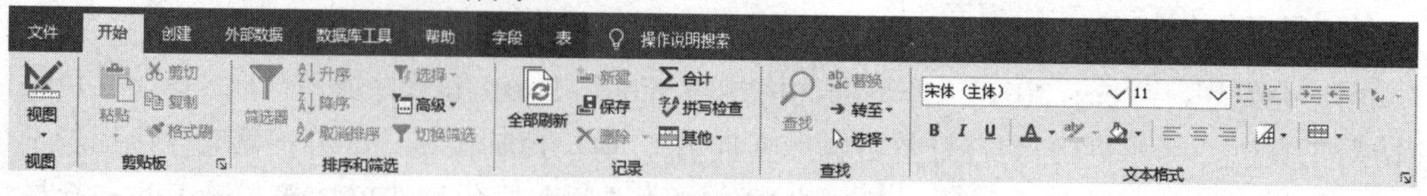

图 7-6-4　“开始”选项卡

“开始”选项卡用来对数据表进行各种常见的操作，如查找、筛选和文本设置等。当打开不同的数据库对象时，这些组的显示有所不同。当数据库对象处于不同视图时，组的状态也不同。

“创建”选项卡包括“模板”“表格”“查询”“窗体”“报表”等几个组，如图 7-6-3 所示。Access 2016 数据库中所有对象的创建都可使用“创建”选项卡来进行。

“外部数据”选项卡包括“导入并链接”和“导出”2 个组，如图 7-6-5 所示。通过这个选项卡可以实现对内外数据交换的管理和操作。

图 7-6-5 “外部数据”选项卡

“数据库工具”选项卡包括“宏”“关系”“分析”“移动数据”等几个组，如图 7-6-6 所示。这是 Access 2016 提供的一个管理数据库后台的工具。

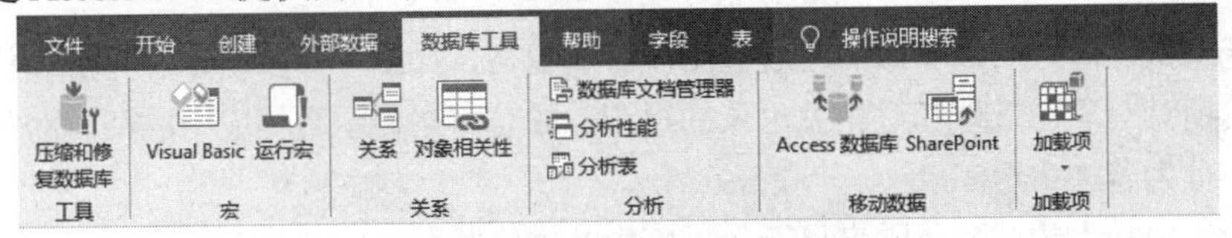

图 7-6-6 “数据库工具”选项卡

除前面所述的标准选项卡之外，Access 2016 还采用了“上下文命令选项卡”，这是一种新的 Office 元素。所谓上下文命令选项卡，是指可以根据上下文，在标准选项卡旁边会显示出一个或多个上下文命令选项卡。例如，如果在表设计视图中打开一个表，则会显示一个名为“表格工具/字段”和“表格工具/表”的上下文命令选项卡。

图 7-6-7 显示的是“表格工具/字段”功能区的内容。

图 7-6-7 上下文命令选项卡“表格工具/字段”

这种上下文命令选项卡可以根据所选对象的状态不同，自动弹出或关闭，具有一定的智能特点。

6. “文件”选项卡

“文件”选项卡是 Access 2016 的一个特殊选项卡。该选项卡与其他选项卡的结构、布局和功能不同。单击“文件”选项卡，可打开“文件”窗口。

在“文件”窗口中，可对数据库文件进行各种操作和对数据库进行设置。“文件”窗口的下方分成左右两个窗格。

左边窗格主要由“新建”“打开”“保存”“另存为”“打印”“关闭”“账户”“选项”等一组菜单命令组成。

右边窗格显示了选择某一命令后的结果，例如，单击左边窗格菜单中的“打开”菜单，“打开”菜单命令的内容就显示在右边窗格中，如图 7-6-8 所示。

图 7-6-8　文件窗口

7. 导航窗格

打开一个数据库之后，窗口的左边会出现导航窗格，如图 7-6-2 所示。导航窗格实现对当前数据库的所有对象的管理和对相关对象的组织。导航窗格显示数据库中的所有对象，并且按类别将它们分为若干个组。

当用户需要较大的屏幕范围来显示数据库中的内容时，可以把导航窗格隐藏起来。

在导航窗格中，在某一个对象上右击可以打开快捷菜单，其中包括该对象当时状态下能做的各项任务，可以从快捷菜单中选择某个菜单命令，然后执行对应的某个操作。

8. 数据库对象工作区

导航窗格右边就是数据库对象工作区，如图 7-6-2 所示。数据库对象工作区是用来设计、编辑、修改、显示以及运行表、查询、窗体、报表和宏等对象的区域。对所有数据库对象进行的全部操作都是在数据库对象工作区中进行的，操作结果也显示在对象工作区中。

二、Access 2016 的数据对象

Access 2016 中提供了以下 6 种数据对象，通过这 6 种数据对象来实现它的主要功能。

1. 表

表(Table)是数据库中最基本的组成单位，表是同一类数据的集合体，表是存储数据的单位。建立和规划数据库，首先要建立各种数据表，将各种信息分门别类地存放在这些表中。

每个表存储的内容各不相同，但是它们有共同的结构。表的第一行为标题行，标题行的每个标题称为字段。表的其他行表示具体数据，每一行的数据称为一条记录。

2. 查询

查询(Query)最常用的功能是从表中检索特定的数据。通常要查看的数据分布在多个表中，通过查询可以将多个不同表中的数据检索出来，并在一个数据表中显示这些数据。若只是查看某些符合条件的特定记录，可以在查询中添加查询条件，以便筛选出有用的数据。

用户可以在屏幕中查看查询结果，或将查询结果用作窗体或报表的记录源。查询操作可以对数据执行不同的任务，如该查询可用来创建新表、向现有表中添加、更新或删除数据。

3. 窗体

窗体(Form)提供了一种方便浏览、输入及更改数据的接口，通常包含一些可执行各种命令的控件。窗体中包含一些功能元素，用户可以对其编程来确定在窗体中显示哪些数据、打开其他窗体或报表，或者执行其他各种任务。窗体是用户与 Access 数据库应用程序进行数据传递的桥梁，能够让用户在人性化的环境中输入或查阅数据。

4. 报表

如果要打印数据库中的数据，使用报表(Report)是最简单且有效的方法。报表用于将选定的资料以特定的版式显示或打印，是表现用户数据的一种有效方式，其内容可以来自某个表或某个查询。在 Access 2016 中，报表能对数据进行多重的数据分组，并可将分组的结果作为另一个分组的依据。报表还支持对数据的各种统计操作，如求和、求平均值或汇总等。

5. 宏

宏(Macro)是一个或多个命令的集合，其中每个命令都可以实现特定的功能，通过将这些命令组合起来，可以自动完成某些经常重复或复杂的操作，也可将宏看作一种简化的编程语言。

利用宏，用户不必编写任何程序代码，就可以实现一定的交互功能，如弹出对话框、单击按钮、打开窗体等。

6. 模块

模块(Module)就是程序，Access 2016 虽然在不需要编写任何程序的情况下就可以满足大部分用户的需求，但对于较复杂的应用系统而言，只凭借 Access 2016 的向导及宏的功能仍然稍显不足。所以 Access 2016 支持 VBA 程序命令，可以自如地控制细微或较复杂的操作。模块是声明、语句和过程的集合，这个集合作为一个单元存储在一起。

第七节　创建数据库

在 Access 2016 中，既可以利用模板创建数据库，又可以直接创建一个空数据库。

一、通过模板快速创建数据库

Access 2016 提供了多个数据库模板。使用数据库模板，用户只需要进行一些简单操作，就可以创建一个包含了表、查询等数据库对象的数据库系统。

具体操作步骤如下。

(1) 启动 Access 2016。

(2) 单击“新建”按钮，从列出的模板中选择一个模板，如“学生”模板，如图 7-7-1 所示。

(3) 在屏幕右下方的“文件名”文本框中输入数据库文件名“学生数据库”，再单击“创建”按钮，即可完成数据库的创建，如图 7-7-2 所示。

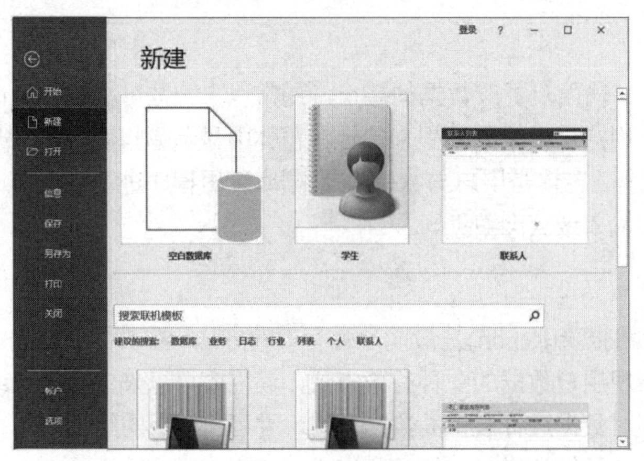

图 7-7-1　模板

图 7-7-2　确定数据库文件名

(4) 创建的数据库如图 7-7-3 所示，可以看到，已有表、查询、窗体、报表对象被自动创建在“学生数据库”中。

(5) 双击“学生”表，可输入学生信息。

利用数据库模板可以创建标准的数据库系统，若不符合要求，可以先利用模板生成一个数据库，然后再按要求进行修改。

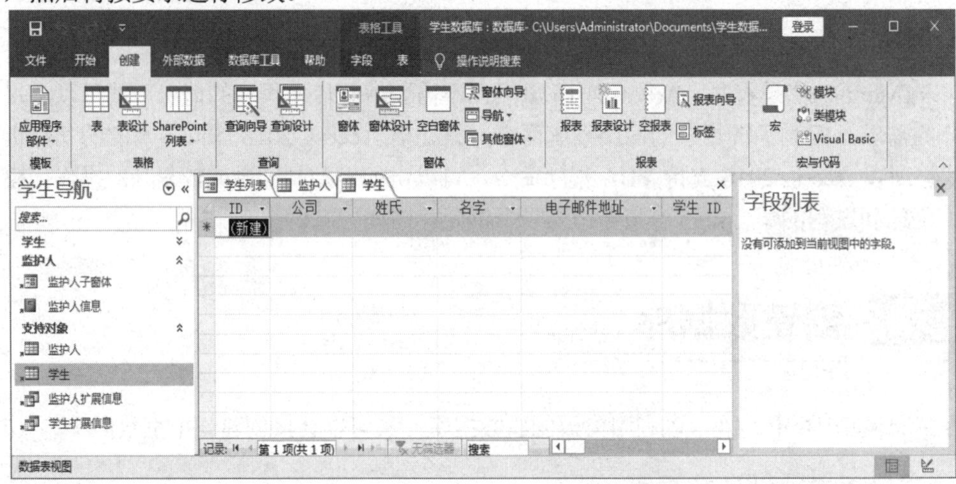

图 7-7-3　使用“学生”模板自动创建数据库

二、创建空白数据库

创建空白数据库的具体操作步骤如下。

(1) 启动 Access 2016。

(2) 在 Access 启动窗口中单击“空白数据库”，在弹出的对话框的“文件名”文本框中会出现一个默认的文件名“Database1.accdb”，将它修改为“学生学籍管理.accdb”，如图 7-7-4 所示。

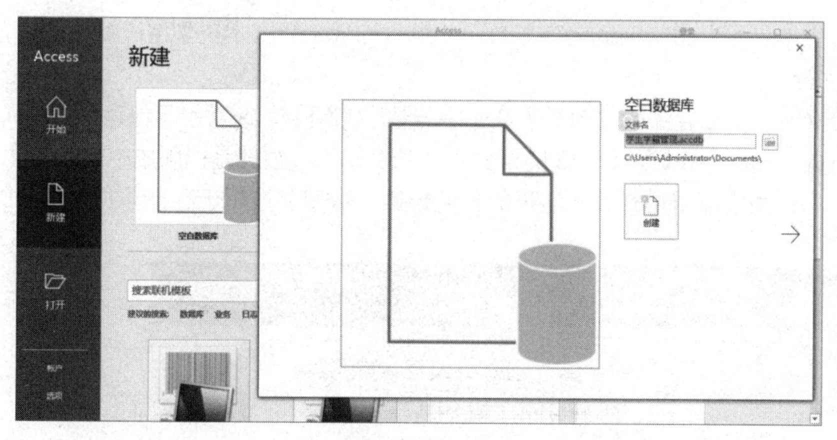

图 7-7-4　创建空白数据库

(3) 单击“文件名”文本框右侧的文件夹按钮，出现“文件新建数据库”对话框，在该对话框中，选择数据库的保存位置。单击“确定”按钮，这时返回到 Access 启动窗口，从中可以看到将要创建的数据库的名称和保存位置。

(4) 创建空白数据库时，系统会自动创建一个名称为“表 1”的表，并以数据表视图方式打开“表 1”，如图 7-7-5 所示。

(5) 这时，游标将位于“单击以添加”列中的第一个空单元格内，用户可在此添加字段。

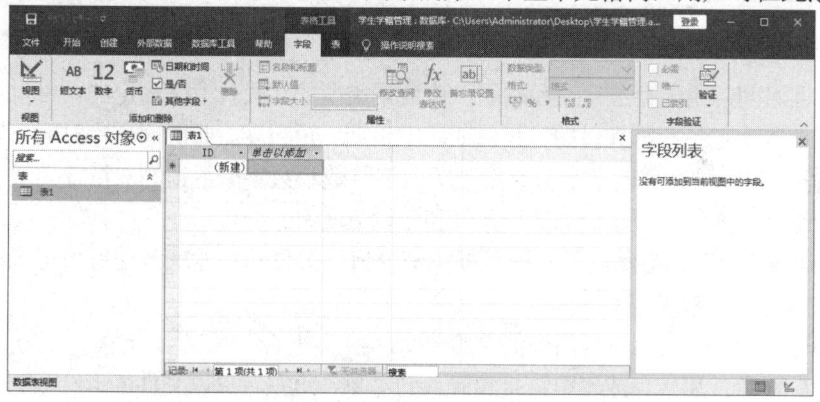

图 7-7-5　系统自动创建的“表 1”表

创建空白数据库后，可根据实际需要添加所需要的表、窗体、查询、报表、宏和模块等对象。通过这种方法可以创建所需要的各种数据库，但是由于需要用户自己动手创建各个对象，因此适合在没有合适的数据库模板的情况下创建比较复杂的数据库。

第八节　创建和自定义数据表

一、Access 2016 数据类型

在 Access 2016 数据表中，每个字段的可用属性取决于为该字段选择的数据类型。Access 2016 提供了多种数据类型，在表设计视图“数据类型”下拉列表中显示了这些数据类型，如图 7-8-1 所示。主要数据类型如下所述。

(1) 短文本：可以由文字或文字与数字的组合构成。短文本类型字段默认被设置为最多存储 255 个字符。

(2) 长文本：用于存储较长的文字或文字与数字的组合，通常用于保存个人的简历、备注、备忘录等信息，最多可以存储 1GB 的信息。“长文本”类型就是旧版本中的“备注”类型。

(3) 数字：用于需要进行算术运算的数值数据，数字类型用于存储非货币值的数值。具体类型如图 7-8-2 所示。

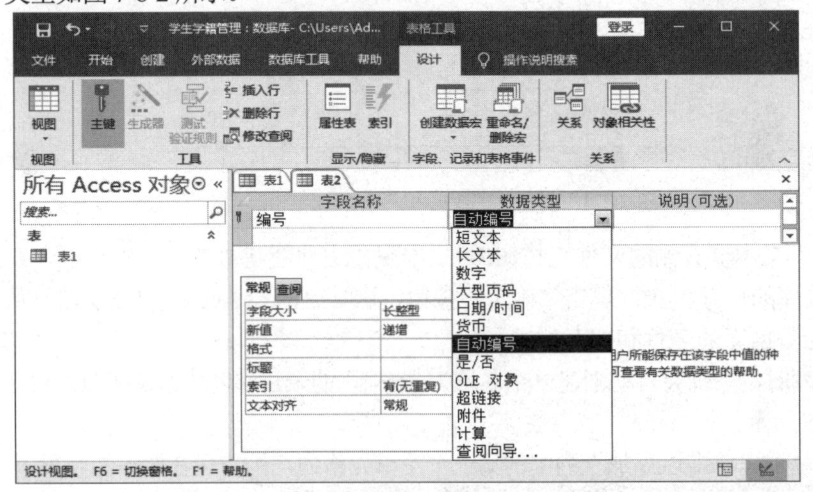

图 7-8-1 数据类型

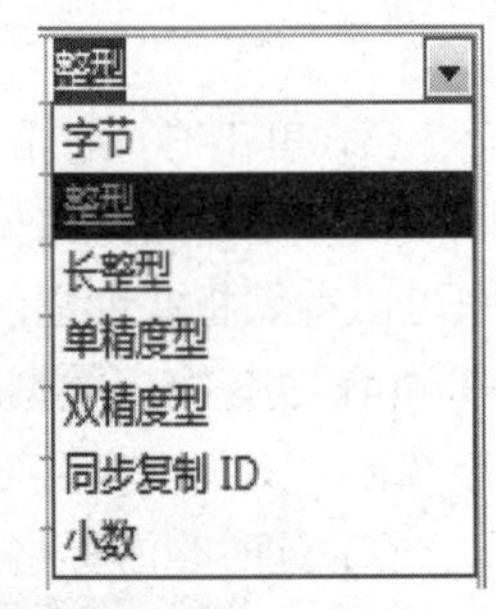

图 7-8-2 数字数据类型

(4) 日期/时间：用于存放日期和时间，该数据类型的字段长度是固定的。可以为该类型设置多种格式，其中包括：常规日期、长日期、中日期、短日期、长时间、中时间、短时间等。

(5) 货币：是一种特殊的数字型数据，所占字节数和数字型数据的双精度类似。向该字段直接输入数据后，系统会自动添加货币符号和千位分隔符。

(6) 自动编号：使用自动编号字段可提供唯一值，该值的用途就是使每条记录成为唯一的记录。自动编号字段常作为主键应用。

(7) 是/否：用于字段只包含两个值中的一个，如：是/否、真/假、开/关。

(8) OLE 对象：用于存放表中链接和嵌入的对象，这些对象以文件的形式存在，其类型可以是 Word 文件、Excel 电子表格、声音、图像和其他二进制数据。

(9) 超链接：用于超链接，该字段以文本形式保存超链接的地址，用来链接到文件、Web 页、本数据库中的对象、电子邮件地址等。

(10) 附件：任何受支持的文档类型。Access 2016 创建的“.accdb”格式的文档是一种新的类型，它可以将图像、电子表格文件、图表等各种文件附加到数据库记录中。

(11) 计算：计算的结果。计算时必须引用同一个表中的其他字段，可以使用表达式生成器创建计算。

二、在数据库中添加表

1. 表结构的概念

一个完整的数据表由表结构和表中的记录组成，一个良好的表结构将给数据库的管理带来很大的便利，还可以节省存储空间，提高处理速度。

表结构是指数据表的框架，其结构设计包括以下方面。

(1) 字段名称：数据表中的一列称为一个字段，而每一个字段均具有唯一的名称，称为字段名称。

(2) 字段类型：一个数据表中的同一列数据必须具有相同的数据特征，称为字段的数据类型。

(3) 字段大小：一个数据表中的一列所能容纳的字符个数。

(4) 字段的其他属性：数据表中的字段对象还具有其他一些属性，这些属性值的设置将决定各个字段对象在被操作时的特性。

2. 通过数据表视图创建表

具体操作步骤如下。

(1) 打开“学生学籍管理”数据库。

(2) 单击“创建”选项卡，在功能区的“表格”组中，单击“表”按钮。这时将创建名为“表 1”的新表，并在数据表视图中打开该表。

(3) 选中 ID 字段列。在“表格工具/字段”选项卡中的“属性”组中，单击“名称和标题”按钮，如图 7-8-3 所示。这时弹出“输入字段属性”对话框，如图 7-8-4 所示。

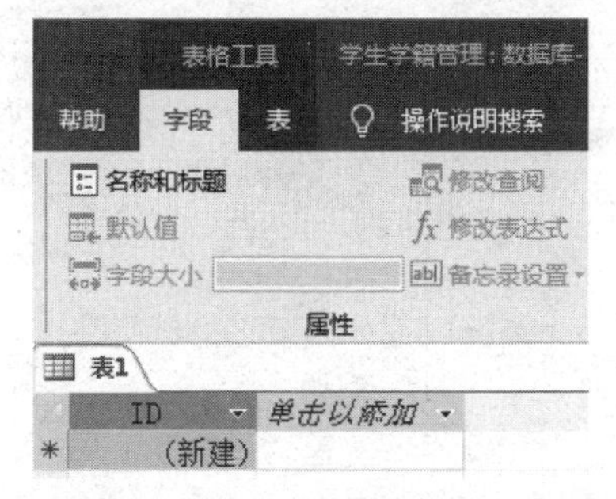

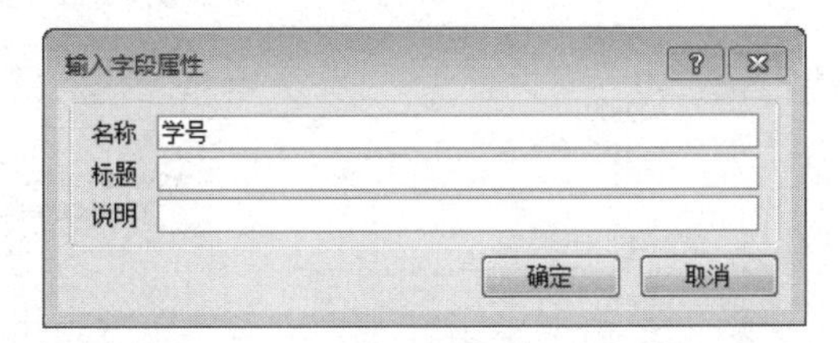

图 7-8-3　单击“名称和标题”按钮　　　　图 7-8-4　“输入字段属性”对话框

(4) 在“输入字段属性”对话框的“名称”文本框中，输入“学号”，单击“确定”按钮。

(5) 选中“学号”字段列，在“表格工具/字段”选项卡的“格式”组中，把“数据类型”由“自动编号”改为“短文本”。在“属性”组中把“字段大小”设置为 10，在“学号”下输入 202005001，如图 7-8-5 所示。

(6) 在“单击以添加”下面的单元格中，输入“张小鹏”，这时 Access 自动将新字段命名为“字段 1”。重复步骤(4)的操作，单击“名称和标题”按钮，在“输入字段属性”对话框中将“字段 1”修改为“姓名”。如果用户添加的字段是其他数据类型，可以在“表格工具/字段”选项卡的“添加和删除”组中，选择一种相应的数据类型，如图 7-8-6 所示。

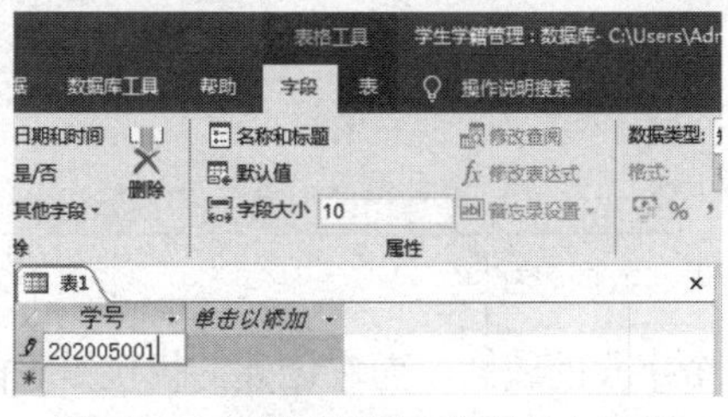

图 7-8-5　设置“属性”组并输入数据　　　　图 7-8-6　“添加和删除”组

(7) 单击“保存”按钮，在打开的“另存为”对话框中，输入表的名称“学生”，然后单击“确定”按钮。

3. 通过设计视图创建表

通过数据表视图创建表虽然直观快捷，但无法提供更详细的字段设置。因此，在需要设置更详细的表属性时，通过设计视图来创建表比较好。在表的设计视图中，用户可以设置记录的字段名称、数据类型、记录属性等内容。

具体操作步骤如下。

(1) 启动 Access 2016，打开“学生学籍管理”数据库。

(2) 单击“创建”选项卡，单击“表格”组中的“表设计”按钮，进入表的设计视图，如图 7-8-7 所示。

(3) 在“字段名称”栏中输入字段的名称“班级编号”，在“数据类型”下拉列表框中选择字段的类型为“短文本”，字段大小设为 9，如图 7-8-8 所示。

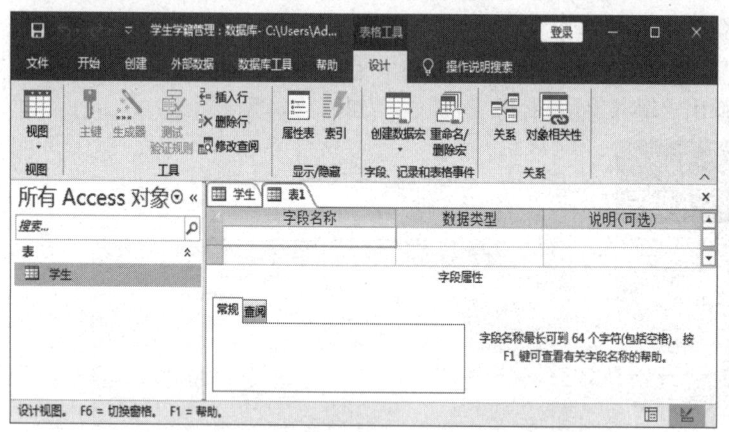

图 7-8-7　表的设计视图

图 7-8-8　选择字段的类型

(4) 单击“保存”按钮，在“另存为”对话框中输入“班级”，再单击“确定”按钮。

(5) 单击窗口左上方的“视图”按钮，切换到“数据表视图”，再添加“班级名称”“专业”“学院”“人数”等几个字段，并设置相应的数据类型，如图 7-8-9 所示。

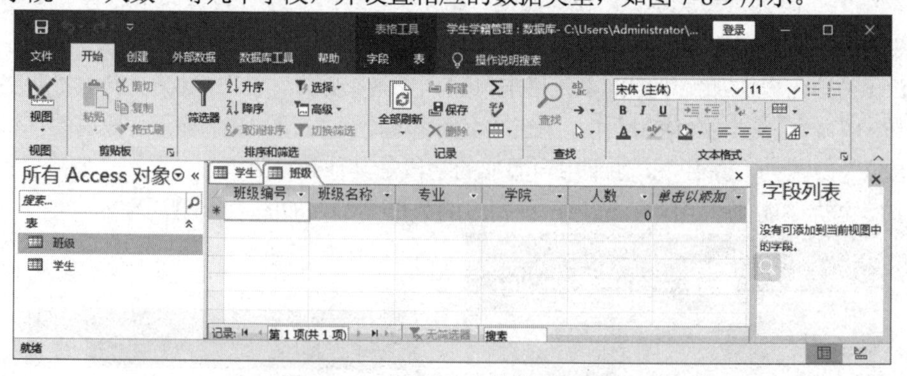

图 7-8-9　“班级”表的数据表视图

使用表的设计视图创建表主要是设置表中各个字段的属性，而它创建的仅仅是表的结构，每个记录的各个字段值还需要在数据表视图中输入。

4. 通过数据导入创建表

通过数据导入创建表，可以导入 Excel 工作表、SharePoint 列表、XML 文件、其他 Access 数据库等的信息。

具体操作步骤如下。

(1) 打开“学生学籍管理”数据库，在“外部数据”选项卡的“导入并链接”组中，单击“新数据源”，出现下拉列表，选择“从文件”选项，在“从文件”选项的右侧的选项中单击 Excel 选项，如图 7-8-10 所示。

(2) 弹出如图 7-8-11 所示的界面后，在该界面中单击“浏览”按钮选中要导入的 Excel 表。选中“将源数据导入当前数据库的新表中”单选按钮，单击“确定”按钮。

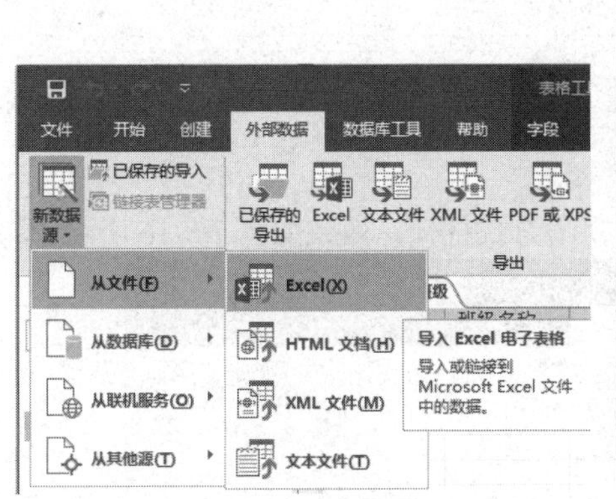

图 7-8-10　在“从文件”选项中选择 Excel

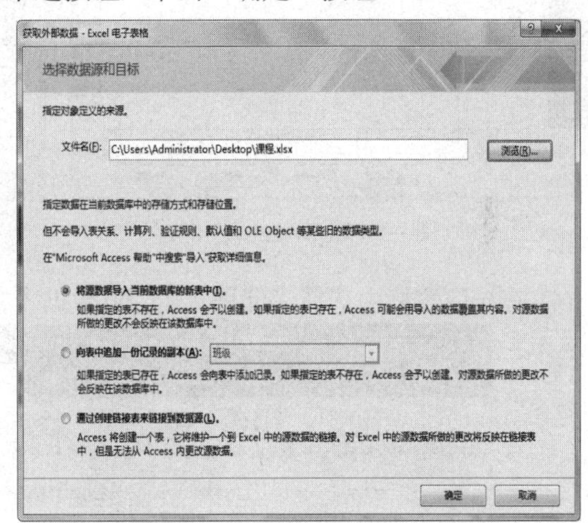

图 7-8-11　选中要导入的 Excel 表

(3) 在出现的“导入数据表向导”对话框中，进行以下操作。

① 选中“第一行包含列标题”复选框，如图 7-8-12 所示，单击“下一步”按钮。

② 设置“字段名称”和“数据类型”，如图 7-8-13 所示，单击“下一步”按钮。

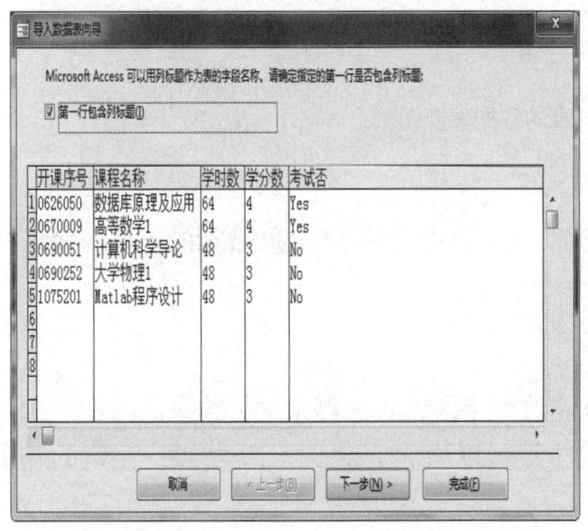

图 7-8-12　选中“第一行包含列标题”复选框

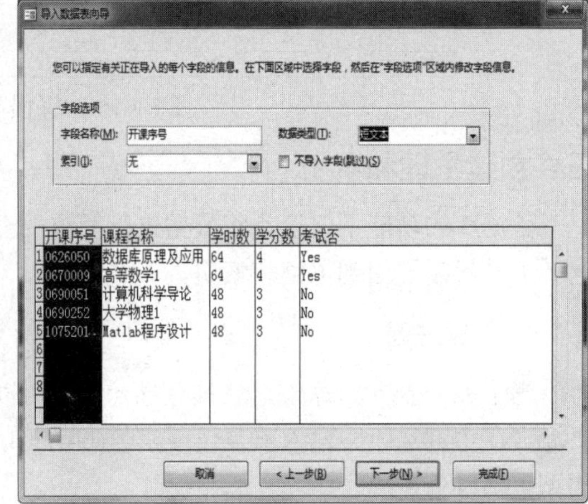

图 7-8-13　设置“字段名称”和“数据类型”

③ 指定主键，如图 7-8-14 所示，单击“下一步”按钮。

④ 在“导入到表”的文本框中输入表名“课程”，如图 7-8-15 所示，单击“完成”按钮。

⑤ 出现“获取外部数据 Excel 表格”对话框后，不要选中“保存导入步骤”复选框，单击“关闭”按钮即可。

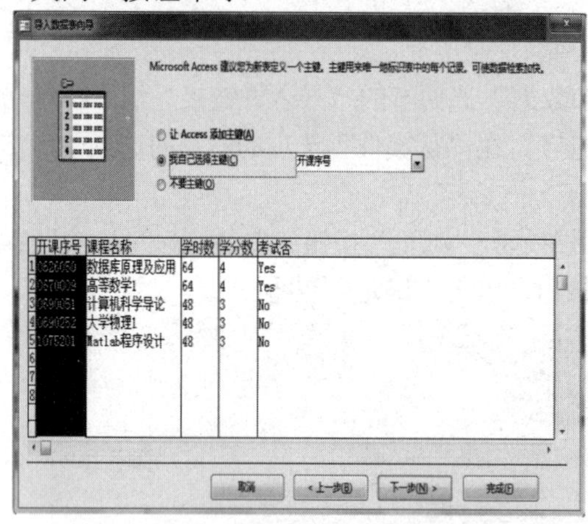

图 7-8-14　指定主键

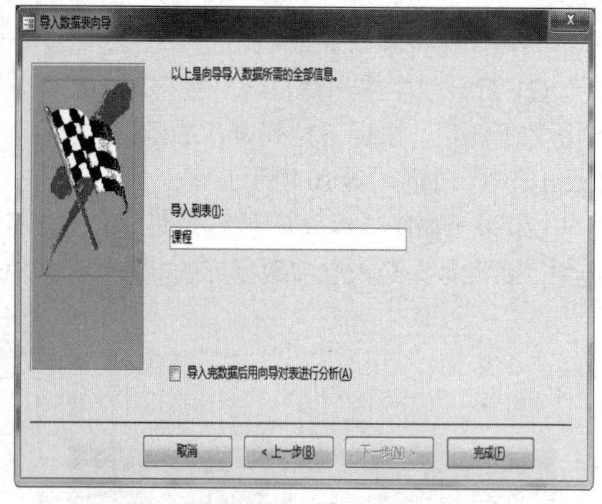

图 7-8-15　输入表名

(4) 在导航窗格中选择“课程”表，以数据表视图方式打开，效果如图 7-8-16 所示。

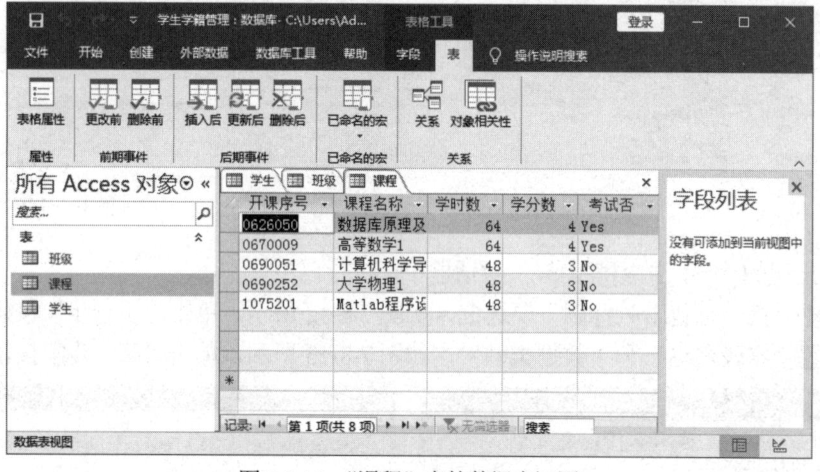

图 7-8-16　“课程”表的数据表视图

三、创建主键和索引

数据库的功能不仅仅是将数据进行简单的存储，还要保存各个表之间数据的关系，而维持这种关系就需要用到主键和索引。

1. 创建主键

为了保证表中的每条记录具有唯一性，可以通过对字段设置主键来进行约束。Access 2016 不允许在主键字段中输入重复值或空值(NULL)，主键可以由一个或多个字段组成，主键的基本类型包括以下 3 种。

(1) 自动编号主键：向表中添加每一条记录时，可以将自动编号字段设置为自动输入连续数字的编号。将自动编号字段指定为表的主键是创建主键的最简单的方法。

(2) 单字段主键：如某字段中包含的是唯一值，则可将该字段指定为主键，例如学生表中的学号字段。如果选择的字段有重复值或空值，将不会设置为主键。

(3) 多字段主键：在不能保证任何单字段都包含唯一值时，可以将两个或更多个字段的组合设置为主键。

创建主键的具体操作步骤如下。

(1) 选中一个表，例如“课程”表，在“开始”选项卡的“视图”组中单击“视图”下拉按钮。

(2) 在弹出的下拉列表中选择“设计视图”选项，如图 7-8-17 所示。

(3) 选择目标字段，例如选择“开课序号”，在“表格工具/设计”选项卡的“工具”组中，单击“主键”按钮，将选择的字段设置为主键，如图 7-8-18 所示。

(4) 创建主键后，在其行选定器上会出现一个“主键”图标 。

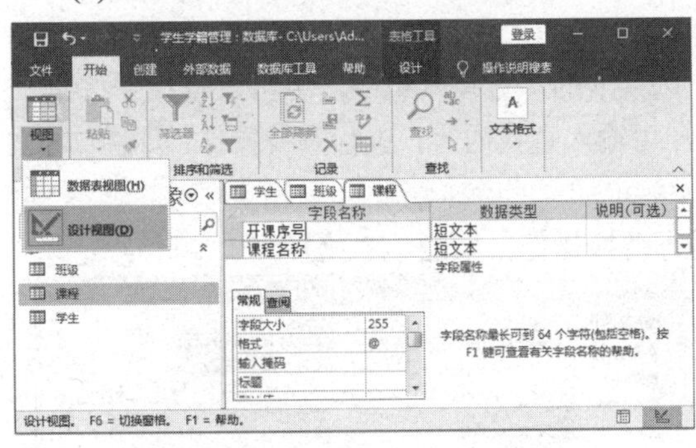

图 7-8-17　选择“设计视图”选项

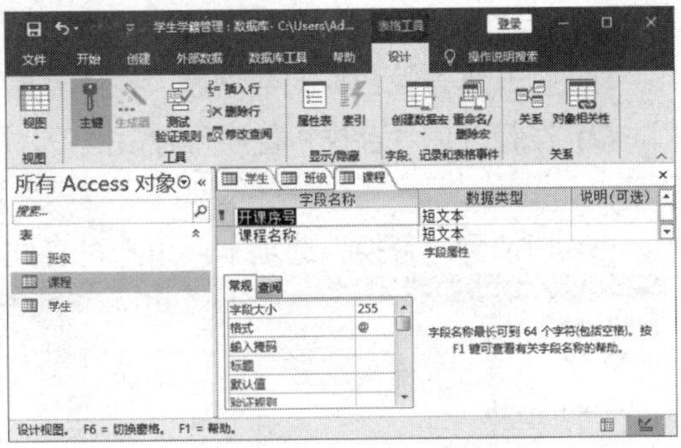

图 7-8-18　创建主键

2. 创建索引

在数据库中，使用索引可以帮助用户高效地查询数据。创建索引时，可以通过单字段创建，也可以通过多字段创建。

创建索引的具体操作步骤如下。

(1) 在“表格工具/设计”选项卡的“显示/隐藏”组中，单击“索引”按钮，如图 7-8-19 所示，打开“索引”窗口。

(2) 在“索引”窗口的“索引名称”列中输入索引名称。在“字段名称”下拉列表中选择字段，在“排序次序”下拉列表中设置排序方式，在“索引属性”下面设置“主索引”和“唯一索引”选项，然后进行保存即可，如图 7-8-20 所示。

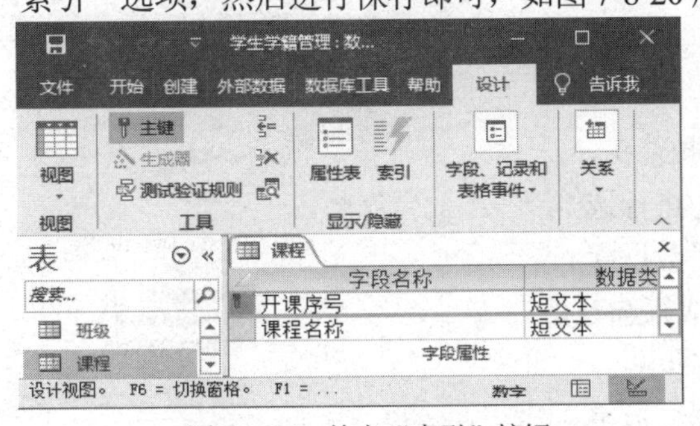

图 7-8-19　单击“索引”按钮

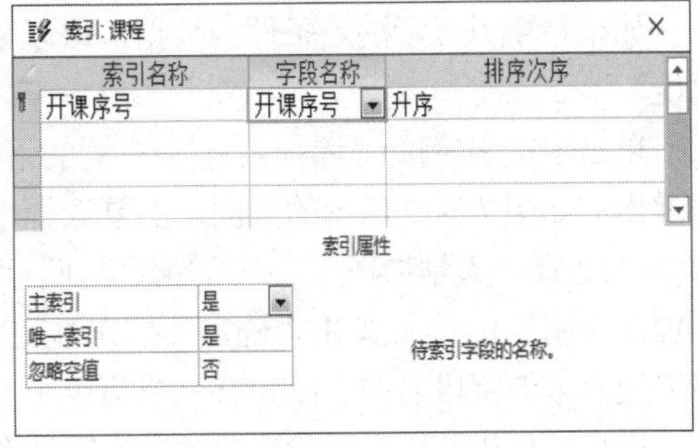

图 7-8-20　“索引”窗口

四、编辑记录

1. 添加记录

打开数据库，从导航窗格中打开需要添加记录的表，切换到“数据表视图”格式，单击字段名称下面的空白单元格，输入要添加的记录的各项字段值。

2. 删除记录

在需要删除的记录上右击，在弹出的快捷菜单中选择“删除记录”命令，或选择记录后按 Delete 键。

3. 查找和替换记录

数据表的数据量很大时，需要在数据库中查找所需的特定信息，或替换某个数据。

具体操作步骤如下。

(1) 打开需查找数据的数据表，在“开始”选项卡的“查找”组中，单击“查找”按钮。

(2) 在打开的“查找和替换”对话框中，用户可输入查找内容，进行查找操作，如图 7-8-21 所示。

(3) 切换到“替换”选项卡，用户可在此进行替换操作，如图 7-8-22 所示。

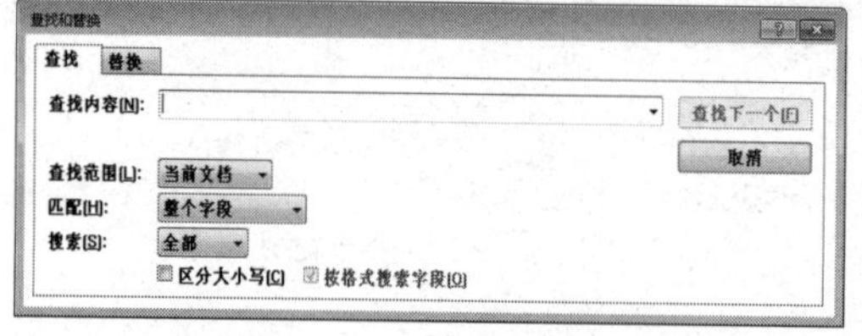

图 7-8-21　“查找和替换”对话框

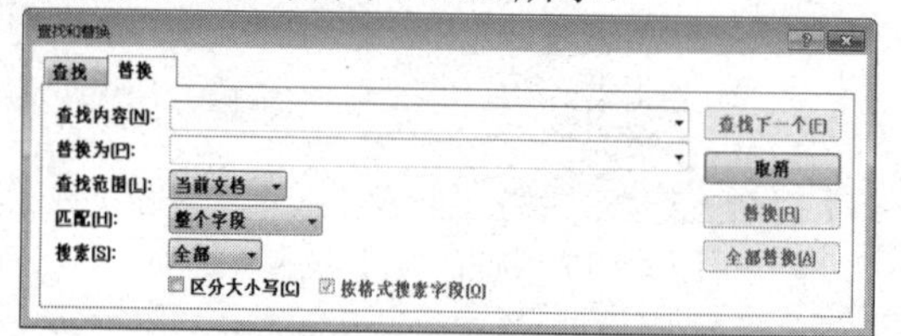

图 7-8-22　“替换”选项卡

五、排序记录

默认情况下，数据表中的记录是按照关键字的升序进行显示的，但在有些情况下需要以不同的显示顺序查看记录，即需要对记录进行排序。

打开数据表，将光标定位到需排序的字段。在“开始”选项卡的“排序和筛选”组中，单击“升序”或“降序”按钮。

六、筛选记录

如果希望只显示满足条件的数据，可以采用筛选功能。

单击字段名(例如“课程名称”)右侧的下拉箭头，在弹出的如图 7-8-23 所示的界面中的复选框中进行选择(例如选择“大学物理 1”“高等数学 1”“数据库原理及应用”)，之后单击“确定”按钮，完成筛选。被筛选出来的字段名的右侧会有一个筛选标志。

用户还可以利用时间筛选器、文本筛选器、数字筛选器对记录进行更精准的筛选。

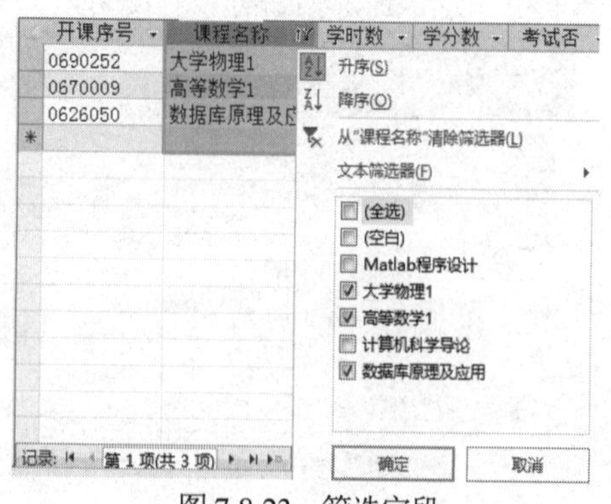

图 7-8-23　筛选字段

七、建立表之间的关系

一个数据库应用系统通常包含多个表，为了把不同表的数据组合在一起，必须建立表间的关系。建立表间的关系意味着，不仅建立了表间的关联，还保证了数据库的参照完整性。参照完整性可以保证表间数据在操作时保持同步，即对一个数据表进行操作要影响到另外一个表中相应的记录。

建立表间关系的具体操作步骤如下。

(1) 打开一个已经存在的数据库。

(2) 在“数据库工具”选项卡的“关系”组中，单击“关系”按钮，如图 7-8-24 所示，打开关系设计界面。

(3) 在关系设计界面中右击，在弹出的快捷菜单中选择“显示表”命令。在打开的“显示表”对话框中，选择将建立关系的那些表，单击“添加”按钮，可以添加多个表，如图 7-8-25 所示。添加完毕后，单击“关闭”按钮。

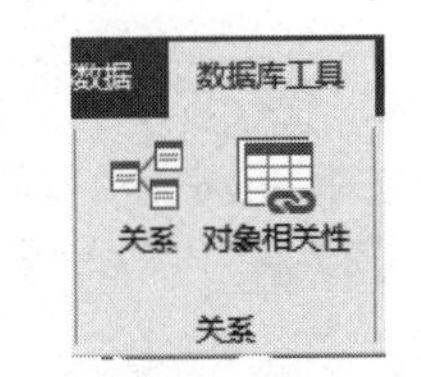

图 7-8-24　“数据库工具”选项卡中的“关系”按钮

(4) 将“学生”表中的“学号”字段拖到“学生成绩”表中的“学号”字段的位置，弹出“编辑关系”对话框，选中“实施参照完整性”和“级联更新相关字段”复选框，单击“创建”按钮，如图 7-8-26 所示。

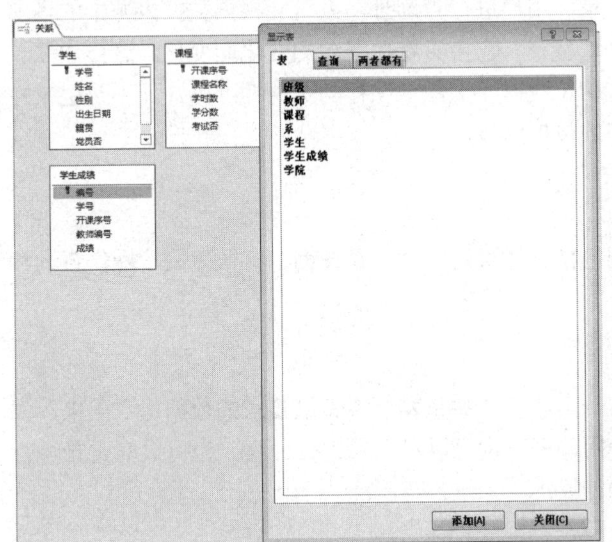

图 7-8-25　关系设计界面和“显示表”对话框

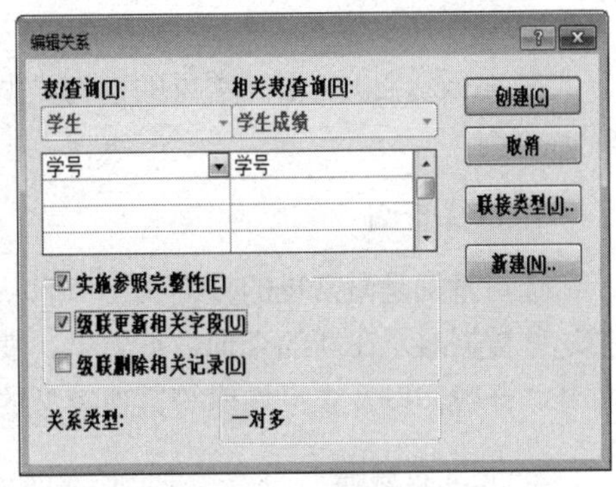

图 7-8-26　“编辑关系”对话框

(5) 在关系设计界面中，“学生”表与“学生成绩”表之间就出现了一条连线，如图 7-8-27 所示。

(6) 在其他表之间用同样的方法建立关联关系，如图 7-8-28 所示。

(7) 单击“关闭”按钮，保存对关系布局的更改。

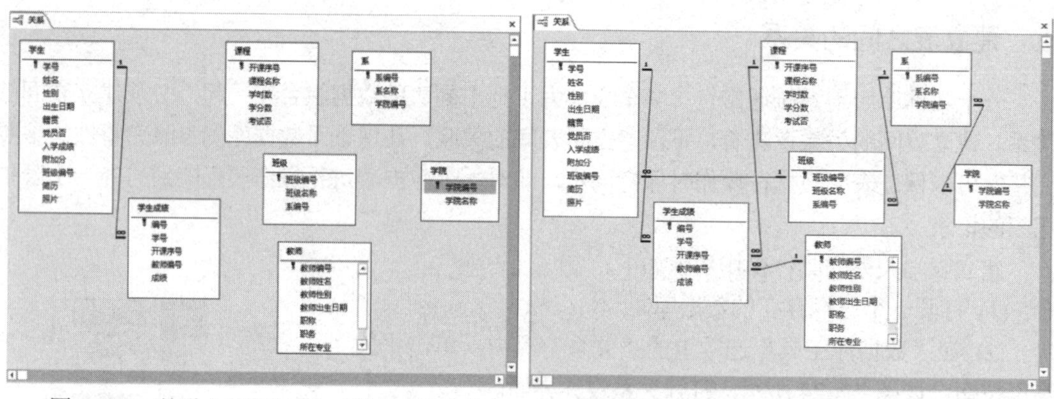

图 7-8-27　关联“学生”表与“学生成绩”表　　　　图 7-8-28　数据库中表间的关系

第九节　创建查询

所谓查询，就是根据给定的条件从数据库的一个或多个表中筛选出符合条件的记录，构成一个数据集合。而这些提供了数据的表就被称为查询的数据来源。

查询可以从一个或者多个表中查找记录。用户进行查询时，系统会根据数据来源中的当前数据产生查询结果，所以查询结果是一个动态集，它会随着数据源的变化而变化。这样做，一方面，可以节省存储空间，因为 Access 2016 数据库文件中保存的是查询准则，而不是记录；另一方面，可以保持查询结果与数据源中的数据同步。

一、查询的类型

在 Access 2016 中，常见的查询类型包括选择查询、交叉表查询、参数查询、操作查询和 SQL 查询。

1. 选择查询

选择查询是最常见的查询类型，它从一个或多个关系表中将满足要求的数据提取出来，并把这些数据显示在新的查询数据表中。使用选择查询可以对记录进行分组，也可以对记录进行总计、计数，以及求平均值等其他类型的计算。

2. 交叉表查询

交叉表查询可以计算并重新组织数据表的结构。这是一种可以将表中的数据看成字段的查询方法。交叉表查询将源数据或查询中的数据分组，一组在数据表的左侧，另一组在数据表的上部，在数据表内的行与列的交叉单元格处显示表中数据的某个统计值，如求和、求平均值、统计个数、求最大值和最小值等。

3. 参数查询

参数查询为用户提供了更加灵活的查询方式，通过参数来设计查询准则，由用户输入查询条件并根据此条件返回查询结果。执行参数查询时，系统将弹出提示信息对话框，用户输入相关信息后，系统会根据用户输入的信息执行查询，找出符合条件的信息。

4. 操作查询

操作查询是指在查询中对源数据表进行操作，可以对表中的记录进行追加、修改、删除和更新。操作查询又分为删除查询、更新查询、追加查询和生成表查询。

5. SQL 查询

SQL(Structured Query Language，结构化查询语言)是用于查询、更新和管理关系数据库的标准语言。SQL 查询就是用户使用 SQL 语句创建的查询。经常使用的 SQL 查询包括联合查询、传递查询、数据定义查询和子查询等。

二、使用向导创建查询

使用向导的方式来创建查询，就是按照系统提示来逐步完成查询的创建，这种创建方法特别适合初学者，也是最简单的方法。在 Access 2016 中，查询向导包括简单查询向导、交叉表查询向导、查找重复项查询向导和查找不匹配项查询向导。

使用“简单查询向导”创建查询，可以从一个或多个表和已有查询中选择要显示的字段。如果查询中的字段来自多个表，则这些表应事先建立好关系。

在此，以简单查询向导为例讲解创建的步骤。

(1) 打开一个已经存在的数据库，在“创建”选项卡的“查询”组中，单击“查询向导”按钮，如图 7-9-1 所示。

(2) 弹出“新建查询”对话框，如图 7-9-2 所示。在该对话框中选择“简单查询向导”选项，然后单击“确定”按钮，弹出“简单查询向导”对话框，如图 7-9-3 所示。

(3) 在“简单查询向导”对话框中，在“表/查询”下拉列表中选择“表：课程”。这时，“课程”表中的全部字段均显示在“可用字段”列表框中。

(4) 从“可用字段”中选定字段后，单击 > 按钮，可以将所需字段添加到“选定字段”列表框中，如图 7-9-4 所示，从 5 个可用字段中选择 3 个：开课序号、课程名称、学分数。

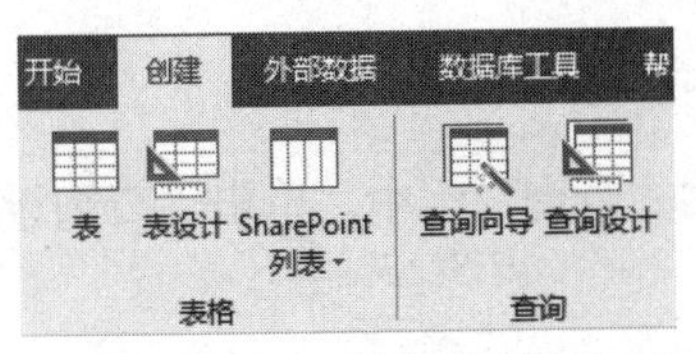

图 7-9-1　单击“查询向导”按钮

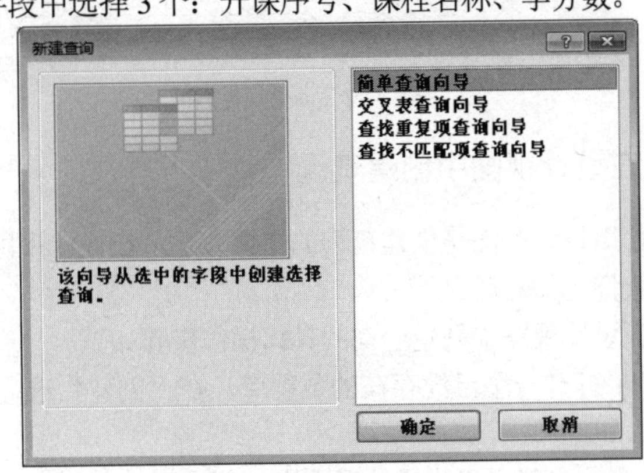

图 7-9-2　“新建查询”对话框

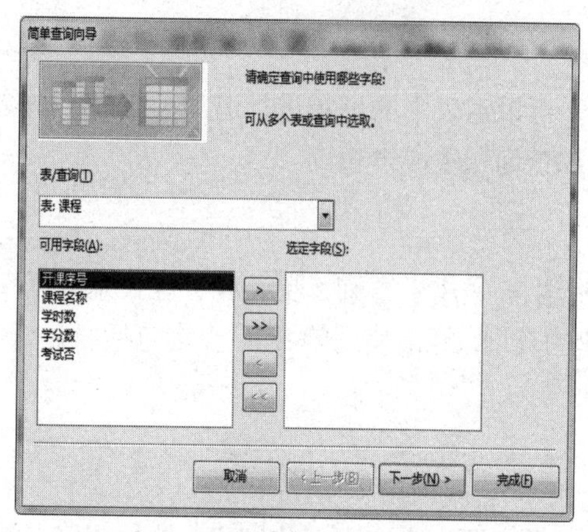

图 7-9-3 “简单查询向导”对话框

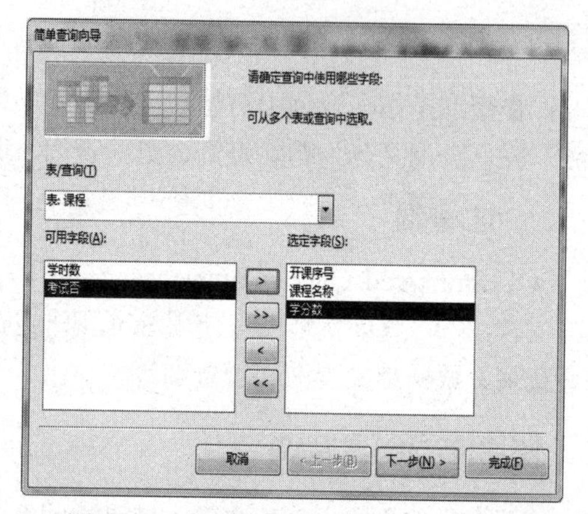

图 7-9-4 在“简单查询向导”中选择字段

(5) 在选择了所需字段后，单击“下一步”按钮，弹出如图 7-9-5 所示的对话框，在其中可以为查询指定标题。

(6) 在图 7-9-5 所示对话框中的文本框中输入查询的名称，选中“打开查询查看信息”单选按钮，单击“完成”按钮，显示查询结果，如图 7-9-6 所示。

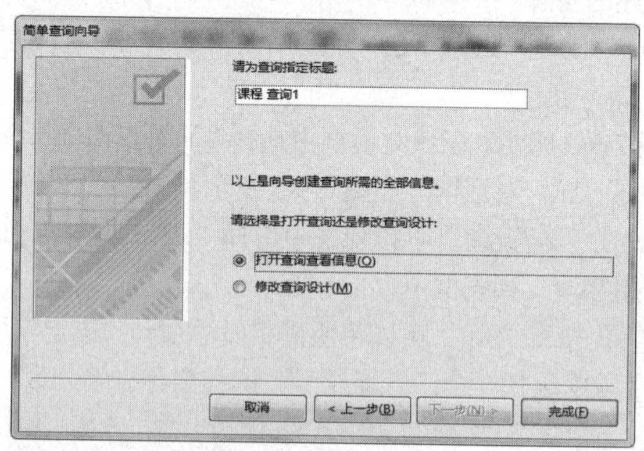

图 7-9-5 为查询指定标题

开课序号	课程名称	学分数
0626050	数据库原理及应F	4
0670009	高等数学1	4
0690051	计算机科学导论	3
0690252	大学物理1	3
1075201	Matlab程序设计	3
*		

图 7-9-6 查询结果

三、在设计视图中创建查询

使用设计视图是创建查询的主要方法，在设计视图中由用户自主设计查询比采用查询向导创建查询更加灵活。

在设计视图中创建查询的具体操作步骤如下。

(1) 打开一个已经存在的数据库，在“创建”选项卡的“查询”组中，单击“查询设计”按钮。

(2) 同时弹出查询设计视图窗口和“显示表”对话框。

(3) 在如图 7-9-7 所示的“显示表”对话框中单击“表”选项卡，然后分别选中“学生”和“班级”表。分别单击“添加”按钮，然后关闭“显示表”对话框，进入查询设计视图窗口。

(4) 在如图 7-9-8 所示的查询设计视图窗口的“字段”栏中添加所需的字段。可以单击“字段”栏右边的下拉列表按钮，在出现的下拉列表中选择字段。

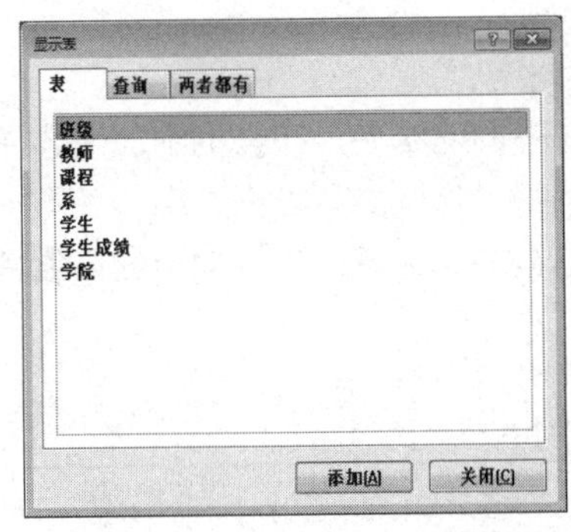

图 7-9-7　“显示表”对话框

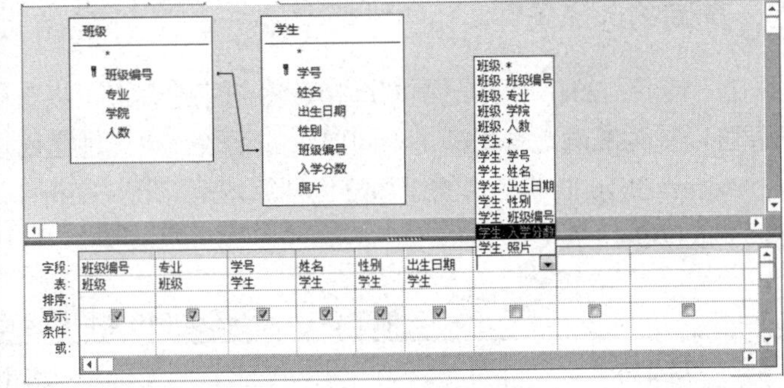

图 7-9-8　查询设计视图窗口

(5) 单击 Access 窗口左上角的“保存”按钮，出现“另存为”对话框，在该对话框中输入查询名称，例如“查询 3”，单击“确定”按钮，如图 7-9-9 所示。

(6) 在导航窗格的查询列表中会出现“查询 3”，双击导航窗格的查询列表中的“查询 3”，可看到查询执行的结果，如图 7-9-10 所示。

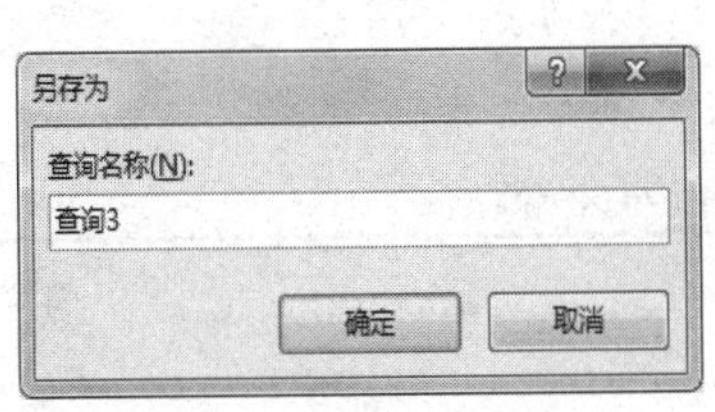

图 7-9-9　“另存为”对话框

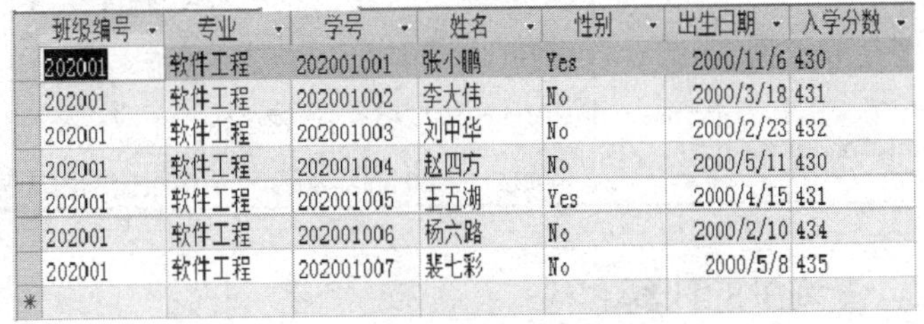

班级编号	专业	学号	姓名	性别	出生日期	入学分数
202001	软件工程	202001001	张小鹏	Yes	2000/11/6	430
202001	软件工程	202001002	李大伟	No	2000/3/18	431
202001	软件工程	202001003	刘中华	No	2000/2/23	432
202001	软件工程	202001004	赵四方	No	2000/5/11	430
202001	软件工程	202001005	王五湖	Yes	2000/4/15	431
202001	软件工程	202001006	杨六路	No	2000/2/10	434
202001	软件工程	202001007	裴七彩	No	2000/5/8	435

图 7-9-10　查询执行的结果

四、编辑查询

查询创建完成后，若不能完全满足用户的要求，可以利用查询设计视图进行修改。

在查询设计视图中，用户可以在原有查询的基础上增加和删除字段，或者通过移动字段的方法改变字段的顺序。

在数据库窗口中，选中导航窗格中需要修改的某个查询(例如“查询 3”)，在该查询上右击，在弹出的快捷菜单中选择“设计视图”命令，如图 7-9-11 所示。单击“设计视图”命令后，即可进入查询设计视图，编辑选中的“查询 3”，则会出现如图 7-9-8 所示的界面。编辑完成后，再重新保存该查询。

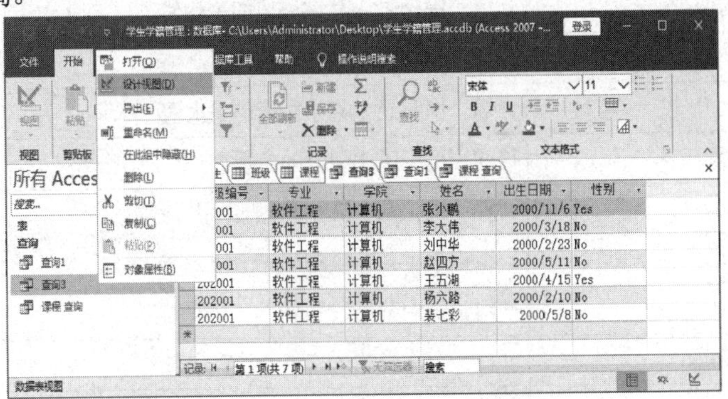

图 7-9-11　编辑查询的快捷菜单

五、查询的选择条件

在 Access 2016 中按照不同选择条件创建的查询可以获得不同的结果，在查询中加入选择条件可以更为准确地查找满足不同要求的记录，灵活地运用选择条件可提高查询效率。

Access 2016 能够使用的运算符包括算术运算符、字符串运算符、关系运算符和逻辑运算符等，如表 7-9-1 所示。

表 7-9-1　Access 2016 常用的运算符

运算符	说明
+、-、*、/、\、mod、^	分别代表算术运算中的加、减、乘、除、整除、求余、乘方运算
&、Like、In	例如，"天"&"地"的运算结果是字符串"天地"
	例如，Like "张*"，表示查询的字符串只能以“张”字开头
	例如，In("张伟","李娟","刘好")，表示查询的姓名为括号内的三个姓名之一
=、>、>=、<、<=、<>	关系运算符，也称为比较运算符。 分别代表等于、大于、大于或等于、小于、小于或等于、不等于
and、or、not	逻辑运算符，分别代表逻辑与、或、非。 例如，“>60 and <80”表示字段值的范围只能为 60~80

六、查询中的计算

Access 2016 的查询不仅具有记录检索的功能，而且还具有计算的功能。

查询除了可以用于在各个表中按用户的需求收集数据外，还可以通过查询对数据执行计算操作。其中，预定义的计算包含合计、计数、最大值、最小值、平均值、标准偏差以及其他类型的计算。

查询中的常用计算如表 7-9-2 所示。

表 7-9-2　查询中的常用计算

计算名	功能
合计	计算一组记录中某字段值的总和
平均值	计算一组记录中某字段值的平均值
最小值	计算一组记录中某字段值的最小值
最大值	计算一组记录中某字段值的最大值
计数	计算一组记录中记录的个数
StPev	计算一组记录中某字段值的标准偏差
First	一组记录中某字段的第一个值
Last	一组记录中某字段的最后一个值
Expression	创建一个由表达式产生的计算字段
Where	设定分组条件以便选择记录

第十节　创建窗体和报表

窗体为用户提供了一个友好的交互界面，主要用于输入和显示数据库对象。窗体的记录源于数据表和查询中的字段，它是用户和数据库之间进行联系的“中介”。

报表也是数据库的一种对象，报表可以显示和汇总数据，并可以根据用户的需求打印输出格式化的数据信息。

一、创建易用的窗体

在 Access 2016 中，创建窗体有多种方法。可以使用窗体向导创建窗体。

使用窗体向导创建窗体时，会对创建的每个环节进行提示。用户只需进行简单的设置就能创建一个窗体，这种方法适用于较简单的窗体创建，并且可以加快窗体的创建过程。

具体操作步骤如下。

(1) 在一个已经打开的数据库中，在“创建”选项卡的“窗体”组中，单击“窗体向导”按钮，如图 7-10-1 所示。

(2) 打开“窗体向导”对话框，如图 7-10-2 所示。在打开的“窗体向导”对话框的“表/查询”下拉列表框中选择“表：学生”作为数据源，在“可用字段”列表框中选择所需的字段，然后单击 > 按钮，完成选择后，单击“下一步”按钮，如图 7-10-3 所示。

图 7-10-1　单击“窗体向导”按钮

图 7-10-2　“窗体向导”对话框

(3) 打开窗体布局对话框，在对话框中选择窗体使用的布局，单击“下一步”按钮，如图 7-10-4 所示。

(4) 在打开的对话框中输入标题，单击“完成”按钮，如图 7-10-5 所示。

(5) 完成后的窗体效果如图 7-10-6 所示。

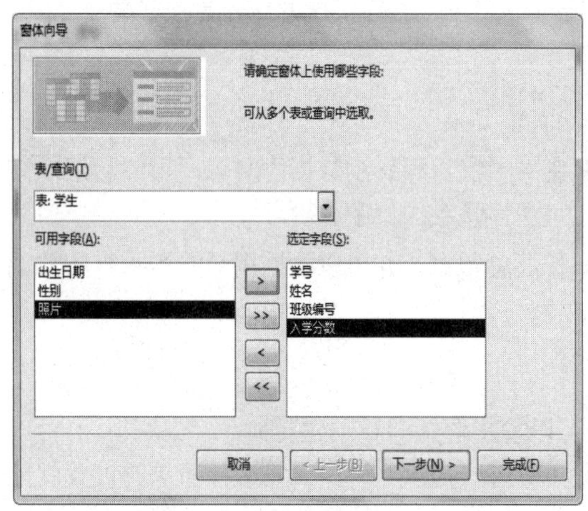

图 7-10-3　设置“表/查询”和“选定字段”

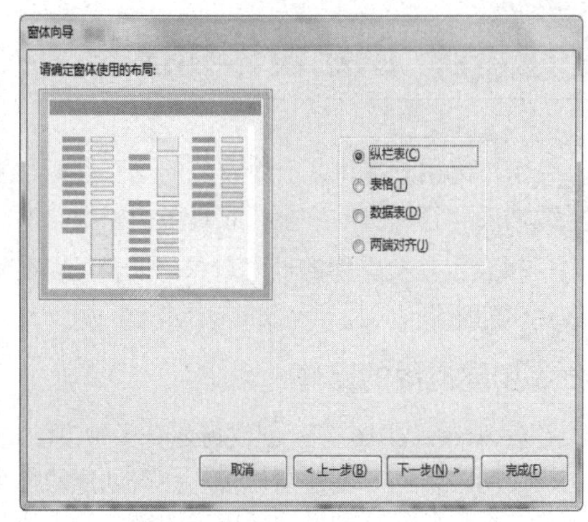

图 7-10-4　确定窗体使用的布局

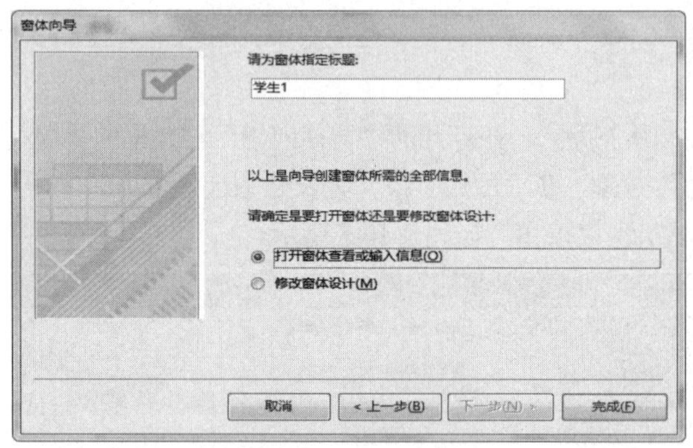

图 7-10-5　为窗体指定标题

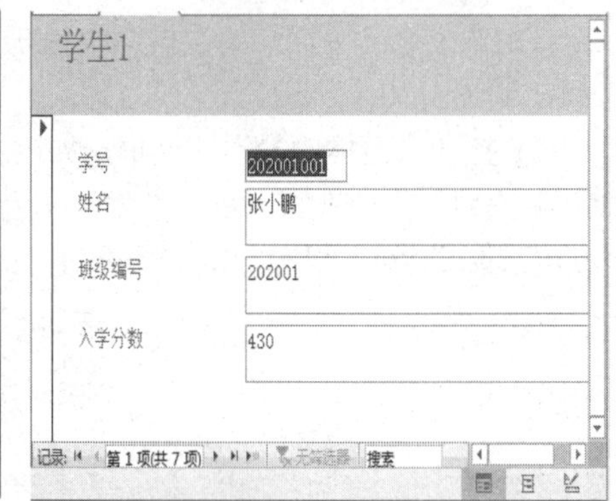

图 7-10-6　窗体效果

二、创建方便查阅的报表

Access 2016 提供了几种创建报表的主要方法，例如报表向导、空报表和报表设计等。

使用“报表向导”创建报表是最方便的一种方法。当使用“报表向导”创建报表时，会自动提示相关的数据源、选用字段、是否分组、设置排序和报表版式等。

根据向导提示可以完成报表设计的大部分基本操作，从而可以加快创建报表的过程，在向导创建的报表上再加以修改即可达到报表的使用要求。

通过“报表向导”创建报表的具体操作步骤如下。

(1) 在一个已经打开的数据库中，在“创建”选项卡的“报表”组中单击“报表向导”按钮，如图 7-10-7 所示。

(2) 出现“报表向导”对话框，如图 7-10-8 所示。在“报表向导”对话框的“表/查询”下拉列表框中选择“表：学生”作为数据源，在“可用字段”列表框中选择所需的字段，选中字段后单击 > 按钮，完成选择后，单击“下一步”按钮，如图 7-10-9 所示。

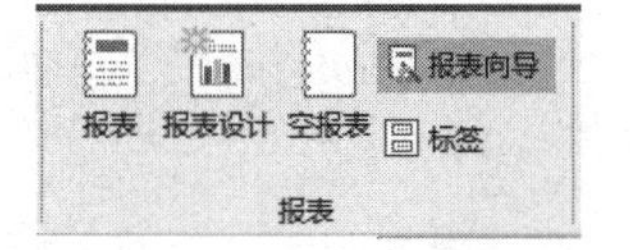

图 7-10-7　单击“报表向导”按钮

图 7-10-8　“报表向导”对话框

(3) 出现“是否添加分组级别？”对话框后，在该对话框中添加分组级别，也可以不添加，然后单击“下一步”按钮，如图 7-10-10 所示。

图 7-10-9　设置“表/查询”和“选定字段”

图 7-10-10　“是否添加分组级别？”对话框

(4) 出现“请确定记录所用的排序次序：”对话框，在该对话框中最多可选 4 个字段对记录进行排序。选择“学号”为第一排序字段，升序排列，单击“下一步”按钮，如图 7-10-11 所示。

(5) 出现“请确定报表的布局方式：”对话框，确定布局方式之后，单击“下一步”按钮，如图 7-10-12 所示。

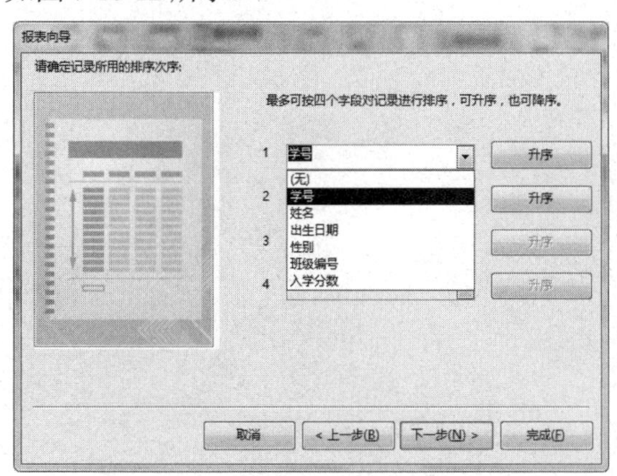

图 7-10-11　确定记录所用的排序次序

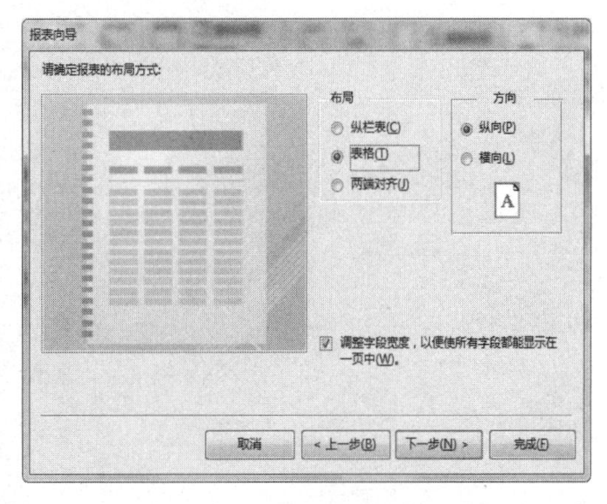

图 7-10-12　确定报表的布局方式

(6) 出现“请为报表指定标题：”对话框，输入标题“学生情况报表”，选中“预览报表”单选按钮，如图 7-10-13 所示。

(7) 在图 7-10-13 中单击“完成”按钮，将以打印预览方式显示报表效果，报表的最终效果如图 7-10-14 所示。

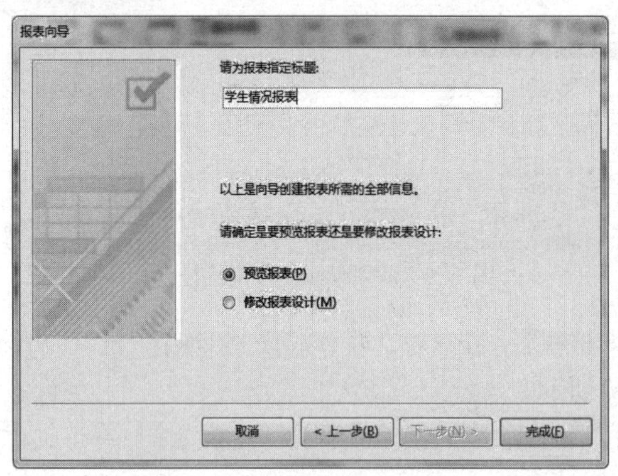

图 7-10-13　为报表指定标题

图 7-10-14　以打印预览方式查看报表效果

第八章

微机的组装与维护

随着信息社会的高速发展，微机在人们的日常生活中扮演着越来越重要的角色。由于微电子技术的进步，微机的价格已经能被寻常百姓所接受，而且性能越来越高。微机逐渐成为人们生活中必不可少的工具，关于微机的组装与维护方面的知识也逐渐得到普及。

第一节 微机的基本配置

一、微机系统的组成结构

1. 硬件配置

计算机的硬件系统是指构成计算机的所有实体部件的集合，通常这些部件由电子元件、机械构件等物理部件组成。

目前的各种微型计算机系统，无论是简单的单片机、单板机系统，还是较复杂的个人计算机(PC)系统，从硬件体系结构来看采用的基本还是计算机的经典结构——冯·诺依曼结构。微型计算机的硬件仍由运算器、控制器、存储器、输入设备和输出设备 5 大部件组成。

一般来说，一台基本配置的微型计算机从物理结构上被分为主机、显示器、键盘和鼠标。有些用户对计算机的使用要求比较高，配备了扩展外部设备，如打印机、扫描仪、摄像头等数字设备和高性能的加速部件。

2. 软件配置

计算机系统的功能和性能很大程度上与软件密切相关，丰富的软件配置是计算机系统实现其功能和提高性能的重要保证。微机配置的基本软件有操作系统、办公软件、网络浏览器、杀毒软件、多媒体播放器等。

二、CPU

CPU(Central Processing Unit)称为中央处理器或中央处理单元，它是计算机的“大脑”，是一块进行算术运算和逻辑运算、对指令进行分析并产生各种操作和控制信号的芯片。

1. CPU 的性能指标

1) 字长

字长是指在算术逻辑单元中进行运算的基本位数，即 CPU 能一次处理的二进制位数。对于不同的CPU，其字长也不一样，通常将能处理字长为32位数据的CPU称为32位CPU。同理，一次能处理64位数据的CPU就称为64位CPU。

目前使用的CPU以Intel公司的系列产品为主，将Intel生产的CPU统称为IA(Intel Architecture，Intel体系)CPU。其他公司，如AMD等公司生产的CPU基本上能在软、硬件方面与Intel公司的CPU兼容，通常也将其列入IA系列。如酷睿i系列CPU，被称为IA-64，是字长为64位的处理器。

2) 核心数量

核心又称为内核，是CPU最重要的组成部分。CPU中心那块隆起的芯片就是核心，是由单晶硅以一定的生产工艺制造出来的。CPU所有的计算、接收/存储命令、处理数据都由核心执行。一块CPU上所包含的核心个数即为核心数量，核心数量越多，CPU的并行处理能力越强，性能越高。随着微机技术的发展，目前核心数量已从单核发展到了八核。Intel CPU酷睿i3系列均为双核，酷睿i5、i7系列CPU以四核为主，部分高配的酷睿i7和AMD的CPU则有6个核或8个核，在服务器级别的CPU中甚至出现了12个核。

3) 主频

CPU主频又称为CPU工作频率，即CPU内核运行时的时钟频率。CPU主频的高低直接影响CPU的运行速度，CPU主频=外频×倍频系数。外频是指主机板为CPU提供的基准时钟频率，也称为前端总线频率和系统总线频率，是CPU与主板芯片组、内存交换数据的频率。CPU内部的时钟信号是由外部输入的，在CPU内部采用了时钟倍频技术，按一定比例提高输入时钟信号的频率，这个提高时钟频率的比例就称为倍频系数。由于受集成度和功耗的限制，目前CPU的主频一般都还在3GHz左右。CPU的发展趋势以增加核心数量为主，而不是提高主频。

4) 睿频加速技术

睿频加速技术是Intel酷睿i7、i5处理器的独有特性，这项技术可以理解为自动超频。当开启睿频加速之后，CPU会根据当前的任务量自动调整CPU主频，使得CPU在执行重任务时发挥最大的性能，在执行轻任务时发挥最大的节能优势。一般CPU的最大睿频值为CPU主频增加10%左右。例如，Intel酷睿i5 4670K，其主频为3.4GHz，最大睿频为3.8GHz。

5) 核心类型

各种CPU核心都具有固定的逻辑结构，一级缓存、二级缓存、执行单元、指令级单元和总线接口等逻辑单元都会有科学的布局。为了便于CPU设计、生产、销售的管理，CPU制造商会对各种CPU核心给出相应的代号，这也就是所谓的CPU核心类型。

不同的CPU(不同系列或同一系列)都会有不同的核心类型，如Pentium 4的Northwood、Willamette等。每一种核心类型都有其相应的制造工艺(如45nm、32nm、22nm等)、核心面积、核心电压、电流大小、晶体管数量、各级缓存的大小、主频范围、流水线架构和支持的指令集、功耗和发热量的大小、封装方式(如PGA、FC-PGA、FC-PGA2)、接口类型、前端总线频率(FSB)等。因此，核心类型在某种程度上决定了CPU的工作性能。

例如，三代的酷睿i系列CPU(如Intel 酷睿i3 3220)的核心代号为Ivy Bridge，插槽类型为LGA 1155。四代酷睿i系列(如Intel酷睿i5 4670K)其核心代号为Haswell，插槽类型为LGA 1150。

6) 快速缓存

CPU快速缓存的容量和速度对提高整个系统的速度起着关键作用。CPU中的快速缓存包括L1 Cache、L2 Cache、L3 Cache，共三级缓存。L1 Cache是CPU芯片内置的高速缓存，其容量大小一般都在 512KB 以内。L2 Cache 的设置是从 486 时代开始的，它弥补了 L1 Cache 容量的不足，以最大限度减小主存对 CPU 运行造成的延缓。对没有 L3 Cache 的 CPU 来说，当前的 L2 Cache 一般都在 4MB 左右。L3 Cache 出现于酷睿 i 系列的 CPU 中，L3 Cache 一般都在 6MB 以上。

7) 支持的扩展指令集

为了提高 CPU 处理多媒体数据的能力，当前 CPU 都增加了 X86 扩展指令的功能。X86 扩展指令主要包括 Intel 公司开发的 MMX、SSE、SSE2、SSE3 和 SSE4 等，AMD 开发的 3D NOW 及增强版 3D NOW。目前，所有 X86 系列的 CPU 都支持 MMX。但 Intel 只支持 SSE，而 AMD 仅支持 3D NOW。

8) 生产工艺技术

CPU 的生产工艺过去主要采用铝工艺技术，采用这种技术生产 CPU 是用金属铝沉淀在硅材料上，然后用“光刀”刻成导线连接各元器件(即光刻)。后来铝工艺技术逐渐被铜工艺技术取代。光刻的精度越高表示生产工艺越先进。因为精度越高则可以在同样体积的硅片上生产出更多的元件，集成度更高，耗电更少，这样生产的 CPU 主频可以有很大提高。台积电的 CPU 制造工艺，2018 年实现了规模生产 7 nm 芯片，2023 年实现了规模生产 3nm 芯片。英特尔计划 2029 年达到 1.4 nm 芯片水平。我国的 CPU 制造工艺水平近年来提升也很快。

2. CPU 的封装方式

CPU 按其安装插座规范可分为 Socket 和 Slot 两大架构。其中，Slot 架构主要应用于 PII、PIII 及部分赛扬系列，现在已较少使用。Socket 架构的 CPU 又分为 Socket 1155、Socket 1156、Socket 1150、Socket AM2 、Socket AM3、Socket FM2 等。目前的主流 CPU，四代的酷睿 i5 和酷睿 i7 的架构以 Socket 1150 为主。以酷睿 i5 4670K 为例，如图 8-1-1 所示，其引脚个数达到 1150 个。

3. 主流 CPU 介绍

目前，市面上的 CPU 以 Intel 和 AMD 为主。

(1) 英特尔酷睿 i 系列处理器，种类有很多，中低端的以 i3、i5 为主，高端的以 i7 为主。每个种类又有很多不同的型号，性能也有区别。以酷睿 i5 4670K 为例，其主要性能指标如表 8-1-1 所示。

表 8-1-1 酷睿 i5 4670K 的主要性能指标

核心数量	主频(GHz)	最大睿频	CPU 接口	L3 缓存	制造工艺	核心类型	显示核心
4	3.4	3800MHz	LGA1150	6MB	22 纳米	Haswell	有

(2) AMD 双核处理器，型号包括速龙、羿龙、FX、A6、A8、A10 系列等多种，并且还分为双核、三核、四核、六核、八核等类型。

以当前流行的 AMD A10-6800K 为例，其主要性能指标如表 8-1-2 所示。

表 8-1-2 AMD A10-6800K 的主要性能指标

核心数量	主频(GHz)	最大睿频	CPU 接口	L2 缓存	制造工艺	核心类型	显示核心
4	4.1	4.4GHz	FM2	4M	32 纳米	Piledriver	有

三、主板

长期以来，人们认为CPU是PC的大脑，不少用户认为只要CPU档次上去了，计算机的性能档次也随之大幅度提升，但事实上这种认识并不全面。如果说CPU是大脑，那么主板可以说是PC的心脏。

无论“大脑”怎么聪明，如果“心脏”不符合规格，使“大脑”处于“缺血”状态，那么“大脑”将无法达到最佳工作状态。主板示意图如图8-1-2所示。

图8-1-1　酷睿i5 4670K CPU

图8-1-2　主板示意图

1. 主板的分类

1) 整合主板和非整合主板

这两类主板的区别主要看是否在主板上集成了显示接口卡(显卡)。对于一般工薪族及在校学生来说，能用最少的钱买下功能最多的主板，则是首选。那些集成了显卡、声卡和网卡的整合主板，便是最省钱的选择。

随着整合技术的进一步提高，也将带动PC配件整体价格的下降，整合型主板将拥有越来越广泛的市场。当然整合主板集成的显卡性能较低，运行大型3D游戏的能力较弱，但能满足一般办公、上网、编程等需要。

2) 标准ATX主板和MICRO-ATX主板

这两类主板的区别主要是主板的大小。MICRO-ATX主板为了缩减主板的尺寸，一般减少了PCI插槽，由标准ATX主板的6根PCI插槽减少为3根，大部分MICRO-ATX主板都是整合主板。

2. 主板的部件

下面以华硕P8B85的主板为例对主板的部件进行简单介绍。

1) CPU插座

CPU插座，即引脚接口。一般采用针脚式插座接口。CPU引脚接口有数百个针脚一一对应插在主板CPU插座的针孔上，与其对应的插座称为Socket。因此，CPU引脚接口也称为Socket封装。CPU的接口和主板插座必须完全吻合，否则CPU无法正常工作。

2) 内存插槽

内存作为计算机的主要部件之一，一直是人们关注的焦点。但是在486、586，甚至是奔腾

2/赛扬时代，人们对内存的关注似乎仅仅局限于其容量的大小。

在486、586时代，流行的内存是EDO72线内存，单条容量的局限和技术的落后已经使它早早地退出了历史舞台，取而代之的是先进的SDRAM(同步内存)。SDRAM经历了PC66、PC100甚至是PC133的时代。

到如今的PC时代，内存已经不再是SDRAM的天下了，DDR的出现已经将内存推向了超高速时代。

3) 主板芯片组

主板芯片组是构成主板电路的核心。从一定意义上讲，它决定了主板的级别和档次。因为主板控制着硬盘、内存和处理器之间的数据传输、外设和系统的联系，而芯片组限制了处理器的类型、主板速度及内存类型。

华硕P8B85采用Intel B85芯片组，支持第四代智能英特尔酷睿、奔腾处理器(接口为LGA 1150的处理器)。芯片组中的HDMI可通过一条线缆传送高清视频和无损多通道音频，支持包括720p、1080i和1080p在内的所有HD格式，支持Windows 7多显示器技术。

华硕P8B85主板并没有集成显示核心，必须同四代酷睿i5、i7搭配才能组建集成显示平台。平台的显示性能完全取决于CPU内部的“核芯显卡”。在第四代酷睿i3/i5/i7的Sandy Bridge微架构中，Intel把CPU与GPU真正融合在一起，并且把GPU称为“核芯显卡”。现在，“核芯显卡”与内存控制、PCI-E控制器等部件一样，已成为CPU的一个处理单元。“核芯显卡”在显示性能上具有四大优势：出色的3D性能、高速视频同步技术、InTru 3D技术、Clear Video HD技术。

4) 硬盘插槽

硬盘连接插座IDE (Integrated Device Electronics)也称为集成设备电子设备接口，是40芯或80芯的扁平电缆连接插座，主要用于硬盘设备连接。随着IDE接口硬盘的淘汰，新的主板中只保留了一个IDE接口，用于连接IDE接口的光驱。

当前的硬盘接口方式已发展到SATA标准，这是一种完全不同于IDE的新型硬盘接口类型，由于采用串行方式传输数据而得名。与IDE接口的硬盘相比，SATA具有数据传输率高、支持热插拔、安装简单等特点。

华硕P8B85支持2个SATAII接口，4个SATAIII接口。

5) PCI插槽

PCI是一个连接外部、内部设备的I/O总线，诞生于20世纪90年代，PCI的工作频率包括33MHz和66MHz，数据宽度有32位和64位，传输频宽是133MB/s和266MB/s。

现在主板的PCI插槽主要用来连接高速外设，如声卡、网卡、内置MODEM等外部设备的接口电路。华硕P8B85主板配有3个PCI插槽。

6) PCI Express插槽

PCI Express(以下简称PCI-E)是目前普遍采用的显卡接口标准。相对于传统PCI总线在单一时间周期内只能实现单向传输，PCI-E的双单工连接能提供更高的传输速率和质量。PCI-E的接口根据带宽的不同，分为PCI-E 1.0、PCI-E 2.0和PCI-E 3.0。华硕P8B85主板配有1个PCI-E 3.0插槽、2个PCI-E X16显卡插槽、2个PCI-E X1插槽。

7) ATX电源插口

因为ATX电源是ATX主板的配套电源，所以对它增加了两种新功能：一是增加了在关机状态下能提供一组微电流(5V/100MA)以供电；二是增加了 3.3V 的低电压输出。

ATX20 是 20 孔的插座，给主板提供电源，它有一个特殊的槽形，以保证插入方向正确。ATX12V 是提供给 CPU 的附加电源，为保证 CPU 能够在稳定的电压下工作，建议务必连接此电源。

8) 基本输入输出系统(BIOS)

为了使微机开机后能够自动正常地运行操作系统，并且更好地管理底层的基本设备，计算机必须将最基本的系统引导程序和基本输入输出控制程序事先存放在内存中，使计算机加电后立即就能执行，并将系统控制权移交给操作系统。在 PC 微机中，习惯上将担当此任务的只读存储器 ROM 或 Flash 也称为 BIOS。

BIOS 的任务主要是实现系统启动、系统的自检诊断、基本外部设备输入输出驱动和系统配置分析等功能。BIOS 显然十分重要，一旦损坏，机器将不能工作。

早期将 BIOS 写在 ROM 或 EPROM 中，20 世纪 90 年代后期的微机大多采用 Flash Memory。有一些病毒(如 CIH 等)专门破坏 BIOS，使计算机无法正常开机工作，以至瘫痪，造成严重后果。

9) 后面板 I/O 接口

- 并行接口(LTP)：这是一个 25 针母头并行接口，也是一个标准的打印接口，可支持增强并行端口(EPP)和扩展功能并行端口(ECP)，用于连接打印机、扫描仪等设备的 8 位并行数据通信接口。
- 串行接口(COM)：这里指的是标准 RS-232 串行接口，一块主板一般带有两个 COM 串行端口。通常用于连接鼠标外置 MODEM 等具有 RS-232 接口的设备。
- PS/2 接口：用于连接带有 PS/2 接口的鼠标和键盘的接口。一般情况下，圆口鼠标就接在 PS/2 接口(绿色)上，键盘是小插头的也接在 PS/2 接口(紫色)上。
- 通用串行接口 USB：USB(Universal Serial Bus)是通用串行总线的简称，它是一种新型号的外设接口标准。USB 由 Intel 公司主导，是由 IBM、DEC、NEC 等著名厂商联合制定的一种新型串行接口。于 1994 年 11 月制定草案，1996 年 2 月公布了 USB 1.0 标准，目前已发展到 4.0 标准。自 Windows 98 开始外挂模块形式支持，Windows 2000 内置了 USB 的支持模块以来，USB 设备开始流行。它采用数据流类型和包交换技术来控制数据通信。

10) 系统控制面板插针(前面板控制和指示接口)

主板提供了两组机箱面板和电源开关、指示灯的连接接口。

其主要插针功能如下：HD-LED-P、HD-LED-N 是 IDE 硬盘工作指示；PWR-SW-P、PWR-SW-N 是电源开关插针；RST-SW-P、RST-SW-N 是复位按钮插针；FPPWR/SLP 是电源指示；SPK+、SPD-是机内扬声器连接插针；PLED、GND 是系统电源。不同主板的插针略有不同，但主要的功能都是相同的。

11) CMOS 芯片、CMOS 芯片电源

计算机电源关闭后，CMOS 采用电池供电。当开机时，由主板电源供电，从而保证了时钟(指示时间)不间断地运作和 CMOS 的配置信息不丢失。CMOS 内容的修改程序即 BIOS 设置程序存放在 BIOS 芯片中。

12) 清除 CMOS 跳线

CMOS 内保存的系统配置信息由一枚外置电池来维持。如果想清除保存在 CMOS RAM 中

的系统配置信息，可使用此跳线清除数据。清除数据的方法为：将系统电源关闭，通过短接 2-3 针脚来清除 CMOS 数据，然后返回到 1-2 针短接的状态。必须避免在系统开机时清除 CMOS，这样可能会损坏主板。若忘记主板管理密码，可用此法清除，也要防止他人恶意清除。

四、内存

由前面的章节可知，微机中使用的内存储器一般采用动态存储器(DRAM)和静态存储器(SRAM)这两种，它们构成最靠近 CPU 的一层存储器层次结构(Cache/主存储器)。

主板上应安装哪种类型的内存，由所采用的芯片组和CPU 类型来决定。主存储器一般采用动态存储器。

近年来，微机中的动态存储器主要采用 SDRAM(Synchronous Dynamic RAM)和双速率 DDR SDRAM(Double Data Rate SDRAM)内存储器。RDRAM(Rambus DRAM)是美国 Rambus 公司研制的另一种性能更高、速度更快的内存，有很广阔的发展前景。现在微机的内存储器都采用内存，可以直接插在主板的内存插槽上，它由中央处理器直接访问，其中存放着正在运行的程序和数据。

1. SDRAM(Synchronous Dynamic RAM)

SDRAM 称为“同步动态内存”，168 线，带宽为 64 位，工作电压为 3.3V。它的工作原理是将 RAM 与 CPU 以相同的时钟频率同步进行控制，使 RAM 和 CPU 的外频同步，彻底取消等待时间，所以它的数据传输速度比早期的 EDO RAM 快了 13%以上。由于采用 64 位的数据宽度，因此只需安装一根内存，机器就可以工作。当计算机进入 Intel Pentium 时代后，SDRAM 已经被大家所熟悉了。随着计算机硬件技术的发展，现在标准配置的计算机已不再使用 SDRAM。

2. DDR SDRAM(Double Data Rate SDRAM)

DDR SDRAM 称为“双倍速率 SDRAM”，184-pin(引脚)，是最新的内存标准之一。在系统时钟触发沿的上、下边沿都能进行数据传输。DDR SDRAM 与普通 SDRAM 的另一个明显的不同点是电压，普通 SDRAM 的额定电压为 3.3V，而 DDR SDRAM 则为 2.5V，更低的电压意味着更低的功耗和更小的发热量，这完全符合新一代绿色计算机的要求。目前常见的 DDR SDRAM 内存主要为 DDR3，内存主频有 1600MHz 和 1333MHz 两种，而单条内存的容量一般以 4GB 为多。

3. Rambus DRAM

Rambus DRAM 也称为 RDRAM，是 Intel 公司早期所推崇的未来内存的发展方向，随 P4 一起推出。它将存储体交叉技术引入存储器芯片内部，采用独立的行列地址总线代替传统的分时传送。虽然其数据通道接口带宽较低，只有 18 位，但具有相对 SDRAM 而言较高的工作频率(300MHz 以上)。有 4~16 个内部 BANK(体)，可有效减小 BANK 冲突，提高存储器访问的并行度，因此，平均带宽相当高。当时钟为 400MHz 时，Rambus 利用时钟的上沿和下沿分别传输数据，因此它的数据传输率能达到 400×16×2/8=1.6GB/s。Rambus 采用 184 脚的 RIMM 插槽，与 DIMM 不兼容。

微机中实际选用的内存容量与使用的软件规模有关，如要安装 Windows 10 操作系统，最好选择 2GB 以上的内存。

五、显卡

在多媒体计算机中，显卡的好坏直接影响整个系统的性能。显卡和CPU一样在硬件系统中占有举足轻重的地位。

图形处理芯片是显卡的“心脏”，可以说，显卡使用的图形处理芯片基本决定了该显卡的性能和档次。有能力生产图形芯片的公司原先主要有Intel、SAMSUNG、Qualcomm、NVIDIA、ATI、3DFX、S3、MATROX、SIS、TRIDENT 等公司。而经过了显卡市场这几年激烈的竞争后，原先的一些老牌公司已倒下，或者逐渐衰落，生产显卡芯片的公司目前排在前面的分别是Intel、SAMSUNG、Qualcomm、NVIDIA、AMD、海力士、德州仪器、美光、联发科技和海思。

在介绍显卡前先了解一下微软公司的DirectX的知识。DirectX是由微软公司开发的一种图形应用程序接口(API)，简单地说，它是一个用于提高系统性能的辅助加速软件。DirectX 的意思不难理解，Direct表示直接，X表示很多东西。DirectX由显示、声音、输入和网络4大部分组成。对于那些电脑游戏玩家而言，一般会更关注DirectX对系统显示部分性能的提升。

DirectX的显示部分可分为Direct Draw (Ddraw)和Direct 3D (D3D)。前者主要负责2D加速，用于很多方面，如VCD/DVD电影、雷电、麻将等2D游戏。由于显卡的2D性能基本已达到极限，很多显卡在这方面也都做得很不错，所以人们一直都把焦点放在后面的 D3D 性能上。D3D主要负责3D影像加速，例如，极品飞车中的车身与烟雾。

DirectX的发展经历了从最初的DirectX 1.0到如今主流的DirectX 11，它们对硬件特别是显卡的要求越来越高。

现在，用户可以在家里通过计算机领略DirectX 11充满诱惑力的“电影级别”的三维即时渲染效果。要看到这种效果，还需要一块面向主流并且能流畅地用于DirectX 11应用的大众级别的显卡。

在挑选显卡时除了要选择显卡的显示芯片外，还要特别注意显卡的显存。显存是显卡上的关键核心部件，它的品质会直接影响显卡的最终性能表现。显存也称为帧缓存，它的作用是存储显卡GPU(图形处理单元)所处理过或者即将提取的渲染数据。

在显卡开始工作(图形渲染建模)前，通常是把所需要的材质和纹理数据送到本地的显存中。开始工作时(进行建模渲染)，这些数据通过AGP总线进行传输。GPU将通过AGP总线提取存储在显存中的数据。

除了建模渲染数据外还有大量的顶点数据和工作指令流需要进行交换，这些数据通过RAMDAC转换为模拟信号，输出到显示端后就是我们所看到的图像。

如果显存的品质不过关，在保存数据时有可能丢失数据，在传输指令流时部分指令也有可能丢失，这种数据指令丢失的直接后果会导致显示时出现马赛克现象，显示不清晰。

决定显存品质的因素主要有以下几点：显存的品牌、种类、封装方式、速度、带宽，这些就是用户在选购显卡时特别要考虑的因素。

1. 显存(VRAM)的种类

显存的种类主要包括SDRAM、GDDR这两种。

SDRAM 型的显存主要应用在早期的低端显卡上，频率一般不超过200MHz，在价格和性能上它与GDDR相比没有什么优势，因此早已被GDDR取代。

GDDR 型的显存是目前显卡的主流，一方面是工艺的成熟，批量的生产导致成本下降，使得它的价格比 SDRAM 还便宜；另一方面是它能提供较高的工作频率，可以具有优异的数据处理性能，GDDR 显存的最高频率已经达到了 4000MHz。

GDDR 显存在短短几年间经历了 GDDR1 到 GDDR5 的快速发展，目前 GDDR5 已成为主流显卡的显存。GDDR5 与 GDDR3 相比，采用了新的频率架构，拥有更佳的容错性能，同时功耗也非常低，性能更高。当前个人计算机的标准配置中，一般独立显卡的显存均达到 1GB 以上。

2. 显存的速度

显存的速度是显存另一个非常重要的性能指标。目前常见的显存速度有 1.5nm、1.2nm、1nm、0.5nm、0.4nm 等，数字越小代表速度越快。

显存速度的倒数就是显存所能够达到的运行频率。例如，1 纳米 GDDR3 显存对应的运行频率就是 2×1000MHz。

3. 显存的品牌

目前，使用较多的显存颗粒品牌有美国的 Micron(美凯龙)，韩国的 SAMSUNG(三星)、HY(现代)，日本的 NEC(日本电气)、Hitachi(日立)、Mitsubishi(三菱)、Toshiba(东芝)、OKI(冲电气)，中国台湾的 EilteMT、ESMT(晶豪)、Etron Tech(钰创)、Winbond(华邦)。其中，韩国三星 SAMSUNG 的显存颗粒使用最多。

六、显示器

显示器是微型机最基本的也是必配的输出设备。现在有 CRT(阴极射线管显示器)、LCD(液晶显示器)和 POP(等离子显示器)3 类显示器，目前最常用的显示器是 LCD。

1. LCD 显示技术

LCD(Liquid Crystal Display)也称为液晶显示器或平板显示器。与 CRT 相比，LCD 具有体积小、重量轻、能耗低、失真小等特点，因而被广泛应用于笔记本电脑。随着人们对显示要求的不断提高以及价格的不断下降，LCD 已全面普及。

2. LCD 的主要技术指标

LCD 的技术指标与 CRT 相比有其自身的特点。

(1) 屏幕尺寸。LCD 与 CRT 相比除显示方式不同以外，最大的区别就是尺寸的标示方法不一样。液晶显示器的尺寸也是指矩形屏幕的对角线长度的英寸数，但若标示为 15.1 英寸显示器，那么可视尺寸就是 15.1 英寸。

(2) 可视角度。可视角度也称为可视范围，是指在屏幕前能看清图像的最大偏移角度。LCD 的水平视角指标为 100°以上，垂直视角为 80°以上。

(3) 分辨率。与 CRT 不同，液晶显示器的实际显示分辨率与其固定数量的像素是严格对应的，只能设置一种最高分辨率，才能显示最佳图像。当设置为较低分辨率时，就会因为需要的像素减少而使图像变小。如果设置低分辨率为满屏幕，则画面质量会大大下降，甚至失真。

(4) 点距。液晶显示器的实际显示分辨率与物理像素是严格对应的，因此对于尺寸和分辨率相同的液晶显示器，其像素间距指标是相同的。例如，15 英寸 1024×768 的液晶显示器，其像素间距都是 0.297 毫米。

(5) 屏幕刷新率。与 CRT 不同，液晶显示器的屏幕刷新率可以很低，因为它的像素的亮度和色度只有在画面内容改变时才需要改变，即使帧频很低，画面也不会闪烁。

(6) 响应时间。在亮暗快速变化的信号驱动下，液晶显示器的像素点由亮变为暗或由暗变为亮的时间称为 LCD 的响应时间，这个指标通常为 50ms 以下。因此，对于快速变化和移动的图像，液晶显示器的反应稍显迟钝，会产生图像消失或拖尾现象。

(7) 亮度和对比度。液晶显示器的亮度也叫明视度，表示光源透射过液晶的强度，单位是每平方米烛光(cd/m^2)，通常为 100cd/m^2 以上。液晶显示器的对比度也是亮暗之比，即图像的反差，通常为 100∶1 以上。

(8) 坏点数。一个液晶显示器屏幕由几百万个液晶单元组成，如果个别薄膜晶体管损坏，该像素将永远是一个颜色，这就是一个坏点。一般来说，整个屏幕的坏点数不应超过 13 个。可以将屏幕亮度和对比度调到最大以检查坏点，再调到最小检查坏点。

七、其他外设的选择

1. 外存储器及驱动器

驱动器包括软盘驱动器、硬盘驱动器和光盘驱动器，它可以将信息保存在软盘、硬盘、光盘上或从中读取信息，是计算机保存信息及与外部世界交换信息的重要设备。驱动器存取的数据均通过其接口电路(适配卡或适配器)与主机进行传输。

1) 硬盘的选择

硬盘(HD)是一种速度快、容量大的外部存储设备。

硬盘的盘片是在一种金属圆盘上涂敷磁性介质制成的，因此称为硬盘。它是计算机中非常重要的部件，用户所安装的操作系统(如 Windows)及应用软件(如 Office、Photoshop)等都存放在硬盘中。决定硬盘性能的最主要的因素有两个：转速和容量。

硬盘的转速是指硬盘盘片每分钟转动的圈数，单位为 RPM(Rotation Per Minute，转/分钟)。硬盘转速的大小决定硬盘性能的高低，转速越高，读写速度越快，等待时间越短，硬盘的整体性能就越好。目前，硬盘的转速主要有 5400 转和 7200 转两种，在一些 SCSI 接口的硬盘中有一些达到了 10000 转。

随着操作系统的不断变大以及多媒体技术的普及，目前对硬盘容量的要求越来越高。硬盘的容量一般以 MB、GB 或 TB 为单位，它们的关系为：1GB=1024MB，1TB=1024GB。

一般的硬盘容量为 500GB 或 1TB，在一些高配置的计算机中，硬盘的容量达到 2TB 或以上。在选择计算机时，应该考虑配置大容量硬盘的计算机。目前惠普、戴尔、联想等计算机公司热销的台式计算机中，以 1TB 或以上容量的硬盘为主。

目前世界上主要的硬盘生产厂家有：IBM、Intel、Seagate(希捷)、Western Digital(西部数据)、三星、东芝等。

2) 光驱的选择

光驱的发展与光盘技术的革新相关。光盘的种类很多，以前计算机中普遍使用的是DVD-ROM(Digital Video Disc-Read Only Memory，数字视盘)，它只能读取数据，不能写入。现在DVD-R/RW(可刻录DVD)、康宝、蓝光等光存储设备已得到了普及。

光驱的性能指标有：数据传输率、平均访问时间、CPU占用时间、数据缓冲区、光盘格式兼容性等。其中，数据传输率最为用户所重视，它是指光驱在1秒内所能读取的最大数据量，以150KB/s为基本单位。例如，某光驱的速度为4X速，则指其数据传输率达到600KB/s，一般的光驱都在40X速以上。选择光驱时不能仅以速度为唯一参考，实际上，光驱的稳定性也很重要。

2. 机箱的选择

1) 机箱的种类

机箱是安装计算机主板、各种适配卡、软盘驱动器和硬盘驱动器、机箱电源等部件的地方。按照外观，机箱可分为卧式机箱和立式机箱两大类。卧式机箱和立式机箱并无本质区别，其安装和使用方法基本相同。

为适应不同结构的主板，机箱分为AT、ATX和AT/ATX合用3种类型。从正面看，AT和ATX机箱并无不同，但机箱的背面却有明显的区别。ATX主板集成了PS/2键盘和PS/2鼠标接口、串行接口、并行接口等，所以无法与AT机箱相配合，只能使用ATX机箱。

2) 机箱电源

电源是指位于机箱内部、向机箱内各部件提供电力的机内电源，因此也称为机箱电源。电源质量的好坏对整机性能的影响也很大。例如，其稳定性差不仅会对其他部件的工作产生影响，也有可能会损坏其他部件。

电源分为AT和ATX两种规格的电源。AT电源用在Pentium级以下的机型中，PII以后一般都使用ATX电源。ATX电源支持先进的电源管理规格，它可以在Windows 95/98 操作系统执行“关机”命令后，立即将电源自动关闭，无须再另行关闭电源开关。

因此，ATX电源没有独立的电源开关。ATX电源除输出12V和5V电压外，还提供3V电压，这些电压分别提供给不同的部件和设备使用。

3) 声卡的选择

声卡用来连接麦克风、激光唱片、声音输入设备、声音输出设备和MIDI设备并对声音信号进行处理，是多媒体计算机不可缺少的设备。

声卡最早采用的是FM音效合成技术，现在通常使用Wavetable音效合成技术，该技术使声卡播放的声音品质更接近于原音。有些声卡还采用了高级信号处理器(DSP)等技术，可以实现语音识别、数据实时压缩还原、3D环绕立体声等。

以声卡中的模/数转换器(A/D)或数/模转换器(D/A)的位数来进行区分，声卡可分为8位、16位、32位和64位等。声卡的位数用来说明声卡产生音响的音质，即声音记录和重放的不失真能力。8位声卡只能处理单声道数据，现在已被淘汰；16位声卡处理的是双声道立体声数据，16位声卡可以达到CD的音质，适合一般用户；64位声卡一般价格较高，为一些音乐编辑人员、制作人员所使用。

第二节 微机硬件的组装

一、准备工作

1. 安装前的准备工作

(1) 选择一个合适的操作台。在狭窄的桌子上组装计算机是不方便的，因此安装平台一定要比较宽敞，要求桌面一定是绝缘体，情况允许的话，最好在桌面上铺一层绝缘橡胶。另外，要求用电方便，能比较容易与220V电源相连。

(2) 准备好各种应用工具。主要有十字改锥、一字改锥、镊子、尖嘴钳等，必要时还要准备烙铁、剥线钳、万用表等。

(3) 厂家的使用手册及驱动程序。包括CPU、各种板卡、各部件的说明手册及驱动程序。

2. 注意事项

(1) 在进行部件的连接时，一定要注意插头、插座的方向，一般它们都有防误插设施，如缺口、全角等。安装时要注意观察，避免出错。

(2) 在拔插器件、板卡时，要注意用力均匀，不要“粗暴”操作。插接的插头、插座一定要到位，以保证接触可靠。不要抓住线缆拔插头，以免损伤线缆。

(3) 防止静电的危害。由于计算机中的器件大都是比较精密的电子集成电路，静电往往会对其造成损害。

在安装前应先消除身体上的静电，比如用手摸一下水管、暖气管等接地良好的物体。如果条件允许，最好佩戴防静电环。

(4) 在安装或拆卸任何部件前，务必要关掉电源，若是ATX电源，则最好先拔出电源插头。

(5) 在拆卸过程中要认真做好记录，在关键接插点要做好标记以便装回时使用。

3. 阅读主板说明书

在前一节中已讲解了各种主板的共性，但不同的主板有其各自的特性。因此，动手拆装计算机前还需要认真阅读主板说明书。

(1) 注意主板上的CPU插座位置、电源插座位置、IDE接口的位置及方向、各项跳线的位置、机箱面板上的按钮和指示灯在主板上的插接位置等。

(2) 进行必要的跳线设置。有时需要对主板上的跳线进行设置，如CPU电压、CPU工作频率等。这些跳线的位置及参数因不同主板而不同，用户要严格按照说明书的要求进行设置。不过现在的主板大多是免跳线设置，这样就大大方便了用户的安装。

二、主机的安装

1. 安装CPU

由于CPU的构架不同，其安装方法也有所不同，本书以Socket构架的CPU安装为例。

1) 判断CPU的特征角和CPU插座的特征角

一般来说，CPU的特征角是有其标记的，如图8-2-1所示。大部分CPU的特征角都是以色点进行标记的，也就是在特征角上有一个小的标志，有的是圆点，有的是三角形。另外，大部分的 CPU 的特征角不像其他三个角那样是直角，而是一个缺角。

CPU 插座上的特征角主要以缺孔为标记，若有两个角都有缺孔，则以靠近拉柄后端的角为特征角。

2) 正确安放 CPU

拉起 CPU 插座的拉柄，使之与主板成垂直方向，CPU 的特征角与插座的特征角对齐，将 CPU 放在插座上，CPU 会自行落入插座中，如图 8-2-2 所示。如果 CPU 没有自行落入，可以用手轻轻向下压，但不要太用力。如果这样还不能插入，则说明方向不对，或者是 CPU 的管脚或插座上的插孔有问题。确认 CPU 已完全插入插座后，将插座的拉柄压回去并卡紧。

图 8-2-1 CPU 及 CPU 插座的特征角

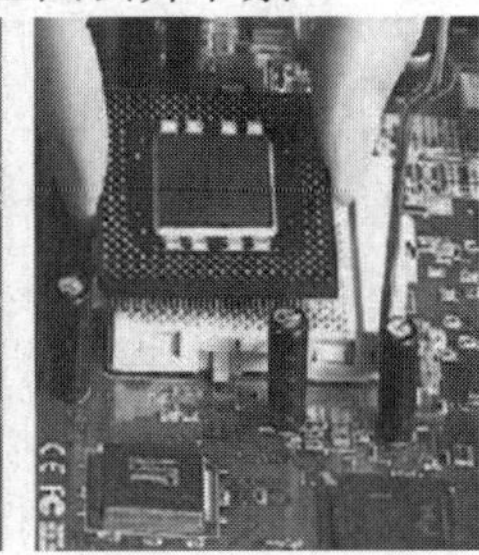

图 8-2-2 CPU 的安装

3) 安装散热风扇

先在 CPU 芯片的中间均匀地、薄薄地涂一层导热硅胶，然后将带有散热片的 CPU 风扇放置在 CPU 芯片上，用风扇上的弹性卡将风扇固定住，如图 8-2-3 所示。

最后，将风扇电源接头插入主板的 CPU 风扇插座(FAN1 或 CPUFAN)上，老式的主板则直接接到电源盒的电源线上。至此，就完成了 CPU 的全部安装。

2. 安装内存

下面以 DDR3 内存的拆卸与安装为例来介绍内存的安装。

(1) 拆卸内存时，只要将内存插槽两侧的定位卡向两边扳开，再同时下压，内存就会自动弹出，如图 8-2-4 所示。

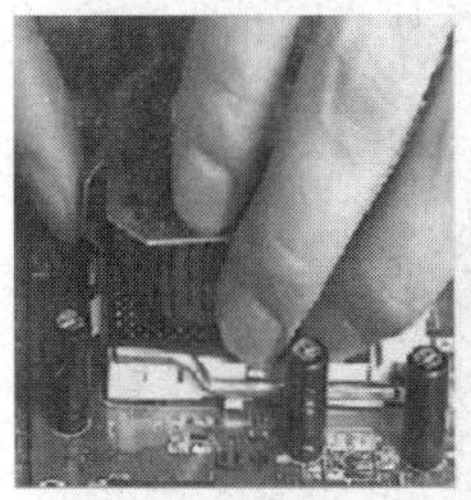

图 8-2-3 风扇的安装

图 8-2-4 拆卸内存

(2) 将内存底部引脚上的一个凹部与主板上的内存插槽的凸部对准。将内存垂直向下压入插槽中，如图 8-2-5 所示。

(3) 内存插槽两侧的定位卡向上直立并卡住内存两侧的缺口，内存即安装到位，如图 8-2-6 所示。

图 8-2-5 内存安装

DDR 内存安装示意图如图 8-2-7 所示。

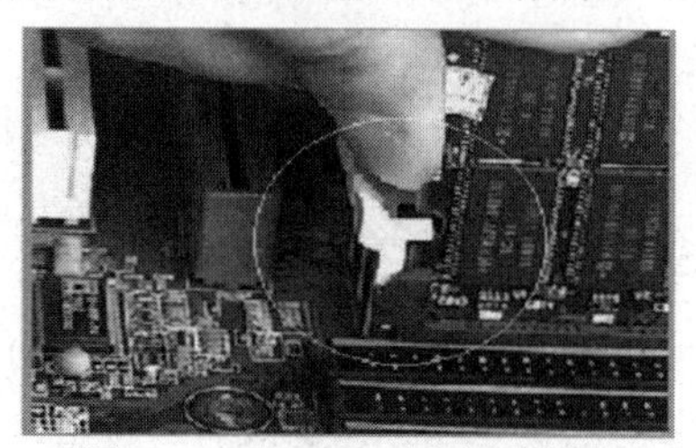

图 8-2-6　SDRAM 固定示意图

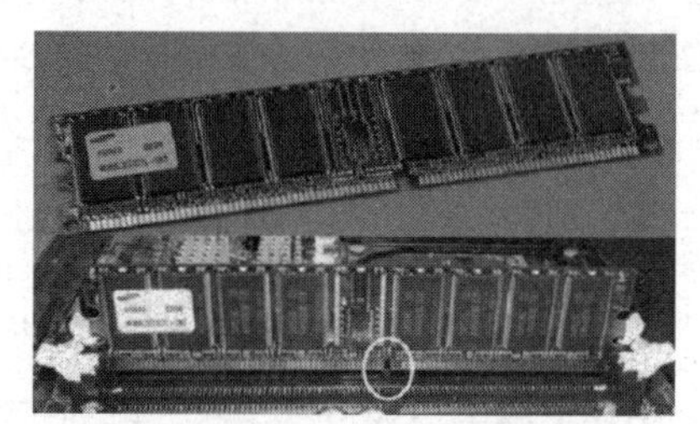

图 8-2-7　DDR 内存安装示意图

3. 主板的安装与固定

不同的机箱固定方法不一样。现在的机箱一般全部采用螺钉固定，稳固程度很高，但要求各个螺钉的位置必须精确。主板上一般有 5～7 个固定孔，它们的位置都符合标准。

在底板上有多个螺钉孔，用户要选择合适的孔与主板匹配，选好以后，把固定螺钉旋紧在底板上(现在的大多数机箱已经安装了固定柱，而且位置都是正确的，不用再单独安装了)。

然后把主板小心地放在上面，注意将主板上的键盘口、鼠标口、串并口等和机箱背面挡片的孔对齐，使所有螺钉对准主板的固定孔，依次把每个螺丝安装好。总之，要求主板与底板平行，绝对不能搭在一起，否则容易造成短路。

4. 安装显卡、声卡等扩展卡

无论是显卡、声卡，还是 Modem 卡、网卡等其他接口电路适配卡，其安装方法都是相同的，其安装步骤如下。

(1) 根据所要安装的适配卡，在主板上选择合适的扩展插槽。例如，ISA 总线适配卡应选择 ISA 插槽，PCI 总线适配卡应选择 PCI 插槽，PCI-E 接口显卡应选择 PCI-E 插槽。对同一总线的各扩展插槽，可以任意选择，但最好综合考虑适配卡的位置，使其尽量均匀分布，有利于通风散热。

(2) 拆下机箱后面与所选定扩展插槽相对应的挡板。

(3) 将适配卡插入扩展槽。

(4) 将卡和卡上挡板的位置调整好，两手均匀用力将卡的插脚完全压入插槽，如图 8-2-8 所示。

(5) 用螺丝将适配卡固定在机箱上，如图 8-2-9 所示。

图 8-2-8　安装显卡

图 8-2-9　固定适配卡

5. 安装硬盘

SATA 接口的硬盘安装非常简单，首先安装硬盘数据线，硬盘数据线如图 8-2-10 所示。

SATA 硬盘与传统硬盘在接口上有很大的差异，SATA 硬盘采用 7 针细线缆而不是大家常见的 40/80 针扁平硬盘线作为传输数据的通道，SATA 接口的硬盘如图 8-2-11 所示。

图 8-2-10 硬盘数据线

图 8-2-11 SATA 接口的硬盘

细线缆的优点在于它很细，因此弯曲起来非常容易。用细线缆将 SATA 硬盘连接到接口卡或主板上的 SATA 接口上。由于连接线的接头采用了马蹄形防插错措施，因此不用担心接反了。SATA 采用了点对点的连接方式，每个 SATA 接口只能连接一块硬盘，因此不必像并行硬盘那样设置跳线，系统自动会将 SATA 硬盘设定为主盘。

接下来为硬盘连接上电源线。与数据线一样，SATA 硬盘也没有使用传统的 4 针的“D 型”电源接口，而采用了更易于插拔的 15 针扁平接口，使用的电压为+12V、+5V 和+3.3V。如果电源没有提供这种接口，则需要购买专门的支持 SATA 硬盘的电源或者转换器接头。

硬盘电源线如图 8-2-12 所示。有些 SATA 硬盘提供了 4 针的“D 型”和 15 针扁平这两种接口，这样就可以直接使用原有的电源了。

6. 安装光驱

1) 光驱的接口

光驱的接口与硬盘的接口很相似，如图 8-2-13 所示。

图 8-2-12 硬盘电源线

图 8-2-13 光驱接口

2) 光驱的安装

光驱的安装方法和硬盘的安装方法一样，在此不再赘述。

7. 电源及前面板连接

1) 电源连接

AT 电源连接时，须把两个电源插头的黑线边紧靠在一起，斜插入主板的电源插座上，如图 8-2-14 所示。

ATX 电源的插头只有一个，它是 20 线的。电源插头和接口均有方向，所以连接非常方便，只要将插头对准方位插入即可。

要将电源插头从接口上拆下，应按住插头上的卡榫，解除卡住的状态，左右轻轻摇晃向上拉起即可，如图 8-2-15 所示。

图 8-2-14　AT 电源的安装

图 8-2-15　ATX 电源的安装

2) 前面板连接

机箱面板上的一些线要与主板相连接，这些设置起到控制电源及指示工作状态等作用。面板接线的接头上都有相关的说明，在主板上也会看到相应的说明，如图 8-2-16 所示。按照对应关系及主板说明手册一一进行连接即可。

图 8-2-16　前面板接线

- ATX SW：ATX 结构的机箱上有一个总电源的开关接线，是个两芯的插头。它和 Reset 的接头一样，按下时短路，松开时开路。按一下，计算机的总电源就接通了，再按一下就关闭了。用户还可以在 BIOS 里设置为开机时必须按电源开关 4 秒钟以上才会关机，或者根本就不能按开关来关机而只能靠软件关机。
- HDD LED：硬盘指示灯，两芯接头，1 线为红色。在主板上，这样的插针通常标有 IDE LED 或 HD LED 的字样，连接时要红线对 1。
- RESET SW：复位按钮，由蓝、红两条线组成。
- SPEAKER：PC 喇叭，四芯插头，实际上只有 1、4 两根线，1 线通常为红色，它要接在主板的 Speaker 插针上。这在主板上有标记，通常为 Speaker。在连接时，要注意红线对应 1 的位置。
- POWER LED：电源指示灯的接线，是三芯插头，使用 1、3 位，1 线通常为绿色。在主板上，插针通常标记为 Power，连接时注意绿色线对应于第一针(+)。当它连接好后，一打开计算机，电源灯就一直亮着，指示电源已经打开了。

以上说明中标示的颜色仅供参考，不同的机箱插头连线的颜色也不尽相同。

至此，所有的硬件连接完毕，仔细检查一下各部分的连接情况，确保无误后，把机箱盖盖好，安装好螺丝。这样，主机的安装过程就基本完成了。

三、主机与外部设备的连接

1. 鼠标、键盘的连接

安装鼠标、键盘前，先要确定接口的类型，常见的接口有 COM 接口、PS/2 接口和 USB 接口。COM 接口(串行接口)鼠标、键盘只存在于最老的机型中，目前基本上不再使用。为了兼容旧设备，现在的台式机中依然保留 PS/2 接口，主要用于连接键盘。

USB 接口的鼠标和键盘已越来越普及，与主机的连接非常方便，把鼠标或键盘的 USB 插头直接插入主机的 USB 插口即可使用。

2. 显示器

1) 连接显示器信号电缆

显示器信号电缆的插头连接到显卡的显示接口。插头和接口均为 D 形，在连接时应仔细查看插头的方向是否正确，插头的插针有无变形。

不要用蛮力，防止弄断插针，如图 8-2-17 所示。

图 8-2-17　显示器接头

2) 连接显示器电源

将显示器的电源插头插到机箱后面的电源输出插座上，某些显示器自带的电源线无法与机箱电源连接，只能直接连接到外部电源上。

3. 声卡与音箱

一般情况下，声卡所提供的接口主要有 3 个，依次为输出口、输入口和麦克风接口。由于音箱属于发音设备，因此应该将它与声卡的输出口相连。计算机上采用的音箱多为有源音箱，需要独立的电源支持，用户在主音箱的背面可以看到一根电源线，将该线与电源插座连接即可。

4. 主机电源的连接

将电源线的一头插到主机电源的插座上，另一头插在连接市电的多用插座上。

四、通电初检

进一步检查连线无误后，可以通电测试基本系统。连接主机电源，若一切正常，系统将进行自检并报告显卡型号、CPU 型号、内存数量和系统初始情况等。

如果开机之后不能显示、死机，说明系统不能正常工作，应根据故障现象查找故障原因。

例如，电源风扇不转，电源指示灯不亮，可能是电源开关未打开或电源线未接通；电源指示灯亮、喇叭鸣声，可能出现的故障有键盘错误、显卡错误、内存错误、主板错误等，若有显示可根据提示进行处理，若无显示则主要检查内存和显卡。

检查的方法一般可采用“拔插法”。首先保留基本系统即主板、CPU、内存和显卡，再次上电检查。如果基本系统没有问题，可以再逐步安装其他部件，安装一个，上电检查一次，这样就可以把故障部分找出来。

但是必须强调：绝对不能带电拔插任何部件，否则有可能烧毁部件。如果上电后发现有异常现象，如器件冒烟、不正常的怪声等，应该立即关闭电源，然后请有经验的人员进行检查。

当上电检查正常，CMOS 参数设置完毕后，整个硬件系统的安装工作就全部完成了。

五、拷机

拷机是让机器连续地运行一段较长的时间，这样可以对整机的稳定性以及各个配件之间的兼容性进行检查。

对于品牌机来说，拷机则是一个必不可少的过程，在近乎残酷的环境下对机器进行高温老化测试，可以将各种质量问题消灭在出厂之前。

对于每一个喜欢自己攒机的人来说，也十分有必要认真做好这一步工作。对于组装的计算机，刚装好后可以长时间(连续十几小时)放一下视频文件，或跑几个3D游戏。如果几星期内未出现任何问题，则表明已成功地组装好了一台计算机。

第三节 主机配置和运行环境的设置(BIOS)

一、主机启动

1. 了解微机的BIOS和CMOS

计算机用户在使用计算机的过程中，都会接触到 BIOS，它在计算机系统中起着非常重要的作用。BIOS，完整地说应该是ROM-BIOS，是只读存储器基本输入输出系统英文的简写。它实际上是被固化到计算机中的一组程序，为计算机提供最低级的、最直接的硬件控制。准确地说，BIOS 是硬件与软件程序之间的一个“转换器”，或者说是接口(虽然它本身也只是一个程序)，负责解决硬件的即时需求，并按软件对硬件的操作要求具体执行。

CMOS是互补金属氧化物半导体英文的缩写，其本意是指制造大规模集成电路芯片用的一种技术或用这种技术制造出来的芯片。在这里通常是指微机主板上的一块可读写的RAM芯片。它存储了微机系统的实时时钟信息和硬件配置信息等，共计128字节。

系统在加电引导机器时，要读取CMOS信息，用来初始化机器各个部件的状态。它靠系统电源和后备电池来供电，系统掉电后其信息不会丢失。

由于CMOS和BIOS都与微机的系统设置密切相关，因此才有CMOS设置和BIOS设置的说法。CMOS RAM是系统参数存放的地方，而BIOS中系统设置程序是完成参数设置的手段。因此，准确的说法应是通过BIOS设置程序对CMOS参数进行设置。而平常所说的CMOS设置和BIOS设置是其简化说法，这也就在一定程度上造成了两个概念的混淆。

2. BIOS的功能

从功能上看，BIOS分为以下3个部分。

1) 自检及初始化

这部分负责启动计算机，具体包含 3 个部分：第一部分是计算机刚接通电源时对硬件部分的检测，也称为加电自检(POST)，功能是检查计算机是否运行良好。例如，内存有无故障等。第二部分是初始化，包括创建中断向量、设置寄存器、对一些外部设备进行初始化和检测等。其中很重要的一部分是 BIOS 设置，主要是对硬件设置一些参数，当计算机启动时会读取这些参数，并和实际硬件设置进行比较，如果不符合，会影响系统的启动。第三部分是引导程序，功能是引导 DOS 或其他操作系统。BIOS 先从软盘或硬盘的开始扇区读取引导记录，如果没有找到，则会在显示器上显示没有引导设备；如果找到，引导记录会把计算机的控制权转给引导记录，由引导记录把操作系统装入计算机，在计算机启动成功后，BIOS 的这部分任务就完成了。

2) 程序服务处理和硬件中断处理

这两部分的内容相互独立，但在使用上却密切相关。

程序服务处理主要是为应用程序和操作系统服务，这些服务主要与输入输出设备有关，如读磁盘、将文件输出到打印机等。

为了完成这些操作，BIOS 必须直接与计算机的 I/O 设备打交道，它通过端口发出命令，向各种外部设备传送数据以及从它们那儿接收数据，使程序能够脱离具体的硬件操作。而硬件中断处理则分别处理 PC 机硬件的需求，因此这两部分分别为软件和硬件服务，两者组合到一起，才能使计算机系统正常运行。

BIOS 的服务功能是通过调用中断服务程序来实现的，这些服务分为很多组，每组有一个专门的中断。例如，视频服务，中断号为 10H；屏幕打印，中断号为 05H；磁盘及串行口服务，中断号为 14H 等。每一组又根据具体功能细分为不同的服务号。应用程序需要使用哪些外设、进行什么操作，只需要在程序中用相应的指令说明即可，无须直接控制。

3) 计算机启动引导

计算机加电启动或复位引导时，首先会执行 BIOS 中的初始化程序和自检程序，如果没有错误，则进行全面的初始化参数设置。完成整个初始化设置后，BIOS 启动硬盘读写程序，并从硬盘读入操作系统的引导模块(程序)，将其放入指定的内存区域，随后 BIOS 程序用一条跳转指令，转往该内存区执行操作系统的引导程序，并将控制权交给操作系统。至此，完成整个启动过程。

二、主板的 BIOS 设置

微机上常见的 BIOS 主要包括 Award BIOS、AMI BIOS、Phoenix 和 MR BIOS 这 4 种。

Award BIOS 和 AMI BIOS 这两种较为常见。在 586 以上档次的微机中，Award Software 公司开发的 BIOS 产品占有较大的比例，是目前的主流 BIOS 程序。

1. 进入 BIOS 设置程序

计算机加电后，系统将会开始 POST(加电自检)过程，当屏幕上出现系统自检信息时，按 Delete 键，可进入 SETUP。如果屏幕信息在用户做出反应前就消失了，而用户仍需要进入 SETUP，请关机后再开机或按机箱上的 Reset 键，重启系统；也可以按 Ctrl + Alt + Delete 组合键重启系统，然后再按 Delete 键，进入 SETUP。

进入 SETUP 程序之后，第一个屏幕就是主菜单屏幕，如图 8-3-1 所示。主菜单共提供了 12 种设定功能和两种退出选择。用户可通过方向键来选择功能项，之后按 Enter 键即可进入相应的子菜单。

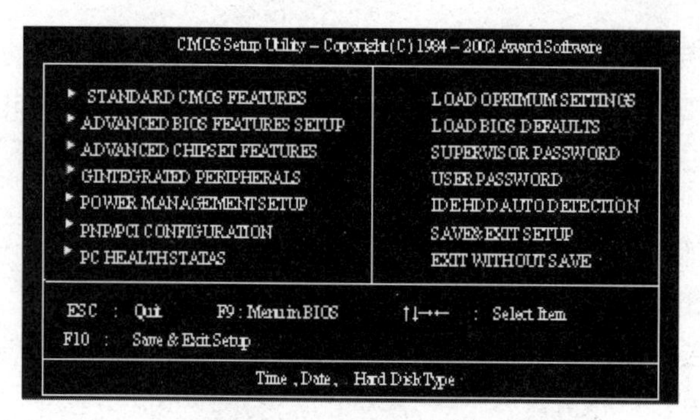

图 8-3-1　SETUP 主菜单

2. 标准 CMOS 特性

标准 CMOS 特性的菜单项共分为 11 个类。每类包含一个或一个以上的可修改项，包括 Date(日期)、Time(时间)、IDE 设备参数设置(老式主板中存在)、Drive A/B(驱动器 A/B)、Video(视频)、Halt On(停止引导)等。可使用方向键选定要修改的项，然后使用 PgUp 键或 PgDn 键选择所需要的设定值。

3. 高级 BIOS 特性设置

高级 BIOS 特性设置的选项有很多，但使用中最常设置的是以下几项。

(1) VirusWarning(病毒报警)。可以选择 VirusWarning 功能，对 IDE 硬盘引导扇区进行保护。启动此功能后，如果有程序企图在此区中写入信息，BIOS 会在屏幕上显示警告信息，并发出蜂鸣报警声。设定值包括 Enabled 和 Disabled。

(2) CPU L1 & L2 Cache(CPU 一级和二级缓存)。此项允许打开或关闭 CPU 内部缓存(L1)和外部缓存(L2)。设定值包括 Enabled 和 Disabled。

(3) Fast Boot(快速引导)。将此项设置为 Enabled，将使系统在启动时跳过一些检测过程，这样系统会在 5 秒内启动。设定值包括 Enabled 和 Disabled。

(4) 1st/2nd/3rd Boot Device(第一/第二/第三启动设备)。此项允许用户设定 AMI BIOS 载入操作系统的引导设备启动顺序，用户可以通过设置来选择从某一设备启动操作系统。例如，安装操作系统前，设置第一启动设备为光驱；安装完毕后，设置硬盘为第一启动设备。

(5) BootUp NumLock Status(启动时 NumberLock 状态)。此项用来设定系统启动后 NumLock 的状态。当设定为 On 时，系统启动后将打开 NumLock，小键盘数字键有效。当设定为 Off 时，系统启动后关闭 NumLock，小键盘方向键有效。设定值为 On 或 Off。

(6) Security Option(安全选项)。此项指定了使用的 BIOS 密码的类型保护。当设定为 Setup 时，用户尝试运行设置后，出现密码提示。当设定为 System 时，每次机器开机或用户运行设置后，出现密码提示。设定值为 Setup 或 System。

4. 高级芯片组特性

本特性中的选项有助于系统效率的提升，建议使用默认值。

若将某些 Chipset、DRAM/SDRAM 或 SRAM 部分的 Timing 值设得过快，可能会导致系统“死机”或运行不稳定，这时可试着将某些选项的速度值设置得慢一点。

5. 电源管理设置

通常，电源管理的设置主要有以下几项。

(1) Power Management /APM(电源管理/APM)。此项用来选择节电的类型(或程度)和与此相关的模式，参数包括 Suspend Mode 和 HDD PowerDown。以下是电源管理的选项。

- UserDefine：允许终端用户为每个模式分别配置模式。
- MinSaving：最小省电管理，SuspendTimeOut=1Hour，HDDPowerDown=15Min。
- MaxSaving：最大省电管理，SuspendTimeOut=1Min，HDDPowerDown=1Min。

(2) Suspend Type(挂起类型)。此项允许用户选择挂起的类型。设置值有：Stop Grant(保存整个系统的状态，然后关掉电源)和 Pwr On Suspend(CPU 和核心系统处于低量电源模式，保持电源供给)。

(3) Power Button Function(开机按钮功能)。此项设置了开机按钮的功能。设置值如下。

- Power Off：正常的开机关机按钮。
- Suspend：当按下开机按钮时，系统进入挂起或睡眠状态；当按下 4 秒或更多时间后，系统关机。

(4) WakeUp On PME，USB Wakeup From S3(PME 唤醒，USB 从 S3 唤醒)。此项设置了当系统检测到指定外设或组件被激活或有信号输入时，机器将从节电模式被唤醒。设置值包括 Enabled 和 Disabled。

(5) CPU THRM-Throttling(CPU 温控)。此项允许设置 CPU 温控比率。当 CPU 温度达到了预设的高温时，可以通过此项减慢 CPU 的速度。设定范围从 12.5%~87.5%，以 12.5%的间隔递增。

(6) POWER ON Function(开机功能)。此项控制 PS/2 鼠标或键盘的哪一部分可以开机。设置值为 Password、HotKEY、MouseLeft、MouseRight、AnyKey、BUTTON ONLY 和 Keyboard 98。

(7) KBPower ON Password(键盘开机密码)。如果 POWER ON Function 设定为 Password，可以在此项为 PS/2 键盘设定开机的密码。

(8) HotKey Power ON(热键开机)。如果 POWER ON Function 设定为 HotKEY，可以在此项为 PS/2 键盘设定开机热键，设置值为 Ctrl+F1 到 Ctrl+F12。

(9) Power Again(再来电状态)。此项决定了开机时意外断电之后，电力供应恢复时系统电源的状态。设置值有：Power Off(保持机器处于关机状态)、Power On(保持机器处于开机状态)、Last State(恢复到系统断电前的状态)。

6. PNP/PCI 配置

此部分描述了对 PCI 总线系统和 PNP(即插即用)的配置。PCI，即外围元器件连接，是一个允许 I/O 设备在与其特殊部件通信时的运行速度接近 CPU 自身速度的系统。此部分将涉及一些专用技术术语，建议非专业用户不要对此部分的设置进行修改。

7. 集成外设端口设置

集成外设端口设置菜单如图 8-3-2 所示，常用的设置主要有以下几项。

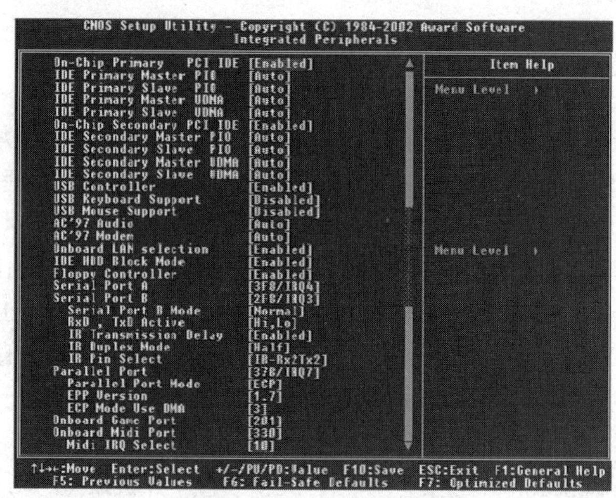

图 8-3-2　集成外设端口设置

(1) USB Keyboard/Mouse Support(USB 键盘/鼠标支持)。如果在不支持 USB 或没有 USB 驱动的操作系统下，使用 USB 键盘或鼠标，如 DOS 和 SCO UNIX，需要将此项设定为 Enabled。

(2) AC’ 97 Audio(AC’ 97 音频)。选择 Auto，将允许主板检测是否有音频设备在用。如果检测到了音频设备，板载的 AC’ 97 控制器将被启用。如果没有检测到，控制器将被禁用。如果想使用其他声卡，请禁用此功能。设置值有 Auto 和 Disabled。

(3) AC’ 97 Modem(AC’ 97 调制解调器)。选择 Auto，将允许主板检测是否有板载调制解调器在用。如果检测到了调制解调器设备，板载的 AC’ 97(Modem Codec’ 97)控制器将被启用。如果没有检测到，控制器将被禁用。如果用户想使用其他调制解调器，请禁用此功能。设置值有 Auto 和 Disabled。

(4) Onboard LAN Selection(板载网卡选择)。此项允许用户决定板载 LAN 控制器是否要被激活。设置值有 Enabled 和 Disabled。

(5) Serial Port A/B(板载串行接口 A/B)。此项规定了主板串行端口 1(COMA)和串行端口 2(COMB)的基本 I/O 端口地址和中断请求号。选择 Auto，则允许 AWARD 自动决定合适的基本 I/O 端口地址。设置值有 Auto、3F8/IRQ4、2F8/IRQ3、3E8/COM4、2E8/COM3 和 Disabled。

(6) Parallel Port(并行端口)。此项规定了板载并行接口的基本 I/O 端口地址。选择 Auto，则允许 BIOS 自动决定合适的基本 I/O 端口地址。设置值有 Auto、378/IRQ7、278/IRQ5、3BC/IRQ7 和 Disabled。

(7) On Board Game Port(板载游戏端口)。此项用来设置板载游戏端口的基本 I/O 端口地址。设置值有 Disabled、201、209。

(8) IDE HDD Block Mode(IDE 硬盘块模式)。块模式也称为块交换。如果用户的 IDE 硬盘支持块模式(多数新硬盘都支持)，选择 Enabled，将自动检测到最佳的且硬盘支持的每个扇区的块读/写数。设置值有 Enabled 和 Disabled。

(9) Floppy Disk Controller(软驱控制器)。此项用来控制板载软驱控制器。Auto BIOS 将自动决定是否打开板载软驱控制器：Enabled 表示打开板载软驱控制器；Disabled 则表示关闭板载软驱控制器。

8. PC 健康状态

此项描述了目前 PC 的硬件状态，包括 CPU、风扇、全部系统状态等。硬件监控的前提是主板上有相关的硬件监控机制。主要监控包括 Current System Temp、Current CPU Temperature、CPU fan、SYSTEM fan、Vcore、VTT、3.3V、+5V、+12V、-12V、-5V、VBAT(V)和 5USB(V)。

9. 设定管理员/用户密码

当选择此项时，将出现以下信息。

Enter new supervisor password:_	或	Enter new user password:_

输入密码，最多 8 个字符，然后按 Enter 键。现在输入的密码会清除所有以前输入的 CMOS 密码。用户会再次被要求输入密码。再输入一次密码，然后按 Enter 键。用户可以按 Esc 键，放弃此项选择，不输入密码。

要清除密码，只需在弹出输入密码的窗口时按 Enter 键。屏幕会显示一条确认信息，询问是否禁用密码。一旦密码被禁用，系统重启后，不需要输入密码就可以直接进入设置程序。

一旦使用密码功能，用户就会在每次进入 BIOS 设置程序前，被要求输入密码。这样可以避免任何未经授权的人改变系统的配置信息。

此外，启用系统密码功能，还可以使 BIOS 在每次系统引导前都要求输入密码，这样可以避免任何未经授权的人使用用户的计算机。用户通过高级 BIOS 特性设置中的 Security Option(安全选项)项来启用此功能。如果将 Security Option 设置为 System，在系统引导和进入 BIOS 设定程序前都会要求输入密码；如果设定为 Setup，则仅在进入 BIOS 设置程序前要求输入密码。

注意：

有关管理员密码和用户密码的权限，包括以下内容。

- Supervisor Password：能进入并能修改 BIOS 设置程序。
- User Password：只能进入，但无权修改 BIOS 设置程序。

10. 载入故障安全/优化默认值

主菜单中的这两个选项允许用户将所有的 BIOS 选项恢复到故障安全值或者优化值。

优化默认值是主板制造商为了优化主板性能而设置的默认值。故障安全默认值是 BIOS 厂家为了稳定系统性能而设置的默认值。

当用户选择 Load Fail-Safe Defaults 选项时，就会出现如图 8-3-3 左边所示的信息。

按 Y 键，则 BIOS 选项恢复到默认的故障安全值或优化值。

当用户选择 Load Optimized Defaults 选项时，就会出现如图 8-3-3 右边所示的信息。此为 BIOS 的出厂设定值，此时系统会以最优模式运行。

Load Fail-Safe Defaults (Y/N)? N	Load Optimized Defaults (Y/N)? N

图 8-3-3　提示信息

11. 保存/退出设置

Save & Exit Setup(保存后退出)：保存对 CMOS 的修改，然后退出 Setup 程序。

Exit Without Saving(不保存退出)：放弃对 CMOS 的修改，然后退出 Setup 程序。

注意：

虽然主板品牌不同，BIOS 设置多少有所不同，但大体设置基本相同。因此对于不同的主板，可以使用相应的 BIOS 设置。

三、计算机自检的原理及应用

接通微机的电源后，系统将执行一个自我检查的例行程序。这是 BIOS 功能的一部分，通常称为 POST(Power On Self Test，上电自检)。

完整的 POST 自检包括：对 CPU、系统主板、内存、系统 ROM BIOS 的测试；CMOS 中系统配置的校验；初始化视频控制器，测试视频内存，检验视频信号和同步信号，对 CRT 接口进行测试；对键盘、软驱、硬盘及 CD-ROM 子系统进行检查；对并行口(打印机)和串行口(RS232)进行检查。

自检中若发现有错误，将按两种情况进行处理：对于严重故障(致命性故障)则停机，此时由于各种初始化操作还没完成，不能给出任何提示或信号；对于非严重故障则给出提示或声音报警信号，等待用户处理。当自检完成后，系统转入 BIOS 的下一步骤：从 A 驱、C 驱或 CD-ROM 以及网络服务器上寻找操作系统进行启动，然后将控制权交给操作系统。

对于自检中发现的严重故障，计算机无法通过显示屏给出提示，只能通过计算机的机内扬声器以不同次数、不同长短的响铃方式来表达故障发生的部位。用户可以根据不同声音来判断故障所在的位置。

不同类型的 BIOS 自检响铃所表达的含义有所不同，其具体含义如表 8-3-1 和表 8-3-2 所示。

表 8-3-1　AMI 的 BIOS 自检响铃及其含义

自检响铃	自检响铃的含义	自检响铃	自检响铃的含义
1 短	内存错误	7 短	实模式错误
2 短	内存校验错误	8 短	显示内存错误
3 短	基本内存错误	9 短	ROM BIOS 校验错误
4 短	系统时钟错误	1 长 3 短	内存错误
5 短	处理器错误	1 长 8 短	显示测试错误
6 短	键盘控制器错误		

表 8-3-2　Award 的内存自检响铃及其含义

自检响铃	自检响铃的含义	自检响铃	自检响铃的含义
1 短	系统启动正常	1 长 9 短	BIOS 损坏
1 长 1 短	内存或主板出错	不断地响(长声)	内存未插稳或损坏

(续表)

自检响铃	自检响铃的含义	自检响铃	自检响铃的含义
1 长 2 短	显示错误(显示器或显卡)	不停地响	电源、显示器未与显卡接好
1 长 3 短	键盘控制器错误	重复短响	电源故障

第四节 微机软件的安装

计算机系统是硬件系统与软件系统的结合。若没有软件的支持，大部分硬件安装好后是无法正常工作的，更谈不上充分发挥其作用了。

软件系统中直接与硬件相关的是设备驱动程序，它为操作系统提供了机器与硬件之间的接口。操作系统是软件系统中最重要的组成部分，它不仅是计算机所有软硬资源的管理者，还是计算机与用户之间交互的接口。

硬件能否提供良好的性能，与所选择的操作系统有非常直接的关系。单机中可选择的操作系统有 DOS、OS2、Windows、Linux 等。DOS 由于是单任务、单用户系统，且是非图形界面，现在已经很少使用了。Windows 系列的操作系统都是多任务且基于图形界面的，使用起来很方便。

目前 Windows 的版本有很多，主要有 Windows 2000、Windows XP、Windows 7、Windows 10。下面以 Windows 10 为例来介绍软件的安装。

在一台新计算机上安装软件的过程大致如下。

(1) 硬盘分区。

(2) 硬盘各区高级格式化。

(3) 安装操作系统。

(4) 安装各硬件的驱动程序。

(5) 安装应用程序。

一、硬盘分区

在硬盘使用前要对它进行工作区划分，将一个物理空间分成若干逻辑空间，并给每个逻辑空间分配一个逻辑盘号，如 C 盘、D 盘、E 盘等，这样有利于文件的管理。

操作系统管理文件的机制主要是通过文件目录表(FDT)、文件分配表(FAT)和磁盘参数表，以及设备驱动程序来实施的。

文件分配表(File Allocation Table，FAT)是用来记录文件所在位置的链表。存放在磁盘上的文件以“簇”为单位，每个簇包含若干个扇区(1~8 个)，一般是 4 个扇区。当文件长度超出一个簇时，需要一个簇链接表，用来指出存放文件的各个簇的簇号，这就是 FAT 表。

文件目录表(File Directory Table，FDT)存放着有关文件名或文件夹名、属性、起始簇号、文件长度等的描述信息。

当应用程序要对某一磁盘文件进行操作时，操作系统首先在文件目录表上查找是否存在该文件。若存在，则根据文件目录表中的起始簇号和文件分配表(FAT)及磁盘参数表计算出文件在逻辑盘中的相应逻辑扇区。根据这些参数，磁盘设备驱动程序可以计算出文件的物理地址(磁头、磁道和扇区)，最后由 I/O 设备及驱动程序来完成磁盘文件的存取操作。

根据目前流行的操作系统来看，常用的文件系统有 FAT16、FAT32 和 NTFS 和 Linux 这 4 种。

- FAT16：这是 MS-DOS 和最早期的 Windows 95 操作系统中最常见的磁盘分区格式。它采用 16 位的文件分配表，是获得操作系统支持最多的一种磁盘分区格式，几乎所有的操作系统都支持这一格式，从 DOS、Windows 98 到 Windows 2000/XP，直至火爆一时的 Linux 都支持这种分区格式。但它不支持长文件名，受到 8+3(即 8 个字符的文件名加上 3 个字符的扩展名)的限制。单个分区的最大尺寸为 2GB，磁盘利用率较低。
- FAT32：自 Windows 97 操作系统开始，微软添加了一种新的分区格式 FAT32，用以支持大容量硬盘的使用。它采用 32 位的文件分配表，增强了磁盘管理能力，突破了 FAT16 对每个分区的容量只有 2GB 的限制，单个分区可以支持 2TB(2048GB)的大小，且支持长文件名。但 Windows NT 4.0 不支持该格式。
- NTFS：此种格式源于 Windows NT，是因网络操作系统的特殊性而提出的。但随着以 NT 为内核的 Windows 2000/XP 的普及，许多个人微机也开始使用 NTFS。它的优点是安全性和稳定性极其出色，在使用中不易产生文件碎片。NTFS 可以自动记录与文件的变动操作，具有文件修复能力。系统不易崩溃，出现错误后能迅速修复。
- Linux：这是一种只被 Linux 操作系统所支持的分区格式，与其他分区格式完全不同。该分区格式共分两种：一种是 Linux Native 主分区，一种是 Linux Swap 交换分区。这两种分区格式的安全性与稳定性都极佳。

对硬盘分区时，应根据硬盘的容量、自身工作的需要及管理的方便，来决定硬盘要分多少个分区、各个分区的容量应设为多大。

一般情况下，操作系统安装在一个独立的分区中，而用户数据则存放在其他分区中，故硬盘至少要被分为两个区。

可以使用 Windows 内置的磁盘管理工具，对新硬盘或者对现有硬盘进行分区。对新硬盘或者对现有硬盘进行分区的过程相同，只要按照以下步骤操作，即可实现对磁盘的分区。

以下分区步骤专门针对 Windows 7 系统，但对 Windows 10 等系统也完全适用。

步骤 1：使用鼠标右击桌面上的“计算机”图标(对于 Windows 10 系统，使用鼠标右击桌面上的“此电脑”图标)，在弹出的快捷菜单中选择“管理”选项，出现“计算机管理”窗口，选中“存储”选项，如图 8-4-1 所示。

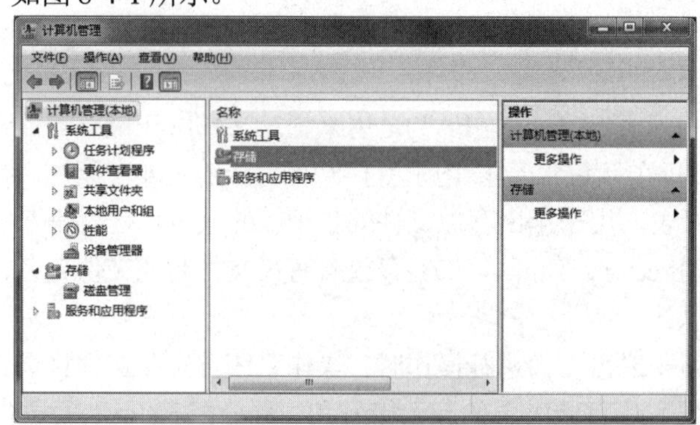

图 8-4-1 “计算机管理”窗口

步骤 2：双击“存储”选项，在“计算机管理”窗口的中部出现“磁盘管理(本地)”选项，如图 8-4-2 所示。

图 8-4-2　出现“磁盘管理(本地)”选项

步骤 3：在图 8-4-2 中双击“磁盘管理(本地)”选项，出现图 8-4-3 所示的窗口，可以看到磁盘管理器中列出的 Windows 识别到的全部可用硬盘的情况，有 C、D、E、F 四个盘。

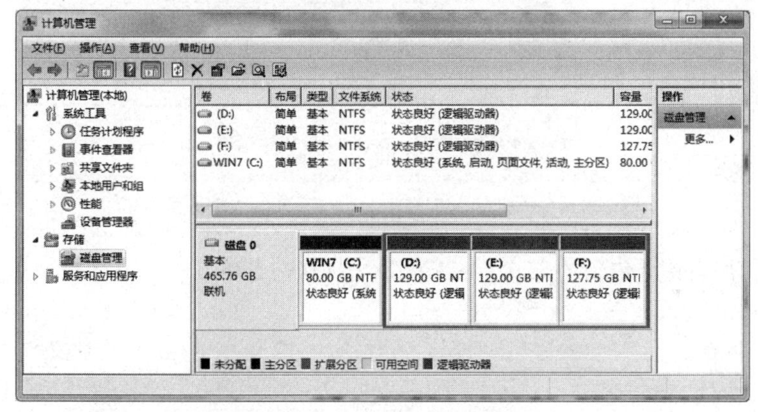

图 8-4-3　全部磁盘的分区情况

步骤 4：如果是新硬盘，请跳至步骤 7；否则在图 8-4-3 所示的列表中选择要进行分区的硬盘(例如 D 盘)。下面的操作是将选中的硬盘(D 盘)分成 2 个区。首先在它(D 盘)上面单击右键，出现快捷菜单后，选择其中的“压缩卷”选项，如图 8-4-4 所示。

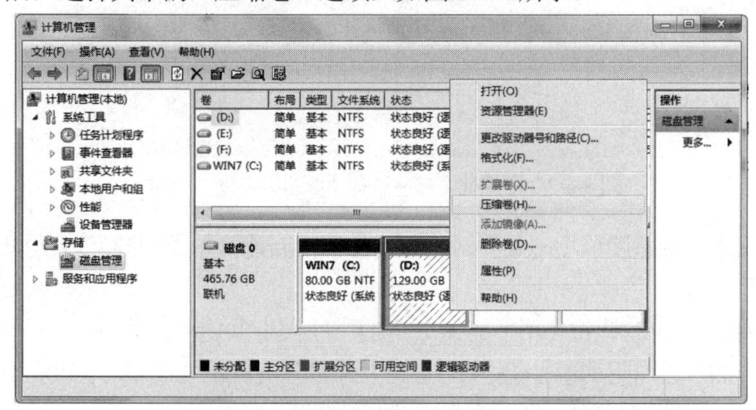

图 8-4-4　在快捷菜单中选择“压缩卷”选项

步骤 5：选择“压缩卷”选项后，出现“压缩”对话框，如图 8-4-5 所示。

步骤 6：Windows 系统将计算可以分配给新分区的可用空间。如果要使用硬盘上的所有可用空间，只需单击“压缩”按钮即可。如果要指定最终分区的大小，请在按“压缩”按钮之前，在相应的字段中输入大小(MB)。

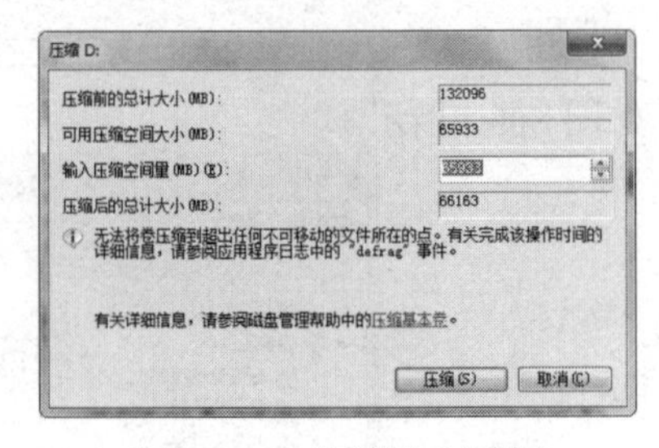

图 8-4-5　“压缩”对话框

该过程完成后，将会在物理硬盘列表中看到一个新的未分配空间，如图 8-4-6 所示，在 D 盘和 E 盘之间增加了一个新的未分配的空间。

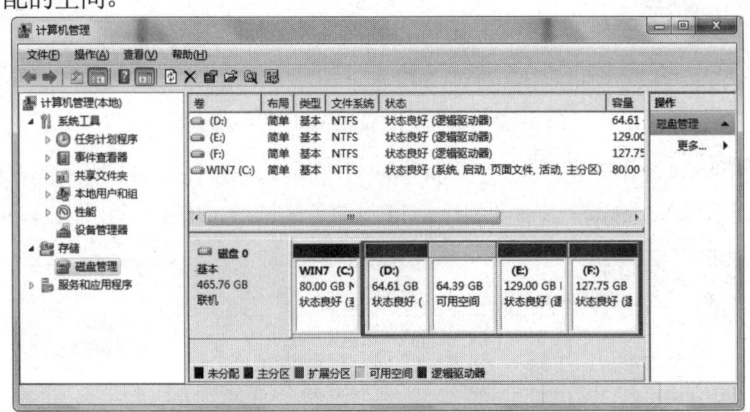

图 8-4-6　在物理硬盘列表中看到一个新的未分配的空间

步骤 7：使用右键单击新的未分配的空间，出现快捷菜单后，从中选择“新建简单卷”选项，如图 8-4-7 所示。

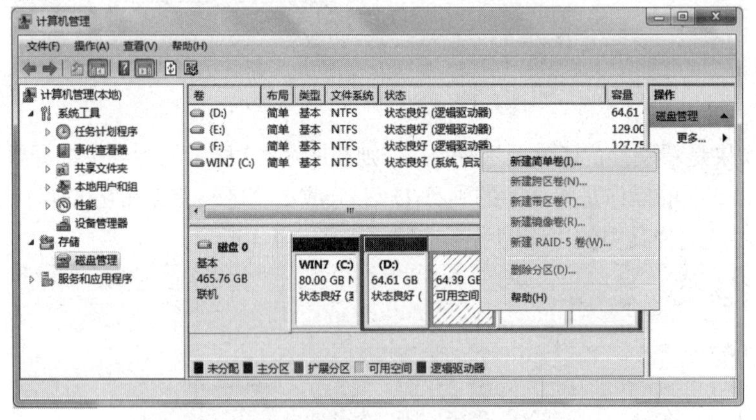

图 8-4-7　在快捷菜单中选择“新建简单卷”选项

步骤 8：出现“新建简单卷向导”对话框。按照“新建简单卷向导”对话框上的说明进行操作。

首先选择卷的大小(默认将使用所有未分配的空间大小)，选择后单击“下一步”按钮，如图 8-4-8 所示。然后选择驱动器号(盘符)，此时使用默认分配的驱动器号(G)即可，选择后单击“下一步”按钮，如图 8-4-9 所示。

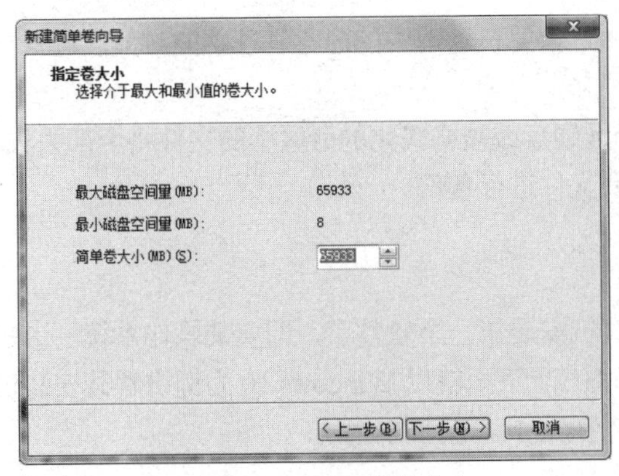

图 8-4-8　选择卷的大小

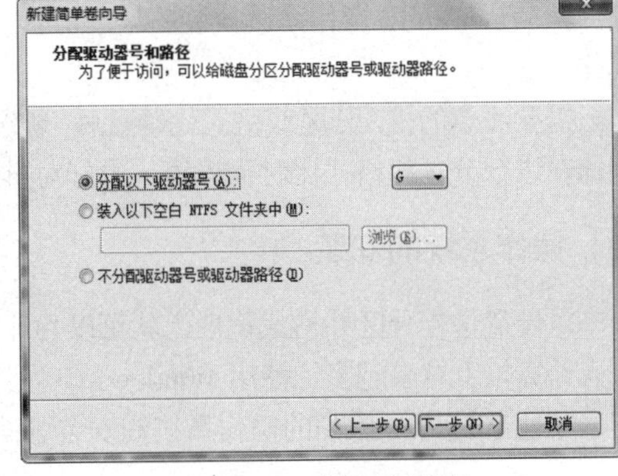

图 8-4-9　选择驱动器号

接着出现图 8-4-10 所示的对话框，确定是否格式化该分区和选择文件系统。对于文件系统，使用默认的 NTFS 格式。同时还可以更改卷标名称，选择后单击“下一步”按钮，出现图 8-4-11 所示的对话框。

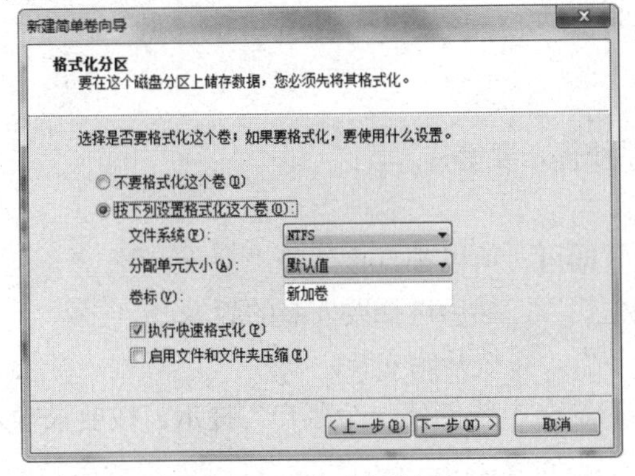

图 8-4-10　格式化分区

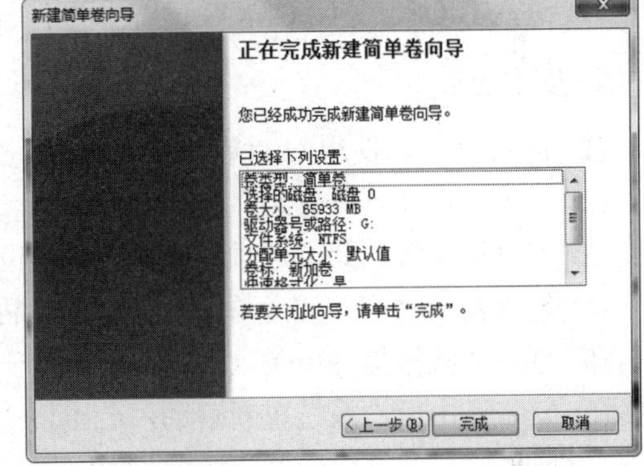

图 8-4-11　正在完成新建简单卷向导

步骤 9：单击“完成”按钮，一个全新的分区就创建好了。用户可以在“磁盘管理”主页上看到它(新加卷(G))，如图 8-4-12 所示。

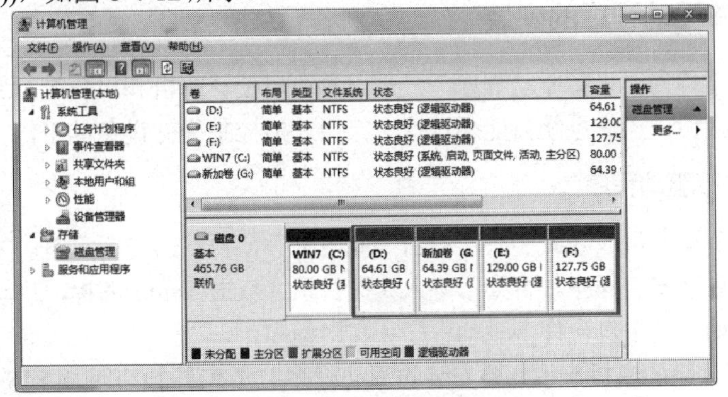

图 8-4-12　一个全新的分区创建好了

二、格式化硬盘

硬盘分区后，必须对硬盘进行高级格式化操作，这样硬盘才能正常使用并启动系统。安装 Windows 10 操作系统时，若分区没有格式化过，则安装过程中会自动格式化。

在 Windows 10 操作系统安装完毕后，可以通过计算机管理中的磁盘管理功能对分区进行格式化。

需要注意的是，分区或格式化硬盘后，被分区硬盘或被格式化的分区中的文件将全部丢失。因此在进行分区和格式化时需谨慎，最好对重要文件进行备份。

三、操作系统的安装

对硬盘进行分区并格式化后，就可以为计算机安装第一个软件了，即安装操作系统。当前个人计算机上越来越多地使用 Windows 10 操作系统。下面就以 Windows 10 为例讲解其安装过程，其他 Windows 系列的操作系统的安装过程略有差异，但基本相同。

1. 安装前的准备

(1) 准备好可自启动的 Windows 10 安装 U 盘。

(2) 如果是升级安装，则要先对硬盘中的重要数据进行备份，防止丢失数据。

(3) 进入 BIOS，将 CMOS 设置中的启动方式设置为 U 盘启动。

(4) 进入 BIOS，关闭 CMOS 设置中的病毒防范功能。

2. 安装过程

(1) 插入 U 盘，使用 U 盘启动安装程序，系统提示要等待。

(2) 单击“现在开始安装”。

(3) 选择语言等，此类选项一般采用默认设置即可，所以都直接选择“下一步”。

(4) 输入密钥序列，或者单击“我没有产品密钥”，然后选择要安装的版本。

(5) 选中“我接受许可条款”，单击“下一步”，系统开始安装。

(6) 安装完毕后，系统重新启动，会出现“为这台电脑创建一个账户”提示，按要求输入名字和密码。

(7) 最后，屏幕会出现“这不需要很长时间”，表示已进入系统自动配置环节，耐心等待即可。

四、常用硬件驱动程序的安装

驱动程序全称为“设备驱动程序”，是一种可以使计算机和设备进行通信的特殊程序。它相当于硬件的接口，操作系统只能通过这个接口才能控制硬件设备的工作。

1. 安装主板驱动程序

将主板的驱动光盘放入光驱中，双击“此电脑”，再双击光驱盘符。如果安装盘具有自动运行功能，将启动安装程序。否则，进入光盘目录，双击 Setup 图标，启动安装程序。一般情况下，主板驱动光盘中包含许多驱动程序和实用程序。

对 Intel 芯片组的主板来说，要安装的驱动程序主要有两个(以使用 815 芯片组的主板为例，使用其他芯片组的主板也有类似的驱动程序)。

- Intel INF Update：芯片组驱动程序。
- Intel Ultra ATA Storage Driver：IDE 硬盘驱动程序。

在安装了上述驱动程序后，计算机的性能特别是硬盘传输性能会有明显的提升。

2. 安装声卡、显卡、网卡等外设的驱动程序

虽然 Windows 号称是即插即用的操作系统，但对于一些最新的或是非标准的设备，还是无法直接识别出来。对于此类设备，必须安装设备附带的厂商驱动程序。

一般情况下，不管是 Windows 识别还是不识别的设备，设备在购买时厂商都会提供它们的驱动程序。如果没有或丢失了，可以从厂商的网址上获取。

安装驱动程序常使用两种方法：一种是直接执行驱动程序的 Setup 或 Install 文件完成安装；另一种是手动安装。

手动安装的过程如下：打开“控制面板”，双击“添加/删除硬件”。在出现的“添加/删除硬件向导”中单击“下一步”按钮。在所出现的界面中选中“添加/排除设备故障”单选按钮，单击“下一步”按钮，系统会搜索新的设备和已安装的设备。在列表中选择“添加新硬件”，按照向导的提示逐步操作。用户也可以跳过系统搜索，手动选择要添加或删除的设备。

第五节 微机常见的故障及处理

如何使微机处于良好的工作状态，已成为每一位用户关心的问题。下面就这一问题从几个方面向读者提供一些合理使用微机的建议，并希望读者按照这些建议来使用微机。

一、微机的日常保养

1. 微机对环境的要求

为保证微机能够正常运行，发挥其功效，就必须使它工作在一个合适的外部环境下，这些环境条件包括温度、湿度、清洁程度和电磁环境等。

(1) 温度。超出常温环境，即 10℃~ 45℃，就不能保证计算机能够正常运行。较为理想的温度在 10℃~25℃。

(2) 湿度。微机能够在 30%~80%的相对湿度环境下工作，超出此范围，就不能保证微机能够正常运行。

结合上述两点，微机的安放位置应尽可能地远离热源，而且不能太潮湿。通常家中的环境一般能满足要求。

(3) 清洁程度。微机应该在一个相对干净的环境中运行。否则，就会因尘土侵入微机内部，经过长期的积累后，引起电路的短路。

聚积在光驱激光头上的尘土，不仅使读写光盘时产生错误，严重时还会划伤盘面，造成其上数据的损坏和丢失。

微机在运行一段时间后，应进行相应的清洁工作。这里的清洁工作，主要是计算机内部的清洁，如光驱的清洁、主机内电路板的清洁。如果要进行清洁工作，请找有计算机操作经验的工程师。

注意，在清洁前一定要先切断与市电电源的连接，其次是不要用湿毛巾或尖锐硬物进行清洁，而只能用刷子、无水酒精等。

(4) 电磁干扰。在微机内有一个非常重要的部件，就是硬盘。在其上存储数据的介质是一种磁材料。如果将微机经常放置在较强的磁场环境下，就有可能造成硬盘上数据的损失，甚至

这种强磁场还会干扰微机的正常运行，使微机出现一些莫名其妙的现象。

例如，显示器可能会产生花斑、抖动等。这种电磁干扰主要有音响设备、电机、大功能电器、电源、静电以及较大功率的变压器(如 UPS，甚至日光灯)等。因此在使用微机时，应尽量使微机远离这些干扰源。

对微机的另一干扰是大家容易忽视的，就是来自电源的干扰。这就要求在使用微机时必须接地线，而且地线要安装在电源接线板上。

(5) 安全。微机在工作时，应有良好的地线保护，这不仅是保证微机本身的安全，更重要的是保护使用者的安全。

(6) 显示器的使用。显示器在使用时，除了要注意以上所述的内容外，还应注意以下几点。

- 显示器在加电的情况下(特别是已加电一定时间后)，以及刚刚关机时，不要移动显示器，以免造成显像管灯丝的断裂。
- 显示器应远离磁场，以免显像管磁化、抖动等。
- 多台显示器的摆放，相互间应不小于 1 米的距离，以免由于相互干扰造成抖动的现象。

2. 微机的操作与使用

这主要表现在以下 6 个方面。

(1) 不要频繁地开关机，每次关机、开机之间的时间间隔应不小于 30 秒。

(2) 每隔一定时间(如半年)应对微机进行清洁处理，清洁的内容主要是机箱内及电路板上的尘土，以及光驱中的激光头。

(3) 最好不要在微机附近吸烟或吃东西。因为这样会使不洁的空气污染微机中的键盘、鼠标及硬盘，吃的东西或喝的水溅到微机设备(如键盘)上，会造成短路。

(4) 在增、删微机的硬件设备时，必须要断掉与电源的连接，并确保在身体不带静电时，才可进行操作。包括上面提到的清洁操作，也要注意此类事项。

(5) 在接触电路板时，不应用手直接触摸电路板上的铜线及集成电路的引脚，以免人体所带的静电击坏这些器件。

(6) 在加电之后，不应随意移动和振动微机，以免由于振动而造成硬盘表面的划伤，以及意外情况的发生，从而造成不应有的损失。

3. 保护好硬盘及其上的数据

保护好硬盘，也就是保护了硬盘上的数据。保护硬盘，应注意以下几方面。

(1) 对于所使用的机器，必须在手头有一张系统引导盘，在这张盘上除了要有启动时必须有的文件外，还应包括以下常用程序：ATTRIB、CHKDSK、DEBUG、FDISK、FORMAT、XCOPY 和文本编辑程序(如 EDIT 程序等)。这样在硬盘不能启动时，可用这张引导盘来启动机器，然后备份硬盘中的数据(如果可能的话)。

(2) 在使用微机时，为防止意外发生，如硬盘损坏或误操作等，应经常备份常用的重要数据。当发生意外时，在处理完意外情况后，就可用已备份的数据来恢复系统。

(3) 防止硬盘意外地被格式化。

二、常见故障的分析及解决

当一台计算机出现故障无法开机时，必须要先镇定下来。首先要回忆一下出现故障以前曾经进行过哪些操作，出现故障的表现是什么，以此来判断计算机故障是硬(件)故障还是软(件)故障。

实践证明，微机发生的故障70%是软故障。一旦微机发生故障，首先要考虑是不是软故障，而在软故障中又要首先想到是不是病毒造成的，消除病毒并证实软件没有问题后，再查找硬件故障。

如果判断错误，开始就乱动硬件设备，可能使问题更加复杂化，导致小故障变成大故障。在诊断微机故障时可以先排除软故障的可能性，之后再考虑对硬故障的诊断。

1. 机器启动失败故障

启动失败的原因很多，一般先检查电源情况，包括：机箱电源是否接触不良或根本未接通；主板上的电源插座是否接触良好；显示器电源是否接通；机箱电源是否正常(可通过查看电源风扇是否转动来进行简单判断)。

若确定电源正常，还是不能启动机器，则需要检查硬件的连接与设置了。如果有BIOS的自检铃声，可按前面章节讲过的方法进行判断，然后重新插拔有问题的部件；如果连BIOS的自检铃声都没有，则要检查是否某些数据线接反了(如IDE数据线)，是否CPU跳频的设置不当等。

如果屏幕上有显示，则可根据显示信息分析原因。常见的显示信息包括以下几项。

1) “Run CMOS SETUP Press <F1> To Resume(运行CMOS设置，按F1重新开始)”

原因及处理方法：这种提示主要是由于CMOS设置错误，通常在提示信息前还有一行提示信息，用于说明需要运行CMOS设置的原因。

(1) CMOS Checksum Failure(CMOS校验和检查错误)。

由于某种原因使CMOS参数错误，进入SETUP重新设置参数。

若主板上的CMOS电路出现故障，应更换主板。

(2) CMOS Display Type Mismatch(CMOS显示类型不匹配)。

CMOS显卡类型参数设置不正确，进入SETUP重新设置。更换不同类型的显卡后未修改CMOS参数，进入SETUP重新设置。

(3) CMOS Memory Size Mismatch(CMOS内存大小不匹配)。

新装主板或调整内存容量后，内存容量没有设置。可进入SETUP标准CMOS进行设置，这时大多数主板可自动将参数改好，存盘退出即可。

主板的内存电路出现故障，使内存容量发生改变。检查内存或芯片安装是否良好，或更换内存后再试。

(4) CMOS System Options Not Set(CMOS系统参数没有设置)。

CMOS系统参数丢失或被破坏，进入SETUP重新设置。

(5) CMOS Time & Date Not Set(CMOS时间和日期没有设置)。

CMOS中的时间和日期参数没有设置，进入标准CMOS进行设置。

(6) CMOS Battery State Low(CMOS电池低电压)。

主板上给CMOS供电的电池电压不足。由于大多数主板上的电池都是充电电池，因此可以开机工作一段时间，在电池充电后继续工作。如果充电后仍不能在较长时间(几天时间)内保持设置参数，则需要更换电池。

出现过电池断电的现象，如主板上的CMOS复位跳线连接后，使主机设置的参数全部丢失。

只要启动微机后进入SETUP，重新设置CMOS参数即可。

有少数主板出厂时未装电池，组装时不要忘记安装电池。

2) “C：Drive Error Press <F1> To Resume(C驱动器错误，按F1重新开始)”

原因及处理方法如下。

(1) 硬盘电缆没有插好，电缆或插头接触不良。

(2) 硬盘故障，硬盘0磁道信息丢失。

(3) 硬盘参数不匹配。

(4) 检查硬盘连接电缆或更换硬盘。

3) “HDD Controller Failure Press <F1> Resume(硬盘控制器失效，按F1重新开始)”

原因及处理方法如下。

(1) 硬盘适配卡(或多功能卡)没有插好或卡上的接插线及跳线设置不当。

(2) 硬盘适配器故障。

(3) 硬盘故障或没有安装硬盘，但在CMOS中设置了硬盘参数。

4) “FDD Controller Failure Press <F1> Resume(软驱控制器失效，按F1重新开始)”

原因及处理方法如下。

(1) 软盘适配卡(或多功能卡)没有插好或卡上的接插线及跳线设置不当。

(2) 软盘适配器故障。

(3) 软驱故障或没有安装软驱，但在CMOS中设置了软驱。

5) 其他故障原因及处理方法

(1) C：Drive Failure(C驱动器失败)。

硬盘驱动器故障，BIOS不能得到硬盘驱动器的回答信号，可能要更换硬盘。

(2) Fatal Error Bad Hard Disk(硬盘致命错误)。

硬盘或硬盘适配卡错误。

(3) KB/Interface Error(键盘/接口错误)。

键盘或键盘接口有故障，可更换键盘试试，如仍提示该错误，则可能是键盘接口的故障，需更换主板。

(4) Keyboard Error(键盘错误)。

键盘有故障，可更换键盘试试。

(5) Keyboard Is Locked...Unlock It(键盘已锁)。

键盘锁被锁住或键盘锁连线短路，打开键盘锁或检查键盘锁连线。

(6) No Hard Disk Installed(没有安装硬盘)。

可能的原因有：没有安装硬盘，但在CMOS参数中设置了硬盘；硬盘没有接好，硬盘适配器没有插好；硬盘或硬盘适配器有故障。

(7) On Board Parity Error(主板奇偶校验错误)。

可能的原因有：主板在安装没有奇偶校验位的内存后，没有将CMOS内存的奇偶校验关闭；内存有故障。

6) Error Loading Operation System(载入操作系统错误)

可能的原因有：硬盘DOS引导记录损坏；两个系统隐含文件发生错误。

可先向硬盘传递系统，如果不能恢复正常，再用 NDD 修复 DOS 引导记录(BOOT)。

7) Non-System Disk Or Disk Error(没有系统盘或磁盘错误)

系统文件被破坏或磁盘根目录没有系统文件，用 SYS 命令向 C 盘传递系统即可。

8) Disk Boot Failure(磁盘启动失败)

对用软盘启动的微机，可能是启动磁盘损坏、软盘驱动器磁头脏、软驱故障或软驱适配器有问题。

对从硬盘启动的微机，可能是硬盘没有操作系统、硬盘 0 磁道上的信息损坏、CMOS 中硬盘参数的设置不正确、硬盘故障、硬盘适配器有问题等。

2. Windows 中的蓝屏死机故障

病毒或硬件和硬件驱动程序不匹配等原因将造成 Windows 的崩溃，当 Windows 出现死机时，显示器屏幕将变为蓝色，然后出现 STOP 故障提示信息。下面分别介绍通用的 STOP 故障处理方法和特殊的 STOP 故障排除方法。

1) 通用的 STOP 故障处理方法

首先使用新版杀毒软件检查计算机上是否有病毒。

如果 Windows 可以启动，请检查“事件查看器”中的信息，以确定导致故障的设备或驱动程序。启动“事件查看器”的方法是：选择“开始”|“设置”|“控制面板”|“管理工具”|“事件查看器”|“系统日志”命令。

如果不能启动计算机，试着用“安全模式”或“最后一次正确的配置”启动计算机，然后删除或禁用新安装的附加程序或驱动程序。

如果用“安全模式”启动不了计算机，可使用修复控制台。修复控制台可以禁用一些服务、重命名设备驱动程序、检修引导扇区或主引导记录。

拆下新安装的硬件设备(RAM、适配卡、硬盘、调制解调器等)。

确保已经更新了硬件设备的驱动程序，以及系统有最新的 BIOS。

运行由计算机制造商提供的系统诊断工具，尤其是内存检查工具。

检查 Microsoft 兼容硬件列表(HCL)，确保所有的硬件和驱动程序都与 Windows 兼容。hcl.txt 文件在 Windows CD-ROM 的 Support 文件夹中。

在 BIOS 中禁用内存缓存功能。

重新启动计算机，在启动屏幕处，按 F8 键进入“高级启动选项”，然后选择“最后一次正确的配置”(注意：使用“最后一次正确的配置”方式启动计算机时，计算机的所有设置都被重置为最后一次成功启动时的配置)。

2) 特殊的 STOP 故障排除方法

特殊的 STOP 故障排除方法是指通过查询 STOP 消息代码，分析故障的原因以及解决故障的方法。

例如，计算机蓝屏时出现 STOP 消息：0x0000007A。

故障说明文字：KERNEL_DATA_INPAGE_ERROR。

常见原因：无法从分页文件将内核数据所需的页面读取到内存中(通常是由于分页文件上的故障、病毒、磁盘控制器错误或由内存故障引起的)。

解决方法：使用反病毒软件的最新版本，检查计算机上是否存在病毒。如果存在病毒，则执行必要的步骤将其从计算机上清除掉。如果计算机已使用NTFS文件系统格式化，可重新启动计算机，然后在该系统分区上运行Chkdsk/f/r命令。如果由于错误而无法启动命令，那么使用命令控制台，并运行Chkdsk/r命令。要运行由计算机制造商提供的所有系统检测软件，尤其是内存检查软件。

3. 简单的硬件分类故障

1) 硬盘常见的故障及处理

(1) 系统不能识别硬盘。

系统从硬盘无法启动，从A盘启动也无法进入C盘，使用CMOS中的自动检测功能也无法发现硬盘的存在。这种故障大多出现在连接电缆或IDE端口上，硬盘本身故障的可能性不大，通过重新插接硬盘电缆或者改换IDE接口及电缆等进行替换试验，很快就可以发现故障所在。如果新接上的硬盘也不被接受，一个常见的原因就是硬盘上的主从跳线出了问题，如果一条IDE硬盘线上接两个硬盘设备，就要分清楚主、从关系。

(2) CMOS引起的故障。

CMOS中硬盘类型的正确与否直接影响硬盘的正常使用。现在的机器都支持IDE Auto Detect功能，可自动检测硬盘的类型。当硬盘类型错误时，有时会导致干脆无法启动系统，有时能够启动，但会发生读写错误。

例如，若CMOS中的硬盘类型小于实际的硬盘容量，则硬盘后面的扇区将无法读写；如果是多分区状态，则个别分区将丢失。还有一个重要的故障原因：由于目前的IDE都支持逻辑参数类型，硬盘可采用“Normal，LBA，Large”等模式，如果在一种模式下安装了数据，而又在CMOS中改为其他模式，则会发生硬盘的读写错误故障，因为其映射关系的改变会导致无法正确读取原来的硬盘位置。

(3) 主引导程序引起的启动故障。

主引导程序位于硬盘的主引导扇区，主要用于检测硬盘分区的正确性，并确定活动分区，负责将引导权移交给活动分区的DOS或其他操作系统。此段程序损坏将无法从硬盘引导，但从软驱或光驱启动之后可对硬盘进行读写。修复此故障的方法较为简单，使用高版本DOS的FDISK最为方便。当带参数/mbt运行时，将直接更换(重写)硬盘的主引导程序。实际上硬盘的主引导扇区正是此程序建立的，FDISK.EXE之中包含有完整的硬盘主引导程序。虽然DOS版本不断更新，但硬盘的主引导程序一直没有变化，从DOS 3.x到Windows 98的DOS，只要找到一种DOS引导盘启动系统并运行此程序即可修复此故障。

(4) 分区表错误引发的启动故障。

分区表错误是硬盘的严重错误，不同的错误程度会造成不同的损失。如果没有活动分区标志，则计算机无法启动。但从光驱引导系统后可对硬盘进行读写，可通过FDISK重置活动分区进行修复。

如果存在某一分区类型错误，则可能造成某一分区的丢失。分区表的第四个字节为分区类型值，正常的可引导的大于32MB的基本DOS分区值为06，而扩展的DOS分区值是05。很多人利用此类型值实现单个分区的加密技术，恢复原来的正确类型值即可使该分区恢复正常。

分区表中还有其他数据用于记录分区的起始或终止地址。这些数据的损坏将造成该分区的混乱或丢失，可用的方法是用备份的分区表数据重新写回，或者从其他相同类型且分区状况相同的硬盘上获取分区表数据。

恢复工具可采用 NU 等工具软件，其操作非常方便。当然，也可采用 DEBUG 进行操作，但操作较烦琐并且具有一定的风险。

(5) 分区有效标志错误的故障。

在硬盘主引导扇区中还存在一个重要的部分，就是其最后的两个字节“55aa”，此字节为扇区的有效标志。当从硬盘、软盘或光盘启动时，将检测这两个字节，如果存在则认为有硬盘存在，否则将认为硬盘不存在。该故障可采用 DEBUG 方法进行恢复。

另外，当 DOS 引导扇区无引导标志时，系统启动时将显示 Missing Operating System，此时可以使用 DOS 系统通用的修复方法。

(6) 目录表损坏引起的引导故障。

目录表记录着硬盘中文件的文件名等数据，其中最重要的一项是该文件的起始簇号。目录表由于没有自动备份功能，因此若目录损坏将丢失大量的文件。一种减少损失的方法是采用 CHKDSK 或 SCANDISK 程序恢复的方法，从硬盘中搜索出*.CHK 文件，由于目录表损坏时仅是首簇号丢失，因此每个*.CHK 文件仍是一个完整的文件。将其改为原来的名字即可恢复大多数文件。

2) 主板常见的故障及处理

(1) 开机无显示。

由于主板原因，出现此类故障一般是因为主板损坏或 CIH 病毒破坏 BIOS 而导致。一般情况下，BIOS 被病毒破坏后硬盘里的数据将全部丢失，因此人们可以通过检测硬盘数据是否完好来判断 BIOS 是否被破坏。

此外，还有以下两种原因会导致该故障。

- 因为主板扩展槽或扩展卡有问题，导致插上诸如声卡等扩展卡后主板没有响应而无显示。
- 对于现在的免跳线主板而言，如果在 CMOS 里设置的 CPU 频率不正确，也可能会引发不显示故障。对此，只要清除 CMOS 即可予以解决。清除 CMOS 设置的跳线一般在主板的电池附近，其默认位置一般为 1、2 短路，只要将其改为 2、3 短路，几秒钟即可解决问题。对于以前的老主板，若用户找不到该跳线，只要将电池取下，待开机显示进入 CMOS 设置后再关机，将电池重新安装上去也可以达到 CMOS 放电的目的。对于主板 BIOS 被破坏的故障，通常只能找专业维修人员解决了。

(2) 主板串口或并口、IDE 接口损坏。

出现此类故障一般是由于用户带电插拔相关硬件造成的，用户可以用多功能卡代替，但在代替之前必须先禁用主板上自带的串口与并口(有的主板的 IDE 接口都要禁用方能正常使用)。

(3) CMOS 设置不能保存。

该故障通常是由于主板电池电压不足造成的，予以更换即可。如果主板电池更换后仍然不能解决问题，此时存在以下两种可能。

- 主板电路问题，对此要找专业人员维修。
- 主板 CMOS 跳线被设置为清除选项，使得 CMOS 数据无法保存。

(4) 微机频繁死机，即使在设置 CMOS 时也会死机。

设置 CMOS 时发生死机现象，一般为主板或 CPU 有问题，如若按以下方法还不能解决故障，那就只有更换主板或 CPU 了。

死机后用手触摸 CPU 周围的主板元件，如果发现温度异常升高，甚至烫手，可以先更换一个大功率风扇，死机故障通常可以解决。如果 CPU 工作温度正常，或更换大功率风扇后仍然死机，可以进一步检查主板上的 Cache 是否有问题，进入 CMOS 设置，禁止 Cache 工作，如果确实是 Cache 导致死机，禁止后即可顺利解决问题。当然，Cache 禁止后计算机的运行速度肯定会大大降低。

3) 内存常见的故障及处理

(1) 开机无显示。

由于内存的原因出现此类故障，一般是因为内存与内存插槽接触不良造成的，只要用橡皮擦来回擦拭其金手指部位即可解决问题(不要用酒精清洗)。内存损坏或内存槽有问题，也会造成此类故障。由于内存的原因而造成的开机无显示故障，主机扬声器一般都会长时间鸣叫(针对 Award BIOS 而言)。

(2) Windows 系统运行不稳定，经常产生非法错误。

出现此类故障一般是由于内存质量不佳或软件原因引起，如果确定是内存的原因，只有更换内存才能解决问题。

(3) Windows 注册表经常无故损坏，提示要求用户恢复。

此类故障一般都是因为内存质量不佳引起的，很难予以修复，只有更换内存才能解决问题。

(4) Windows 经常自动进入安全模式。

此类故障一般是由于主板与内存不兼容或内存质量不佳引起的，常见于 PC 133 内存用于某些不被支持的主板上，可以尝试在 CMOS 设置内降低内存读取速度看能否解决问题。如果不行，那就只有更换内存了。

(5) 随机性死机。

此类故障一般是由于使用了几种不同芯片的内存，由于各内存速度不同，会产生一个时间差而导致死机，对此可以在 CMOS 设置中降低内存速度予以解决。否则，只能使用同型号的内存。

还有一种可能是内存与主板接触不良而引起随机性死机。另外，还有可能是因为内存与主板不兼容，此类现象比较少见。

(6) 内存加大后系统资源反而降低。

此类现象一般是由于主板与内存不兼容而引起，常见于 PC 133 内存用于某些不被支持的主板上，即使系统重装也不能解决该问题。